普通高等学校“十三五”规划精品教材

工　程　力　学

主　编　孟凡深
副主编　张东晓　张　岩　赵丽君

黄河水利出版社
·郑州·

内 容 提 要

本书是依据工程力学课程教学的基本要求编写的。本书共十二章，包括静力学和材料力学两部分。静力学部分包括静力学基础、平面汇交力系、力矩与平面力偶系、平面一般力系，材料力学部分包括材料力学的一般概念、轴向拉伸(压缩)、扭转、弯曲、应力状态和强度理论、组合变形、压杆稳定。各章节均有小结、思考题及习题，以助于学生学习掌握有关知识。

本书可作为高等院校土木工程、机械、自动化、工程造价、环境工程等专业的教材，也可作为有关工程技术人员的参考用书。

图书在版编目(CIP)数据

工程力学/孟凡深主编.—郑州：黄河水利出版社，2009.7
(2019.8　修订重印)
普通高等学校“十三五”规划精品教材
ISBN 978-7-80734-646-3

Ⅰ.工…　Ⅱ.孟…　Ⅲ.工程力学-高等学校-教材
Ⅳ.TB12

中国版本图书馆 CIP 数据核字(2009)第 074589 号

策划编辑：李洪良　电话：0371-66026352　E-mail：hongliang0013@163.com

出 版 社：黄河水利出版社
地址：河南省郑州市顺河路黄委会综合楼 14 层　邮政编码：450003
发行单位：黄河水利出版社
发行部电话：0371-66026940、66020550、66028024、66022620(传真)
E-mail：hhslcbs@126.com
承印单位：河南承创印务有限公司
开本：787 mm×1 092 mm　1/16
印张：17.75
字数：421 千字　印数：1—2 000
版次：2019 年 8 月　印次：2019 年 8 月第 3 次印刷

定价：29.00 元

前　言

本书是根据高等教育有关工程力学教学内容和课程体系的改革计划而编写的，针对普通工科院校大学生的特点，结合多年的教学实践，兼顾土木工程、机械、材料、工程造价、建筑装饰、房地产管理、自动化、环境工程等有关专业对工程力学课程的教学要求。本书可作为工程力学课程的教材，也可作为有关工程技术人员的参考用书。

本书着重阐述工程力学的基本概念、基本原理，重视引导学生对基本技能和技巧的掌握，重点培养学生分析问题和解决实际问题的能力。

本书涵盖了理论力学中的静力学和材料力学课程的基本内容，突出针对性、适用性和实用性，简化理论推导，力求深入浅出、通俗易懂、便于学习。每章编写有小结、思考题、习题及参考答案。

参加本书编写的人员有：洛阳理工学院孟凡深（第一章，第二章，第六章，第九章第一、二节，第十章第一、二节），张东晓（第三章，第十章第三、四、五、六、七节等），赵丽君（第十一章，第十二章），李萍（第五章），布欣、吕留根（第四章，第七章第一、二节），王新文、王彦红（第七章第三、四、五、六节），马云玲（第九章第三、四、五节）；合肥学院张岩（第八章）。全书由孟凡深任主编并统稿，张东晓、张岩、赵丽君任副主编。

本书在编写过程中参考了许多文献，在此对其作者表示衷心的感谢。

由于编者水平有限，书中缺点和错误之处在所难免，殷切希望读者和专家批评指正。

编　者

2019 年 5 月

目　录

第一章　绪　论

第一节　工程力学的任务

工程力学一般包括理论力学的静力学和材料力学的有关内容,是研究物体机械运动的一般规律和有关构件的强度、刚度、稳定性理论的科学,是一门理论性和实践性都较强的专业基础课。

理论力学是研究物体机械运动一般规律的科学,包括静力学、运动学和动力学三方面的内容。物体在空间的位置随时间的变化称为机械运动。机械运动是日常生活和生产实践中最常见、最普遍的一种运动,如机器的运转、建筑物的振动等。平衡是机械运动的特殊情况,如物体相对于地球静止或做匀速直线运动,则称物体处于平衡状态。当作用在物体上的所有力满足一定的条件时,物体才能处于平衡状态。对处于平衡状态的物体所受的力进行分析,称为静力分析。静力分析是理论力学中静力学的内容。对处于平衡状态的物体进行受力分析是工程力学的主要任务之一。

工程中的机械、设备、结构的零部件称为构件。构件在工作时要承受荷载作用,并会产生变形。为使构件在确定的外力作用下正常工作而不失效,构件应当满足以下三个方面的要求:

(1)强度要求。所谓强度,是指构件承受荷载或抵抗破坏的能力,保证构件不破坏。

(2)刚度要求。所谓刚度,是指构件抵抗变形的能力,保证在正常情况下,构件受外力产生的变形不超过其相应的允许值。

(3)稳定性要求。稳定性是指构件保持原有平衡形态的能力。

如果构件的材料选用不当,或构件横截面的形状不合理,或横截面的尺寸不足,将不能满足上述三个方面的要求,就不能保证构件的正常工作。相反,如果不恰当地采用优质的材料或加大横截面的尺寸,虽然能够满足上述要求,但势必造成浪费,增加成本。必须切实解决构件的承载能力与经济合理性之间的矛盾,保证构件在使用工程中既安全,又节约。材料力学的主要内容就是研究构件在外力等因素作用下的受力、变形规律及材料的力学性能,建立保证构件正常工作而需要的强度条件、刚度条件和稳定性条件,为构件设计提供理论基础和计算方法。这是工程力学的另一项任务。

本书共分为三部分:

绪论(第一章):介绍工程力学的任务、基本假设和学习方法。

静力学(第二章至第五章):研究物体在力系作用下的力系等效、简化和平衡条件,同时研究物体受力的分析方法。在该部分,矢量用黑体表示。

材料力学(第六章至第十二章):研究构件在外力作用下的强度、刚度和稳定性问题,在保证既安全又经济的条件下,为构件设计和材料使用提供理论依据。

力学与现代生活、生产息息相关。力学是一门应用基础学科,也是自然科学中运用定量分析工具——数学最多、最深的一门学科,它研究自然界普遍存在的机械运动规律。20 世纪工程技术的迅猛发展极大地推动了力学的发展,使力学成为工程技术的基础,直接为工程技术服务。航天、航空、建筑、机械、交通、能源、材料、环境、生物医学等领域都需要力学。同时,力学的定量建模研究方法和手段还广泛应用到经济、金融和管理等其他领域。因此,力学已从一门基础学科发展成以工程技术为背景的应用基础学科,当今几乎所有的工程技术领域都离不开力学,它已渗透到工程技术的各个领域。

工程力学的力学知识和研究方法可以为后续课程如结构力学、钢筋混凝土结构、钢结构等专业课的学习打下良好的基础。

第二节　工程力学的基本假设

工程力学所研究的问题,都是工程实际中经常遇到的问题。而工程实际中,结构或构件的构造是复杂的,完全按照实际情况进行受力分析、计算有较大的难度,有时甚至不可能实现。因此,需要从工程实际中观察各种现象,找出主要因素,结合实际情况略去次要因素,经过抽象和简化建立便于分析和计算的力学模型。对同一个工程案例,为了不同的研究目的,所得的力学模型一般是不同的。但所简化的力学模型应该尽可能地反映构件的真实受力情况,并能够使计算尽可能简化,以便用简单的模型解决复杂的工程问题。

工程力学中根据研究对象和研究目的不同,作以下基本假设。

一、刚体假设

在静力学中,主要研究物体在外力作用下的平衡问题。为了研究方便,将固体看做刚体。所谓刚体,是指在力的作用下不变形的物体,或变形很小对物体的平衡不起主要作用,可以忽略不计的物体。显然,这是一个理想化的力学模型。实际上,任何固体在外力作用下都会发生形状和尺寸的改变,即变形。变形固体是材料力学的研究对象。

静力学的研究对象只限于刚体。它也是研究变形体力学的基础。

二、研究变形固体的假设

变形固体的性质是复杂的,材料力学对变形固体作出了几个基本假设,作为理论分析的一般基础。

(1)连续性假设。假设变形固体内部充满了物质,处处密实无空隙,在整个体积中各点是连续的。实际上,组成固体的粒子之间存在着空隙,但这种空隙与构件尺寸相比极其微小,可以忽略。

(2)均匀性假设。认为变形固体内任一部分的力学性质是完全相同的,不考虑材料各处实际上存在的缺陷和微观晶粒的不同。

(3)各向同性假设。认为材料的各个方向都有相同的力学性能,具有这种属性的材料叫各向同性材料,一般把钢铁、混凝土等看做各向同性材料。沿不同方向力学性能不同的材料称为各向异性材料,典型的各向异性材料有木材、胶合板等。

(4)小变形假设。认为构件的变形量远小于其外形尺寸。在研究构件的平衡问题时就采用构件变形前的尺寸进行分析,对计算变形的高次方项也可以忽略。

一般构件在正常工作中要求材料只发生弹性变形。材料力学所研究的对象主要限于线弹性范围内的小变形问题。

第三节　工程力学的学习方法

工程力学是一门专业基础课。对于工程技术人员,尤其是土建类专业的技术人员而言,工程力学是必须要掌握的一门主干课程。其他专业(如工程造价、房地产经营与管理、建筑装饰、工程监理等)也要掌握工程力学的基本原理和基本计算方法,对结构和构件的受力特性有一定的认识,为专业课的学习打下良好的基础,也为工程实践提供良好的力学理念。

工程力学来源于工程实际,又有着一定的抽象成分,既离不开理论的推导,又要运用试验的分析结果。要学好工程力学应注意以下几个方面的问题:

(1)重点掌握力学概念。工程力学的每部分内容都要涉及大量的力学概念,每个概念都有着一定的内涵和特定的物理意义。只有理解了每个力学概念,才能够切实掌握工程力学的分析方法和计算方法。因此,准确地掌握力学概念是学习工程力学的基础。

(2)正确对待理论分析。理论分析是以基本概念和定理为基础,以数学推导为手段,得到问题的解析解答,是工程力学的一种主要研究方法。工程力学中大量的公式就是通过理论分析的方法得到的。这就要求必须有着扎实的数学功底,并能够灵活运用,切不可出现畏难情绪。

(3)适当开展力学试验。试验分析在工程力学中占有重要的地位,材料力学中学习的构件强度、刚度和稳定问题都涉及材料的力学性能,而材料的力学性能通常需要依靠试验的手段得到。进行一定的力学试验,是工程力学这门课程的必要内容,也是加深理解、提高分析和解决问题能力的需要。

(4)认真完成习题训练。做习题可以进一步理解有关理论、概念和方法,是工程力学学习中重要的环节。要完成习题作业,就必须弄懂理论、搞清楚公式的物理意义和适用的条件,并能够准确地进行运算。这对学好工程力学是至关重要的。

第二章 静力学基础

第一节 基本概念

一、力

(一)定义

人们在长期生活和生产实践中,建立了力的概念。力是物体之间相互的机械作用。这种作用对物体产生两种效应,即使物体的机械运动状态发生变化,或使物体发生变形。前者称为力的运动效应(或外效应),后者称为力的变形效应(或内效应)。

(二)力的三要素

力的大小、方向、作用点是力的三要素。力的大小表示物体相互间机械作用的强弱程度,力的方向表示物体间的相互作用具有方向性,力的作用点表示物体所受机械作用的位置。显然,力的三要素中的任何一个要素发生改变,力的作用效果也将随之发生改变。可以认为,要说明一个力就必须说明这个力的大小、方向和作用点。

(三)力的表示方法

力的三要素表明力是矢量,可以用一个矢量来表示力的三要素,如图 2-1 所示。矢量的起点或终点表示力的作用点,矢量的方向表示力的方向,矢量的长度(AB)按一定的比例表示力的大小。通常用黑体字母表示力的矢量,如 $\boldsymbol{F}$;力的大小是标量,用 F 表示。与力矢量线段重合的直线(一般用虚线),称为力的作用线。

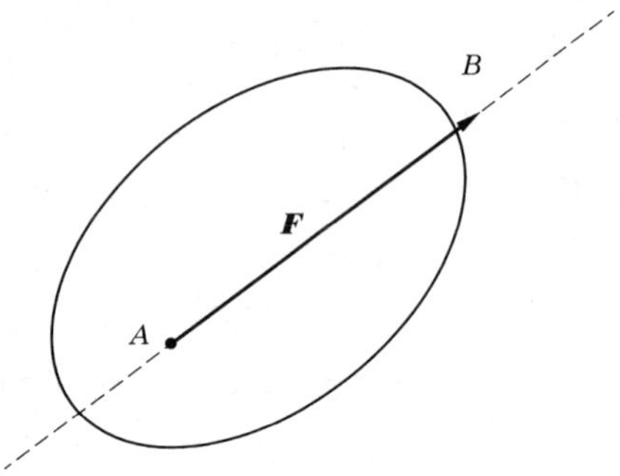

图 2-1 力矢

(四)力的单位

国际单位制中力的计量单位是“牛顿”,简称“牛”,常用单位是牛(N)和千牛(kN)。

(五)力系

作用于物体上的若干个力称为力系。如果一个物体在两个力系分别作用下其效应相同,那么称这两个力系为等效力系。如果一个力与一个力系等效,则称该力为这个力系的合力;力系中的各个力为合力的分力。在不改变作用效果的情况下,用一个简单力系代替复杂力系的过程,称为力系的简化或力系的合成。对力系进行简化是静力学的主要任务之一。

(六)力系的平衡

物体的平衡是相对的,是有条件的。要使物体平衡,作用在物体上的力必须满足一定的条件。使一个力系成为物体平衡的条件,称为力系的平衡条件,这个力系称为物体的平衡力系，物体在平衡力系的作用下处于平衡状态。研究刚体的平衡条件是静力学的另一主要任务。

二、力偶

在工程实际和日常生活中，为了使物体转动，就要在物体上施加大小相等、方向相反且不共线的两个平行力，这样两个力组成的力系称为力偶，其工程实例如图2-2所示，图2-2(a)为汽车司机用双手转动方向盘，图2-2(b)为电动机的定子磁场对转子作用的电磁力使之旋转。力偶的作用是使物体发生转动。物体受力偶作用的转动效果，不仅与力 $\boldsymbol{F}$ 的大小成正比，而且与两个力之间的距离 d 的大小成正比。力偶的组成表示如图2-3所示。

力偶和力一样是工程力学的基本量。力偶的性质和计算方法将在本书第四章中介绍。

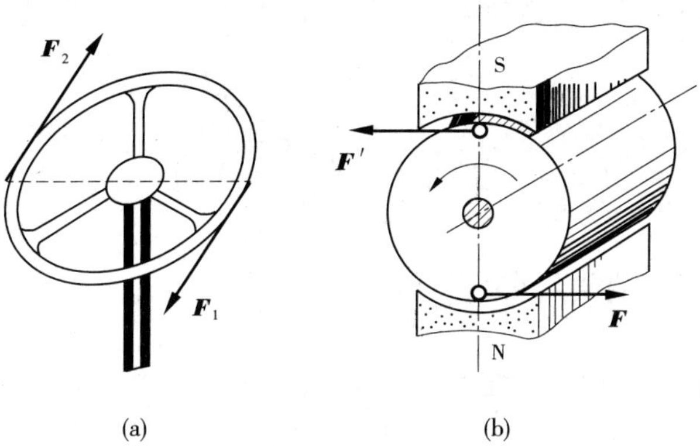

图2-2　力偶的工程实例

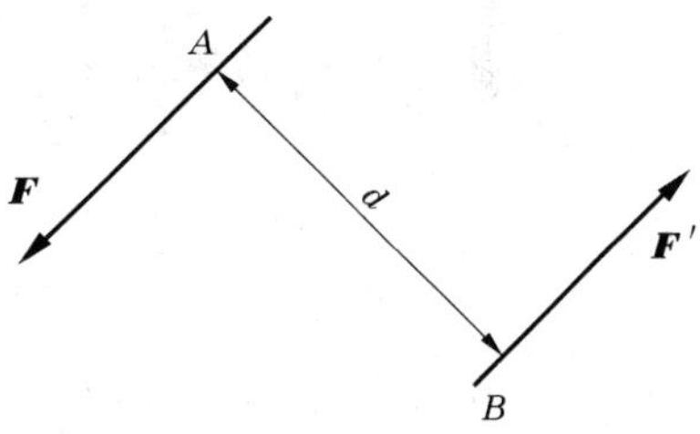

图2-3　力偶的表示

三、荷载

工程力学把主动作用于结构或构件上的外力(包括力偶)称为荷载。荷载有多种形式，按不同性质分为以下几类。

(一)按分布情况分

荷载按分布情况分为集中荷载和分布荷载。

1. 集中荷载

若荷载作用面积远小于构件尺寸，则可以把荷载简化为集中作用在一点上，称为集中荷载。集中荷载的单位是N或kN。

2. 分布荷载

连续作用在结构或构件的长度或较大面积上的荷载分别称为线分布荷载和面分布荷载。分布均匀、大小处处相同的分布荷载为均布荷载，如屋面雪荷载、等截面梁的自重等都是均布荷载；反之，则称为非均布荷载。

沿构件长度方向均匀分布的荷载为线均布荷载，以每米长度的力的大小来表示，单位为N/m或kN/m。在较大面积上均匀分布的荷载为面均布荷载，以每平方米面积上的力的大小来表示，单位为 N/m^2 或 kN/m^2。

(二)按作用时间分

荷载按作用时间分为恒载和活载。

1. 恒载

恒载是指永久作用在结构或构件上,大小和作用位置都不会发生改变的荷载。如结构自重等。

2. 活载

活载是指大小和作用位置都可能发生变化的荷载。如设备、风、雪及施工荷载等。

(三)按作用性质分

荷载按作用性质分为静荷载和动荷载。

1. 静荷载

静荷载是指缓慢地加到结构上的荷载,其大小、位置和方向不随时间变化或变化相对较小。如构件自重和一般的活荷载等。

2. 动荷载

动荷载是指大小、位置或方向随时间迅速变化的荷载,能够使结构产生明显的加速度。如地震力等。

第二节　静力学公理

静力学公理是人们在长期的生活和生产实践中,通过经验积累与总结,又经实践反复检验、证明是符合客观实际的普遍规律,是研究力系简化和平衡条件等问题的最基本的力学规律。

公理一　二力平衡公理

刚体在仅受两个力作用下保持平衡的必要与充分条件是:这两个力大小相等、方向相反、作用在同一条直线上,简称等值、反向、共线。这两个力组成了最简单的平衡力系,如图 2-4 所示,必有

$$\boldsymbol{F}_1 = -\boldsymbol{F}_2 \tag{2-1}$$

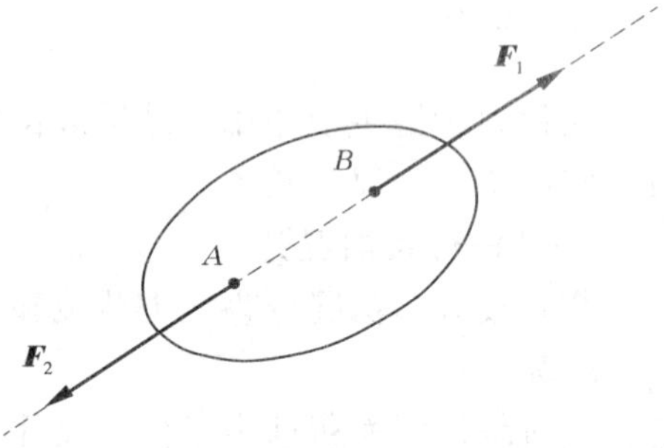

图 2-4　二力平衡

二力平衡公理对刚体而言,既是必要条件又是充分条件;而对于非刚体而言,这个条件虽必要但不充分。例如,一段软绳受到两个等值反向的拉力时可以平衡,但受到两个等值反向的压力时就无法保持平衡。

当一个构件仅受到两个力作用而保持平衡时,不管构件的形状如何,只要确定这个构件只受两个力作用,并保持平衡,那么这两个力必然等值、反向,沿着二力作用点的连线,这样的构件称为二力构件。二力构件是一种比较常见的构件形式。

公理二　加减平衡力系公理

在作用于刚体上的已知力系中,加上或减去任一平衡力系,原力系对刚体的作用效果不会改变。这一性质称为加减平衡力系公理。如果两个力系只相差一个平衡力系,那么这两个力系对刚体的作用效果完全一样,可以等效代换。这个公理为力系简化提供了有效的工具。

加减平衡力系公理的推论：作用于刚体上的力可沿其作用线移动到该刚体上任一点，而不改变该力对刚体的作用效果。这个推论也称为力的可传性原理。可用图 2-5 说明力的可传性原理。

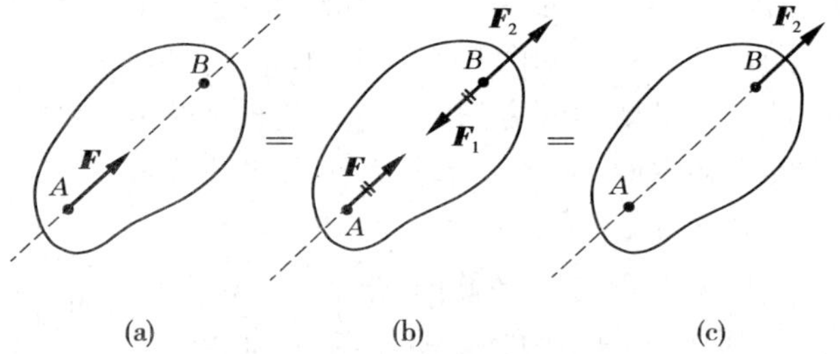

图 2-5　力的可传性原理

加减平衡力系公理及其推论只适用于刚体，对变形体就丧失了正确性。例如，变形杆在两个力 **F** 的作用下产生拉伸变形。若分别将两个力 **F** 移动到杆件的另一端，则杆件产生压缩变形，如图 2-6 所示。

公理三　力的平行四边形法则

作用在物体上同一点的两个力，可以合成为作用于该点的合力，合力的大小和方向可用以这两个力为邻边所作的平行四边形的对角线来确定。这个性质就是力的平行四边形法则。

图 2-6　变形杆

该法则表达了最简单情况下合力和分力之间的关系，是力系合成和分解的基础。就是说，力作为一个矢量可以按平行四边形法则进行合成与分解，如图 2-7(a)所示。合力 $\boldsymbol{F}_R$ 和分力 $\boldsymbol{F}_1$、$\boldsymbol{F}_2$ 之间的关系符合矢量运算规律，即

$$\boldsymbol{F}_R = \boldsymbol{F}_1 + \boldsymbol{F}_2 \tag{2-2}$$

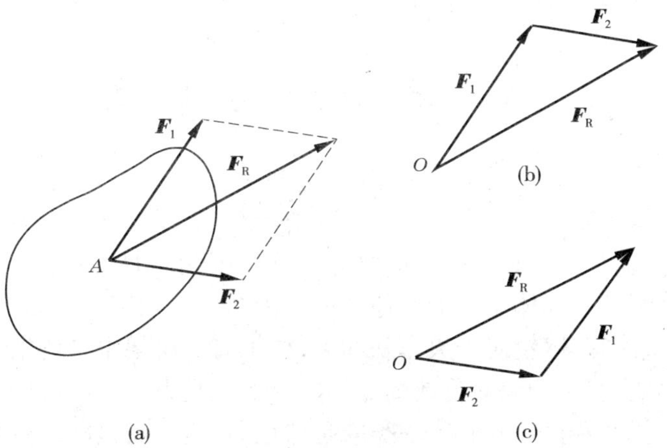

图 2-7　力的合成

推论 确定两个共点力的合力的大小、方向时，任选一点将这两个力矢首尾相接，则合力矢从第一个力的起点指到第二个力的终点。这个推论称为力的三角形法则。

如图2-7(b)所示，在力矢 $\boldsymbol{F}_1$ 的末端接画力矢 $\boldsymbol{F}_2$，再自力矢 $\boldsymbol{F}_1$ 的始端向力矢 $\boldsymbol{F}_2$ 的末端作一力矢，这个力矢就是合力矢 $\boldsymbol{F}_R$。也可以改变力的顺序，先作力矢 $\boldsymbol{F}_2$，再作力矢 $\boldsymbol{F}_1$，力的三角形有所变化，但合力的结果不变，如图2-7(c)所示。

力的三角形法则只是一种矢量运算方法，不能完全表示力系的真实作用情况。因为力的三角形只表示各力的大小和方向，并不表示各力作用线的位置。

公理四　三力平衡汇交定理

作用于刚体上的三个互不平行的力平衡时，这三个力的作用线必在同一平面内，且作用线交于一点。证明如下：

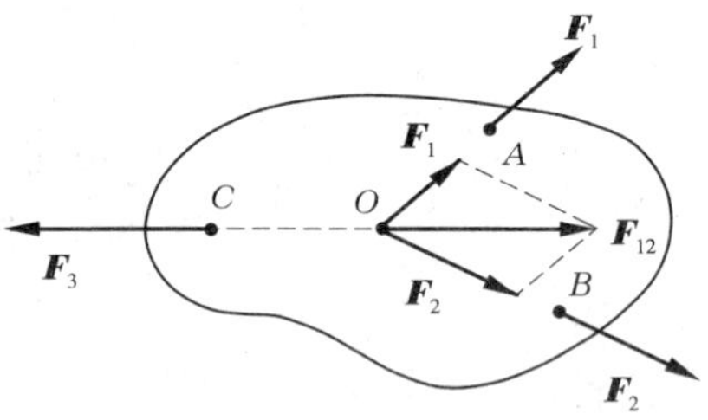

图2-8　三力平衡汇交定理

如图2-8所示，设刚体在 $\boldsymbol{F}_1$、$\boldsymbol{F}_2$、$\boldsymbol{F}_3$ 三个力作用下处于平衡状态，且已知力 $\boldsymbol{F}_1$、$\boldsymbol{F}_2$ 的作用线相交于 O 点。根据力的可传性原理，将力 $\boldsymbol{F}_1$、$\boldsymbol{F}_2$ 的作用点移至汇交点 O 处，然后根据力的平行四边形法则，可求得力 $\boldsymbol{F}_1$、$\boldsymbol{F}_2$ 的合力 $\boldsymbol{F}_{12}$。由于力系($\boldsymbol{F}_1$、$\boldsymbol{F}_2$、$\boldsymbol{F}_3$)为平衡力系，则力 $\boldsymbol{F}_3$ 应与力 $\boldsymbol{F}_1$、$\boldsymbol{F}_2$ 的合力 $\boldsymbol{F}_{12}$ 平衡。根据二力平衡公理可知，力 $\boldsymbol{F}_3$ 与合力 $\boldsymbol{F}_{12}$ 共线，所以力 $\boldsymbol{F}_3$ 必与力 $\boldsymbol{F}_1$、$\boldsymbol{F}_2$ 共面，且必通过力 $\boldsymbol{F}_1$、$\boldsymbol{F}_2$ 的作用线汇交点 O 点。

这个定理说明了不平行的三力平衡的必要条件，只要知道其中两力的作用线的交点，第三个力的作用线的方位便由此确定。

公理五　作用力与反作用力公理

两物体间的作用力与反作用力总是同时存在的，并且两个力的大小相等、方向相反、沿着同一条直线，分别作用在两个互相作用的物体上。这一性质称为作用力与反作用力公理。

此公理揭示了自然界中物体之间相互作用力的关系，即作用力与反作用力总是成对出现、成对消失的。这一对力满足等值、反向、共线的条件，但它们是作用在两个不同的物体上，这也是其与二力平衡公理的本质区别。

第三节　常见约束与约束力

机械工程中的机器和建筑物是由许多零部件按照一定的接触方式连接组合而成的，它们的运动往往受到一定的限制。如在钢轨上行驶的火车、支撑在柱子上的屋架、悬挂在屋顶的日光灯等，都是运动受到其他物体限制的物体。这些限制总是由被限制物体周围的其他物体所组成。那些限制某一物体运动的其他物体称为约束。如钢轨限制火车只能沿轨道运行、柱子限制屋架的坠落等，钢轨对于火车是约束，柱子对于屋架也是约束。

约束限制了物体的运动，约束对物体的作用实际上就是力，这种力称为约束反力或约束力，简称反力。物体受的力可分为两类：一类就是约束力；另一类是除约束力外的其他力，称为主动力或载荷，如物体的重力、风力等就是主动力。主动力一般来说是已知力，约束力则不同，它的大小、方向、作用点与物体之间的连接方式、物体可能的运动状态及物体受的主动力等因素有关。

通过对一些常用约束的分析,可以确定这些约束的约束力作用点和作用线,而约束力的大小只能靠平衡方程求出。

下面介绍工程中常见的几种理想约束类型,并分析它们的约束力性质。

一、柔性约束

柔性约束是指由柔软的绳索、链条或皮带等构成的约束。这种约束只能承受拉力,而不能承受压力和抵抗弯曲。因此,柔性约束对物体产生的约束力只能是拉力。约束力的性质可以借助图 2-9 来说明。在用绳索悬挂一重物的组成系统中(见图 2-9(a)),绳索对重物的约束力作用点在绳索和重物的接触点,方向沿着绳索的中心线且背离重物,如图 2-9(b)所示。柔性约束力一般用 $\boldsymbol{F}_T$ 表示。皮带约束见图 2-10。

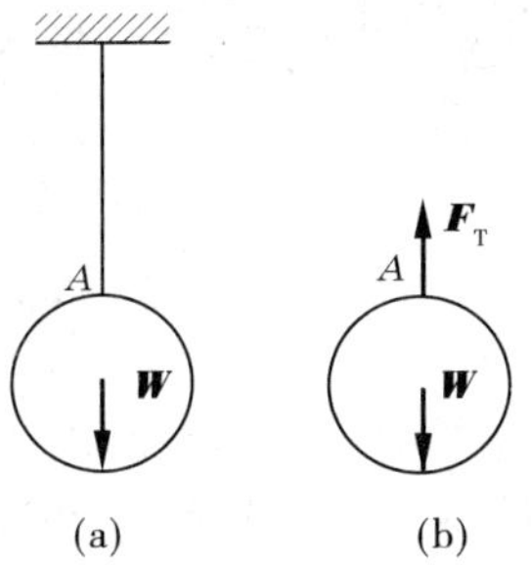

图 2-9　绳子约束

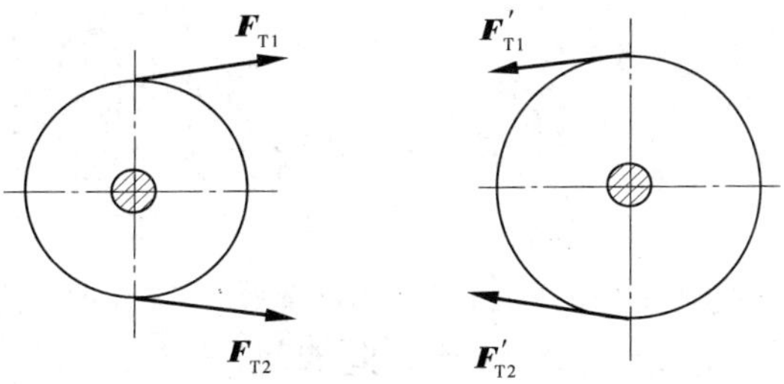

图 2-10　皮带约束

二、光滑接触面约束

若两个物体间的接触面是光滑的,可以忽略其摩擦,则其中的一个物体对另一个物体就构成了光滑接触面约束。接触面对被约束物体在其接触点相切面内任一方向的运动不加阻碍,接触面也不限制物体沿接触点的公法线方向脱离接触,但不允许物体沿公法线方向进入接触面。因此,光滑接触面约束的约束力必通过接触点,其方向为沿接触面在该点的公法线指向受约束的物体。这种约束力称为法向反力,常用 $\boldsymbol{F}_N$ 表示,如图 2-11 所示的 $\boldsymbol{F}_{NA}$ 和 $\boldsymbol{F}_{NC}$。

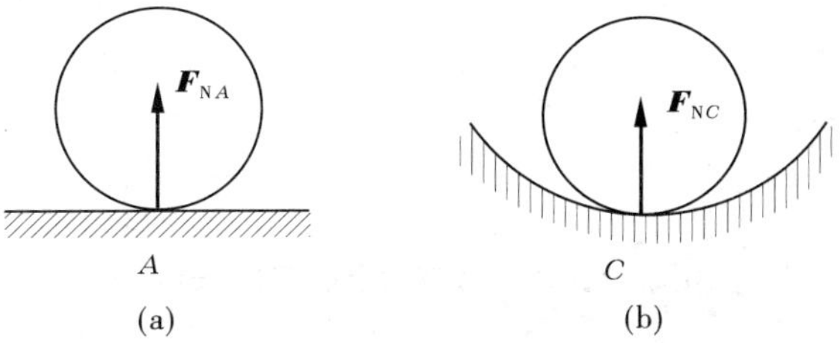

图 2-11　光滑接触面约束

光滑接触面的接触形式一般有面与面接触、点与面接触和点与线接触。

三、固定铰支座和铰链连接

(一) 固定铰支座

物体与固定于机架或地基等的连接处有相同直径的孔，用一圆柱形销钉将它们连接起来，忽略摩擦，那么机架或地基等对物体的约束称为固定铰支座，简称铰支座。如图 2-12 所示的拱形构件中 A、B 支座就是固定铰支座。销钉不能阻止物体的转动，也不能阻止物体沿销钉轴线方向的移动，只限制物体在垂直于销钉轴线的平面内移动。

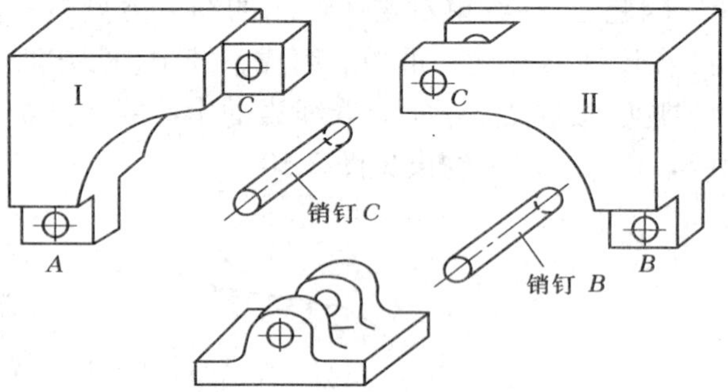

图 2-12　固定铰支座和铰连接

由于忽略销钉与圆孔之间的摩擦，它们的接触面是光滑的，固定铰支座可以对物体产生任意方向的约束力，但无论方向如何，这个约束力的作用线必然垂直于销钉轴线并通过销钉中心。铰支座的简化表示法有两种，铰支座的约束力一般用两个互相垂直的分力来表示，如图 2-13(a)所示。

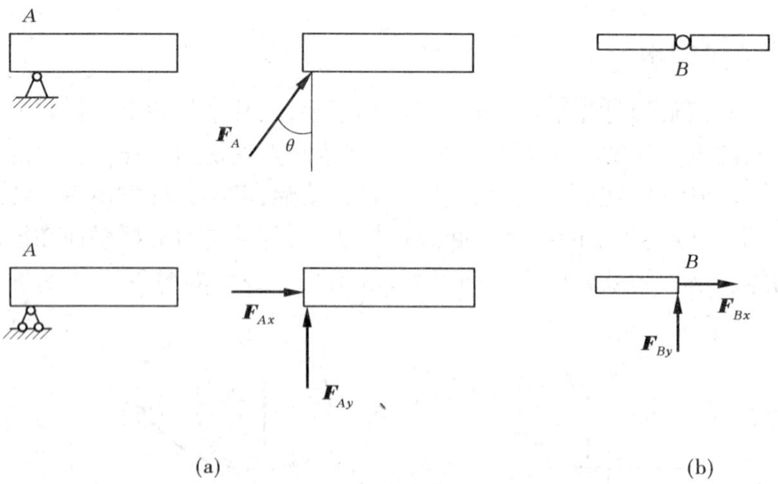

图 2-13　固定铰支座和铰连接表示

(二) 铰链连接

可以把两个构件用圆柱形光滑销钉连接起来，这样的连接方式称为铰链连接，简称铰连接。图 2-12 所示的 C 点连接方式就是铰连接。

铰连接中的销钉对构件的约束与铰支座的销钉对构件的约束相同，其约束力的作用线通过销钉的中心，其方向无法确定，一般也用两个互相垂直的分力来表示。其表示方法如图 2-13(b)所示。

四、可动铰支座

在大跨度的桥梁、屋架等结构中，为保证被支撑构件一端在荷载作用和温度变化的情况下能够自由地沿跨度方向伸缩，支座可以沿支撑面略有滚动，常采用可动铰支座，也称为辊轴支座，如图 2-14(a)所示。一般的可动铰支座是在固定铰支座下面装上几个辊轴构成的，这种支座可以沿支撑面滚动，但不能沿垂直于支撑面方向移动。

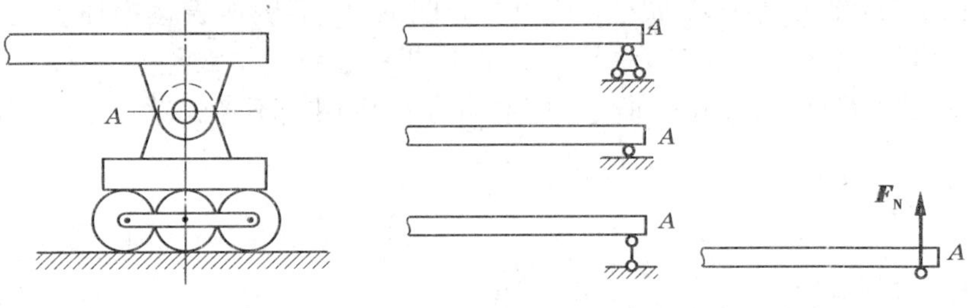

图 2-14　可动铰支座

可动铰支座能够限制物体沿着支撑面法线方向的运动，但不能限制物体沿着支撑面切线方向的运动，也不限制物体绕销钉轴线的转动。

可动铰支座的约束力作用线通过销钉中心，垂直于支撑面，可能是拉力也有可能是压力，可动铰支座和约束力的具体表示方法见图 2-14(b)、(c)。

五、固定端约束

工程中有些构件，如悬臂梁、电线杆等，约束物体与被约束物体固结为一体，被约束物体在空间的位置被完全固定，不能有任何的活动空间。这种约束具有共同的特点，既能限制物体的移动，又能限制物体的转动。这种约束称为固定端支座，如图 2-15 所示。固定端对物体的约束力除有限制物体移动的两个正交约束力 $\boldsymbol{F}_{Ax}$、$\boldsymbol{F}_{Ay}$外，还有限制物体转动的约束力偶 M_A。

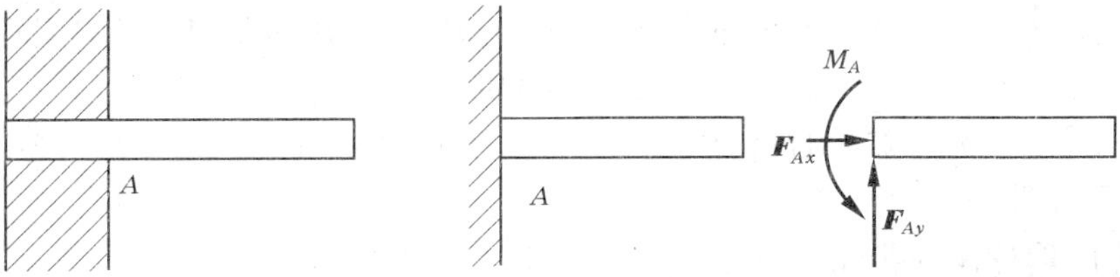

图 2-15　固定端约束

第四节　物体的受力分析和受力图

前面对约束力的性质进行了分析，至于约束力的大小一般要通过计算来求解。在求解时，往往需要根据已知力，利用力的平衡条件求出未知的约束力。首先要分析物体的受力情况，确定物体所受的所有主动力和约束力，并判断每个力的作用位置和作用方向。这个过程就是物体的受力分析。将被分析的物体及其受力情况画在一个简图上面，得到的图称为受力图。

作受力图的一般方法和步骤如下：

(1)取研究对象。将所研究的物体从与其相联系的周围物体中分离出来，即把研究对象的约束解除后，单独画出。这一过程称为取分离体。

(2)画上主动力。

(3)逐个分析被解除的约束，画出对应的约束力。约束力的作用点、作用线或方向一般可以根据约束类型或平衡情况来确定。利用受力图清楚、准确地表达物体的受力情况是求解工程力学问题的基本环节，也直接关系着求解结果的正确性。

【例 2-1】 梁 AB 如图 2-16(a)所示，受主动力 $\boldsymbol{F}$ 作用。不考虑梁的自重，试画出梁 AB 的受力图。

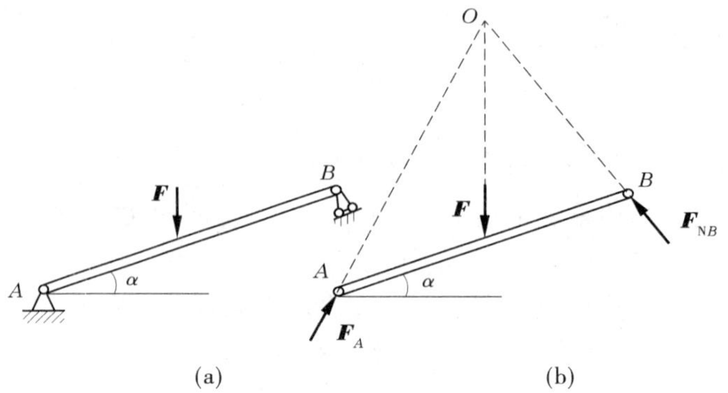

图 2-16　例 2-1 图

解　(1)取梁 AB 为研究对象，单独画出梁 AB。

(2)画主动力 $\boldsymbol{F}$。

(3)画约束力。梁 AB 在 B 点处受可动铰支座的约束，这个约束给梁的 B 点一个垂直于支撑面的约束力 $\boldsymbol{F}_{NB}$。梁 AB 在 A 点处受固定铰支座对它的约束力作用，但方向未知。不过，根据三力平衡汇交原理，A 点支座约束力 $\boldsymbol{F}_A$ 的作用线必然通过主动力 $\boldsymbol{F}$ 和 B 点的约束力 $\boldsymbol{F}_{NB}$ 各自力的作用线延长线的交点 O。这样力 $\boldsymbol{F}_A$ 的作用线便可以确定，同时根据平衡情况可以判断 $\boldsymbol{F}_A$ 的方向应该向上，如图 2-16(b)所示。

【例 2-2】 重力为 $\boldsymbol{G}$ 的球体放在光滑的斜面上，并用绳索固定，如图 2-17 所示。试画出球体的受力图。

解　(1)取球体为研究对象，单独画出球体。

(2)画主动力。球体重力 $\boldsymbol{G}$。

(3)画约束力。球体在 B 点处受斜面的支撑，即受垂直于支撑面的约束力 $\boldsymbol{F}_{NB}$。球体在 A 点处受有绳索的拉力 $\boldsymbol{F}_A$。球体重力 $\boldsymbol{G}$、斜面支撑力 $\boldsymbol{F}_{NB}$ 和绳索的拉力 $\boldsymbol{F}_A$ 的作用线延长线交于球心，如图 2-17(b)所示。

【例 2-3】 如图 2-18(a)所示为一三铰拱桥，自重不计，在拱 AC 上作用荷载 $\boldsymbol{F}$。试分别画出拱 AC 和 BC 的受力图。

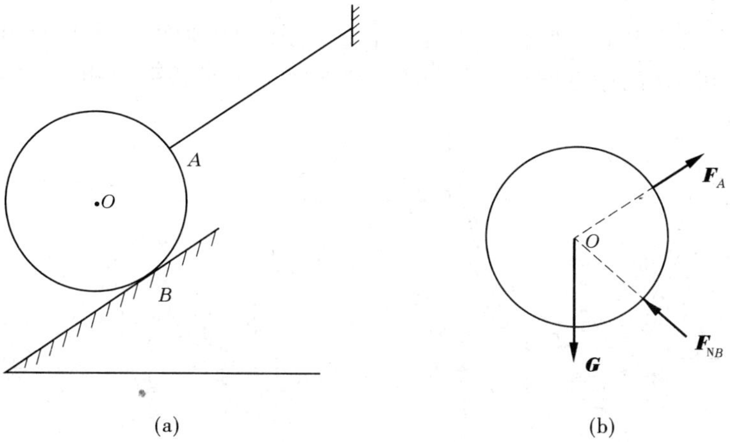

图 2-17　例 2-2 图

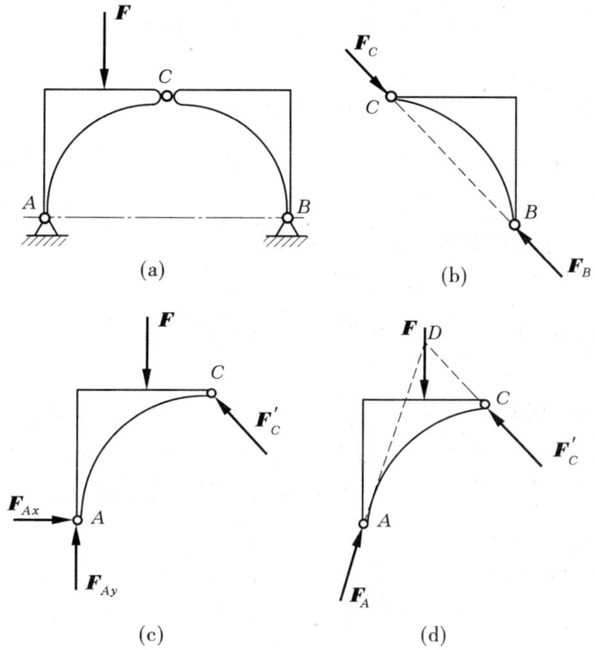

图 2-18　例 2-3 图

解　(1)先取拱 BC 为研究对象。由于不计自重,拱 BC 只在 B、C 两处受到铰链约束的约束力作用下平衡,所以 BC 是二力杆。其受力如图 2-18(b)所示。

(2)取 AC 为研究对象。不计自重,主动力只有载荷 $\boldsymbol{F}$。拱在铰链 C 处受到 BC 部分给它的约束反力 $\boldsymbol{F}_C'$。根据作用力与反作用力公理,$\boldsymbol{F}_C' = -\boldsymbol{F}_C$。拱 AC 在 A 处受到固定铰支座的约束力 $\boldsymbol{F}_A$,由于方向不定,可用两个互相垂直的分力 $\boldsymbol{F}_{Ax}$、$\boldsymbol{F}_{Ay}$ 来代替。AC 的受力图如图 2-18(c)所示。

但对于拱 AC 的情况,明显可知它在 $\boldsymbol{F}$、$\boldsymbol{F}_C'$ 和 $\boldsymbol{F}_A$ 三个力作用下保持平衡,根据三力平衡汇交定理,这三个力作用线的延长线必交于一点 D。可进一步画出拱 AC 如图 2-18(d)所示的受力图。

【例 2-4】 如图 2-19(a)所示,一个上人梯放在光滑的地面上,不计自重。在 D 和 E 两点用绳子相连。在 AB 的中点作用一荷载 $\boldsymbol{F}$。试画出上人梯各部分和整体的受力图。

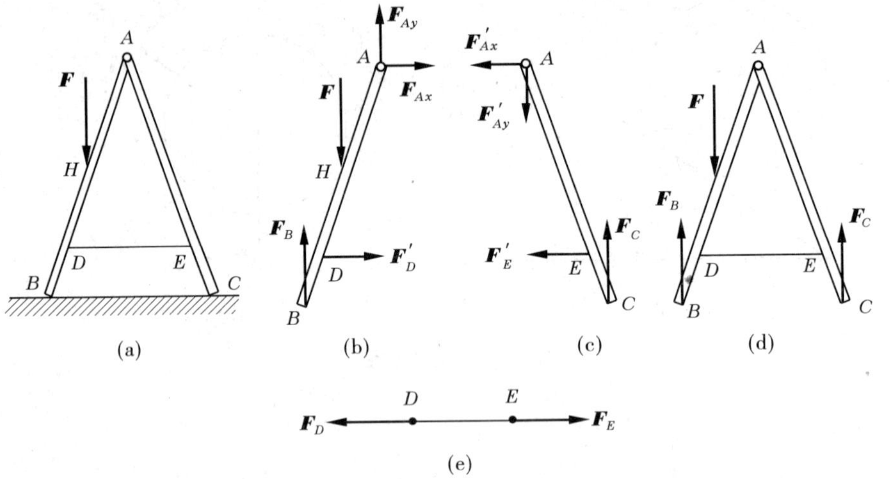

图 2-19 例 2-4 图

解 (1)先取绳子 DE 为研究对象。绳子两端分别受到上人梯对它的拉力 $\boldsymbol{F}_D$ 和 $\boldsymbol{F}_E$ 的作用,其受力如图 2-19(e)所示。

(2)取上人梯 AB 部分为研究对象。不计自重,在 AB 中点 H 处受到主动力荷载 $\boldsymbol{F}$ 作用。在铰链 A 处受到 AC 部分给它的约束反力 $\boldsymbol{F}_{Ax}$和 $\boldsymbol{F}_{Ay}$的作用。在 D 处受到绳子对它的拉力 $\boldsymbol{F}_D'$的作用,$\boldsymbol{F}_D' = -\boldsymbol{F}_D$。在 B 点受到光滑地面对它的支撑力 $\boldsymbol{F}_B$ 的作用。AB 的受力图如图 2-19(b)所示。

(3)上人梯 AC 部分,在 C 点受到光滑地面对它的支撑力 $\boldsymbol{F}_C$ 的作用。在点 E 处受到绳子对它的拉力 $\boldsymbol{F}_E'$作用,$\boldsymbol{F}_E' = -\boldsymbol{F}_E$。在铰链 A 处受到 AB 部分给它的约束力 $\boldsymbol{F}_{Ax}'$和 $\boldsymbol{F}_{Ay}'$。$\boldsymbol{F}_{Ax}'$与 $\boldsymbol{F}_{Ax}$、$\boldsymbol{F}_{Ay}'$与 $\boldsymbol{F}_{Ay}$分别为作用力和反作用力。上人梯 AC 部分受力图如图 2-19(c)所示。

(4)整体受力分析。取整体为研究对象时,铰链 A 处的约束力 $\boldsymbol{F}_{Ax}$和 $\boldsymbol{F}_{Ax}'$、$\boldsymbol{F}_{Ay}$和 $\boldsymbol{F}_{Ay}'$、$\boldsymbol{F}_D$ 和 $\boldsymbol{F}_D'$以及 $\boldsymbol{F}_E$ 和 $\boldsymbol{F}_E'$都成对地作用在整体系统内,称为内力。内力对整体的作用效应相互抵消,不必画出。只画出荷载 $\boldsymbol{F}$、B 点受到光滑地面对它的支撑力 $\boldsymbol{F}_B$ 和 C 点受到光滑地面对它的支撑力 $\boldsymbol{F}_C$ 就可以,整体受力图如图 2-19(d)所示。

综合以上实例分析,为正确画出受力图,必须注意以下几点;

(1)约束力必须按各种约束的约束力性质来分析。

(2)符合公理要求时,必须按公理画出受力图。

(3)研究对象内各物体间的相互作用力是内力,不必画出。

(4)作用力与反作用力的方向只能假定其中一个,另一个力的方向必须以作用力与反作用力公理来确定。

(5)在一个系统中,当同一个约束的约束力在几个不同的受力图上出现时,不同受力图上同一约束力的指向必须保持一致。

(6)所有主动力和约束力不能漏掉,也不能任意多画。

小　结

本章主要介绍了力和力偶的基本概念,以及荷载的分类。主要内容是刚体静力学基本公理,几种常见约束和约束力的性质。重点是物体的受力分析和受力图的画法。要求必须掌握约束力的性质和基本公理,严格按照画受力图的步骤画物体的受力图。

思考题

2-1　静力学的研究对象是什么?

2-2　两个大小相等的力,对同一物体的作用效果是否相同?

2-3　物体在三个力的作用下一定平衡吗?

2-4　力偶是怎么组成的?

2-5　约束反力的方向一定在限制物体运动的方向上吗?

2-6　圆柱铰链约束是一个力还是两个力?为什么常用相互垂直的两个力表示?

2-7　柔性约束和光滑接触面约束的主要区别是什么?

2-8　二力杆的形状可以是任意的吗?凡两端用铰链连接的直杆均为二力杆吗?

习　题

2-1　试画出图 2-20 所示各物体的受力图。所有接触处均为光滑接触,未标出重力的物体自重均不计。

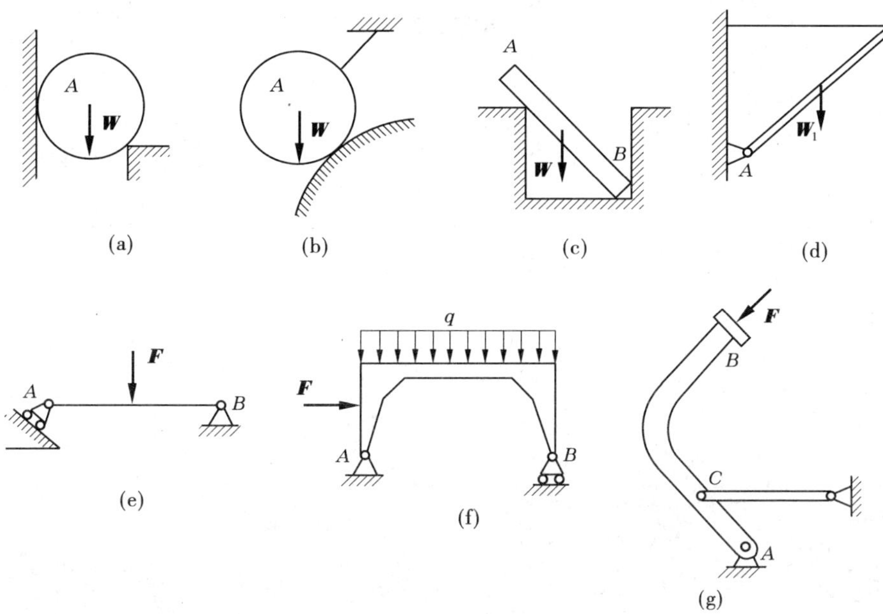

图 2-20　习题 2-1 图

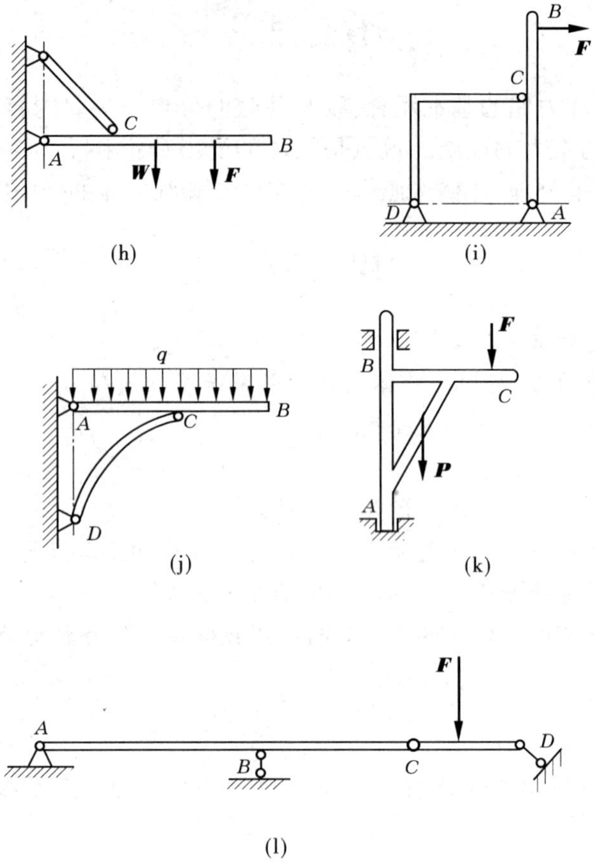

续图 2-20

第三章　平面汇交力系

平面汇交力系是一种基本力系,是研究平面一般力系的基础。本章将研究平面汇交力系的合成和平衡问题,其研究方法分别是几何法和解析法。

第一节　平面汇交力系合成的几何法

平面汇交力系就是各个力的作用线位于同一平面内且汇交于一点的力系。工程中会经常遇到平面汇交力系的问题。如图 3-1 所示,起吊的钢梁受 $\boldsymbol{F}_{BT}$、$\boldsymbol{F}_{DT}$和 $\boldsymbol{P}$ 的作用,这三个力的作用线位于同一平面内且汇交于一点,是一个平面汇交力系。下面将应用几何法来研究平面汇交力系的合成问题。

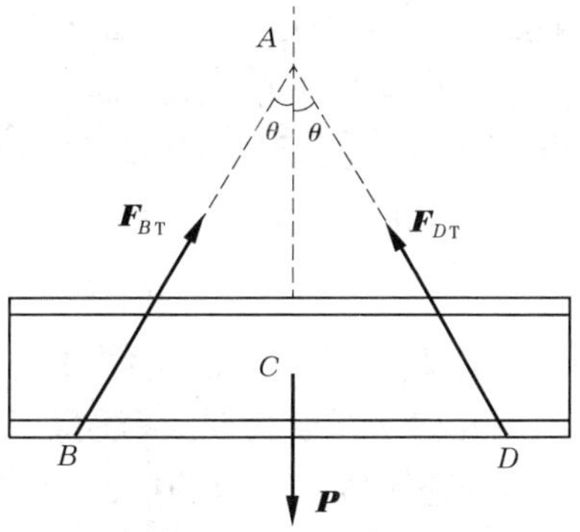

图 3-1　起吊钢梁受力示意

如图 3-2(a)所示,设刚体受到平面汇交力系 $\boldsymbol{F}_1$、$\boldsymbol{F}_2$、$\boldsymbol{F}_3$、$\boldsymbol{F}_4$ 的作用,各力作用线汇交于点 A。现要求将此力系合成。

为合成此力系,可连续应用力的平行四边形法则或力的三角形法则,最后可得到一个通过汇交点 A 的合力 $\boldsymbol{F}_R$。

现在应用力的三角形法则,求此平面汇交力系的

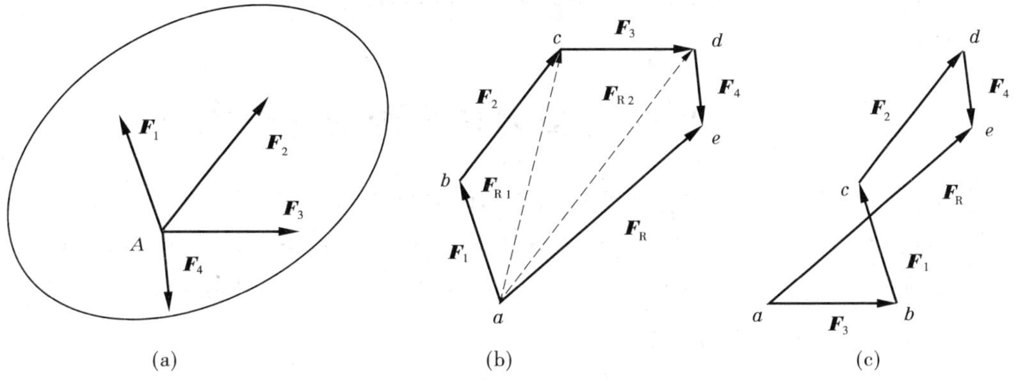

图 3-2　平面汇交力系合成的几何法

合力。首先,按一定的力的比例尺,从任意点 a 作矢量$\overrightarrow{ab}$,使之平行且等于力 $\boldsymbol{F}_1$,再从 b 点作矢量$\overrightarrow{bc}$,使之平行且等于力 $\boldsymbol{F}_2$,则矢量$\overrightarrow{ac}$表示 $\boldsymbol{F}_1$、$\boldsymbol{F}_2$ 的合力 $\boldsymbol{F}_{R1}$。与此相仿,过 c 点作 $\boldsymbol{F}_3$ 的矢量$\overrightarrow{cd}$,则矢量$\overrightarrow{ad}$表示 $\boldsymbol{F}_{R1}$ 与 $\boldsymbol{F}_3$ 的合力 $\boldsymbol{F}_{R2}$的大小和方向;过 d 点作 $\boldsymbol{F}_4$ 的矢量$\overrightarrow{de}$,则矢量$\overrightarrow{ae}$表示 $\boldsymbol{F}_{R2}$与 $\boldsymbol{F}_4$ 的合力 $\boldsymbol{F}_R$ 的大小和方向,也就是 $\boldsymbol{F}_1$、$\boldsymbol{F}_2$、$\boldsymbol{F}_3$、$\boldsymbol{F}_4$ 的合力矢(见图 3-2(b)),

即

$$\boldsymbol{F}_R = \boldsymbol{F}_1 + \boldsymbol{F}_2 + \boldsymbol{F}_3 + \boldsymbol{F}_4$$

图 3-2(b)表示了按照三角形法则,力系依次合成的过程。但合成的目的在于求整个力系的合力 $\boldsymbol{F}_R$,因而作图时中间矢量可以不画,只需将力系中各个力矢量首尾相连,形成一个开口的力多边形 *abcde*,最后将第一个力矢 $\boldsymbol{F}_1$ 的起点 *a* 和最后一个力矢 $\boldsymbol{F}_4$ 的终点 *e* 相连,所得的矢量 $\overrightarrow{ae}$ 即表示合力 $\boldsymbol{F}_R$ 的大小和方向。各力矢和合力矢形成的多边形 *abcde* 称为力多边形,代表合力矢的 *ae* 边称为力多边形的封闭边。这种以力多边形求合力矢的作图规则,称为力多边形法则。应用力多边形法则求合力的方法称为平面汇交力系合成的几何法。显然,无论平面汇交力系中力的数目有多少,都可以应用几何法求其合力。

对于一个确定的平面汇交力系,其合成的结果是唯一的。因而以力多边形法则求力系的合力时,可任意变换力系中各力矢合成的顺序,虽然由此得到的多边形的形状不同,但合成的结果不会因此而改变,如图 3-2(c)所示。

于是可得如下结论:平面汇交力系合成的结果是一个合力,合力的作用线通过各力的汇交点,合力的大小和方向(合力矢)由力多边形的封闭边表示,即合力矢等于各个力的矢量和(或几何和),用公式表示为

$$\boldsymbol{F}_R = \boldsymbol{F}_1 + \boldsymbol{F}_2 + \cdots + \boldsymbol{F}_n = \sum \boldsymbol{F}_i \tag{3-1}$$

合力 $\boldsymbol{F}_R$ 与原力系对刚体的作用效应相同。因而,求合力的过程也称为力系的简化。

用几何法求合力时,应注意以下几点:

(1)选择适当的力的比例尺,画出力的大小和力的方向。

(2)作力多边形时,可任意变换力的次序,由此得到的力多边形的形状不同,但合成的结果是唯一的。

(3)力多边形中各个力矢量首尾相连,而合力矢的方向是从第一个力的起点指向最后一个力的终点。

第二节　平面汇交力系平衡的几何条件

平面汇交力系的合力 $\boldsymbol{F}_R$ 与原力系对刚体的作用效应相同,因而可以用合力 $\boldsymbol{F}_R$ 来代替原力系。显然,若平面汇交力系平衡,则该力系的合力 $\boldsymbol{F}_R$ 一定等于零;反之,若力系的合力 $\boldsymbol{F}_R$ 等于零,则该力系必处于平衡状态。所以,平面汇交力系平衡的必要和充分条件是:该力系的合力等于零。以矢量式表示为

$$\boldsymbol{F}_R = \sum \boldsymbol{F}_i = 0 \tag{3-2}$$

在几何法中,平面汇交力系的合力 $\boldsymbol{F}_R$,是以力多边形的封闭边表示的。当合力 $\boldsymbol{F}_R$ 等于零时,力多边形的封闭边变为一点。这样,各力矢首尾相连形成一个自行封闭的力多边形,如图 3-3(b)所示。所以,平面汇交力系平衡的几何条件是:力多边形自行封闭。

应用几何法求解平衡问题时,可先假设未知力的指向。然后,从已知力开始作图,根据矢序规则和封闭特点,即可确定未知力矢量的指向。若未知力假设的指向与确定的指向相同,则说明未知力假设的指向就是其实际的指向;若未知力假设的指向与确定的指向相反,

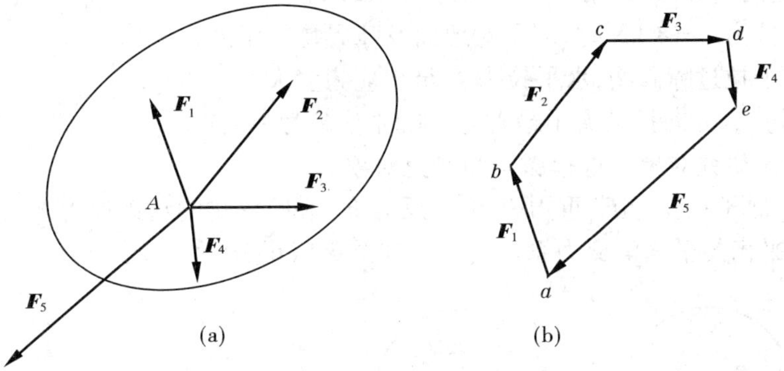

图 3-3　力多边形自行封闭

则说明未知力假设的指向与其实际的指向相反。

【**例 3-1**】　图 3-4 中钢梁重 $P=10$ kN，$\theta=30°$，试求平衡时钢丝绳的约束反力。

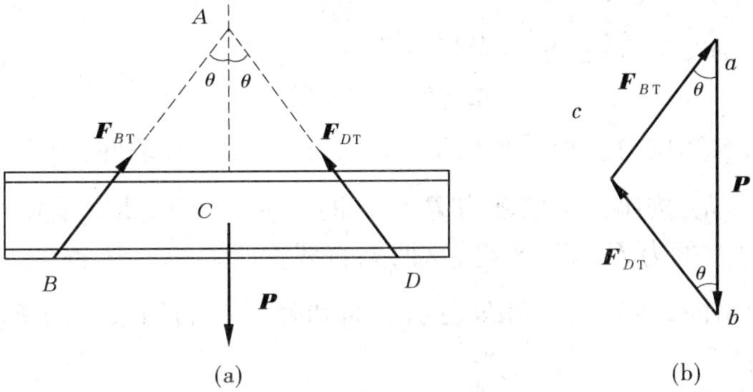

图 3-4　例 3-1 图

解　(1)确定研究对象。选择钢梁为研究对象。

(2)画受力图。钢梁受重力 $\boldsymbol{P}$ 和钢丝绳的约束反力 $\boldsymbol{F}_{BT}$、$\boldsymbol{F}_{DT}$的作用，三力在同一平面内且汇交于 A 点，是一个平面汇交力系，受力图如图 3-4(a)所示。

(3)作力多边形，求未知反力。本题选择的力的比例为 1 mm 表示 0.4 kN。根据平面汇交力系平衡的几何条件，力 $\boldsymbol{P}$、$\boldsymbol{F}_{DT}$、$\boldsymbol{F}_{BT}$应组成封闭的力多边形。首先，按比例画已知力 $\boldsymbol{P}$ 的矢量$\overrightarrow{ab}$，再过 a 和 b 两点作两条直线，分别与图中的力 $\boldsymbol{F}_{DT}$、$\boldsymbol{F}_{BT}$平行，这两条直线交于 c 点，得到封闭的三角形 abc。根据力多边形法则各力矢首尾相连的次序，画出 bc 和 ca 的指向，则矢量$\overrightarrow{bc}$、$\overrightarrow{ca}$分别表示力 $\boldsymbol{F}_{DT}$、$\boldsymbol{F}_{BT}$的大小和方向，如图 3-4(b)所示。

测量$\overrightarrow{bc}$和$\overrightarrow{ca}$的长度为

$$bc = ca = 21.65 \text{ mm}$$

即
$$F_{DT} = F_{BT} = 21.65 \times 0.4 = 8.66(\text{kN})$$

(4) 讨论。由力三角形可以看出，在重力不变的情况下，θ 角越大，绳的拉力也越大。因而，在能够保证安全的条件下，应将钢丝绳适当放长一些，使 θ 角较小，从而减小绳子的拉力。

【**例 3-2**】　如图 3-5(a)所示的压路机碾子重 $P=20$ kN，半径 $R=60$ cm，欲拉过 $h=10$

cm 的障碍物。碾子中心 O 作用一水平拉力 $\boldsymbol{F}$。试求：

(1)当水平拉力 $F=8$ kN 时,碾子对地面及障碍物的压力；

(2)欲将碾子拉过障碍物,水平拉力 $\boldsymbol{F}$ 至少应为多大?

(3)力 $\boldsymbol{F}$ 沿什么方向拉动碾子最省力，此时力 $\boldsymbol{F}$ 为多大?

解　(1)确定研究对象。选择碾子为研究对象。

画受力图。碾子在拉力 $\boldsymbol{F}$、重力 $\boldsymbol{P}$、地面反力 $\boldsymbol{F}_N$ 和障碍物的约束反力 $\boldsymbol{F}_B$ 的作用下处于平衡,这是一个平衡的平面汇交力系。受力图如图 3-5(b)所示。

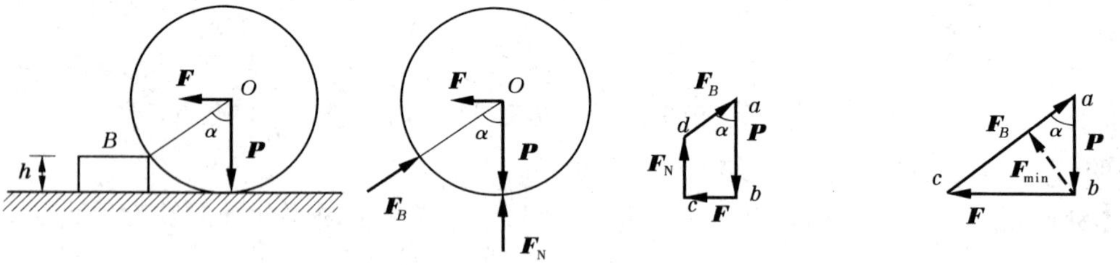

(a)　(b)　(c)　(d)

图 3-5　例 3-2 图

作力多边形,求未知反力。根据平面汇交力系平衡的几何条件,力 $\boldsymbol{P}$、$\boldsymbol{F}$、$\boldsymbol{F}_B$、$\boldsymbol{F}_N$ 应组成封闭的力多边形。首先,按比例画已知力 $\boldsymbol{P}$ 和 $\boldsymbol{F}$ 的矢量 $\overrightarrow{ab}$ 和 $\overrightarrow{bc}$,然后过 a 和 c 两点作两条直线,分别与图 3-5(b)中的力 $\boldsymbol{F}_B$、$\boldsymbol{F}_N$ 平行,这两条直线交于 d 点。按各个力矢首尾相连的次序,画出 cd 和 da 的指向,则矢量 $\overrightarrow{cd}$ 和 $\overrightarrow{da}$ 表示地面和障碍物的约束反力 $\boldsymbol{F}_N$、$\boldsymbol{F}_B$ 的大小和方向,如图 3-5(c)所示。

从图 3-5(c)测量并计算得

$$F_N = 7.9\ \text{kN} \qquad F_B = 14.5\ \text{kN}$$

根据图 3-5(a) 和图 3-5(c)的几何关系,也可以计算 $\boldsymbol{F}_N$、$\boldsymbol{F}_B$ 的大小。

由图 3-5(a)可得

$$\cos\alpha = \frac{R-h}{R} = 0.833\ 3$$

$$\alpha = 33.56°$$

由图 3-5(c)可得

$$F_B\sin\alpha = F$$

$$F_N + F_B\cos\alpha = P$$

解得　$$F_N = 7.9\ \text{kN} \qquad F_B = 14.5\ \text{kN}$$

(2)碾子刚刚离开地面时,对地面的压力 $F_N=0$,这就是碾子能越过障碍物的力学条件。这时,封闭的力三角形如图 3-5(d)所示。根据其几何关系得水平拉力为

$$F = P\tan\alpha = 20 \times 0.663 = 13.3(\text{kN})$$

B 处的约束反力为

$$F_B = \frac{P}{\cos\alpha} = \frac{20}{0.833\ 3} = 24.0(\text{kN})$$

(3)从图 3-2(d)中可以看出,当拉力与 $\boldsymbol{F}_B$ 垂直时,拉力 $\boldsymbol{F}$ 最小,这时有

$$F_{\min} = P\sin\alpha = 20 \times 0.553 = 11.1(\text{kN})$$

【例 3-3】　如图 3-6(a)所示,A、B 和 C 为铰链连接,钢丝绳一端缠绕在绞车 D 上,另一端绕过滑轮 A,将重为 $P=20$ kN 的物体吊起。如两杆和滑轮的自重不计,并忽略摩擦,试求平衡时杆 AB 和 AC 所受的力。

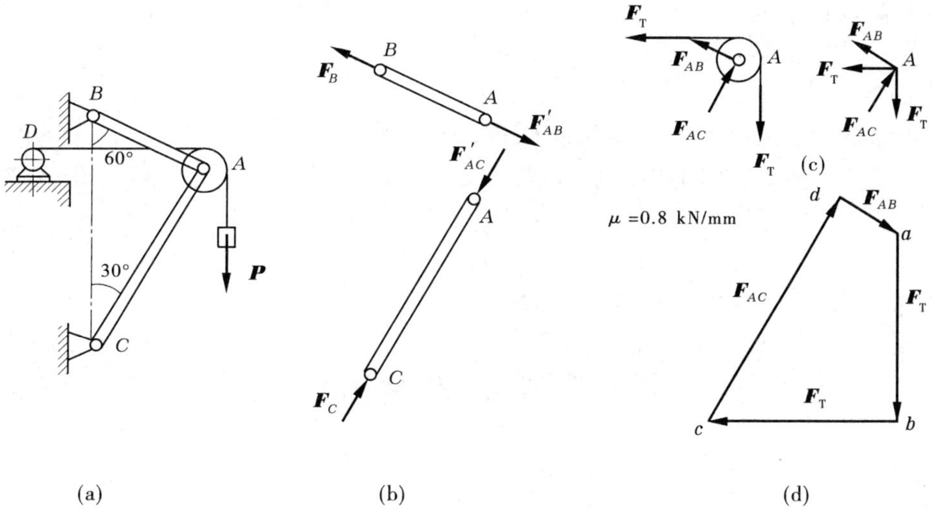

图 3-6　例 3-3 图

解　(1)选择研究对象。杆 AB 和 AC 都是二力杆,假设杆 AB 和 AC 分别受拉力和压力作用,如图 3-6(b)所示。根据杆 AB 和 AC 的受力图是不能求出其所受的力的,为求出这两个未知力,应选择滑轮 A(含销钉 A 和轮上的两段绳子)为研究对象。

(2)画受力图。滑轮上的两段钢丝绳受拉力 $\boldsymbol{F}_T$ 作用,由于不计摩擦,$F_T=P=20$ kN。此外,销钉 A 还受杆 AB 和 AC 的约束反力 $\boldsymbol{F}_{AB}$和 $\boldsymbol{F}_{AC}$作用,其方向分别沿直线 AB 和直线 AC,如图 3-6(c)所示。根据静力学公理,可将拉力 $\boldsymbol{F}_T$ 作用在 A 点(见图 3-6(c))。这样,这 4 个力就构成一平衡的平面汇交力系。

(3)用几何法作力多边形,求未知量。首先,按比例画已知力 $\boldsymbol{F}_T$ 的矢量$\vec{ab}$和$\vec{bc}$;再过 a 点和 c 点分别作直线,使之平行于力 $\boldsymbol{F}_{AB}$和 $\boldsymbol{F}_{AC}$,于是得到封闭的力多边形 $abcd$。根据矢序规则和封闭特点,标出 cd 和 da 的指向(见图 3-6(d)),则图 3-6(d)中矢量$\vec{cd}$和$\vec{da}$分别表示杆 AB、AC 作用于销钉 A 上的反力 $\boldsymbol{F}_{AC}$、$\boldsymbol{F}_{AB}$的大小和方向。

从图 3-6(c)、(d)可以看出,力 $\boldsymbol{F}_{AB}$和矢量$\vec{da}$的指向相反,这说明假设的力 $\boldsymbol{F}_{AB}$的指向与实际的指向相反。

从图 3-6(d)中测量并计算得

$$F_{AB} = 7.32 \text{ kN} \qquad F_{AC} = 27.32 \text{ kN}$$

杆 AB 和 AC 所受的力分别与力 $\boldsymbol{F}_{AB}$和 $\boldsymbol{F}_{AC}$等值反向。因此,两杆均受压力。

综合以上例题,应用几何法求解平面汇交力系平衡问题的主要步骤如下:

(1)选取研究对象。根据已知条件,确定研究对象。对于复杂问题,需选取两个或更多

的研究对象（见例 3-3）。

（2）分析受力，画受力图。在研究对象上，画出它所受的全部的已知力和未知力（包括约束反力）。画约束反力时，先画出方向或方位已知的力，如柔性约束、光滑接触面约束和辊轴约束等的约束反力，然后再根据二力杆概念或三力平衡汇交定理，确定某些约束反力的方位。这里要注意作用力和反作用力的关系。

（3）作力多边形。选择适当的力的比例尺，作出该力系的封闭力多边形。必须注意，作图时总是从已知力开始的。根据力多边形上各力矢首尾相连的顺序和封闭的特点，就可以确定未知力的指向。

（4）求未知量。作出封闭的力多边形后，既可以根据比例用直尺和量角器在图上量得所要求的未知量（见例 3-1、例 3-3），也可以根据力多边形图形的几何关系，用三角公式计算出所要求的未知量（见例 3-2）。

应用几何法求解问题时，各力之间的关系非常清楚，具有直观、简单的优点。但采用直接测量求解未知力时，将会产生由于测量而导致的误差。

第三节　平面汇交力系合成的解析法

解析法是以力在坐标轴上的投影为基础的，是分析平面汇交力系的合成和平衡问题最常用的方法。

一、力在坐标轴上的投影与力的分解

如图 3-7 所示，设力 $\boldsymbol{F}$ 在直角坐标系 xOy 平面内，从力 $\boldsymbol{F}$ 的两个端点 A 和 B 分别向 x 轴作垂线，交 x 轴于 a 和 b，则线段 ab 称为力 $\boldsymbol{F}$ 在 x 轴上的投影，用 F_x 表示。同理，从力 $\boldsymbol{F}$ 的两个端点 A 和 B 分别向 y 轴作垂线，交 y 轴于 a' 和 b'，则线段 $a'b'$ 称为力 $\boldsymbol{F}$ 在 y 轴上的投影，用 F_y 表示。设力 $\boldsymbol{F}$ 与 x、y 轴正向之间的夹角为 α、β，则力 $\boldsymbol{F}$ 在坐标轴上的投影分别为

$$\left.\begin{aligned} F_x &= F\cos\alpha \\ F_y &= F\cos\beta \end{aligned}\right\} \tag{3-3}$$

力在坐标轴上的投影是代数量。其正负号规定是：若投影从起点 a 至终点 b 的指向与坐标轴正向一致时，投影为正，反之为负。

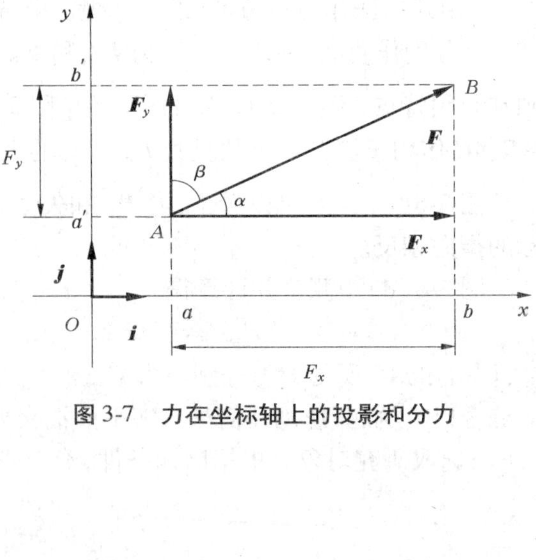

图 3-7　力在坐标轴上的投影和分力

如图 3-7 所示，力 $\boldsymbol{F}$ 沿坐标轴 Ox、Oy 可分解为两个分力 $\boldsymbol{F}_x$、$\boldsymbol{F}_y$。分力与投影之间存在下列关系

$$\left.\begin{aligned} \boldsymbol{F}_x &= F_x\boldsymbol{i} \\ \boldsymbol{F}_y &= F_y\boldsymbol{j} \end{aligned}\right\}$$

因此，力的解析表达式为

$$\boldsymbol{F} = \boldsymbol{F}_x + \boldsymbol{F}_y = F_x\boldsymbol{i} + F_y\boldsymbol{j} \tag{3-4}$$

其中，$\boldsymbol{i}$、$\boldsymbol{j}$ 分别为 x、y 轴的单位矢量。

注意：力在坐标轴上的投影是代数量，而力沿坐标轴的分力是矢量，二者不可混淆。

若已知力在 x 轴和 y 轴上的投影 F_x、F_y，则由几何关系可求得该力矢的大小和方向余弦分别为

$$\left.\begin{aligned} F &= \sqrt{F_x^2 + F_y^2} \\ \cos\alpha &= \frac{F_x}{\sqrt{F_x^2 + F_y^2}} \\ \cos\beta &= \frac{F_y}{\sqrt{F_x^2 + F_y^2}} \end{aligned}\right\} \tag{3-5}$$

二、合力投影定理

定理：合力在任一轴上的投影，等于它的各分力在同一轴上投影的代数和。

证明：以 3 个力组成的平面汇交力系为例。如图 3-8(a)所示，设有 3 个平面力 $\boldsymbol{F}_1$、$\boldsymbol{F}_2$、$\boldsymbol{F}_3$ 汇交于 A 点。这个平面汇交力系组成力多边形 $ABCD$，AD 是封闭边，即合力 $\boldsymbol{F}_R$。建立坐标系 xOy，将各分力分别向 x 轴上投影，得

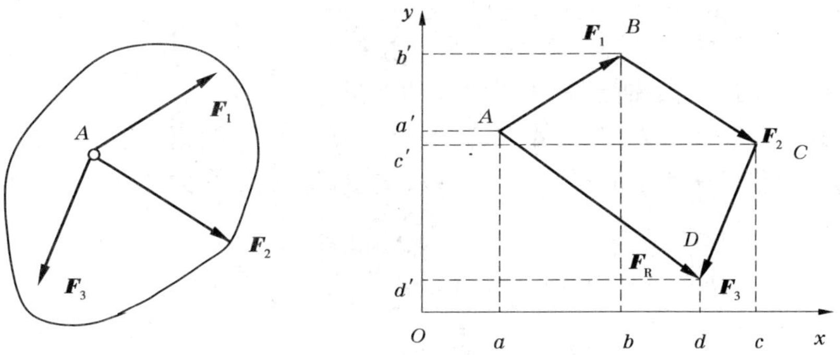

(a)　　　　(b)

图 3-8　合力投影定理

$$F_{1x} = ab \qquad F_{2x} = bc \qquad F_{3x} = -dc$$

合力 $\boldsymbol{F}_R$ 在 x 轴上的投影为

$$F_{Rx} = ad$$

从图 3-8(b)可以看出

$$ad = ab + bc - dc$$

所以

$$F_{Rx} = F_{1x} + F_{2x} + F_{3x}$$

同理，可得合力 $\boldsymbol{F}_R$ 在 y 轴上的投影为

$$F_{Ry} = F_{1y} + F_{2y} + F_{3y}$$

式中，F_{1y}、F_{2y}、F_{3y} 分别为 $\boldsymbol{F}_1$、$\boldsymbol{F}_2$、$\boldsymbol{F}_3$ 在 y 轴上的投影。

上述合力投影与各分力投影之间的关系可推广到由 n 个力 $\boldsymbol{F}_1, \boldsymbol{F}_2, \cdots, \boldsymbol{F}_n$ 组成的平面

汇交力系，可得

$$\left.\begin{aligned} F_{Rx} &= F_{1x} + F_{2x} + \cdots + F_{nx} = \sum_{i=1}^{n} F_{ix} = \sum F_x \\ F_{Ry} &= F_{1y} + F_{2y} + \cdots + F_{ny} = \sum_{i=1}^{n} F_{iy} = \sum F_y \end{aligned}\right\} \tag{3-6}$$

合力投影定理建立了合力的投影和力系中各分力投影之间的关系。这个定理还可推广到其他矢量的合成上，统称为合矢量投影定理。

三、平面汇交力系合成的解析法

若已知平面汇交力系中各力在坐标轴上的投影，则可按式(3-6)计算出合力的投影。将合力的投影代入式(3-5)，可得合力的大小和方向为

$$\left.\begin{aligned} F_R &= \sqrt{F_{Rx}^2 + F_{Ry}^2} = \sqrt{(\sum F_x)^2 + (\sum F_y)^2} \\ \cos\alpha &= \frac{\sum F_x}{\sqrt{(\sum F_x)^2 + (\sum F_y)^2}} \\ \cos\beta &= \frac{\sum F_y}{\sqrt{(\sum F_x)^2 + (\sum F_y)^2}} \end{aligned}\right\} \tag{3-7}$$

式中，α、β 表示合力 $\boldsymbol{F}_R$ 与 x 轴、y 轴正向之间的夹角。

运用式(3-7)计算合力 $\boldsymbol{F}_R$ 的大小和方向，这种方法称为平面汇交力系合成的解析法。

【例 3-4】 如图 3-9 所示的平面汇交力系，试用解析法求合力的大小和方向。

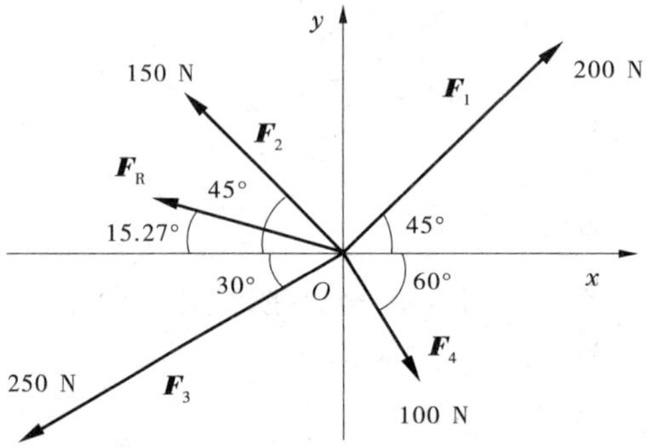

图 3-9 例 3-4 图

解 建立坐标系 xOy，如图 3-9 所示，根据式(3-7)将各个力在 x 轴和 y 轴上的投影列表如表 3-1 所示。

表 3-1 各个力在 x 轴和 y 轴上的投影

投影	$\boldsymbol{F}_1$	$\boldsymbol{F}_2$	$\boldsymbol{F}_3$	$\boldsymbol{F}_4$
F_{ix}	$F_1\cos45°$	$-F_2\cos45°$	$-F_3\cos30°$	$F_4\cos60°$
F_{iy}	$F_1\sin45°$	$F_2\sin45°$	$-F_3\sin30°$	$-F_4\sin60°$

由式(3-6)可得

$$F_{Rx}=\sum_{i=1}^{n}F_{ix}=F_1\cos45^\circ-F_2\cos45^\circ-F_3\cos30^\circ+F_4\cos60^\circ$$
$$=200\cos45^\circ-150\cos45^\circ-250\cos30^\circ+100\cos60^\circ$$
$$=-131.2(\mathrm{N})$$

$$F_{Ry}=\sum_{i=1}^{n}F_{iy}=F_1\sin45^\circ+F_2\sin45^\circ-F_3\sin30^\circ-F_4\sin60^\circ$$
$$=200\sin45^\circ+150\sin45^\circ-250\sin30^\circ-100\sin60^\circ$$
$$=35.9(\mathrm{N})$$

将 F_{Rx} 和 F_{Ry} 代入式(3-7),可得

$$F_R=\sqrt{F_{Rx}^2+F_{Ry}^2}=\sqrt{(-131.2)^2+(35.9)^2}=136.0(\mathrm{N})$$

$$\cos\alpha=\frac{-131.2}{136.0}=-0.9647$$

$$\cos\beta=\frac{35.9}{136.0}=0.2642$$

可得

$$\alpha=164.73^\circ$$

合力的指向如图 3-9 所示。

第四节　平面汇交力系的平衡方程

由前面知道,平面汇交力系平衡的必要和充分条件是力系的合力等于零。根据式(3-7)则应有

$$F_R=\sqrt{(\sum F_x)^2+(\sum F_y)^2}=0$$

要使上式成立,须同时满足

$$\left.\begin{aligned}\sum F_x&=0\\ \sum F_y&=0\end{aligned}\right\}\tag{3-8}$$

即平面汇交力系平衡的解析条件是:力系中各力在 x 轴和 y 轴上投影的代数和分别等于零。式(3-8)称为平面汇交力系的平衡方程。这两个平衡方程是相互独立的,因而可求解两个未知量。

应用解析法求解平衡问题时,须先假设未知力的指向。解平衡方程求出未知力后,若为正值,说明假设的指向与力实际的指向是一致的;若为负值,则说明假设的指向与力实际的指向是相反的。

【例 3-5】 如图 3-10(a)所示,支架由横梁 AD 与斜杆 BC 构成,A、B 和 C 为铰链连接。已知 $AC=CD$;斜杆 BC 与横梁 AD 的夹角为 45°;荷载 $F=10$ kN,作用于 D 处。不计梁和杆的质量,试求铰链 A 的约束反力和斜杆 BC 所受的力。

解　(1)选择横梁 AD 为研究对象。

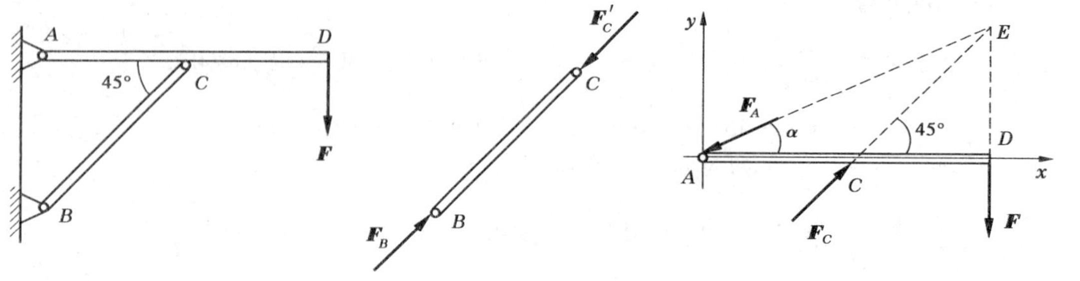

(a)　　(b)

图 3-10　例 3-5 图

（2）画受力图。横梁 AD 的受力如图 3-10（b）所示。杆 BC 为二力杆，它对横梁 C 处的约束反力 $\boldsymbol{F}_C$ 必然沿两铰链 B、C 中心的连线，指向暂先假设如图 3-10（b）所示；根据三力平衡汇交定理，铰链 A 的约束反力 $\boldsymbol{F}_A$ 的作用线必通过 $\boldsymbol{F}_C$ 和 $\boldsymbol{F}$ 的作用线的交点 E，其指向先假设如图 3-10（b）所示。

（3）列平衡方程。选取坐标轴如图 3-10（b）所示，则

$$\sum F_x = 0 \qquad -F_A\cos\alpha + F_C\cos45° = 0 \qquad \text{(a)}$$

$$\sum F_y = 0 \qquad -F_A\sin\alpha + F_C\sin45° - F = 0 \qquad \text{(b)}$$

（4）求解方程。根据横梁 AD 受力图的几何关系可知

$$\sin\alpha = \frac{1}{\sqrt{5}} \qquad \cos\alpha = \frac{2}{\sqrt{5}}$$

代入式（a）得

$$F_C = \frac{2\sqrt{2}}{\sqrt{5}}F_A$$

代入式（b）得

$$F_A = \sqrt{5}F = \sqrt{5} \times 10 = 22.36(\text{kN})$$

$\boldsymbol{F}_A$ 为正值，说明 $\boldsymbol{F}_A$ 假设的指向与实际的指向一致。

将 $F_A = 22.36$ kN 代入，得

$$F_C = \frac{2\sqrt{2}}{\sqrt{5}} \times 22.36 = 28.28(\text{kN})$$

$\boldsymbol{F}_C$ 为正值，说明 $\boldsymbol{F}_C$ 假设的指向与实际的指向相同，即杆 BC 受压。

【例 3-6】　简易绞车如图 3-11（a）所示，支架由杆 AB 和 AC 构成，A、B 和 C 为铰链连接。钢丝绳一端缠绕在绞车 D 上，另一端绕过滑轮 A，将重为 $P = 20$ kN 的物体吊起。如两杆和滑轮的自重不计，并忽略摩擦和滑轮的大小，试求平衡时杆 AB 和 AC 所受的力。

解　（1）选择研究对象。杆 AB 和 AC 都是二力杆，其受力如图 3-11（b）所示，但仅根据其受力图却不能求出这两根杆所受的力，为求出这两个未知力，应选择滑轮 A（含销钉 A 和轮上的两段绳子）为研究对象。

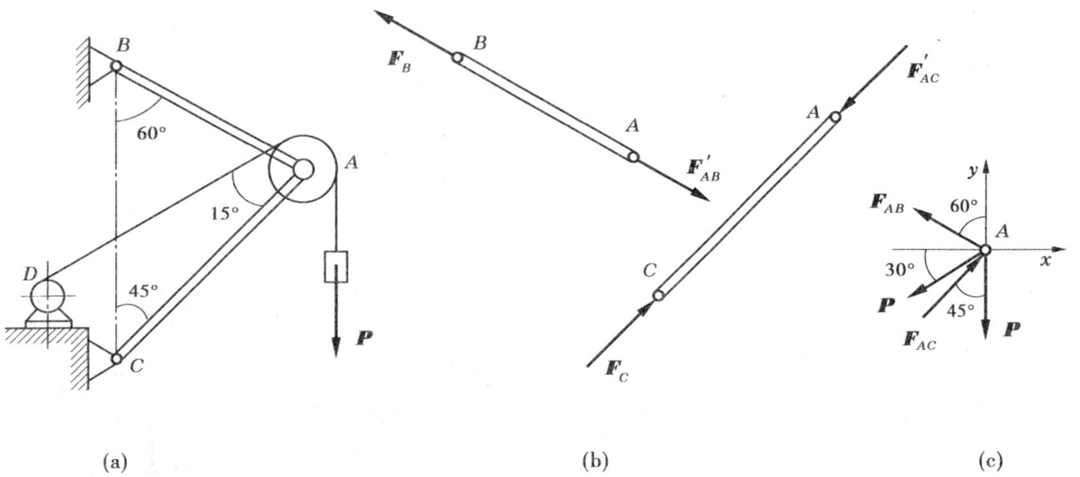

图 3-11 例 3-6 图

(2)画受力图。滑轮上的两段钢丝绳受拉力作用,由于不计摩擦,拉力即为物体的重力 $\boldsymbol{P}$。此外,销钉 A 还受杆 AB 和 AC 的约束反力 $\boldsymbol{F}_{AB}$ 和 $\boldsymbol{F}_{AC}$ 作用,其方向分别沿直线 AB 和 AC。由于忽略滑轮的大小,因此可将拉力 $\boldsymbol{P}$ 作用在 A 点(见图 3-11(c))。这样,这 4 个力就构成一平衡的平面汇交力系。

(3)列平衡方程,求解未知量。选取坐标轴如图 3-11(c)所示。

$$\sum F_x = 0 \qquad -F_{AB}\sin60° - P\cos30° + F_{AC}\sin45° = 0 \tag{a}$$

$$\sum F_y = 0 \qquad F_{AB}\cos60° - P\sin30° + F_{AC}\cos45° - P = 0 \tag{b}$$

代入数据解得

$$F_{AB} = 9.28\ \text{kN} \qquad F_{AC} = 35.86\ \text{kN}$$

杆 AB 和 AC 所受的力分别与力 $\boldsymbol{F}_{AB}$ 和 $\boldsymbol{F}_{AC}$ 等值反向。因此,杆 AB 受拉力作用,杆 AC 受压力作用,如图 3-11(b)所示。

【例 3-7】 液压夹紧机构如图 3-12(a)所示,其中 D 为固定铰链,B、C、E 为活动铰链。已知力 $\boldsymbol{F}$,机构平衡时角度如图所示,求此时工件 H 所受的压紧力。

解 这是一个物体系统的平衡问题。如果取工件或压具为研究对象,作用在其上的没有已知力,因而不能算出需求的力;同样,若取销钉 C 为研究对象,作用于其上的力也都是未知的。因此,可先取轮子 B(附销钉)为研究对象,求出杆 BC 所受的力;然后以销钉 C 为研究对象,求出杆 CE 所受的力;最后以压具 E 为研究对象,求出工件 H 所受的压紧力。

(1)先选取轮子 B(附销钉)为研究对象,其受力图如图 3-12(b)所示。作用于轮子 B 上的 3 个力组成一平面汇交力系,其中,力 $\boldsymbol{F}$ 通过活塞和活塞杆作用于销钉 B 上,方向竖直向下;杆 BC 为二力杆,所以杆 BC 作用于销钉 B 上的力 $\boldsymbol{F}_{BC}$ 沿杆 BC 的轴线,指向假设如图所示;同时,轮子 B 还受到墙面的约束反力 $\boldsymbol{F}_{NB}$,指向水平向右。这三个力中,只有力 $\boldsymbol{F}$ 是已知的,其余两个力是未知的。

取坐标轴如图 3-12(b)所示,因为需要求力 $\boldsymbol{F}_{BC}$,所以这里只需列 y 轴方向的平衡方程

$$\sum F_y = 0 \qquad F_{BC}\sin\alpha - F = 0 \tag{a}$$

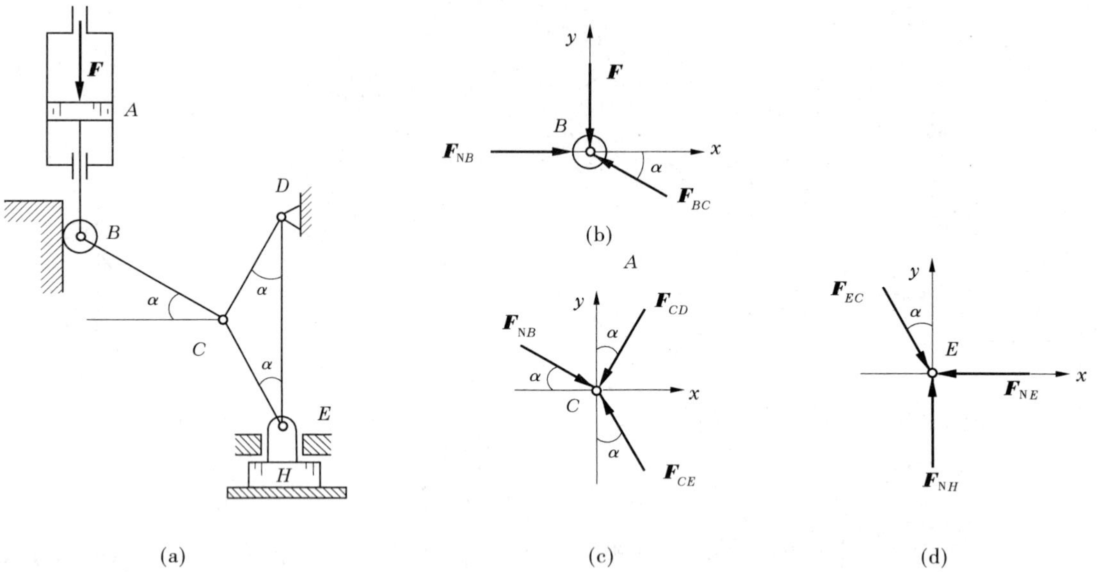

图 3-12　例 3-6 图

由式(a)得

$$F_{BC}=\frac{F}{\sin\alpha} \tag{b}$$

(2)选销钉 C 为研究对象,其受力图如图 3-12(c)所示。由于杆 BC、CE、CD 都是二力杆,所以这 3 根杆作用于销钉 C 上的力 $\boldsymbol{F}_{CB}$、$\boldsymbol{F}_{CE}$、$\boldsymbol{F}_{CD}$ 分别沿各杆的轴线,指向假设如图所示。

取坐标轴如图 3-12(c)所示,列平衡方程

$$\sum F_x=0 \qquad F_{CB}\cos\alpha-F_{CD}\sin\alpha-F_{CE}\sin\alpha=0 \tag{c}$$

$$\sum F_y=0 \qquad F_{CE}\cos\alpha-F_{CB}\sin\alpha-F_{CD}\cos\alpha=0 \tag{d}$$

因 $F_{CB}=F_{BC}$,将式(b)代入式(c),得

$$F_{CD}=\frac{\cos\alpha}{\sin^2\alpha}F-F_{CE} \tag{e}$$

将式(b)和式(e)代入式(d),得

$$F_{CE}=\frac{F}{\sin\alpha\sin2\alpha} \tag{f}$$

将式(f)代入式(e),得

$$F_{CD}=\frac{\cos\alpha}{\sin^2\alpha}F-\frac{F}{\sin\alpha\sin2\alpha}=\frac{F(\cos^2\alpha-\sin^2\alpha)}{\sin\alpha\sin2\alpha}$$

(3)选取压具 E 为研究对象,其受力图如图 3-12(d)所示。工件作用于压具 E 上的力 $\boldsymbol{F}_{NH}$ 竖直向上,杆 CE 作用于销钉 E 上的力 $\boldsymbol{F}_{EC}$ 与 $\boldsymbol{F}_{CE}$ 等值、反向、共线,挡板给压具 E 的反力 $\boldsymbol{F}_{NE}$ 水平向左。

取坐标轴如图 3-12(d)所示,这里只需列 y 轴方向的平衡方程

$$\sum F_y=0 \qquad F_{NH}-F_{EC}\cos\alpha=0 \tag{g}$$

将式(f)代入式(g),得

$$F_{NH} = \frac{F}{2\sin^2\alpha}$$

工件 H 所受的压紧力与力 $\boldsymbol{F}_{NH}$ 等值反向。

综合以上例题,应用解析法求解平面汇交力系平衡问题的主要步骤如下:

(1)选取研究对象。同几何法。

(2)分析受力,画受力图。同几何法。

(3)恰当地选择坐标系,列平衡方程。尽量使所选坐标轴与较多的未知力垂直,避免解联立方程。

(4)求解方程。解得的力的绝对值表示力的大小;答案中的正号表示力假设的方向与实际的指向一致,负号表示相反。

小　结

本章的主要内容是应用几何法和解析法研究平面汇交力系的合成与平衡问题。重点是用平面汇交力系的平衡方程求解平衡问题,要求熟练掌握。

平面汇交力系合成的结果是一个合力 $\boldsymbol{F}_R$,合力矢等于各个分力的矢量和(或几何和),即

$$\boldsymbol{F}_R = \sum \boldsymbol{F}_i$$

(1)在几何法中,合力 $\boldsymbol{F}_R$ 的大小和方向是以力多边形的封闭边来表示的。

(2)解析法中,合力 $\boldsymbol{F}_R$ 的大小和方向按下列公式计算

$$\left.\begin{aligned} F_R &= \sqrt{F_{Rx}^2 + F_{Ry}^2} = \sqrt{(\sum F_x)^2 + (\sum F_y)^2} \\ \cos\alpha &= \frac{\sum F_x}{\sqrt{(\sum F_x)^2 + (\sum F_y)^2}} \\ \cos\beta &= \frac{\sum F_y}{\sqrt{(\sum F_x)^2 + (\sum F_y)^2}} \end{aligned}\right\}$$

平面汇交力系平衡的必要与充分条件是合力 $\boldsymbol{F}_R$ 为零。

(1)在几何法中,平面汇交力系平衡的几何条件是力多边形自行封闭。

(2)在解析法中,平面汇交力系的平衡方程是

$$\left.\begin{aligned} \sum F_x &= 0 \\ \sum F_y &= 0 \end{aligned}\right\}$$

应用两个独立的平衡方程,可求解两个未知量。

思考题

3-1　如图 3-13 所示的力多边形中各个力的关系是什么?哪个力多边形是自行封闭

的？哪个不是自行封闭的？

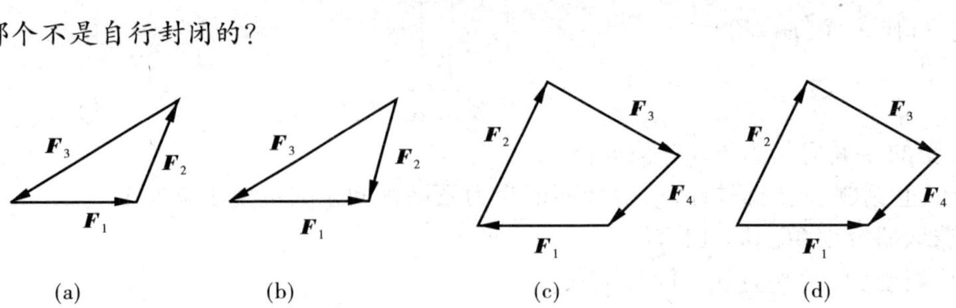

图 3-13　思考题 3-1 图

3-2　合力是否一定比分力大？

3-3　根据力的解析表达式 $\boldsymbol{F}=F_x\boldsymbol{i}+F_y\boldsymbol{j}$ 是否能确定力的大小和方向？是否能确定力的作用线的位置？

3-4　不共面的 3 个力汇交于一点，这个力系能否平衡？

3-5　分别求图 3-14 中力 $\boldsymbol{F}$ 在 x'、y' 轴和 x、y 轴上的投影和分力，并比较其区别和联系。

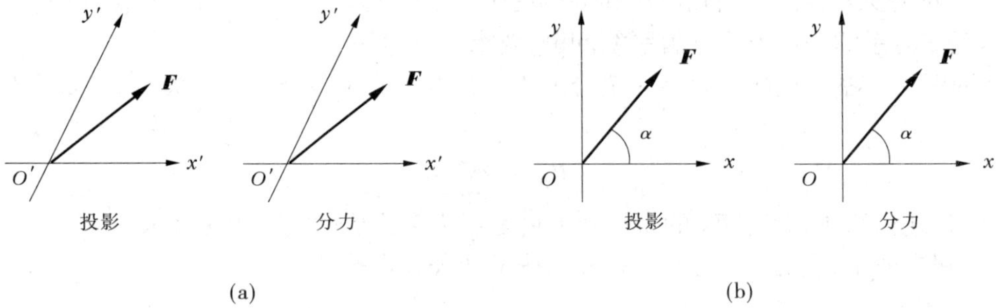

图 3-14　思考题 3-5 图

3-6　应用解析法求解平面汇交力系的平衡问题时，若选择的坐标系 x、y 轴不垂直，且力系满足方程式 $\sum F_x=0$ 和 $\sum F_y=0$。那么，该力系是否平衡？为什么？

3-7　对于如图 3-15 所示的平面汇交力系，若选择的坐标系 x、y 轴相互垂直，而 z 轴是任意的，且力系满足方程式 $\sum F_x=0$ 和 $\sum F_y=0$。那么，该力系是否满足方程 $\sum F_z=0$，为什么？

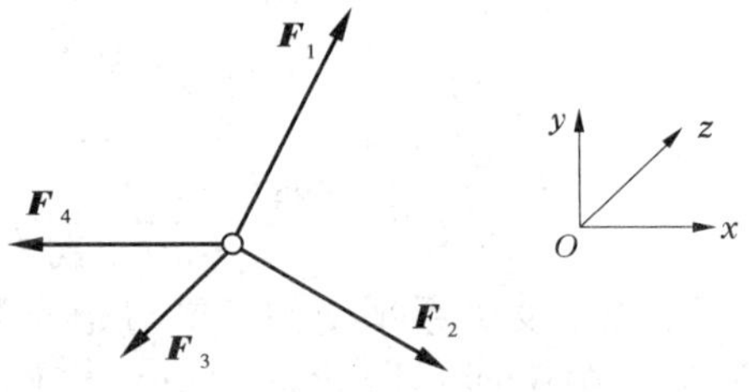

图 3-15　思考题 3-7 图

习　题

3-1　如图 3-16 所示，铆接钢板在孔 A、B、C 处受 3 个力的作用。已知 $F_1=100$ N，沿铅垂方向；$F_2=50$ N，沿 AB 方向；$F_3=50$ N，沿水平方向，并通过 A 点。求此力系的合力。

3-2　如图 3-17 所示，支架由杆 AB、AC 构成，A、B、C 均为铰链，在销钉 A 上作用力 $\boldsymbol{F}$。不计杆的自重，试求 4 种情况下杆 AB 和 AC 所受的力。

3-3　如图 3-18 所示，电动机重 $P=5$ kN，放在横梁 AC 的中点处，A、B、C 均为铰链。不计梁和杆的自重，试求 A 点反力和杆 BC 所受的力。

3-4　如图 3-19 所示，圆柱体 A 重 $\boldsymbol{P}$，其中心系着两根绳子 AB 和 AC，分别经过滑轮 B 和 C，两端挂着重为 $\boldsymbol{P}_1$ 和 $\boldsymbol{P}_2$ 的物体，设 $P_1 < P_2$。试求平衡时绳子 AC 和水平线之间的夹角 α 及 D 处的反力。

3-5　夹具中所用的两种增力机构如图 3-20 所示。已知推力 $\boldsymbol{P}$ 作用在 A 点，机

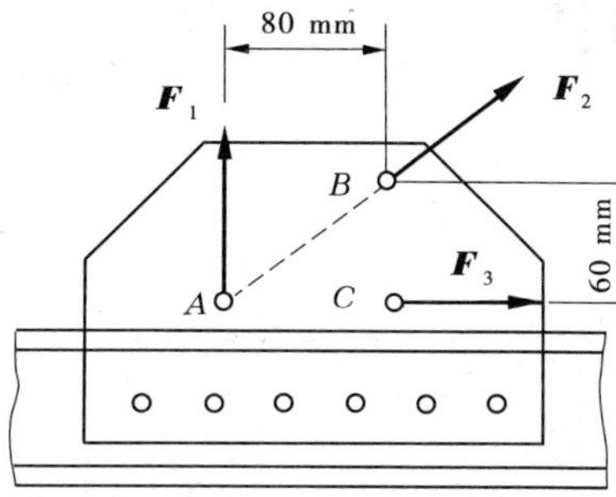

图 3-16　习题 3-1 图

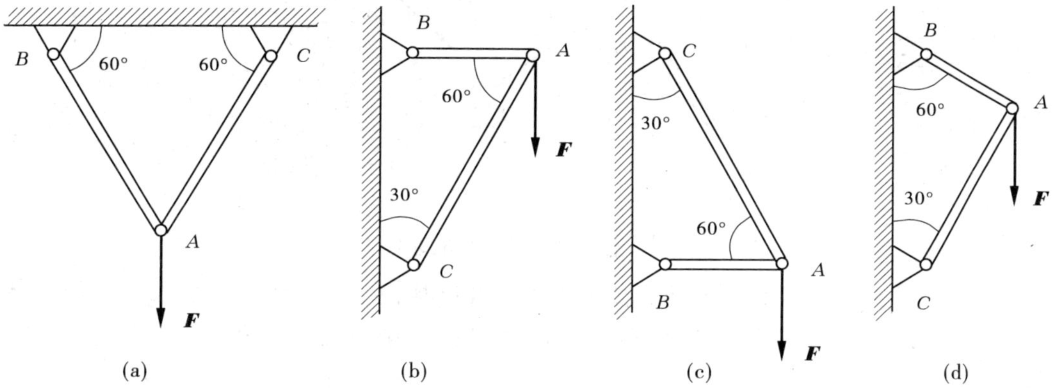

图 3-17　习题 3-2 图

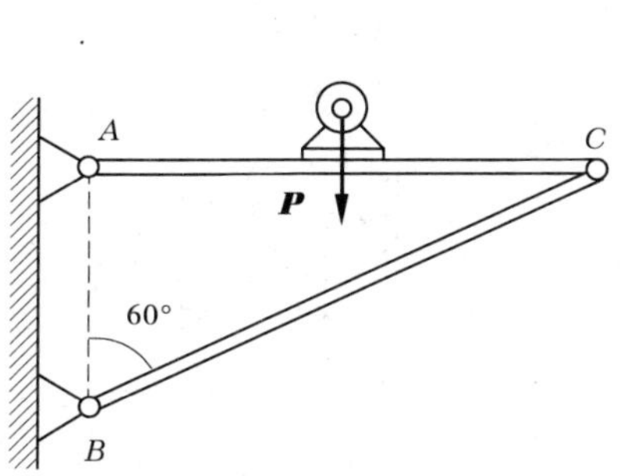

图 3-18　习题 3-3 图

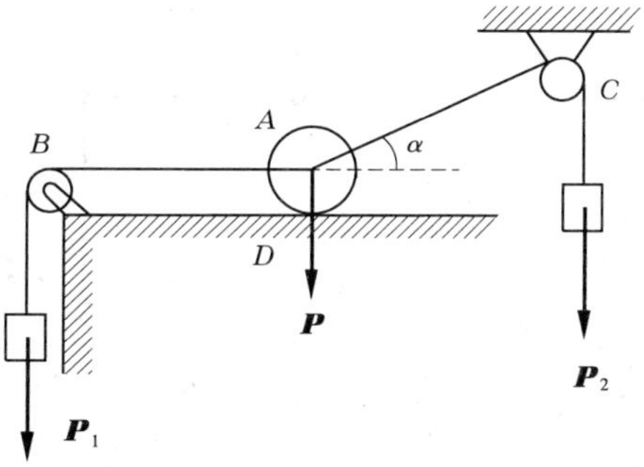

图 3-19　习题 3-4 图

构平衡时杆与水平线的夹角为 α。杆和滑块的自重不计，试求 $\alpha=10°$时增力倍数 F/P。

3-6　如图 3-21 所示，铰链四连杆机构 $CABD$ 的 C、D 两点为固定铰支座，在铰链 A、B 处作用有力 $\boldsymbol{F}_1$、$\boldsymbol{F}_2$。该机构在图示位置平衡，不计杆重，求 $\boldsymbol{F}_1$ 和 $\boldsymbol{F}_2$ 的关系。

3-7　三铰刚架如图 3-22 所示，求在水平力 $\boldsymbol{F}$ 作用下支座 A、B 的约束反力。不计刚架自重。

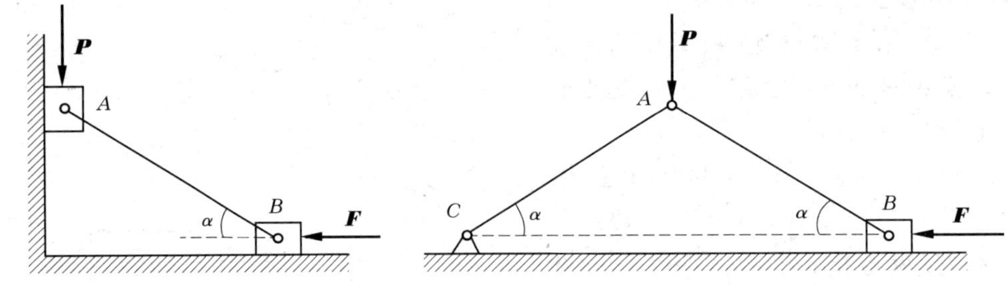

(a)　　(b)

图 3-20　习题 3-5 图

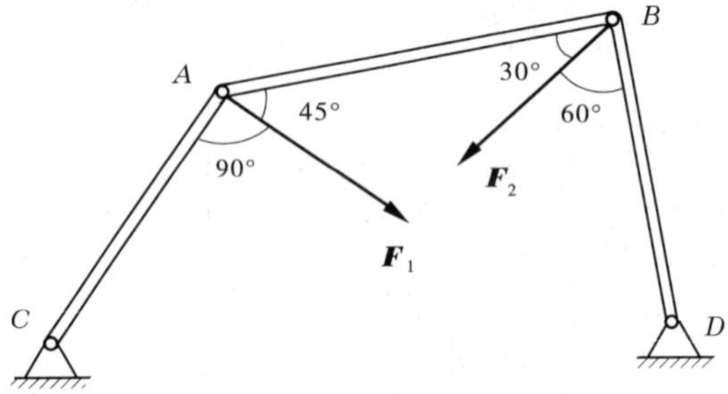

图 3-21　习题 3-6 图

3-8　如图 3-23 所示,杠杆 *ABC* 在 *A* 点用铰链连接,在 *B* 点与一曲杆 *BD* 铰接。已知作用于 *C* 处的水平力 $F=400$ N,不计各杆自重,求 *A* 点所受的约束反力。

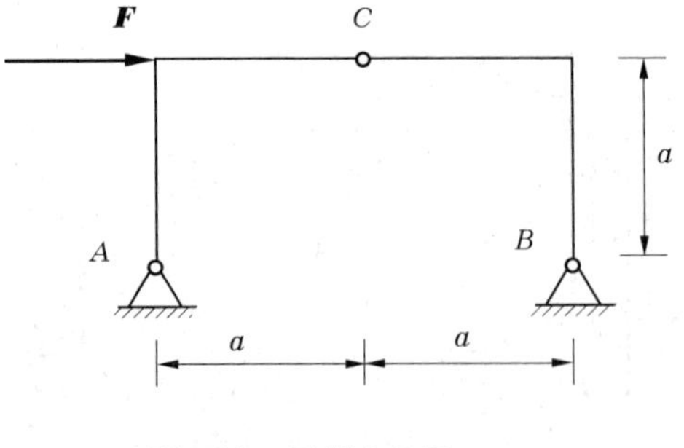

图 3-22　习题 3-7 图

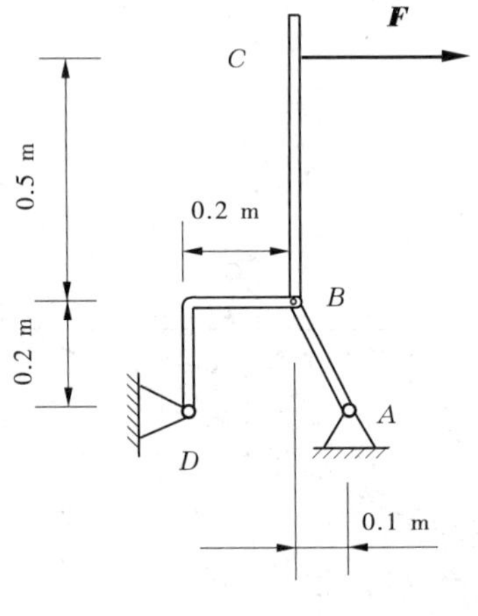

图 3-23　习题 3-8 图

3-9　刚架由四部分铰接而成,其尺寸如图 3-24 所示。刚架各杆自重不计,求在水平力 **F** 作用下支座 *A*、*B*、*C*、*D* 的约束反力。

3-10　如图 3-25 所示一拔桩架,在桩上 *A* 点系上一绳,另一端固定在架上 *C* 点,在绳的 *B* 点系上另一绳 *BE*,其一端固定在架上 *E* 点。然后,在绳的 *D* 点用力 **F** 向下拉,即有比 **F** 大数倍的力将桩拔起。如果 *AB* 和 *BD* 分别为竖直和水平方向,*BC* 与竖直方向及 *DE* 与水

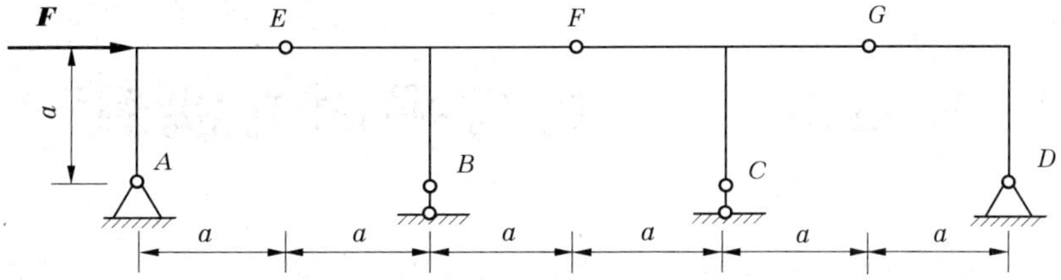

图 3-24　习题 3-9 图

平方向的夹角均为 $\alpha=4°$，$F=400$ N，试求绳 AB 作用于桩上的拉力。

3-11　如图 3-26 所示，在杆 AB 的两端用光滑铰与两轮中心 A、B 连接，并将其置于相互垂直的两个光滑斜面上。设两轮重量均为 $\boldsymbol{P}$，杆 AB 的重量不计，求平衡时角 θ 之值。若轮 A 重量 $P_A=300$ N，欲使平衡时杆 AB 在水平位置，即 $\theta=0°$，轮 B 重量 $\boldsymbol{P}_B$ 应为多少？

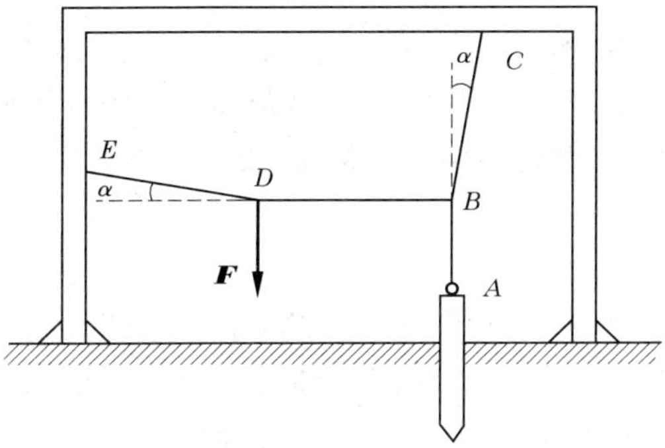

图 3-25　习题 3-10 图

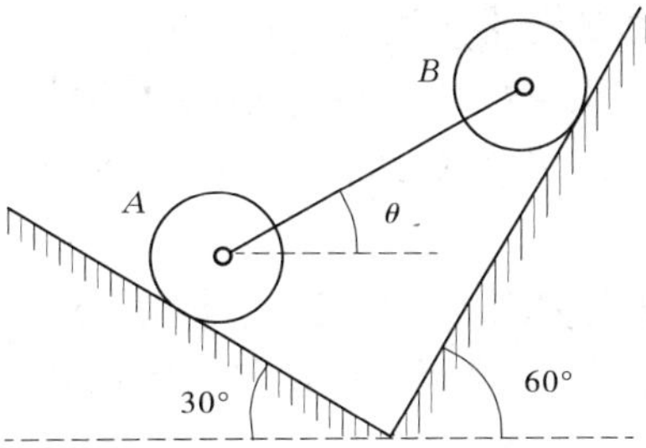

图 3-26　习题 3-11 图

第四章　力矩与平面力偶系

本章将研究力矩和力偶矩的概念、合力矩定理、力的平移定理、平面力偶系的合成与平衡。它们在静力学中有着重要的意义,是研究平面一般力系的基础。

第一节　力矩与合力矩定理

一、力矩

经验告诉我们:用扳手转动螺母(见图4-1)时,作用于扳手一端的力 $\boldsymbol{F}$ 使扳手绕 O 点转动的效应,不仅与力 $\boldsymbol{F}$ 的大小有关,而且与 O 点到力 $\boldsymbol{F}$ 作用线的垂直距离 d 有关。因此,在力学上以乘积 Fd 作为量度力 $\boldsymbol{F}$ 使物体绕 O 点转动效应的物理量,这个量被称为力 $\boldsymbol{F}$ 对 O 点之矩,简称力矩,以符号 $M_O(\boldsymbol{F})$ 表示,即

$$M_O(\boldsymbol{F}) = \pm Fd \tag{4-1}$$

O 点称为力矩中心(简称矩心),O 点到力 $\boldsymbol{F}$ 作用线的垂直距离 d 称为力臂。通常规定:力使物体绕矩心做逆时针方向移动时,力矩取正号;做顺时针方向移动时,力矩取负号。根据以上情况,平面内力对点之矩,只取决于力矩的大小及旋转方向,因此平面内力对点之矩是一个代数量。在平面力系中,力矩或为正值,或为负值,因此力矩可视为代数量。

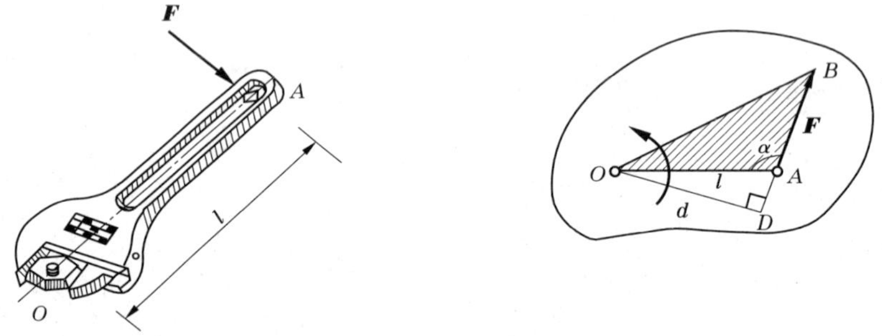

图4-1　力矩

在图4-1中,力 $\boldsymbol{F}$ 对 O 点之矩的大小可由三角形 OAB 面积的2倍来表示,即

$$M_O(\boldsymbol{F}) = \pm 2\triangle OAB \text{ 面积} \tag{4-2}$$

力矩的单位是 N · m 或 kN · m。

综上所述可知:

(1)力 $\boldsymbol{F}$ 对 O 点之矩的大小不仅取决于力 $\boldsymbol{F}$ 的大小,同时还与矩心的位置有关;

(2)力 $\boldsymbol{F}$ 对一点之矩,不会因该力沿其作用线移动而改变,因为力和力臂的大小均未改变;

(3)力的作用线通过矩心时,力矩等于零;

(4)互成平衡的二力对同一点之矩的代数和等于零。

最后再指出一点:前面是由力对物体上固定点的作用引出力矩的概念。实际上,作用于物体上的力可以对任意点取矩。

【例4-1】 图4-1中扳手所受的力 $F=200\ \mathrm{N}$, $l=0.4\ \mathrm{m}$, $\alpha=120°$。试求 $\boldsymbol{F}$ 对 O 点之矩。

解 根据式(4-1),有

$$M_O(\boldsymbol{F}) = Fd = Fl\sin\alpha = 200\times0.4\times\sin120° = 69.3(\mathrm{N\cdot m})$$

正号表示扳手绕 O 点做逆时针方向转动。应当注意,力臂是 OD(自矩心 O 至力作用线的垂直距离),而不是 OA。

二、合力矩定理

如图4-2(a)所示,共点力系 $\boldsymbol{F}_1$、$\boldsymbol{F}_2$ 作用在物体上的 A 点,力 $\boldsymbol{F}_1$ 和 $\boldsymbol{F}_2$ 对 O 点之矩分别为

$$M_O(\boldsymbol{F}_1) = -F_1h_1 \tag{4-3}$$

$$M_O(\boldsymbol{F}_2) = F_2h_2 \tag{4-4}$$

将力 $\boldsymbol{F}_1$ 和 $\boldsymbol{F}_2$ 合成为一个合力 $\boldsymbol{F}_R$,合力 $\boldsymbol{F}_R$ 对 O 点之矩为

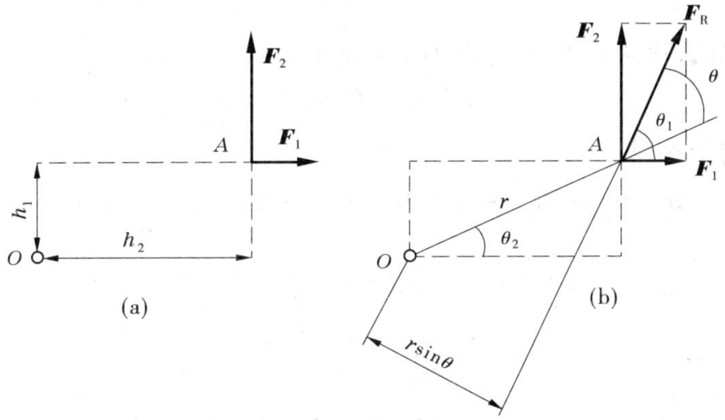

图4-2　合力矩定理

$$\begin{aligned}M_O(\boldsymbol{F}_R) &= F_Rr\sin\theta = F_Rr\sin(\theta_1-\theta_2)\\ &= F_Rr(\sin\theta_1\cos\theta_2-\cos\theta_1\sin\theta_2)\\ &= (F_R\sin\theta_1)(r\cos\theta_2)-(F_R\cos\theta_1)(r\sin\theta_2)\\ &= F_2h_2-F_1h_1\\ &= M_O(\boldsymbol{F}_2)+M_O(\boldsymbol{F}_1)\end{aligned} \tag{4-5}$$

式(4-5)表明合力 $\boldsymbol{F}_R$ 对 O 点之矩等于分力 $\boldsymbol{F}_1$、$\boldsymbol{F}_2$ 对 O 点之矩的代数和。这个结论可推广到共点力系有 n 个力的情形,即

$$M_O(\boldsymbol{F}_R) = M_O(\boldsymbol{F}_1)+M_O(\boldsymbol{F}_2)+\cdots+M_O(\boldsymbol{F}_n) = \sum_{i=1}^{n}M_O(\boldsymbol{F}_i) \tag{4-6}$$

式(4-6)称为合力矩定理,它表明:共点力系的合力对任意点之矩等于各分力对同一点之矩的代数和。当力臂不易求出时,常用合力矩定理来计算力对点之矩。

【例 4-2】 作用于轮齿的力 $F=1$ kN，轮直径 $d=160$ mm，压力角 $\alpha=20°$（见图 4-3(a)）。求力 $\boldsymbol{F}$ 对轮心 O 之矩。

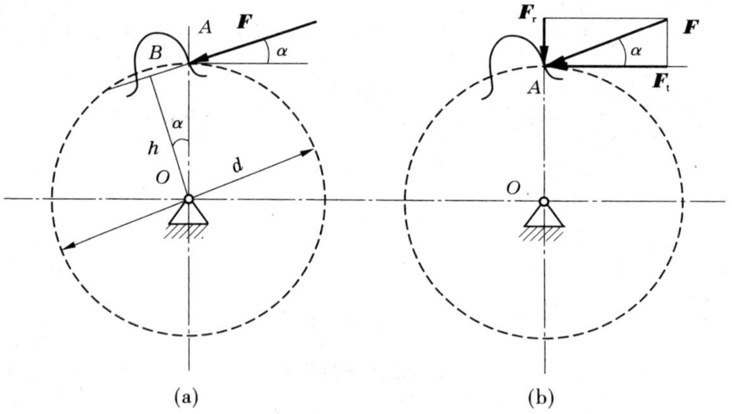

图 4-3　例 4-2 图

解　(1)应用力矩计算公式，由图中几何关系可知力臂 $h=\dfrac{d}{2}\cos\alpha$，则

$$M_O(\boldsymbol{F})=\boldsymbol{F}\cdot h=1\ 000\times\frac{0.16}{2}\cos20°=75.2(\mathrm{N\cdot m})$$

(2)将力 $\boldsymbol{F}$ 分解为圆周力 $\boldsymbol{F}_t$ 和径向力 $\boldsymbol{F}_r$（见图 4-3(b)），则

$$F_t=F\cos\alpha\quad F_r=F\sin\alpha$$

根据合力矩定理，则有

$$\begin{aligned}M_O(\boldsymbol{F})&=M_O(\boldsymbol{F}_t)+M_O(\boldsymbol{F}_r)=F\cos\alpha\cdot\frac{d}{2}+0\\&=1\ 000\times\cos20°\times\frac{0.16}{2}\\&=75.2(\mathrm{N\cdot m})\end{aligned}$$

第二节　力偶矩与力的平移定理

一、力偶矩

力偶中的两个力大小相等、方向相反、作用线平行，因此这两个力在任何坐标轴上投影之和等于零。可见，力偶无合力，不能用一个力代替，也不能与一个力平衡。力偶对物体不产生移动效应，只能使物体产生转动效应。

显然，可用力偶中两个力对矩心的力矩之和来度量力偶。如图 4-4 所示，在力偶平面内任取一点 O 为矩心，设 O 点与力 $\boldsymbol{F}$ 作用线的距离为 x，则力偶的两个力对 O 点之矩的和为

$$\begin{aligned}M_O(\boldsymbol{F})+M_O(\boldsymbol{F}')&=-Fx+F'(x+d)=-Fx+F'x+F'd\\&=F'd=Fd\end{aligned}\tag{4-7}$$

由此可见，力偶对矩心 O 点的力矩只与力 $\boldsymbol{F}$ 和力偶臂 d 的大小有关，而与矩心位置无

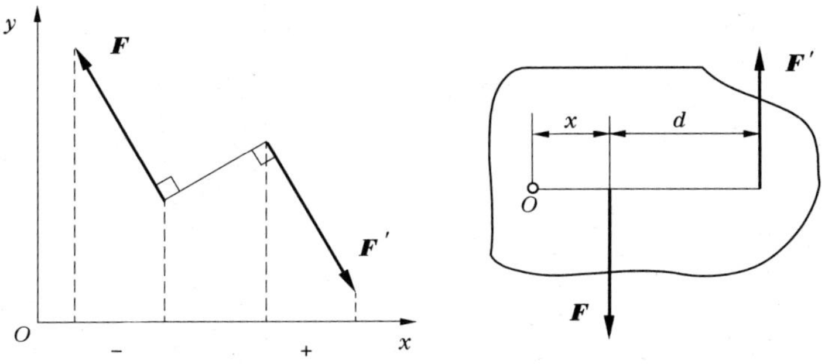

图 4-4　力偶矩

关。即力偶对物体的转动效应只取决于力偶中力的大小和二力之间的垂直距离(即力偶臂)。因此,在力学上以乘积 Fd 作为度量力偶对物体的转动效应的物理量,这个量称为力偶矩,以符号 $M(\boldsymbol{F},\boldsymbol{F}')$ 或 M 表示,即

$$M(\boldsymbol{F},\boldsymbol{F}') = \pm Fd$$

$$M = \pm Fd \tag{4-8}$$

式(4-8)中的正负号表示力偶的转动方向,即逆时针方向转动时为正,顺时针方向转动为负(见图 4-5)。由此可见,在平面内,力偶矩是代数量。

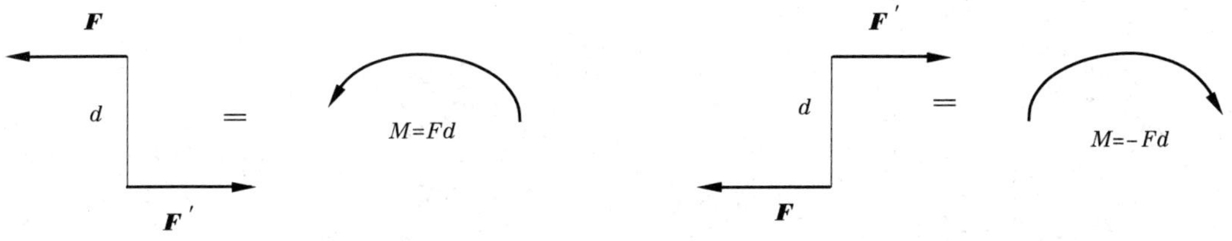

(a)　(b)

图 4-5　力偶方向

综上所述可知,力偶对物体的作用效应,取决于下列三个因素:

(1)力偶矩的大小;

(2)力偶的转向;

(3)力偶的作用平面。

以上三个因素常称为力偶的三要素。

【例 4-3】　从力偶理论知道,一力不能与力偶平衡。但是为什么螺旋压榨机上,力偶却似乎可以用被压榨物体的反抗力 $\boldsymbol{F}_{\mathrm{N}}$ 来平衡呢?为什么图 4-6 所示的轮子上的力偶 M 似乎与重物的力 $\boldsymbol{P}$ 相平衡呢?这种说法错在哪里?

解　图 4-6(a)所示结构是由螺纹上的摩擦力和法向反力对中心轴的力矩与作用的力偶相平衡;图 4-6(b)结构是由力 $\boldsymbol{P}$ 与轮子支座 O 点处的反力所组成的力偶与外力偶 M 平衡的。

二、平面力偶等效定理

定理:在同平面内的两个力偶,如果力偶矩相等,则这两力偶彼此等效。

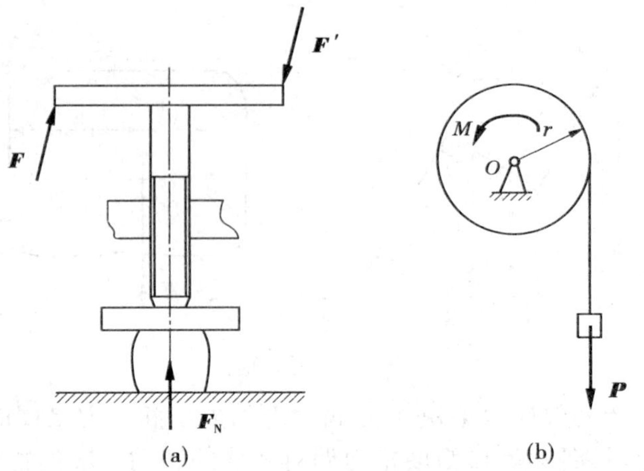

图 4-6　例 4-3 图

因为力偶对刚体产生的纯转动效应只决定于力偶矩，故上述定理必定成立。

由平面力偶等效定理可得以下两个结论：

(1)力偶可在其作用面内任意移动，而不会改变它对刚体的作用(见图 4-7)。因此，力偶对刚体的作用与它在作用面内的位置无关。

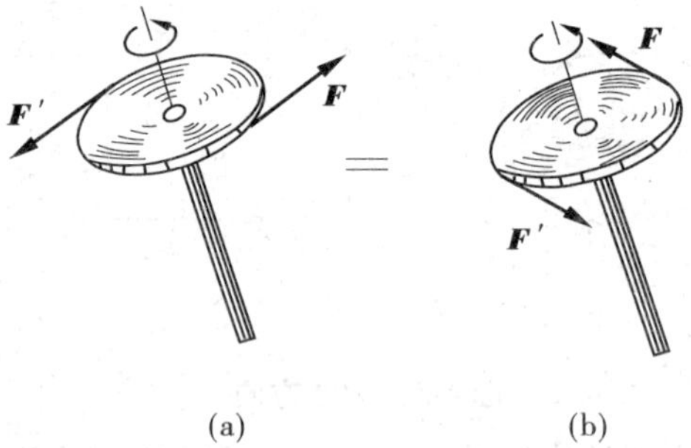

图 4-7　力偶等效

(2)在保持力偶矩大小和转向不变的条件下，可以同时改变力偶中力的大小和力偶臂的长短，而不会改变力偶对刚体的作用(见图 4-8(a)、(b))。

力偶对刚体的作用只决定于力偶矩，力偶矩与矩心无关，力偶具有上述特性，故力偶可用带箭头的圆弧段表示(见图 4-8(c))。

三、力的平移定理

为了将平面任意力系简化为平面汇交力系和平面力偶系，首先必须解决力的平行移动问题。

根据加减平衡力系公理，在点 O 添加一对平衡力 $\boldsymbol{F}'$和 $\boldsymbol{F}''$，且使 $\boldsymbol{F}' = -\boldsymbol{F}'' = \boldsymbol{F}$，如图 4-9 所示。这样，并不影响原力 F 对刚体的作用效应。显然，力 $\boldsymbol{F}$ 和 $\boldsymbol{F}''$构成了一个力偶，其力偶矩为

$$M = Fd = M_O(\boldsymbol{F}) \tag{4-9}$$

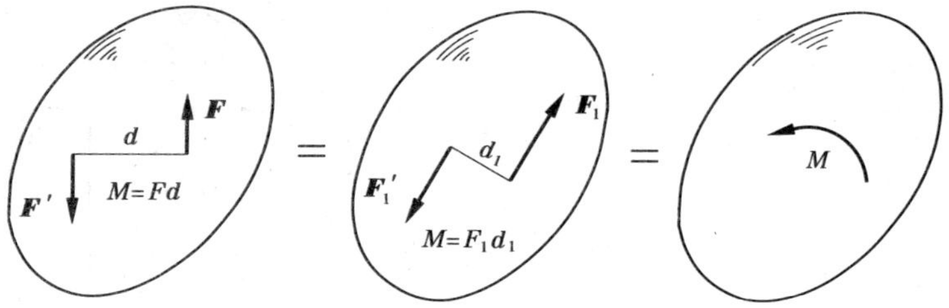

(a)　(b)　(c)

图 4-8　力偶矩

这个力偶称为附加力偶。于是,作用于点 O 的力 $\boldsymbol{F}'$ 和附加力偶 M 与原力 $\boldsymbol{F}$ 等效(见图 4-9)。

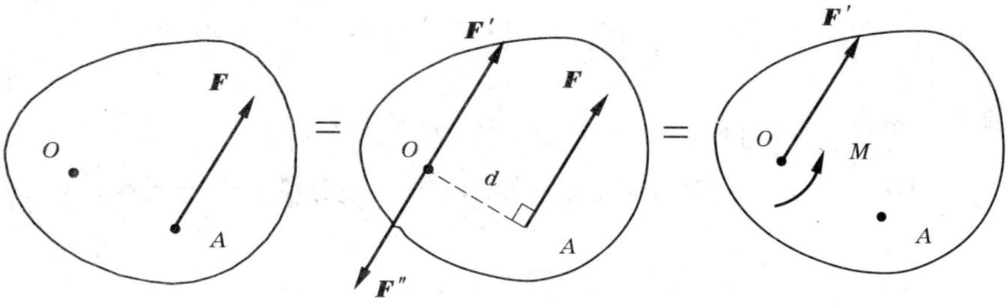

(a)　(b)　(c)

图 4-9　力的平移定理

由此可得:作用于刚体上的力 $\boldsymbol{F}$ 可平移到刚体上任一点 O,但必须附加一个力偶,附加力偶矩等于原力 $\boldsymbol{F}$ 对点 O 的矩。这就是力的平移定理。

利用上述步骤,可以把一个力分解成一个力和一个力偶。当然,利用其逆步骤,也可以把一个力和一个力偶合成为一个力。力的平移定理提供了将力系向一点简化的依据,下面举例说明。

【例 4-4】　利用力的平移定理简化如图 4-10 所示两个同向的平行力。

解　设 $\boldsymbol{F}_1$、$\boldsymbol{F}_2$ 分别作用于刚体表面的 A、B 两点,如图 4-10(a)所示,A、B 两点间的距离为 l。将 $\boldsymbol{F}_1$、$\boldsymbol{F}_2$ 向距点 A 为 x 的点 C 平移,并附加力偶 M_1、M_2,则

$$M_1 = F_1 x \quad M_2 = -F_2(l - x)$$

显然在 AB 之间总可以找到一点 O,使满足

$$M_1 + M_2 = 0$$

即当力平移到 O 处时两个附加力偶相互抵消,设此时 O 点到 A 点之距为 $\bar{x}$,由上式有

$$F_1\bar{x} = F_2(l - \bar{x})$$

可解出点 O 到点 A 的距离为

$$\bar{x} = \frac{F_2}{F_1 + F_2} l$$

这时,原力系简化为作用于 O 点的一个合力 $\boldsymbol{F}_R$,如图 4-10(b)所示。O 点称为无主矩简化中心,或称合力作用点,合力的大小为 $F_R = F_1 + F_2$。

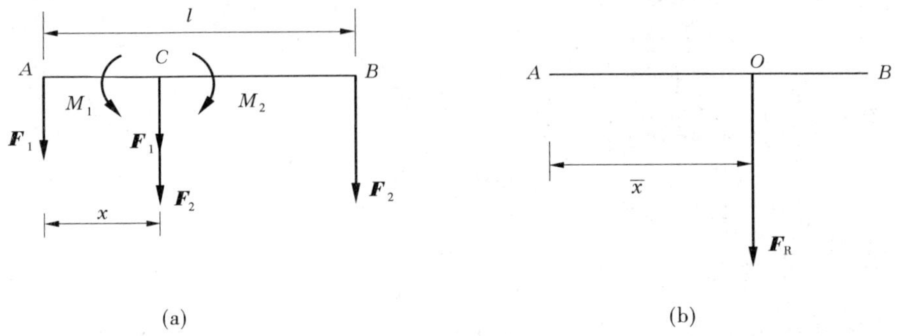

图 4-10　例 4-4 图

第三节　平面力偶系的合成与平衡

在同一平面内的两个力偶($\boldsymbol{F}_1$,$\boldsymbol{F}_1'$)和($\boldsymbol{F}_2$,$\boldsymbol{F}_2'$),它们的力偶臂分别为 d_1 和 d_2(见图 4-11(a)),其力偶矩分别为 $M_1 = F_1d_1$ 和 $M_2 = F_2d_2$,现分析其合成结果。

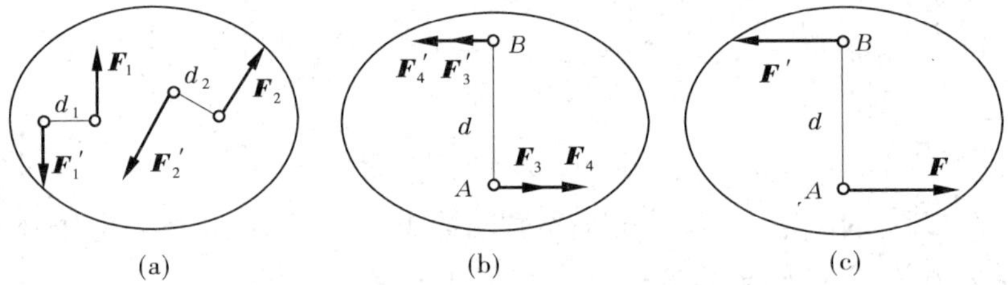

图 4-11　力偶的合成

在力偶作用的平面内任取一线段 $AB = d$,在不改变力偶矩的条件下将各力偶的力偶臂都化为 d,于是得到与原力偶等效的两个力偶($\boldsymbol{F}_3$,$\boldsymbol{F}_3'$)和($\boldsymbol{F}_4$,$\boldsymbol{F}_4'$),$\boldsymbol{F}_3$ 和 $\boldsymbol{F}_4$ 的大小可由下列等式计算出

$$M_1 = F_3d \quad M_2 = F_4d \tag{4-10}$$

然后转移各力偶使它们的力臂都与 AB 重合,如图 4-11(b)所示。再将作用于 A 点的各力合成,这些力沿同一直线作用,合成力 $\boldsymbol{F}$,其大小为

$$F = F_3 + F_4 \tag{4-11}$$

同样,可将作用于 B 点的各力合成 $\boldsymbol{F}'$,它与力 $\boldsymbol{F}$ 的大小相等、方向相反且不在同一直线上,因此力 $\boldsymbol{F}$ 和 $\boldsymbol{F}'$组成一个力偶($\boldsymbol{F}$,$\boldsymbol{F}'$)(见图 4-11(c)),这就是两个已知力偶的合力偶,其力偶矩为

$$M = Fd = (F_3 + F_4)d = F_3d + F_4d = M_1 + M_2 \tag{4-12}$$

若作用在同一平面内有 n 个力偶,则其合力偶矩为

$$M = M_1 + M_2 + \cdots + M_n$$

或记为

$$M = \sum_{i=1}^{n} M_i \tag{4-13}$$

由以上可知，平面力偶系的合成结果为一合力偶，合力偶矩等于已知力偶矩的代数和。

平面力偶系的合成结果是一个合力偶，若平面力偶系平衡，则合力偶矩必须等于零，即

$$M = \sum_{i=1}^{n} M_i = 0 \tag{4-14}$$

反之，若合力偶矩等于零，则平面力偶系平衡。

由此可知，平面力偶系平衡的充分和必要条件是：力偶系中各力偶的代数和等于零。

式(4-14)是解平面力偶系平衡问题的基本方程，运用这个平衡方程，可以求出一个未知量。

【例 4-5】 如图 4-12 所示提升建筑材料的简易装置，$G = 10$ kN。试分别求：

(1)图示两个位置时 $\boldsymbol{G}$ 对 O 点的力矩；

(2)若横杆在图示位置平衡(即 $\boldsymbol{G}$ 对 O 点的力矩与 $\boldsymbol{F}$ 对 O 点的力矩的代数和为零)，求提升力 $\boldsymbol{F}$ 的大小。

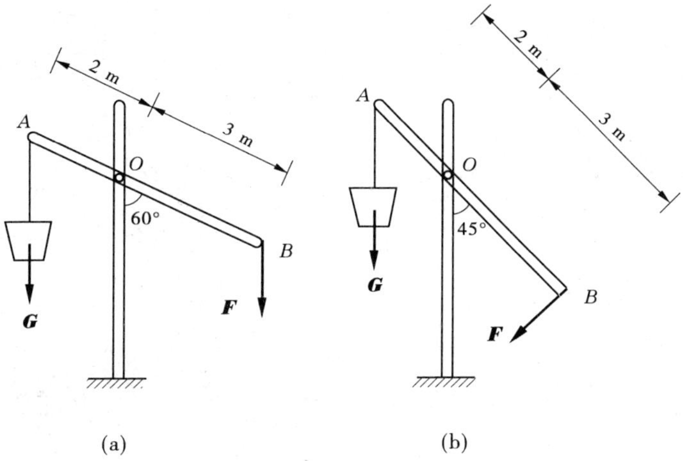

图 4-12　例 4-5 图

解　(1)由力矩的定义可知，图 4-12(a)中，重力 $\boldsymbol{G}$ 对 O 点的力矩为

$$M_O(\boldsymbol{G}) = Gd = 10 \times 2 \times \sin 60° = 17.32(\text{kN} \cdot \text{m})$$

图 4-12(b)中，重力 $\boldsymbol{G}$ 对 O 点的力矩为

$$M_O(\boldsymbol{G}) = Gd = 10 \times 2 \times \sin 45° = 14.14(\text{kN} \cdot \text{m})$$

(2)$\boldsymbol{G}$ 对 O 点的力矩与 $\boldsymbol{F}$ 对 O 点的力矩的代数和为零，即

$$M_O(\boldsymbol{G}) + M_O(\boldsymbol{F}) = 0$$

代入图 4-12(a)中的已知数据，得

$$10 \times 2 \times \sin 60° - F \times 3 \times \sin 60° = 0$$

解得
$$F = 6.67 \text{ kN}$$

代入图 4-12(b)中的已知数据，即

$$10 \times 2 \times \sin 45° - F \times 3 = 0$$

解得
$$F = 4.71 \text{ kN}$$

【例 4-6】 用多轴钻床在水平放置的工件上同时钻 3 个孔(见图 4-13),$M_1=M_2=10\ \mathrm{N\cdot m}$,$M_3=20\ \mathrm{N\cdot m}$,$l=200\ \mathrm{mm}$,试求 A 和 B 处的约束力。

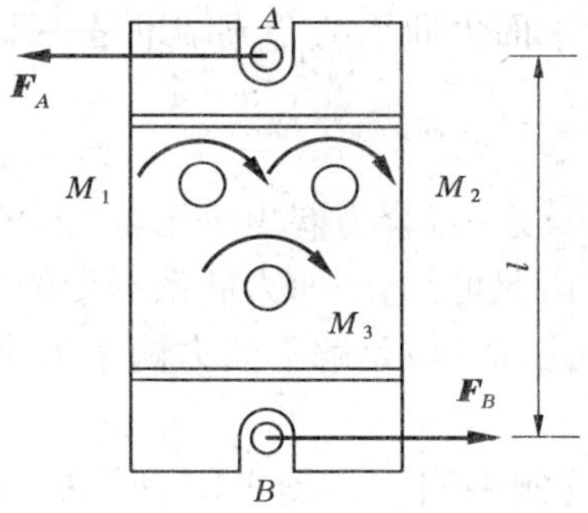

图 4-13　例 4-6 图

解　由力偶只能由力偶平衡的性质,其受力图见图 4-13,则

$$\sum M=0$$

$$F_Al-M_1-M_2-M_3=F_A\times 200-10\times 10^3-10\times 10^3-20\times 10^3=0$$

解得　$F_A=F_B=200\ \mathrm{N}$

【例 4-7】 四连杆机构在图 4-14 所示位置时平衡,$\alpha=30°$,$\beta=90°$。试求该机构平衡时$\dfrac{M_1}{M_2}$的值。

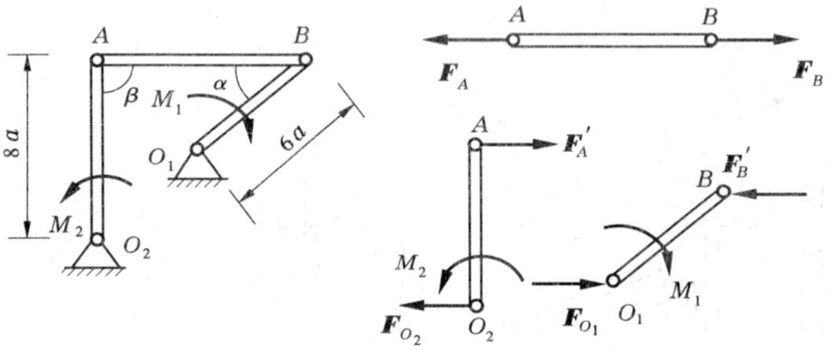

(a)　(b)

图 4-14　例 4-7 图

解　分析该机构的受力,并作受力图如图 4-14(b)所示。以杆 AO_2 为研究对象,由力偶的平衡条件 $M=\sum_{i=1}^{n}M_i=0$ 可得出:$M_2=F_A'\cdot 8a$,即 $F_A'=F_A=\dfrac{M_2}{8a}$。

以杆 BO_1 为研究对象,同样由力偶的平衡条件 $M=\sum_{i=1}^{n}M_i=0$ 可得出:$M_1=F_B'\cdot 6a\cdot\sin\alpha$,即 $F_B'=\dfrac{M_1}{6a\cdot\sin30°}=\dfrac{M_1}{3a}$。

以杆 AB 为研究对象经过分析可得:$F_A=F_A'=F_B'=F_B$,整理可得:$\dfrac{M_1}{M_2}=\dfrac{3}{8}$。

【例 4-8】 横梁 AB 长为 l,A 端用铰链杆支撑,B 端为铰支座。梁上受到一力偶的作用,其力偶矩为 M_0,如图 4-15 所示。不计梁和支杆的自重,求 A 端和 B 端的约束力。

解　选梁 AB 为研究对象,作受力图,如图 4-15(b)所示。梁所受的主动力为一力偶,AD 是二力杆,因此 A 端的约束力必沿 AD 杆。根据力偶只能与力偶平衡的性质,可以判断 A 端与 B 端的约束力 $\boldsymbol{F}_A$ 和 $\boldsymbol{F}_B$ 构成一力偶,因此有:$\boldsymbol{F}_A=-\boldsymbol{F}_B$。列出平衡方程为

$$\sum M=M_0-F_Al\cdot\cos45°=0$$

解得

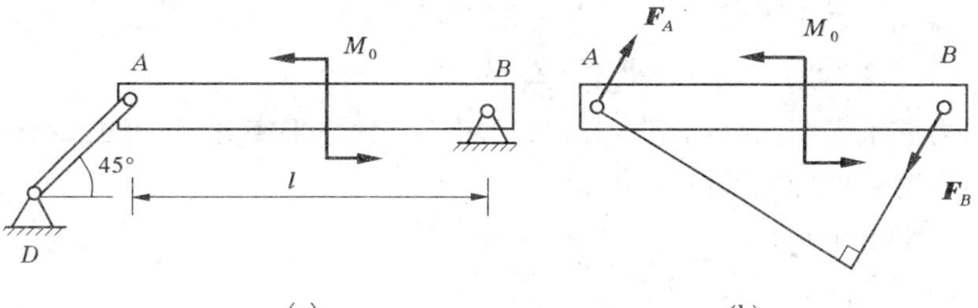

图 4-15　例 4-8 图

$$F_A = F_B = \frac{M}{l \cdot \cos45^\circ} = \frac{\sqrt{2}M}{l}$$

小　结

(1)力矩是力学中的一个基本概念,它是度量力对物体转动效应的物理量,可按下式计算

$$M_O(\boldsymbol{F}) = \pm Fd$$

力臂 d 是指矩心到力作用线的垂直距离。

(2)力偶也是力学中的一个基本量。

①力偶是由等值、反向、不共线的两平行力所组成。它对物体只产生转动效应,可用力偶矩来度量,即

$$M = \pm Fd$$

力偶臂 d 是两力作用线间的垂直距离。

②力偶无合力,力偶不能与一个力等效,因而也不能用一个力与之平衡。

③力偶在任意坐标轴上的投影等于零。力偶对任一点之矩为一常量,并等于力偶矩。

④力偶的主要性质是等效性。在保持力偶矩不变的条件下,可任意改变力和力偶臂,并可在作用面内任意移动。

(3)力偶的性质。

①力偶不能合成为一个合力,不能用一个力代替,力偶只能与力偶平衡。

②力偶在任一轴上的投影恒为零。

③力偶对其平面内任一点之矩都等于力偶矩,与矩心位置无关。

④在同一平面内的两个力偶,如果它们的力偶矩大小相等、转向相同,则这两个力偶等效。

力偶对物体的转动效应完全取决于力偶的三要素:力偶矩的大小、力偶的转向和力偶所在的作用面。

(4)平面力偶系合成为一个合力偶,合力偶矩等于各力偶矩的代数和,即

$$M = \sum_{i=1}^{n} M_i$$

(5)平面力偶系的平衡方程是

$$M = \sum_{i=1}^{n} M_i = 0$$

它是解平面力偶系平衡问题的基本方程,运用这一独立平衡方程,可求一个未知量。解题时也可以利用平衡条件确定铰链反力方位。

(6)力矩与力偶矩的异同点

力矩与力偶矩的异同点如表4-1所示。

表4-1　力矩与力偶矩的异同点

<table>
<tr><th colspan="2">异同点</th><th>力矩</th><th>力偶矩</th></tr>
<tr><td rowspan="3">相同点</td><td>1</td><td colspan="2">使物体产生转动效应</td></tr>
<tr><td>2</td><td colspan="2">单位: N · m 或 kN · m</td></tr>
<tr><td>3</td><td colspan="2">正负规定: 逆时针为正,反之为负</td></tr>
<tr><td rowspan="3">不同点</td><td>1</td><td>力矩是力使物体绕某固定点转动效应的量度</td><td>力偶矩是力偶使物体转动效应的量度</td></tr>
<tr><td>2</td><td>力矩的大小和正负与矩心的选择有关</td><td>力偶对其作用面上任意点之矩恒等于力偶矩,与矩心的选择无关</td></tr>
<tr><td>3</td><td>力矩不能完全描述一个力,因为力可使物体移动,也可使物体转动</td><td>力偶矩完全可以描述一个力偶,它只能使物体转动</td></tr>
</table>

思考题

4-1　合力矩定理的内容是什么?它有什么用途?

4-2　二力平衡中的两个力、作用力与反作用力公理中的两个力、构成力偶的两个力各有什么不同?

4-3　平面汇交力系向汇交点以外的某一点简化,其简化结果可能是一个力吗?可能是一个力偶吗?可能是一个力和一个力偶吗?

4-4　判断题(正确的画"✓",错误的画"✕")。

(1)因为构成力偶的两个力满足 $F = F'$,所以力偶的合力为零。(　)

(2)力 $\boldsymbol{F}$ 在 x 轴上的合力为零,则力 $\boldsymbol{F}$ 对坐标原点的力矩也为零。(　)

习　题

4-1　如图4-16所示,已知梁 AB 上作用一力偶,力偶矩为 M,梁长为 l,梁自重不计。求在图4-16(a)、(b)、(c)三种情况下,支座 A 和 B 的约束力。

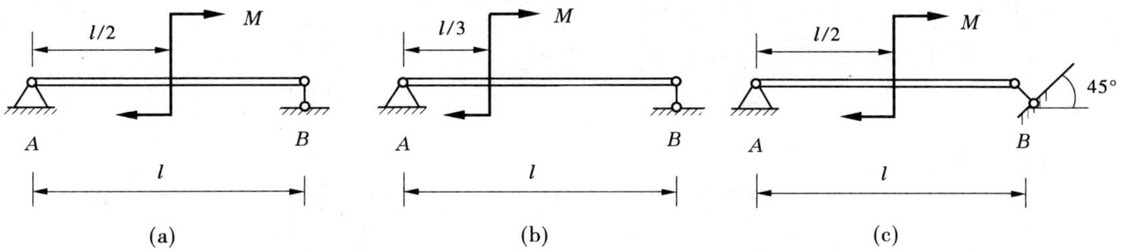

图 4-16　习题 4-1 图

4-2　在图 4-17 所示结构中二曲杆自重不计，曲杆 AB 上作用有主动力偶，其力偶矩为 M，试求支座 A 和 C 的约束力。

4-3　齿轮箱的两个轴上作用的力偶如图 4-18 所示，它们的力偶矩的大小分别为 $M_1 = 500\ \mathrm{N \cdot m}$，$M_2 = 125\ \mathrm{N \cdot m}$。求两螺栓 A 和 B 处的铅垂约束力。

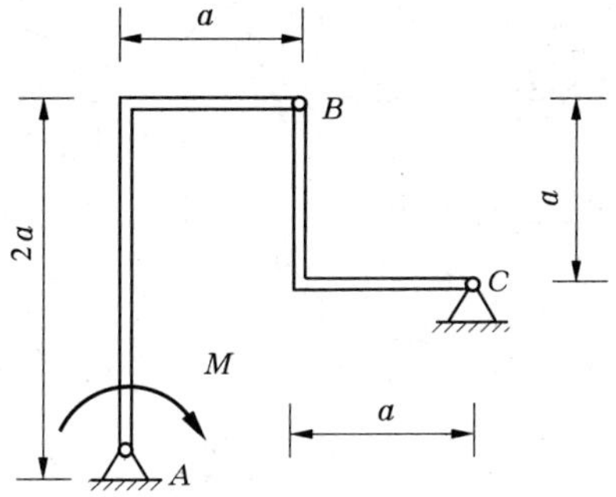

图 4-17　习题 4-2 图

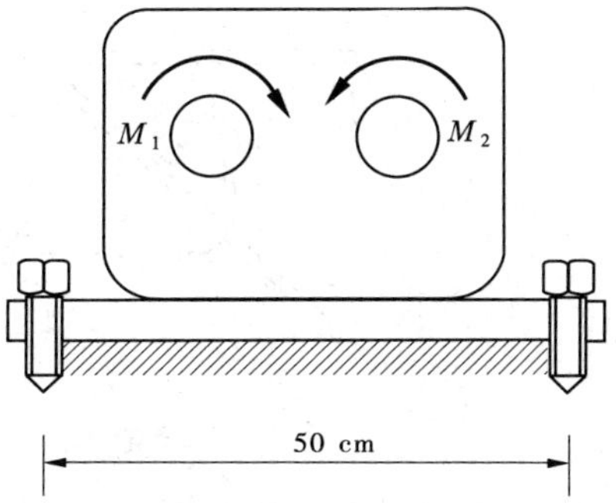

图 4-18　习题 4-3 图

4-4　机构 $OABO_1$ 在图 4-19 所示位置平衡，已知 $OA = 40$ cm，$O_1B = 60$ cm，作用在曲柄上的力偶矩大小为 $M_1 = 1\ \mathrm{N \cdot m}$，不计杆自重。求力偶矩 M_2 的大小及连杆 AB 所受的力。

4-5　在图 4-20 所示结构中，各构件的自重都不计，在构件 BC 上作用一力偶矩为 M 的力偶，各尺寸如图所示。求支座 A 的约束力。

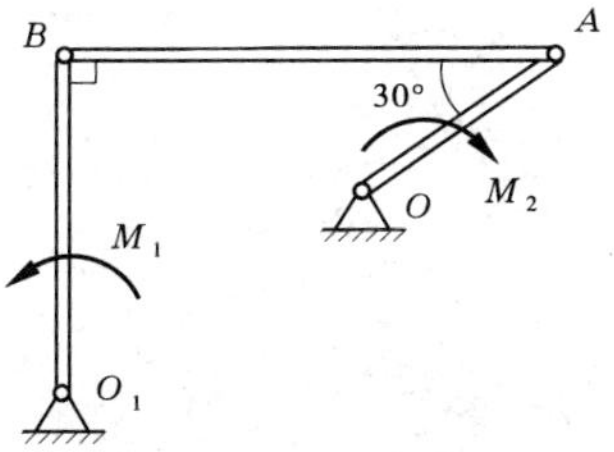

图 4-19　习题 4-4 图

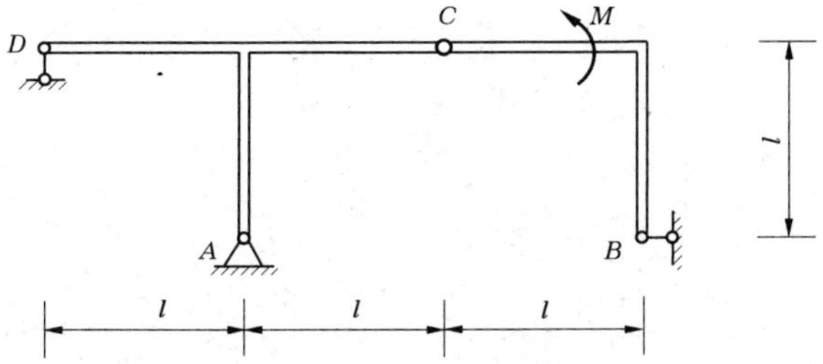

图 4-20　习题 4-5 图

4-6　如图 4-21 所示，已知 $F_1 = F_2 = F_3 = F_5 = 60$ N，$F_4 = F_6 = 40$ N，图中长度单位为 mm。求图示平面力偶系合成结果。

4-7　求图 4-22 所示结构中杆 1、2、3 的受力。

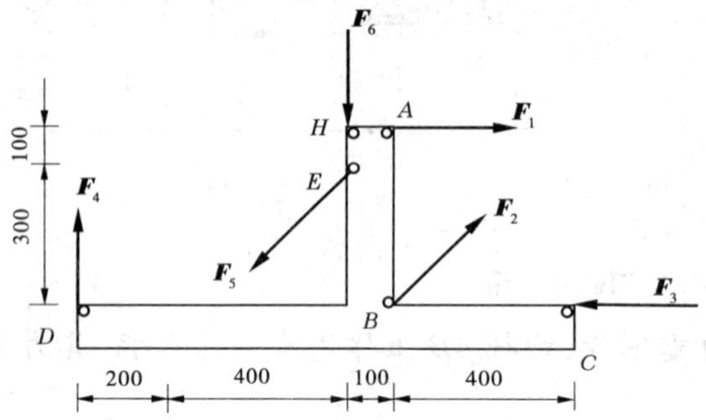

图 4-21　习题 4-6 图

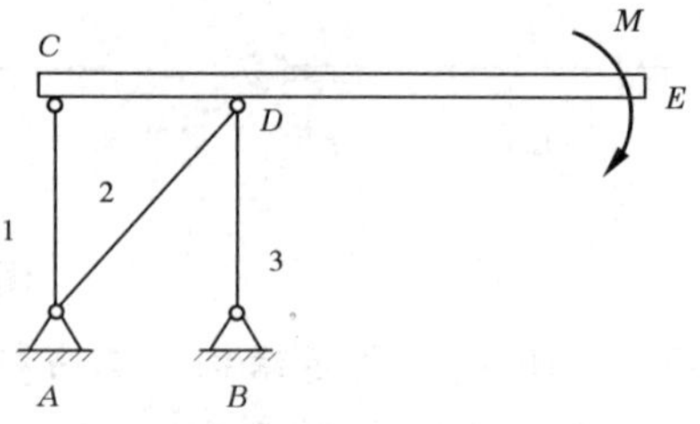

图 4-22　习题 4-7 图

4-8　试求机构的滑块在图 4-23 所示位置保持平衡时，两个主动力偶 M_1 和 M_2 的关系。

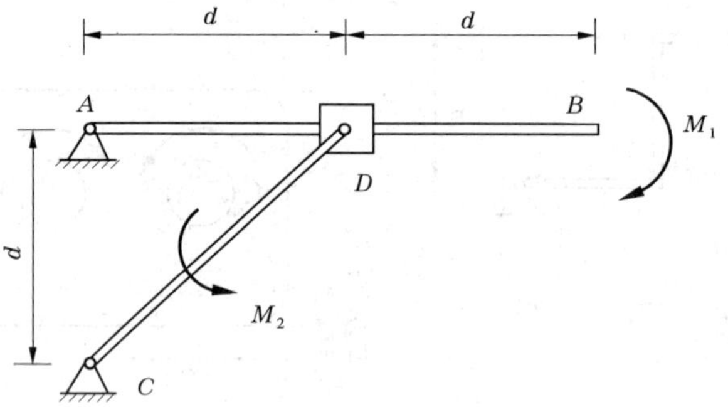

图 4-23　习题 4-8 图

4-9　在图 4-24 所示曲柄滑道机构中，杆 AE 上有一导槽，套在杆 BD 的销钉 C 上，销钉 C 可在光滑的导槽内滑动。已知 $M_1 = 4$ kN · m，转向如图所示，$AB = 2$ m，机构在如图所示的位置平衡，$\theta = 30°$。试求 M_2 及铰链 A 和 B 的约束反力。

4-10　系统如图 4-25 所示，杆 AB 上作用矩为 M 的力偶，设 $AC = 2R$，R 为轮 C 的半径，各物体的重量及摩擦不计。求绳子的拉力和铰 A 对杆 AB 的约束反力及地面对轮 C 的反力。

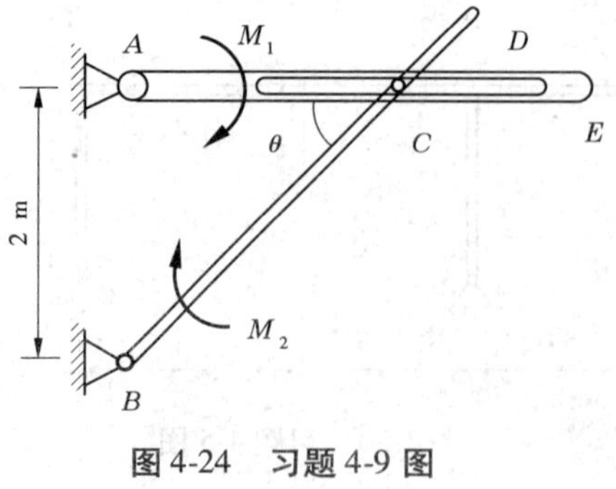

图 4-24　习题 4-9 图

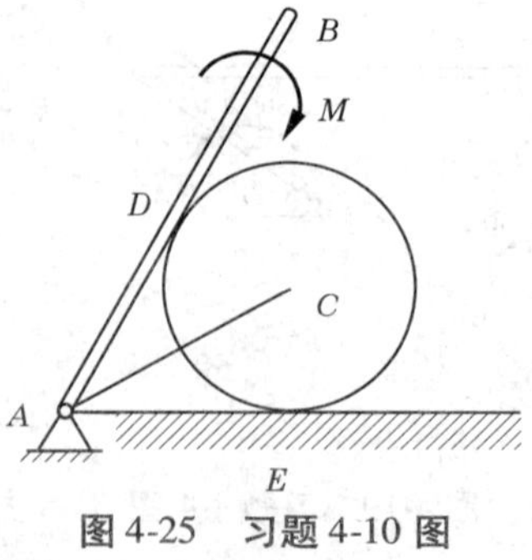

图 4-25　习题 4-10 图

第五章　平面一般力系

第一节　力系的简化

如果作用在物体上各力的作用线都分布在同一平面内，既不汇交于一点，也不完全平行，这种力系称为平面一般力系。力系向一点简化是一种较为简便并具有普遍性的力系简化方法，此方法的理论基础是力的平移定理。

一、平面一般力系向一点简化　主矢与主矩

设刚体上作用一平面一般力系 $\boldsymbol{F}_1,\boldsymbol{F}_2,\cdots,\boldsymbol{F}_n$，如图 5-1(a)所示。在平面内任取一点 O 作为简化中心，根据力的平移定理，把各力平移到 O 点。于是得到作用于 O 点的 $\boldsymbol{F}'_1,\boldsymbol{F}'_2,\cdots,\boldsymbol{F}'_n$，以及相应的附加力偶$(\boldsymbol{F}_1,\boldsymbol{F}''_1)$，$(\boldsymbol{F}_2,\boldsymbol{F}''_2)$，$\cdots$，$(\boldsymbol{F}_n,\boldsymbol{F}''_n)$，这些附加力偶矩分别为

$$M_i = M_O(\boldsymbol{F}_i) \quad (i = 1,2,\cdots,n)$$

这样，原来的平面一般力系就分解为一个平面汇交力系和一个平面力偶系，如图 5-1(b)所示。然后，对原力系的合成就转化为分别对这两个力系的合成。

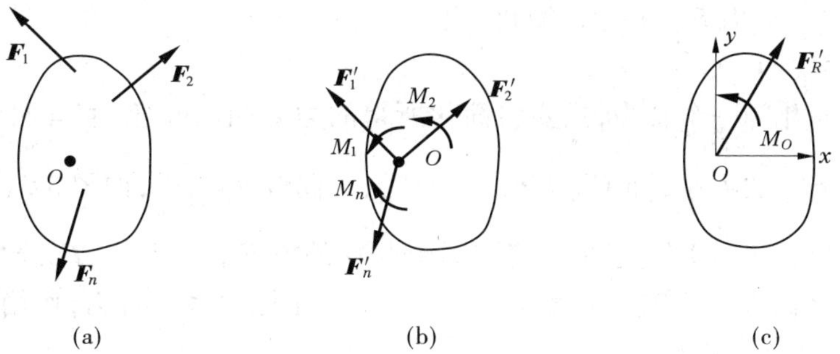

图 5-1　一般力系简化

汇交于 O 点的平面汇交力系可以简化成一个合力 $\boldsymbol{F}'_R$，该力作用线过简化中心 O 点，且 $\boldsymbol{F}'_R$ 等于各力的矢量和，如图 5-1(c)所示。$\boldsymbol{F}'_R$ 称为原力系的主矢，即

$$\boldsymbol{F}'_R = \boldsymbol{F}_1 + \boldsymbol{F}_2 + \cdots + \boldsymbol{F}_n = \sum \boldsymbol{F}_i \tag{5-1}$$

附加平面力偶系可以简化为一个合力偶，这个力偶的矩 M_O 等于各个附加力偶矩的代数和。M_O 称为力系对 O 点的主矩，即

$$M_O = \sum M_i = \sum M_O(\boldsymbol{F}_i) \tag{5-2}$$

综上所述，平面一般力系向作用面内任一点简化，可得一个力和一个力偶。这个力作用于简化中心 O 点，等于该力系的主矢。这个力偶等于该力系对简化中心 O 点的主矩。

显然,主矢只是原力系中各力的矢量和,与简化中心无关。而主矩一般与简化中心有关,选择不同的点为简化中心时,各力的力臂一般将要改变,因而必须指明力系是对哪一点的主矩。

用解析法求主矢 $\boldsymbol{F}'_{\mathrm{R}}$ 时,通过 O 点作直角坐标系 xOy(见图 5-1(c)),根据合力投影定理,得到

$$F'_{\mathrm{R}x} = \sum F_x \qquad F'_{\mathrm{R}y} = \sum F_y \tag{5-3}$$

因此,主矢的大小和方向分别为

$$F'_{\mathrm{R}} = \sqrt{F'^2_{\mathrm{R}x} + F'^2_{\mathrm{R}y}} = \sqrt{\left(\sum F_x\right)^2 + \left(\sum F_y\right)^2} \tag{5-4}$$

$$\cos\alpha = \frac{\sum F_x}{\sqrt{\left(\sum F_x\right)^2 + \left(\sum F_y\right)^2}} \qquad \cos\beta = \frac{\sum F_y}{\sqrt{\left(\sum F_x\right)^2 + \left(\sum F_y\right)^2}} \tag{5-5}$$

式中,α 和 β 分别表示主矢与 x 轴和 y 轴正向间夹角。

二、简化结果分析　合力矩定理

平面任意力系向作用面内一点简化的结果,可能有以下四种情况:

(1) $F'_{\mathrm{R}} = 0, M_O \neq 0$。

原力系简化为一个力偶,力偶矩等于原力系对于简化中心的主矩。在这种情况下,简化结果与简化中心的选择无关,不论向哪一点简化都是这个力偶,而且力偶矩保持不变。

(2) $F'_{\mathrm{R}} \neq 0, M_O = 0$。

$\boldsymbol{F}'_{\mathrm{R}}$ 为原力系的合力 $\boldsymbol{F}_{\mathrm{R}}$,并通过简化中心。

(3) $F'_{\mathrm{R}} \neq 0, M_O \neq 0$。

原力系仍可简化为一个合力,只要将简化所得的力偶加以改变,使其两个力 $\boldsymbol{F}_{\mathrm{R}}$ 和 $\boldsymbol{F}''_{\mathrm{R}}$ 的大小等于主矢 $\boldsymbol{F}'_{\mathrm{R}}$ 的大小,即 $\boldsymbol{F}'_{\mathrm{R}} = \boldsymbol{F}_{\mathrm{R}} = -\boldsymbol{F}''_{\mathrm{R}}$,力偶臂 $d = \dfrac{M_O}{F'_{\mathrm{R}}}$,如图 5-2(b)所示。然后再去掉一对平衡力 $\boldsymbol{F}'_{\mathrm{R}}$ 与 $\boldsymbol{F}''_{\mathrm{R}}$,于是就将作用于点 O 的力 $\boldsymbol{F}'_{\mathrm{R}}$ 和力偶($\boldsymbol{F}_{\mathrm{R}}, \boldsymbol{F}''_{\mathrm{R}}$)合成为一个作用在点 O' 的力 $\boldsymbol{F}_{\mathrm{R}}$,如图 5-2(c)所示。这个力 $\boldsymbol{F}_{\mathrm{R}}$ 就是原力系的合力,作用线在点 O 的哪一侧,由主矩 M_O 的符号决定。

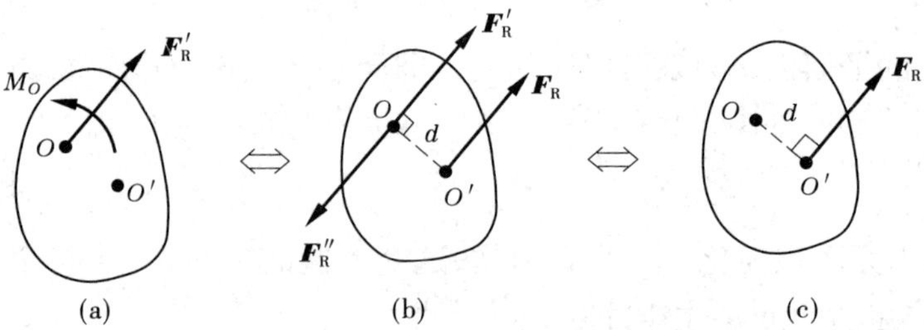

图 5-2　平面力系简化结果讨论

(4) $F'_{\mathrm{R}} = 0, M_O = 0$。

这表明原力系平衡,这种情形将在下节详细讨论。

现将平面一般力系的合成结果和成立的条件归纳如表 5-1 所示。

表 5-1　平面一般力系的合成结果和成立条件

平面一般力系	合成结果		成立条件
	平衡	等于零	$F'_R=0, M_O=0$
	不平衡	合力偶	$F'_R=0, M_O\neq0$
		合力	$F'_R\neq0$

【例 5-1】　水平梁 AB 受三角形分布荷载的作用，如图 5-3 所示，分布荷载的最大值为 q，梁长 l。试求合力的大小及其作用线位置。

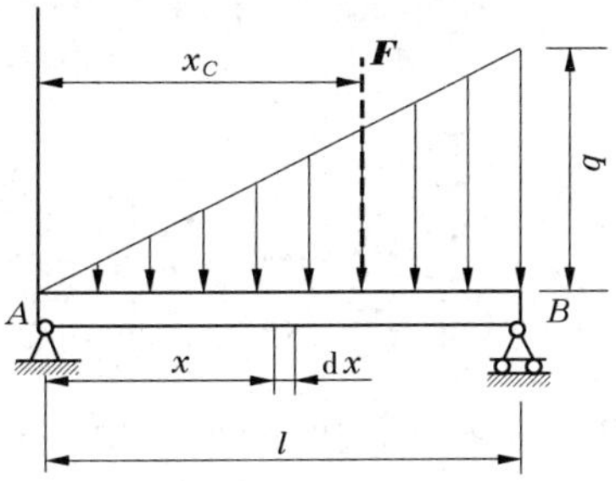

图 5-3　例 5-1 图

解　取梁的 A 端为原点，在 x 处的分布力为 q_x，根据几何关系 $q_x=\frac{q}{l}x$，在长度 dx 上的合力的大小为 $q_x dx$。故此分布力合力 $\boldsymbol{F}$ 的大小可以用以下积分求出

$$F=\int_0^l q_x dx=\int_0^l \frac{q}{l}x dx=\frac{ql}{2}$$

设合力 $\boldsymbol{F}$ 的作用线距端 A 的距离为 x_C，作用在微段 dx 上的合力对点 A 的力矩为 $x\cdot q_x dx$，全部分布力对点 A 之矩的代数和可用积分求出，根据合力矩定理可得

$$Fx_C=\int_0^l q_x x dx=\int_0^l \frac{q}{l}x^2 dx=\frac{1}{3}ql^2$$

故

$$x_C=\frac{ql^2}{3F}$$

将 $F=\frac{ql}{2}$ 代入上式，得

$$x_C=\frac{2}{3}l$$

由此可知：

(1)合力 $\boldsymbol{F}$ 的方向与分布力相同；

(2)合力 $\boldsymbol{F}$ 的大小等于由分布荷载组成的几何图形的面积；

(3)合力 $\boldsymbol{F}$ 的作用线通过由分布荷载组成的几何图形的形心。

第二节　平衡方程

由前面可知,若主矢和主矩有一个不等于零,则力系简化为合力或合力偶;若主矢和主矩都不等于零,可进一步简化为一个合力。上述情况下力系都是不平衡的,要使力系平衡,就必须有 $F'_R=0, M_O=0$;反之,若 $F'_R=0, M_O=0$,则力系必平衡。

于是,平面一般力系平衡的必要和充分条件是:力系的主矢和对于任一点的主矩都等于零。即

$$F'_R = \sqrt{\left(\sum F_x\right)^2 + \left(\sum F_y\right)^2} = 0$$

$$M_O = \sum M_O(\boldsymbol{F}_i) = 0$$

故

$$\left.\begin{aligned}\sum F_x &= 0\\ \sum F_y &= 0\\ \sum M_O(\boldsymbol{F}_i) &= 0\end{aligned}\right\} \tag{5-6}$$

由此可得结论,平面一般力系平衡的解析条件是:所有各力在两个任选的坐标轴上的投影的代数和分别等于零,以及各力对于任意一点的矩的代数和也等于零。式(5-6)称为平面一般力系的平衡方程,它是平衡方程的基本形式。

在应用平衡方程解平衡问题时,为了使计算简化,通常将矩心选在两个未知力的交点上,而坐标轴则尽可能与该力系中多数未知力的作用线垂直。

【例 5-2】　悬臂吊车如图 5-4(a)所示。横梁 AB 长 $l=2.5$ m,重力 $P=1.2$ kN。拉杆 CB 倾斜角 $\alpha=30°$,重量不计。荷载 $F=7.5$ kN。求图示位置 $a=2$ m 时,拉杆的拉力和铰链 A 的约束反力。

解　取横梁 AB 为研究对象。它所受的主动力有重力 $\boldsymbol{P}$ 和荷载 $\boldsymbol{F}$。它所受的约束力有

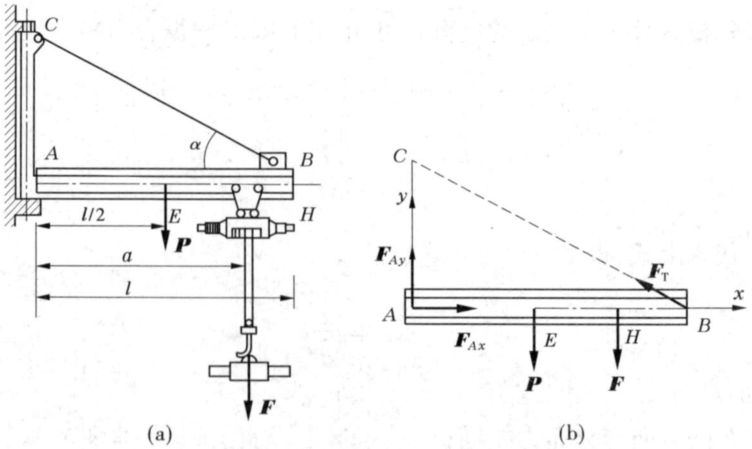

图 5-4　例 5-2 图

拉杆的拉力 $\boldsymbol{F}_T$ 和铰链 A 的约束反力 $\boldsymbol{F}_{Ax}$ 及 $\boldsymbol{F}_{Ay}$。受力分析如图 5-4(b)所示,取图示坐标系,列出平衡方程

$$\sum F_x = 0 \quad F_{Ax} - F_T\cos\alpha = 0$$

$$\sum F_y = 0 \quad F_{Ay} - P - F + F_T\sin\alpha = 0$$

$$\sum M_A(\boldsymbol{F}) = 0 \quad F_T\sin\alpha \cdot l - P \cdot \frac{l}{2} - F \cdot a = 0$$

解方程,求得

$$F_T = \frac{1}{l\sin\alpha}\left(P \cdot \frac{l}{2} + F \cdot a\right) = \frac{1}{2.5\sin30^\circ}\left(1.2 \times \frac{2.5}{2} + 7.5 \times 2\right) = 13.2(\text{kN})$$

$$F_{Ax} = F_T\cos\alpha = 13.2 \times \cos30^\circ = 11.43(\text{kN})$$

$$F_{Ay} = P + F - F_T\sin\alpha = 1.2 + 7.5 - 13.2 \times \sin30^\circ = 2.1(\text{kN})$$

讨论:

从上面的计算中看出,杆 CB 所承受的拉力和铰链 A 的约束反力,是随荷载的位置不同而改变的,因此应当根据这些力的最大值来进行构件设计。

在本例中,如写出对 A、B 两点的力矩平衡方程和对 x 轴的投影平衡方程,同样可以求解,即

$$\sum F_x = 0 \quad F_{Ax} - F_T\cos\alpha = 0$$

$$\sum M_A(\boldsymbol{F}) = 0 \quad F_T\sin\alpha \cdot l - P \cdot \frac{l}{2} - F \cdot a = 0$$

$$\sum M_B(\boldsymbol{F}) = 0 \quad P \cdot \frac{l}{2} - F_{Ay} \cdot l + F \cdot (l - a) = 0$$

解此方程组,所得结果与前面相同。

如写出对 A、B、C 三点的力矩平衡方程,同样也可求解,即

$$\sum M_A(\boldsymbol{F}) = 0 \quad F_T\sin\alpha \cdot l - P \cdot \frac{l}{2} - F \cdot a = 0$$

$$\sum M_B(\boldsymbol{F}) = 0 \quad P \cdot \frac{l}{2} - F_{Ay} \cdot l + F \cdot (l - a) = 0$$

$$\sum M_C(\boldsymbol{F}) = 0 \quad F_{Ax}\tan\alpha \cdot l - P \cdot \frac{l}{2} - F \cdot a = 0$$

所得结果也与前面相同。

从上面的分析可以看出,平面一般力系平衡方程除前面所表示的基本形式外,还有其他形式,即还有二力矩式和三力矩式,其形式如下

$$\left.\begin{aligned} &\sum F_x = 0 (\text{或} \sum F_y = 0) \\ &\sum M_A(\boldsymbol{F}) = 0 \\ &\sum M_B(\boldsymbol{F}) = 0 \end{aligned}\right\} \tag{5-7}$$

其中 A、B 两点的连线不能与 x 轴(或 y 轴)垂直。

$$\left.\begin{aligned}\sum M_A(\boldsymbol{F}) &= 0\\ \sum M_B(\boldsymbol{F}) &= 0\\ \sum M_C(\boldsymbol{F}) &= 0\end{aligned}\right\} \tag{5-8}$$

其中 A、B、C 三点不能选在同一直线上。

式(5-7)或式(5-8)显然是平面一般力系平衡的必要条件。要使它们成为平衡的充分条件,还必须满足上述条件,方程才是相互独立的,才能用来求解 3 个未知量。

综上所述,不论选用哪一组形式的平衡方程,对于同一个平面力系来说,最多只能列出 3 个独立的方程,因而只能求出 3 个未知量。任何第 4 个方程只是前 3 个方程的线性组合,因而不是独立的。我们可以利用这个方程来校核计算的结果。

【例 5-3】 自重为 $P=100$ kN 的 T 字形刚架 ABD,置于铅垂面内,荷载如图 5-5(a)所示。其中 $M=20$ kN · m,$F=400$ kN,$q=20$ kN/m,$l=1$ m。试求固定端 A 的约束反力。

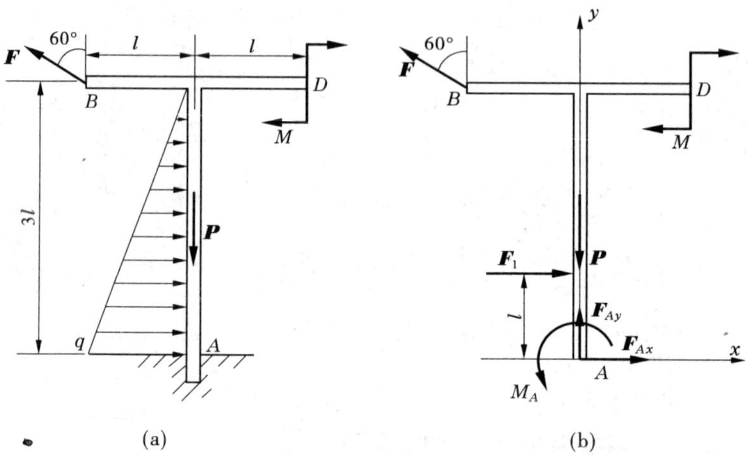

图 5-5 例 5-3 图

解 取 T 字形刚架为研究对象,其上除受主动力外,还受有固定端 A 处的约束反力 $\boldsymbol{F}_{Ax}$、$\boldsymbol{F}_{Ay}$和约束力偶 M_A。三角形分布荷载可用一集中力 $\boldsymbol{F}_1$ 等效替代,其大小为 $F_1 = \dfrac{1}{2}q \times 3l = \dfrac{1}{2} \times 20 \times 3 = 30(\text{kN})$,作用于三角形分布荷载的几何形心,即距点 A 为 l 处。刚架受力如图 5-5(b)所示。

按图示坐标系,列平衡方程

$$\sum F_x = 0 \quad F_{Ax} + F_1 - F\sin 60° = 0$$

$$\sum F_y = 0 \quad F_{Ay} - P + F\cos 60° = 0$$

$$\sum M_A(\boldsymbol{F}) = 0 \quad M_A - M - F_1 l - F\cos 60° \cdot l + F\sin 60° \cdot 3l = 0$$

解得

$$F_{Ax} = 316.4 \text{ kN} \quad F_{Ay} = -100 \text{ kN} \quad M_A = -789.2 \text{ kN} \cdot \text{m}$$

负号说明图中所设方向与实际情况相反，即 M_A 应为顺时针转动。

从上述例题可见，选取适当的坐标轴和力矩中心，可以减少每个平衡方程中未知量的数目。在平面一般力系情形下，矩心应取在多个未知力的交点上，而坐标轴应当与尽可能多的未知力相垂直。

在工程中还经常遇到平面平行力系的问题。所谓平面平行力系，就是各力的作用线都在同一平面内且互相平行的力系。如选取 x 轴与各力垂直，则不论力系是否平衡，每一个力在 x 轴上的投影恒等于零，即 $\sum F_x \equiv 0$ 。于是，平衡力系的独立方程的数目只有两个，即

$$\left.\begin{aligned}\sum F_y &= 0\\ \sum M_O(\boldsymbol{F}) &= 0\end{aligned}\right\} \tag{5-9}$$

平面平行力系的平衡方程，也可以用两个力矩平衡方程的形式，即

$$\sum M_A(\boldsymbol{F}) = 0 \quad \sum M_B(\boldsymbol{F}) = 0 \tag{5-10}$$

【例 5-4】 水平外伸梁如图 5-6(a)所示。若均布荷载 $q = 20$ kN/m，$P = 20$ kN，力偶矩 $M = 16$ kN · m，$a = 0.8$ m，求 A、B 两处约束反力。

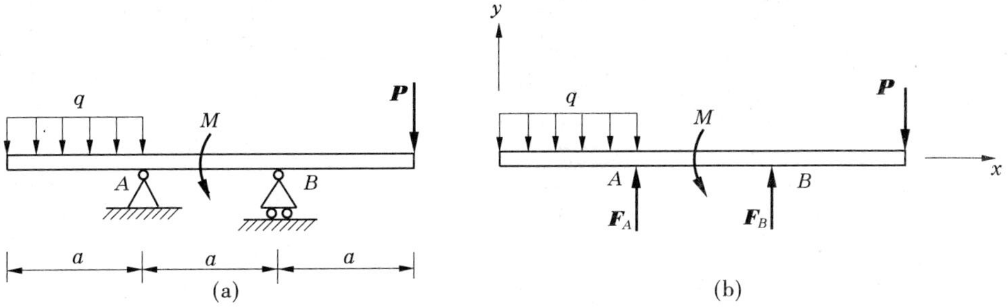

图 5-6　例 5-4 图

解　选梁为研究对象，画出受力图（见图 5-6(b)）。它所受的主动力有均布荷载 q、集中力 $\boldsymbol{P}$ 和力偶 M。它所受的约束反力有 A、B 两处的约束反力 $\boldsymbol{F}_A$ 和 $\boldsymbol{F}_B$，显然这是一个平面平行力系的问题。按图 5-6(b)所示坐标系，列平衡方程

$$\sum F_y = 0 \qquad -qa - P + F_A + F_B = 0$$

$$\sum M_A(\boldsymbol{F}) = 0 \quad M + qa \cdot \frac{a}{2} - P \cdot 2a + F_B \cdot a = 0$$

解得

$$F_A = 24 \text{ kN}$$

$$F_B = 12 \text{ kN}$$

第三节　物体系的平衡

所谓物体系，是指由若干个物体通过适当的约束连接而成的系统。当物体系中的每个物体和物体系整体都处于平衡状态时，则称该物体系是平衡的。这里所说的物体系主要是

由刚体组成的,因此物体系也称为刚体系统。

工程实际中的大多数问题不仅需要确定外界对物体系整体的外部约束反力,而且还需要确定物体系内部各物体之间相互作用的内力。对物体系而言,外部约束反力和内力数目的总和决定了未知约束反力的数目,列出相应数目的独立方程,即可求出未知的约束反力。

由于物体系是由许多物体组成的,因此在求解物体系时,就有一个选择研究对象的问题。有时可以取整个系统,有时可以取系统局部,有时可以取其中的单个物体。总之,选择的原则是:先选取运用平衡方程能确定某些未知量的部分为研究对象。此外,在选择平衡方程时,应尽可能避免联立求解。

【例 5-5】　图 5-7(a)所示为一井架,它由两个桁架组成,其间用铰链连接。两桁架的重心如图所示,它们的重力均为 $\boldsymbol{G}$。在左边桁架上作用着水平的风压力 $\boldsymbol{P}$。尺寸 l、H、h 和 a 均为已知,求铰链 A、B、C 三点的约束反力。

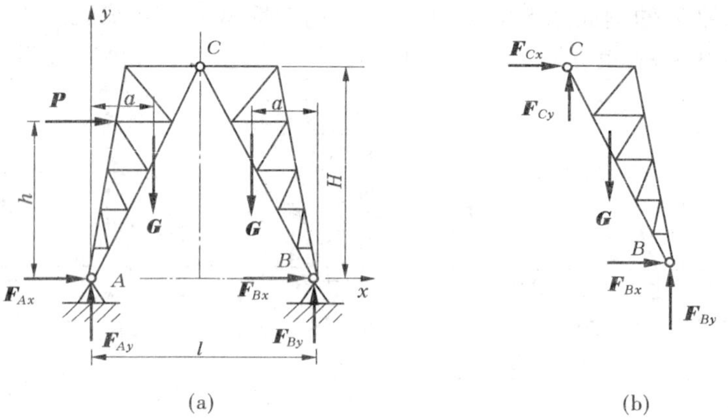

图 5-7　例 5-5 图

解　(1)本例属于物体系中结构类型问题。通常,物体系外约束力的未知量不是很多,可先选整个系统为研究对象,求出部分未知量。

(2)首先选取整个系统为研究对象,画出受力图(见图 5-7(a))。作用于此系统的力有 $\boldsymbol{P}$、$\boldsymbol{G}$、$\boldsymbol{F}_{Ax}$、$\boldsymbol{F}_{Ay}$、$\boldsymbol{F}_{Bx}$和 $\boldsymbol{F}_{By}$,这些力都是外力。在 C 处左右桁架相互作用的力是内力,在考虑整个系统平衡时,不必画出。取坐标系如图 5-7(a)所示,列平衡方程

$$\sum M_A(\boldsymbol{F}) = 0 \quad F_{By}l - Ga - G(l - a) - Ph = 0 \tag{a}$$

$$\sum M_B(\boldsymbol{F}) = 0 \quad -F_{Ay}l - Ph + G(l - a) + Ga = 0 \tag{b}$$

$$\sum F_x = 0 \quad F_{Ax} + F_{Bx} + P = 0 \tag{c}$$

由式(a)解得

$$F_{By} = \frac{1}{l}(Gl + Ph)$$

由式(b)解得

$$F_{Ay} = \frac{1}{l}(Gl - Ph)$$

(3)再以桁架 BC 为研究对象,受力图如图 5-7(b)所示。其上所受的力有 $\boldsymbol{G}$、$\boldsymbol{F}_{Bx}$、$\boldsymbol{F}_{By}$、$\boldsymbol{F}_{Cx}$ 和 $\boldsymbol{F}_{Cy}$(注意此时 C 点的约束反力成为外力了,必须画出),列平衡方程

$$\sum M_C(\boldsymbol{F}) = 0 \quad F_{By}\cdot\frac{l}{2} + F_{Bx}H - G\left(\frac{l}{2} - a\right) = 0 \tag{d}$$

$$\sum F_x = 0 \quad F_{Bx} + F_{Cx} = 0 \tag{e}$$

$$\sum F_y = 0 \quad F_{By} + F_{Cy} - G = 0 \tag{f}$$

解得

$$F_{Bx} = -\frac{1}{2H}(2Ga + Ph)$$

$$F_{Cx} = \frac{1}{2H}(2Ga + Ph)$$

$$F_{Cy} = -\frac{Ph}{l}$$

再将 $\boldsymbol{F}_{Bx}$ 的值代入式(c)得

$$F_{Ax} = \frac{1}{2H}(2Ga + Ph - 2PH)$$

$\boldsymbol{F}_{Bx}$、$\boldsymbol{F}_{Cy}$ 为负值,表示假设的方向与实际方向相反。

【例 5-6】 如图 5-8(a)所示的组合梁(不计自重)由 AC 和 CE 段用铰链连接而成。已知 $F=5$ kN,$q=4$ kN/m,$M=10$ kN·m,H 为 AB 的中点,试求 A、B、E 三点的约束反力。

解 (1)如先取整个系统为研究对象,则未知量较多,不易求解。梁 CE 具有 3 个独立平衡方程,可以求出梁 CE 上的 3 个未知量。

(2)先取梁 CE 为研究对象,受力如图 5-8(b)所示,列平衡方程,求出 C、E 处的反力。

$$\sum M_C = 0 \qquad F_E\times 4 - M - q\times 2\times 1 = 0$$

$$\sum F_x = 0 \qquad F_{Cx} = 0$$

$$\sum F_y = 0 \qquad F_{Cy} + F_E - q\times 2 = 0$$

解得

$$F_E = \frac{M + q\times 2\times 1}{4} = \frac{10 + 4\times 2\times 1}{4} = 4.5(\text{kN})$$

$$F_{Cy} = 2q - F_E = 2\times 4 - 4.5 = 3.5(\text{kN})$$

(3)再取梁 AC 为研究对象,受力如图 5-8(c)所示,列平衡方程

$$\sum M_A = 0 \qquad -F\times 1 + F_B\times 2 - q\times 2\times 3 - F'_{Cy}\times 4 = 0$$

$$\sum F_x = 0 \qquad F_{Ax} - F'_{Cx} = 0$$

$$\sum F_y = 0 \qquad F_{Ay} - F + F_B - q\times 2 - F'_{Cy} = 0$$

解得

$$F_B = \frac{F\times 1 + q\times 2\times 3 + F'_{Cy}\times 4}{2} = \frac{5\times 1 + 4\times 2\times 3 + 3.5\times 4}{2} = 21.5(\text{kN})$$

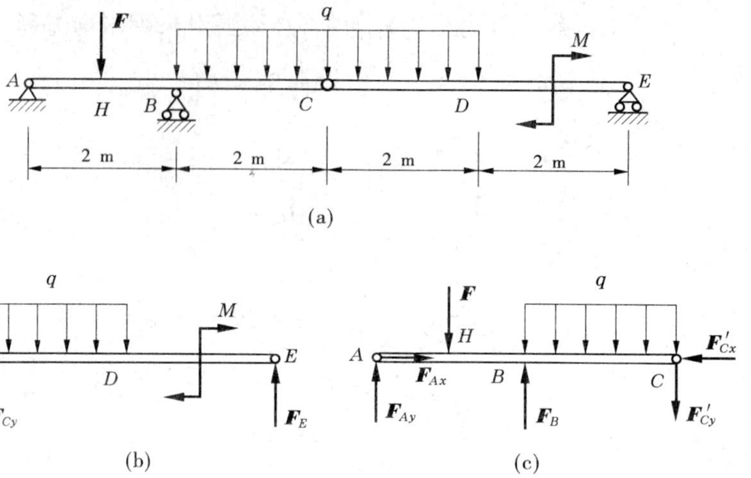

图 5-8　例 5-6 图

$$F_{Ax} = F'_{Cx} = 0$$

$$F_{Ay} = F - F_B + q \times 2 + F'_{Cy} = 5 - 21.5 + 4 \times 2 + 3.5 = -5(\text{kN})$$

【例 5-7】　如图 5-9(a)所示，起重机置于组合梁 AC、CD 上，各梁的自重不计，已知：起吊重物 $P=10$ kN，$Q=50$ kN，CE 铅垂，试求支座 A、B 和 D 的约束反力（设梁与起重机光滑接触）。

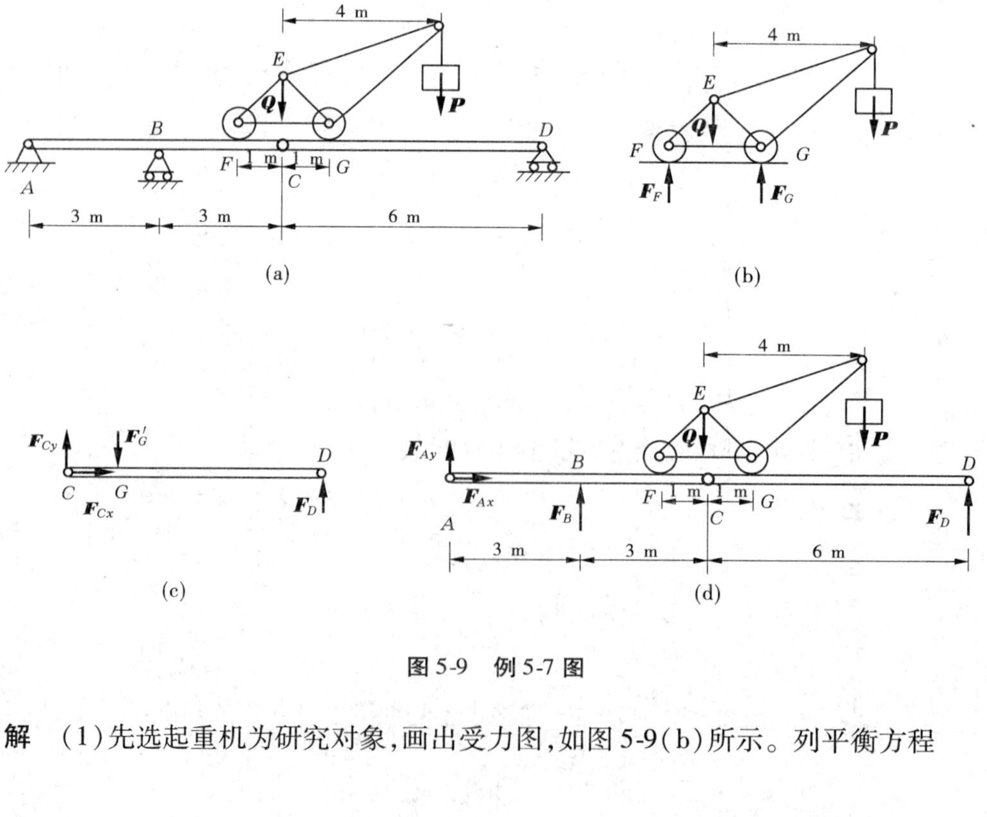

图 5-9　例 5-7 图

解　(1)先选起重机为研究对象，画出受力图，如图 5-9(b)所示。列平衡方程

$$\sum M_F(\boldsymbol{F}) = 0 \quad -Q \times 1 + F_G \times 2 - P \times 5 = 0$$

解得

$$F_G = \frac{Q \times 1 + P \times 5}{2} = \frac{50 \times 1 + 10 \times 5}{2} = 50(\text{kN})$$

(2)再取梁 CD 为研究对象,受力图如图 5-9(c)所示,列出平衡方程

$$\sum M_C(\boldsymbol{F}) = 0 \quad -F'_G \times 1 + F_D \times 6 = 0$$

解得

$$F_D = \frac{F'_G}{6} = \frac{50}{6} = 8.33(\text{kN})$$

(3)最后选整体为研究对象,受力图如图 5-9(d)所示,列出平衡方程

$$\sum F_x = 0 \quad F_{Ax} = 0$$

$$\sum F_y = 0 \quad F_{Ay} + F_B - Q - P + F_D = 0$$

$$\sum M_A(\boldsymbol{F}) = 0 \quad F_B \times 3 - Q \times 6 - P \times 10 + F_D \times 12 = 0$$

解得 $F_{Ax} = 0 \quad F_{Ay} = -48.33\ \text{kN} \quad F_B = 100\ \text{kN}$

掌握平面一般力系平衡问题的解法,是学习静力学的重要环节。为此,总结求解物体系平衡问题的要点如下:

(1)选择恰当的研究对象。对于物体系平衡的问题,如果系统的约束反力未知量总数不超过 3 个,或虽超过 3 个但仍能由整体平衡条件求得部分未知量,可先选择整个系统作为研究对象(见例 5-5),否则就以解题简便为原则,尽量选择受力情况较简单的而且独立方程的个数与未知量的个数相等的物体系或某些物体为研究对象(见例 5-7)。

(2)正确画出研究对象的受力图,并准确判断二力构件。在刚体系统的平衡问题中,注意只需考虑所选研究对象接触约束后受到的相应的约束反力,而不必计入内力。两个物体间相互作用的力符合作用力与反作用力的关系,即作用力与反作用力必定等值、反向、共线,但是它们分别作用在相互作用的两个物体上。

(3)建立平衡方程时,选择适当的投影轴和矩心位置。恰当地运用力矩方程,适当选择两个未知力的交点为矩心,所选的坐标轴应与较多的未知力垂直。这样,可使相应方程中只包含一个未知量而快速求出,尽量避免联立解方程。

(4)校核。求出全部所需的未知量时可再列一个平衡方程,将上述计算结果代入,若能满足方程,表示计算无误;否则,需检验计算过程,找出错误。

第四节 静定与超静定问题

工程中,如组合构架、三铰拱等结构,都是由几个物体组成的系统。当物体系平衡时,组成该系统的每一个物体都处于平衡状态,因此对于每一个受平面任意力系作用的物体,均可写出 3 个平衡方程。若物体系由 n 个物体组成,则共有 $3n$ 个独立方程。当系统中有的物体受平面汇交力系或平面平行力系作用时,则系统的平衡方程数目相应减少。当系统中的未

知量数目等于独立平衡方程的数目时，则所有未知数都能由平衡方程求出，这样的问题称为静定问题。显然前面列举的各例都是静定问题。

在工程实际中，有时为了提高结构的刚度和坚固性，常常增加多余的约束，因而使这些结构的未知量的数目多于平衡方程的数目，未知量就不能全部由平衡方程求出，这样的问题称为超静定问题或静不定问题。对于超静定问题，必须考虑物体因受力作用而产生的变形，增加某些补充方程后，才能使方程的数目等于未知量的数目。超静定问题已超出刚体静力学的范围，须在材料力学和结构力学中研究。

下面举出一些静定和超静定问题的例子。

设用两根绳子悬挂一重物，如图 5-10(a) 所示，未知的约束反力有两个，而重物受平面汇交力系作用，共有两个平衡方程，因此是静定的。如用三根绳子悬挂重物，且力线在平面内交于一点，如图 5-10(d) 所示，则未知的约束反力有 3 个，而平衡方程只有 2 个，因此是超静定的。

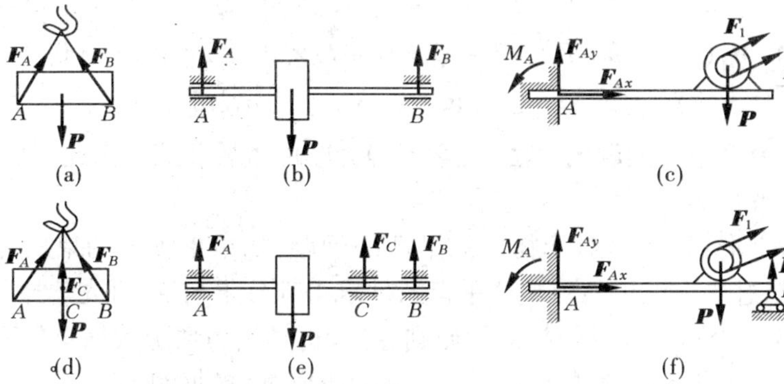

图 5-10　超静定实例

设用两个轴承支承一根轴，如图 5-10(b) 所示，未知的约束反力有两个，因轴受平面平行力系作用，共有两个平衡方程，因此是静定的。若用 3 个轴承支承，如图 5-10(e) 所示，则未知的约束反力有 3 个，而平衡方程只有两个，因此是超静定的。图 5-10(c)、(f) 所示的平面任意力系，均有 3 个平衡方程，图 5-10(c) 中有 3 个未知数，因此是静定的。而图 5-10(f) 中有 4 个未知数，因此是超静定的。

图 5-11 所示的梁由两部分铰接组成，每部分有 3 个平衡方程，共有 6 个平衡方程。未知量除图中所画的 3 个支反力和 1 个反力偶外，尚有铰链 C 处的两个未知力，共计 6 个。因

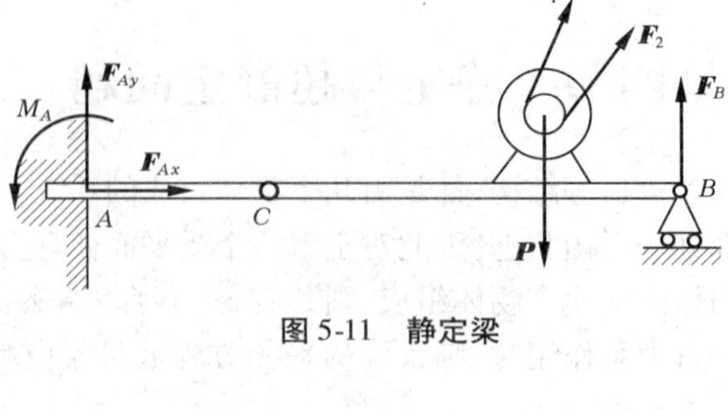

图 5-11　静定梁

此,也是静定的。若将 B 处的滚动支座改为固定铰支,则系统共有 7 个未知数,因此系统将是超静定的。

第五节　空间力系简介

作用在物体上的力系,其作用线分布在空间,而且也不能简化到某一平面时,这种力系就称为空间力系。与平面力系一样,空间力系也可以分为空间汇交力系、空间平行力系和空间一般力系。本节着重研究空间一般力系的平衡问题。

一、力在空间坐标轴上的投影

在研究平面力系时,需要计算力在坐标轴上的投影。在研究空间力系时,同样需要计算力在空间直角坐标轴上的投影。求力在坐标轴上的投影时,可以采用直接投影和二次投影两种方法。

(一)直接投影法

如图 5-12(a)所示,已知力 $\boldsymbol{F}$ 与轴 x、y、z 正向间的夹角分别为 α、β、γ,根据力的投影定义,可直接将力 $\boldsymbol{F}$ 向 3 个坐标轴上投影,得到

$$\left.\begin{aligned} F_x &= F\cos\alpha \\ F_y &= F\cos\beta \\ F_z &= F\cos\gamma \end{aligned}\right\} \tag{5-11}$$

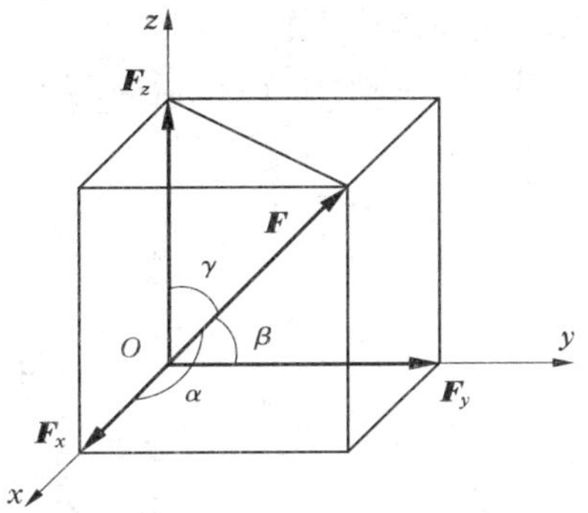

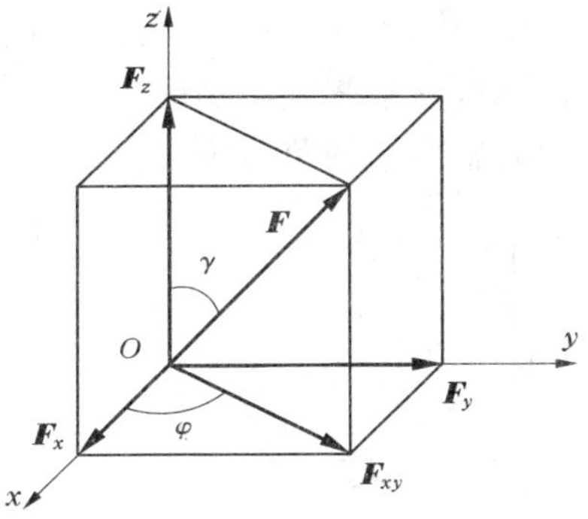

图 5-12　力在空间直角坐标轴上的投影

(二)二次投影法

当力 $\boldsymbol{F}$ 与 x、y 轴间的夹角不易确定时,可先将力 $\boldsymbol{F}$ 投影到 xOy 坐标平面上,以 $\boldsymbol{F}_{xy}$ 表示,然后再将力 $\boldsymbol{F}_{xy}$ 投影到 x 轴和 y 轴上,如图 5-12(b)所示,则

$$\left.\begin{aligned} F_x &= F\sin\gamma\cos\varphi \\ F_y &= F\sin\gamma\sin\varphi \\ F_z &= F\cos\gamma \end{aligned}\right\} \tag{5-12}$$

在具体计算时，究竟取哪种方法求投影，要根据问题给出的条件来决定。

反过来，如果已知力 $\boldsymbol{F}$ 在 3 个坐标轴上的投影，也可求出力 $\boldsymbol{F}$ 的大小和方向，即

$$F = \sqrt{F_x^2 + F_y^2 + F_z^2} \tag{5-13}$$

$$\cos\alpha = \frac{F_x}{F} \quad \cos\beta = \frac{F_y}{F} \quad \cos\gamma = \frac{F_z}{F} \tag{5-14}$$

二、力对轴之矩

（一）力对轴之矩的概念

在第四章中，我们建立了在平面内力对点之矩的概念。平面里物体绕 O 点的转动，实际上就是空间里物体绕通过 O 点且与该平面垂直的 z 轴转动。所以，平面里力对点之矩，实际上就是空间里力对轴之矩。力 $\boldsymbol{F}$ 对 z 轴之矩用符号 $M_z(\boldsymbol{F})$ 表示。

研究空间力系时，如果力 $\boldsymbol{F}$ 不在垂直于轴的平面内，则仅仅知道上述有关力矩的概念还不够，尚需建立空间力对轴之矩的概念。

下面以开门动作为例来加以说明。设门上作用的力 $\boldsymbol{F}$ 不在垂直于转轴 z 的平面内，现将力 $\boldsymbol{F}$ 分解为 $\boldsymbol{F}_z$ 和 $\boldsymbol{F}_{xy}$ 两个分力，如图 5-13 所示。分力 $\boldsymbol{F}_z$ 与 z 轴平行，所以力 $\boldsymbol{F}_z$ 不会使门绕 z 轴转动，只能使门沿 z 轴移动。因此，力 $\boldsymbol{F}_z$ 对轴之矩为零。分力 $\boldsymbol{F}_{xy}$ 在垂直于 z 轴的平面内，它对轴之矩实际上就是它对平面内 O 点之矩，故

$$M_z(\boldsymbol{F}) = M_O(\boldsymbol{F}_{xy}) = \pm F_{xy}d \tag{5-15}$$

力对轴之矩的定义如下：力对轴之矩是力使刚体绕该轴转动效果的度量，是一个代数量，其绝对值等于该力在垂直于该轴的平面上的投影对于这个平面与该轴的交点的矩。其正负号如下确定：从 z 轴正端来看，若力的这个投影使物体绕该轴逆时针转动，则取正号，反之取负号。也可按右手螺旋法则确定其正负号，如图 5-14 所示，拇指指向与 z 轴一致为正，反之为负。力对轴之矩的单位为 N · m。

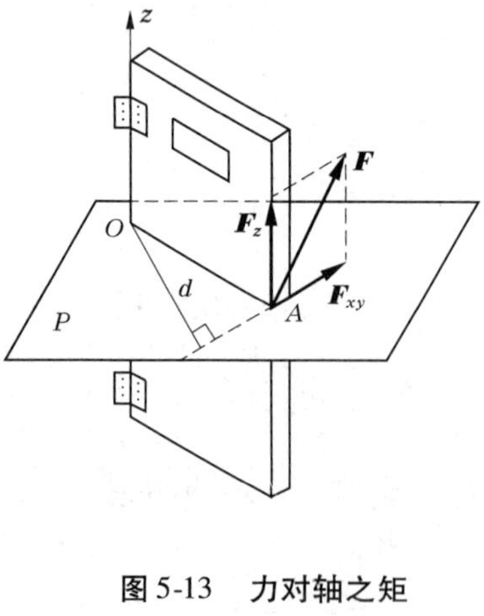

图 5-13　力对轴之矩

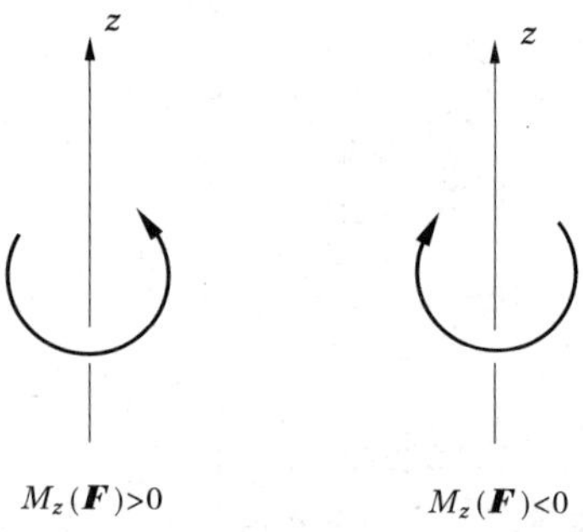

图 5-14　右手螺旋法则

（二）力对轴之矩的解析式

力对轴之矩也可用解析式表示。设力 $\boldsymbol{F}$ 在 3 个坐标轴上的分力分别为 $\boldsymbol{F}_x$、$\boldsymbol{F}_y$、$\boldsymbol{F}_z$，作用

在点 A 的坐标为 (x, y, z)，如图 5-15 所示。根据式(5-15)，得

$$M_z(\boldsymbol{F}) = M_O(\boldsymbol{F}_{xy}) = M_O(\boldsymbol{F}_x) + M_O(\boldsymbol{F}_y)$$

即

$$M_z(\boldsymbol{F}) = xF_y - yF_x$$

同理可得其余二式。将此三式合写为

$$\left.\begin{aligned} M_x(\boldsymbol{F}) &= yF_z - zF_y \\ M_y(\boldsymbol{F}) &= zF_x - xF_z \\ M_z(\boldsymbol{F}) &= xF_y - yF_x \end{aligned}\right\} \quad (5\text{-}16)$$

式(5-16)是计算力对轴之矩的解析式。

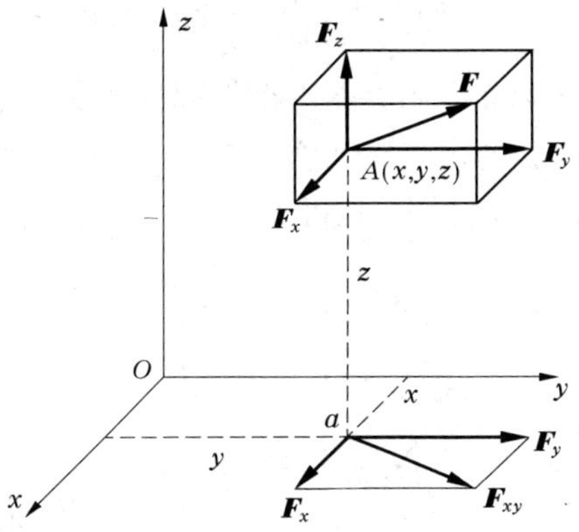

图 5-15 力对轴之矩的解析计算

【例 5-8】 如图 5-16 所示，铅直力 $F=500$ N，作用于曲柄上。试求此力对轴 x、y、z 之矩及对原点 O 之矩。

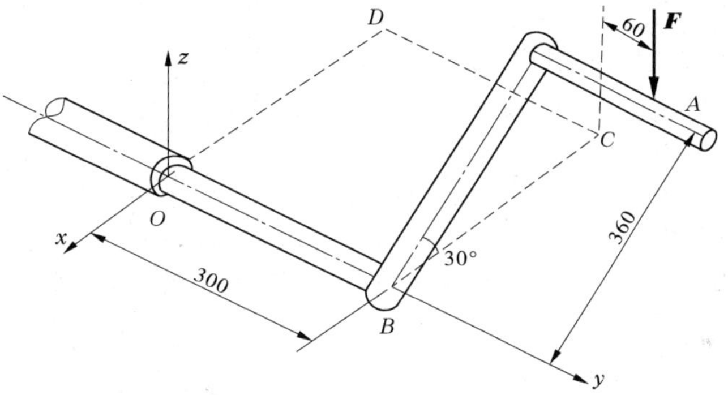

图 5-16 例 5-8 图 (单位:mm)

解 首先，根据力对轴之矩的定义，求出力 $\boldsymbol{F}$ 对 x、y、z 之矩

$$M_x(\boldsymbol{F}) = -F \times (300+60) = -500 \times 360 = -180\ 000(\text{N} \cdot \text{mm}) = -180\ \text{N} \cdot \text{m}$$

$$M_y(\boldsymbol{F}) = -F \times 360\cos 30° = -500 \times 360 \times \frac{\sqrt{3}}{2} = -155\ 884(\text{N} \cdot \text{mm}) \approx -155.9\ \text{N} \cdot \text{m}$$

$$M_z(\boldsymbol{F}) = 0$$

由矢量与投影的关系得

$$|M_O(\boldsymbol{F})| = \sqrt{(-180)^2 + (-155.9)^2} = 238.1(\text{N} \cdot \text{m})$$

其方向余弦为

$$\cos\alpha = \frac{-180}{238.1} = -0.756\ 0 \quad \cos\beta = \frac{-155.9}{238.1} = -0.654\ 8 \quad \cos\gamma = 0$$

可见，$M_O(\boldsymbol{F})$ 位于 xOy 平面内的第三象限，它与 x、y 轴正向间的夹角分别为

$$\alpha = \arccos(-0.756\ 0) = 180° + 40.9°$$

$$\beta = \arccos(-0.654\ 8) = 180° - 49.1°$$

本题也可先求出力在三坐标轴上的投影及力作用点 A 的坐标(x、y、z)，再求出力 $\boldsymbol{F}$ 对各坐标轴之矩，请自行计算。

三、空间力系的平衡方程

建立空间力系平衡方程的方法与建立平面力系平衡方程的方法相同，都是通过力系的简化得到的。设在刚体上作用有空间一般力系($\boldsymbol{F}_1,\boldsymbol{F}_2,\cdots,\boldsymbol{F}_n$)(见图 5-17(a))，在刚体上任选一点 O 为简化中心，将力系中每个力平移到 O 点，同时附加一个相应的力偶(见图 5-17(b))。

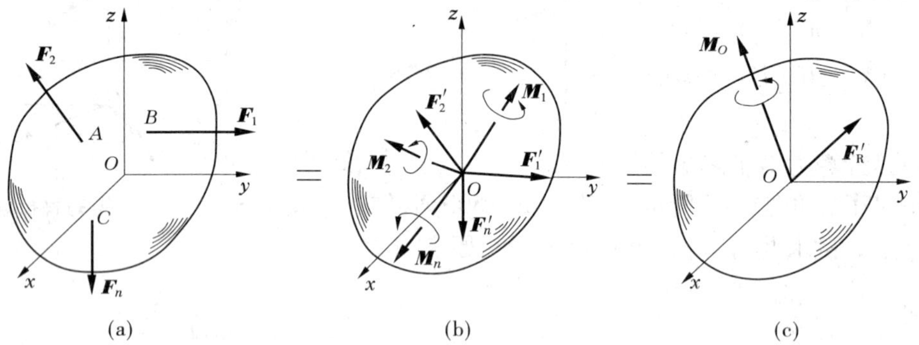

图 5-17　空间力系的简化

对空间力偶来讲，如果两个力偶的作用面不互相平行，即使它们的力偶矩大小相等，这两个力偶对物体的作用效果也不相同。可见，空间力偶对刚体的作用除与力偶矩大小有关外，还与其作用面的方位及力偶的转向有关。所以，空间力偶对刚体的作用效应可用力偶矩矢来度量，并由下列三个因素决定：

(1)矢量的模，即力偶矩的大小；

(2)矢量的方位与力偶作用面相垂直；

(3)矢量的指向与力偶的转向的关系服从右手螺旋法则。

由于空间力偶对刚体的作用效果完全由力偶矩矢来确定，因此两个空间力偶不论作用在刚体的什么位置，也不论力的大小、方向及力偶臂的长短，只要力偶矩矢相等就等效。这就是空间力偶等效定理，即作用在同一刚体上的两个空间力偶，如果其力偶矩矢相等，则它们彼此等效。

这一定理表明：空间力偶可以平移到与其作用面平行的任意平面上而不改变力偶对刚体的作用效果；也可以同时改变力与力偶臂的大小或将力偶在其作用面内任意移动，只要力偶矩矢的大小、方向不变，其作用效果就不变。可见，力偶矩矢是空间力偶作用效果的唯一度量。

这样，可得到一个空间汇交力系($\boldsymbol{F'}_1,\boldsymbol{F'}_2,\cdots,\boldsymbol{F'}_n$)和一个所有附加力偶组成的空间力偶系($\boldsymbol{M}_1,\boldsymbol{M}_2,\cdots,\boldsymbol{M}_n$)。汇交力系可合成为一通过简化中心 O 点的合力 $\boldsymbol{F'}_R$，空间力偶系可合成为一合力偶 $\boldsymbol{M}_O$(见图 5-17(c))。

空间汇交力系的合力 $\boldsymbol{F'}_R$ 称为力系的主矢，即

$$\boldsymbol{F'}_R = \sum \boldsymbol{F'} = \sum \boldsymbol{F}$$

力系的主矢在三个坐标轴上的投影分别为

$$F'_{Rx} = \sum F_x$$
$$F'_{Ry} = \sum F_y$$
$$F'_{Rz} = \sum F_z$$

由此可得出主矢 $\boldsymbol{F}'_R$ 的大小和方向为

$$F'_R = \sqrt{(F'_{Rx})^2 + (F'_{Ry})^2 + (F'_{Rz})^2} = \sqrt{(\sum F_x)^2 + (\sum F_y)^2 + (\sum F_z)^2}$$
$$\cos\alpha = \frac{\sum F_x}{F'_R} \quad \cos\beta = \frac{\sum F_y}{F'_R} \quad \cos\gamma = \frac{\sum F_z}{F'_R}$$

其中 α、β、γ 分别表示 $\boldsymbol{F}'_R$ 与 x、y、z 轴正向之间的夹角。合力偶 $\boldsymbol{M}_O$ 称为力系的主矩。同样，设 M_{Ox}、M_{Oy}、M_{Oz}分别表示主矩 $\boldsymbol{M}_O$ 在 x、y、z 轴上的投影，可得到

$$M_{Ox} = \sum M_x(\boldsymbol{F})$$
$$M_{Oy} = \sum M_y(\boldsymbol{F})$$
$$M_{Oz} = \sum M_z(\boldsymbol{F})$$

其主矩的大小和方向为

$$\left.\begin{aligned} M_O &= \sqrt{[\sum M_x(\boldsymbol{F})]^2 + [\sum M_y(\boldsymbol{F})]^2 + [\sum M_z(\boldsymbol{F})]^2} \\ \cos\alpha' &= \frac{\sum M_x(\boldsymbol{F})}{M_O} \quad \cos\beta' = \frac{\sum M_y(\boldsymbol{F})}{M_O} \quad \cos\gamma' = \frac{\sum M_z(\boldsymbol{F})}{M_O} \end{aligned}\right\} \tag{5-17}$$

其中 α'、β'、γ'分别表示 $\boldsymbol{M}_O$ 与 x、y、z 轴正向之间的夹角。于是可知，空间一般力系的平衡条件为主矢与主矩均为零，即

$$\left.\begin{aligned} \sum F_x &= 0 \\ \sum F_y &= 0 \\ \sum F_z &= 0 \\ \sum M_x(\boldsymbol{F}) &= 0 \\ \sum M_y(\boldsymbol{F}) &= 0 \\ \sum M_z(\boldsymbol{F}) &= 0 \end{aligned}\right\} \tag{5-18}$$

式(5-18)表明，物体若平衡，则必满足上述方程；反之，空间力系如满足上述6个方程，则物体也必然保持平衡状态。所以，式(5-18)表示了空间力系平衡的必要和充分条件，即各力在3个坐标轴上投影的代数和以及各力对此三轴之矩的代数和都必须分别等于零。

式(5-18)有6个独立的平衡方程，可以求解6个未知量，它是解决空间力系平衡问题的基本方程。

从空间一般力系的平衡方程，很容易导出几种空间特殊力系的平衡方程。

(一)空间汇交力系

设物体受一空间汇交力系作用，如选择力系的汇交点为坐标系 $xOyz$ 的原点，则不论此力系是否平衡，各力对三根轴之矩恒为零，式(5-18)中的3个力矩式成为恒等式。可见，空

间汇交力系的平衡方程只有 3 个，即

$$\left.\begin{aligned}\sum F_x &= 0\\ \sum F_y &= 0\\ \sum F_z &= 0\end{aligned}\right\} \tag{5-19}$$

（二）空间平行力系

设物体受一空间平行力系作用，令 z 轴与这些力平行，则各力对于 z 轴的矩等于零；又由于 x 轴和 y 轴都与这些力垂直，所以各力在这两轴上的投影也等于零。因此，$\sum F_x \equiv 0$，$\sum F_y \equiv 0$，$\sum M_z(\boldsymbol{F}) \equiv 0$。可见，空间平行力系的平衡方程为 3 个，即

$$\left.\begin{aligned}\sum F_z &= 0\\ \sum M_x(\boldsymbol{F}) &= 0\\ \sum M_y(\boldsymbol{F}) &= 0\end{aligned}\right\} \tag{5-20}$$

（三）空间力偶系

设物体受一空间平行力系作用，由于力偶在任意轴上的投影恒为零，即 $\sum F_x \equiv 0$，$\sum F_y \equiv 0$，$\sum F_z \equiv 0$，因此空间力偶系的平衡方程是 3 个，即

$$\left.\begin{aligned}\sum M_x(\boldsymbol{F}) &= 0\\ \sum M_y(\boldsymbol{F}) &= 0\\ \sum M_z(\boldsymbol{F}) &= 0\end{aligned}\right\} \tag{5-21}$$

由以上讨论可知，空间汇交力系、空间平行力系和空间力偶系都只有 3 个独立的平衡方程，只能解 3 个未知量。

求解空间力系的平衡问题时，可以直接运用式(5-18)；也可以将空间力系转化为在 3 个坐标平面内的平面力系来处理。后一种方法比较容易掌握，也便于运用平面力系平衡问题的解题技巧。因此，这种方法在工程实际中运用较多。

一般情况下，当刚体受到空间一般力系作用时，在每个约束处，其约束力的未知量可能有 1 ~6 个。确定每种约束的约束力未知量个数的基本方法是：观察被约束物体在空间可能的 6 种独立的位移中，有哪几种位移被约束所阻碍。阻碍移动的是约束力，阻碍转动的是约束力偶。应用空间力系的平衡方程解题时，常遇到各种空间约束，现将常见的空间约束及其相应的约束反力综合列表，如表 5-2 所示。

分析实际的约束时，有时要忽略一些次要因素，抓住主要因素，作一些合理的简化。例如，一般柜门都装有两个合页，如表 5-2 中的蝶形铰链，它主要限制物体沿 y、z 方向的移动，因而有两个约束力 $\boldsymbol{F}_{Ay}$ 和 $\boldsymbol{F}_{Az}$。合页不限制物体绕轴的转动，单个合页对物体绕 y、z 轴转动的限制作用也很小，因而没有约束力偶。而当物体受到沿合页轴向力作用时，则两个合页中的一个将限制物体沿轴向移动，应视为止推轴承。

如果刚体只受平面力系的作用，则垂直于该平面的约束力和绕平面内两轴的约束力偶都应为零，相应减少了约束力的数目。例如，在空间一般力系作用下，固定端的约束力共有 6 个，即 $\boldsymbol{F}_{Ax}$、$\boldsymbol{F}_{Ay}$、$\boldsymbol{F}_{Az}$、$\boldsymbol{M}_{Ax}$、$\boldsymbol{M}_{Ay}$、$\boldsymbol{M}_{Az}$；而在平面内受平面一般力系作用时，固定端的约束力就

只有 3 个，即 F_{Ay}、F_{Az}、M_{Ax}。

表 5-2　空间约束的类型及其约束反力举例

<table>
<tr><th colspan="2">约束类型</th><th>简图</th><th>约束反力</th></tr>
<tr><td>径向轴承</td><td>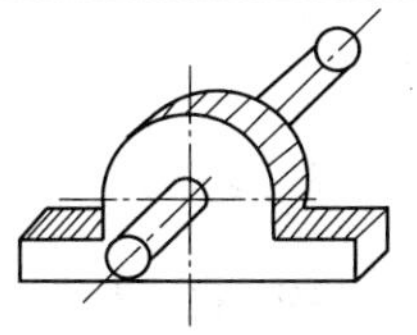</td><td>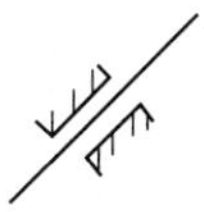</td><td rowspan="3">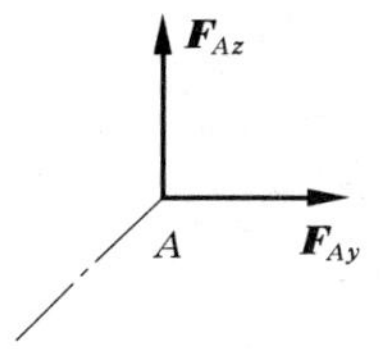</td></tr>
<tr><td>蝶形铰链</td><td>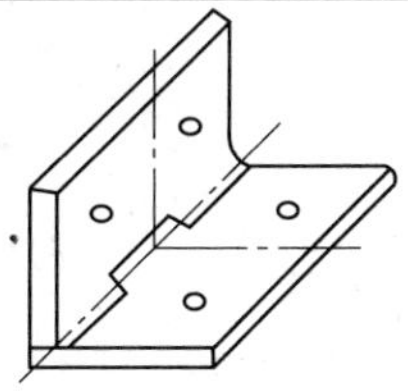</td><td>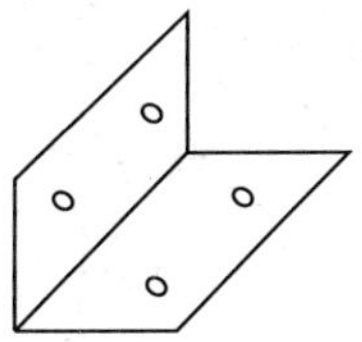</td></tr>
<tr><td>圆柱铰链</td><td>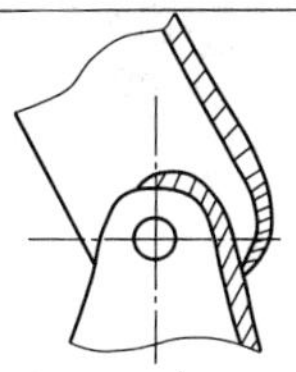</td><td></td></tr>
<tr><td>球形铰链</td><td>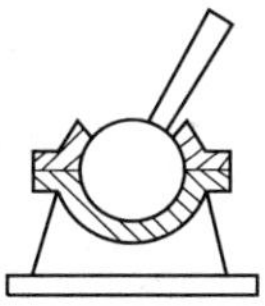</td><td>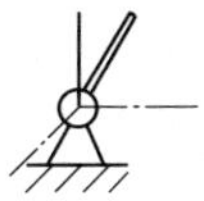</td><td rowspan="2">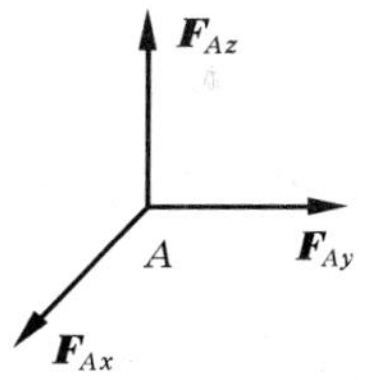</td></tr>
<tr><td>止推轴承</td><td>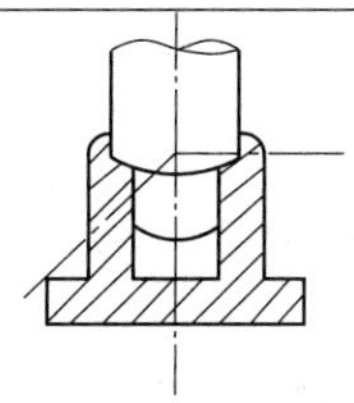</td><td>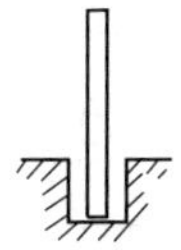</td></tr>
<tr><td>空间固定端</td><td>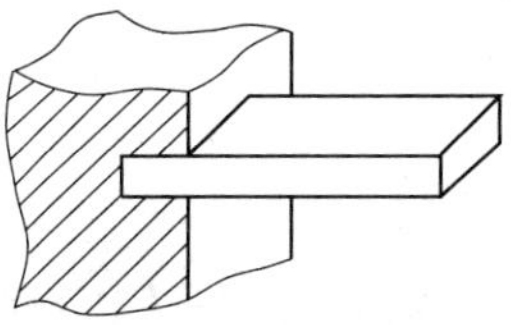</td><td>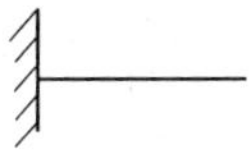</td><td>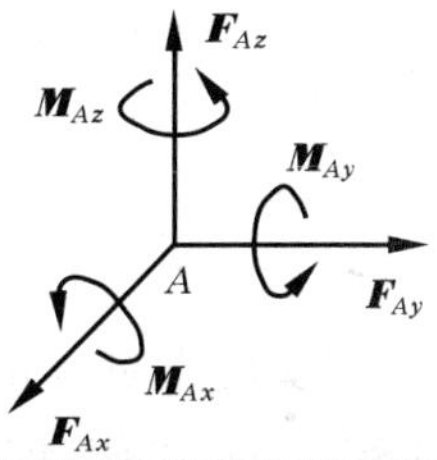</td></tr>
</table>

【例 5-9】　空间支架由 3 根直杆组成，如图 5-18 所示。已知 $W=1$ kN，$\alpha=30°$，$\beta=60°$，$\varphi=45°$，试求杆 AB、BC、BD 所受的力。

解　(1)因各力汇交于 B 点，故取铰 B 为研究对象。设各杆均受拉力，铰 B 受有重力 W 和三杆对铰的约束反力 F_{BA}、F_{BC}、F_{BD}，如图 5-18 所示。可见，此力系为空间汇交力系。

(2)建立坐标系,如图 5-18 所示。

(3)列平衡方程并求解。

由
$$\sum F_z = 0 \qquad F_{BD}\cos\alpha - W = 0$$

得
$$F_{BD} = \frac{W}{\cos\alpha} = \frac{1}{\frac{\sqrt{3}}{2}} = 1.155(\text{kN})$$

由
$$\sum F_y = 0 \qquad -F_{BC}\sin\beta - F_{BD}\sin\alpha\cos\varphi = 0$$

即
$$-\frac{\sqrt{3}}{2}F_{BC} - \frac{1}{2}\times\frac{\sqrt{2}}{2}F_{BD} = 0$$

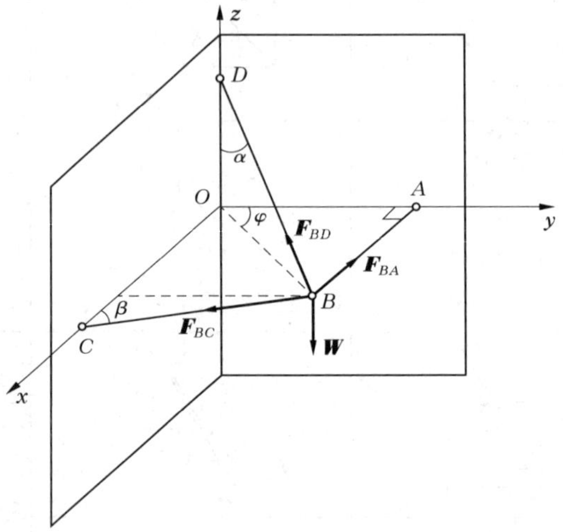

图 5-18　例 5-9 图

得
$$F_{BC} = -\frac{\sqrt{2}}{2\sqrt{3}}F_{BD} = -\frac{\sqrt{2}}{2\sqrt{3}}\times\frac{2}{\sqrt{3}}W = -\frac{\sqrt{2}}{3}\times 1 = -0.471(\text{kN})$$

由
$$\sum F_x = 0 \qquad -F_{BA} + F_{BC}\cos\beta - F_{BD}\sin\alpha\sin\varphi = 0$$

即
$$-F_{BA} + 0.5F_{BC} - \frac{1}{2}\times\frac{\sqrt{2}}{2}F_{BD} = 0$$

得
$$F_{BA} = -\frac{\sqrt{2}+\sqrt{6}}{6}\times 1 = -0.644(\text{kN})$$

计算结果表明杆 AB、BC 受压力,分别为 0.644 kN、0.471 kN;杆 BD 受拉力,为 1.155 kN。

【例 5-10】　电动机通过联轴器传递驱动转矩 $M = 20$ N · m 来带动皮带轮轴,如图 5-19 所示。已知带轮直径 $d = 160$ mm,距离 $a = 200$ mm,皮带斜角 $\alpha = 30°$,带轮两边拉力 $F_{T2} = 2F_{T1}$。试求 A、B 两轴承的约束反力。

解　(1)取轮轴为研究对象,并画出它的受力图,如图 5-19 所示。

(2)取轴线为 y 轴,建立坐标系。

(3)列平衡方程并求解。

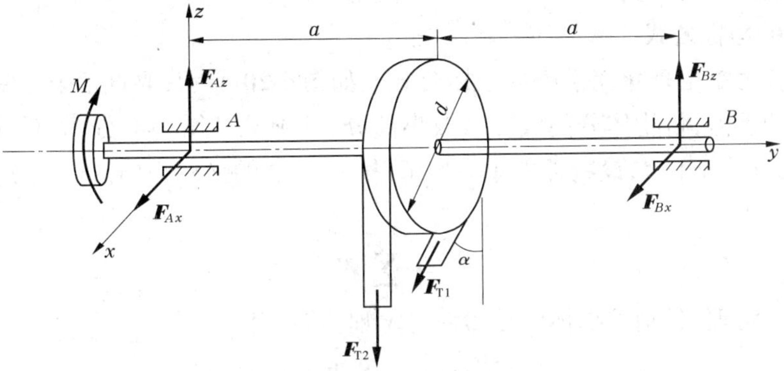

图 5-19 例 5-10 图

由 $$\sum M_y = 0 \qquad (F_{T2} - F_{T1})\frac{d}{2} - M = 0$$

因 $$F_{T2} = 2F_{T1}$$

得 $$F_{T1} = \frac{2M}{d} = \frac{2 \times 20}{0.16} = 250(\text{N})$$

$$F_{T2} = 2F_{T1} = 2 \times 250 = 500(\text{N})$$

由 $$\sum M_z = 0 \qquad -F_{Bx}2a - F_{T1}\sin\alpha \times a = 0$$

得 $$F_{Bx} = -0.5F_{T1}\sin\alpha = -0.5 \times 250 \times \sin30° = -62.5(\text{N})$$

由 $$\sum M_x = 0 \qquad F_{Bz}2a - F_{T2}a - F_{T1}\cos\alpha \times a = 0$$

得 $$F_{Bz} = 0.5(F_{T2} + F_{T1}\cos\alpha) = 0.5 \times (500 + 250 \times \cos30°) = 358.3(\text{N})$$

由 $$\sum F_x = 0 \qquad F_{Ax} + F_{Bx} + F_{T1}\sin\alpha = 0$$

得 $$F_{Ax} = -F_{T1}\sin\alpha - F_{Bx} = -250 \times \sin30° - (-62.5) = -62.5(\text{N})$$

由 $$\sum F_z = 0 \qquad F_{Az} + F_{Bz} - F_{T2} - F_{T1}\cos\alpha = 0$$

得 $$F_{Az} = F_{T2} + F_{T1}\cos\alpha - F_{Bz} = 500 + 250 \times \cos30° - 358.3 = 358.2(\text{N})$$

四、重心

(一)重心的概念

地球表面附近的物体,都受到地球引力的作用。地球对其表面附近物体的引力称为物体的重力,重力的大小称为物体的重量。重力作用在物体的每一微小部分上,为一分布力系,这些分布的重力实际组成一个空间汇交力系,力系的汇交点在地心处。可以算出,在地球表面相距 30 m 的两点上,重力之间的夹角也不超过 1″。因此,工程上把物体各微小部分的重力视为空间平行力系是足够精确的,一般所说的重力,就是这个空间平行力系的合力。

一个不变形的物体(即刚体)在地球表面无论如何放置,其平行分布的重力的合力作用线,都通过该物体上一个确定的点,这一点就称为物体的重心。所以,物体的重心就是物体重力合力的作用点。一个物体的重心,相对于物体本身来说就是一个确定的几何点,重心相对于物体的位置是固定不变的。

（二）重心的坐标公式

下面根据合力矩定理建立重心的坐标公式。如图 5-20 所示，取直角坐标系 $xOyz$，其中 z 轴平行于物体的重力，将物体分割成许多微小部分，其中某一微小部分 M_i 的重力为 $\boldsymbol{W}_i$，其作用点的坐标为(x_i, y_i, z_i)，设物体的重心以 C 表示，重心的坐标为(x_C, y_C, z_C)。

物体的重力为

$$\boldsymbol{W} = \sum \boldsymbol{W}_i$$

应用合力矩定理，分别求物体的重力对 x、y 轴的矩，有

$$\left.\begin{aligned} -Wy_C &= -\sum W_i y_i \\ Wx_C &= \sum W_i x_i \end{aligned}\right\} \tag{a}$$

由式(a)即可求得重心的坐标 x_C、y_C。为了求坐标 z_C，可将物体固结在坐标系中，随坐标系一起绕 x 轴旋转 90°，使 y 轴铅垂向下。这时，重力 $\boldsymbol{W}$ 与 $\boldsymbol{W}_i$ 都平行于 y 轴，并与 y 轴同向，如图 5-20 中带箭头的虚线所示。然后对新的 x 轴应用合力矩定理，有

$$-Wz_C = -\sum W_i z_i \tag{b}$$

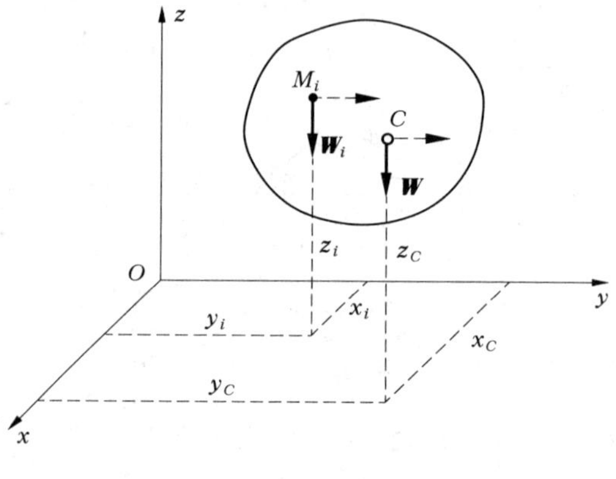

图 5-20　重心

由式(a)和式(b)得到物体重心 C 的坐标公式为

$$\left.\begin{aligned} x_C &= \frac{\sum W_i x_i}{W} \\ y_C &= \frac{\sum W_i y_i}{W} \\ z_C &= \frac{\sum W_i z_i}{W} \end{aligned}\right\} \tag{5-22}$$

如果物体是均质的，这时单位体积的重力 γ = 常量。以 ΔV_i 表示微小部分 M_i 的体积，以 $V = \sum \Delta V_i$ 表示整个物体的体积，则有 $W_i = \gamma \Delta V_i$ 和 $W = \gamma V$，代入式(5-22)，得

$$\left.\begin{aligned} x_C &= \frac{\sum \Delta V_i x_i}{V} \\ y_C &= \frac{\sum \Delta V_i y_i}{V} \\ z_C &= \frac{\sum \Delta V_i z_i}{V} \end{aligned}\right\} \tag{5-23}$$

这说明,均质物体重心的位置与物体的重量无关,完全取决于物体的大小和形状。所以,均质物体的重心又称为形心。确切地说:由式(5-22)所确定的点称为物体的重心,由式(5-23)所确定的点称为几何形体的形心。对于均质物体,其重心和形心重合在一点上。非均质物体的重心与形心一般是不重合的。

如果将物体分割的份数为无限多,且每份的体积无限小,在极限情况下,式(5-23)可改写成积分形式

$$\left.\begin{aligned} x_C &= \frac{\int_V x\mathrm{d}V}{V} \\ y_C &= \frac{\int_V y\mathrm{d}V}{V} \\ z_C &= \frac{\int_V z\mathrm{d}V}{V} \end{aligned}\right\} \tag{5-24}$$

一些简单几何形状的均质物体的重心(形心),都可由积分公式(5-24)求得。

如均质物体有对称面、对称轴或对称中心,不难看出,该物体的重心必相应地在这个对称面、对称轴或对称中心上。如椭球体、椭圆面或三角形的重心都在其几何中心上,平行四边形的重心在其对角线的交点上等。表5-3列出了几种常用物体的重心(形心),可供查用。工程中常用的型钢(如工字钢、角钢、槽钢等)的截面的形心,可从机械设计手册中查得。

(三)确定物体重心位置的方法

前面所述的重心和形心坐标公式,是确定重心和形心位置的基本公式。在实际问题中,可视具体情况灵活应用。对于均质物体,如在几何形体上具有对称面、对称轴或对称中心,则该物体的重心或形心必在此对称面、对称轴或对称中心上。下面介绍几种工程中常用的确定重心位置的方法。

1. 组合法

工程中有些形体虽然比较复杂,但往往是由一些简单形体组成的,这些简单形体的重心通常是已知的或易求的,这样整个组合形体的重心就可用式(5-22)直接求得。

表 5-3　简单几何图形物体的面积及其重心

名称	图形	形心坐标	线长、面积、体积
三角形	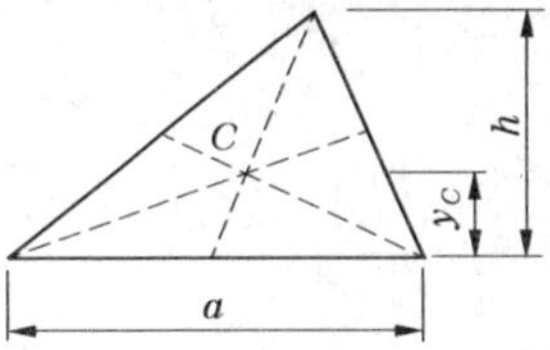	在三中线交点 $y_C=\frac{1}{3}h$	面积 $A=\frac{1}{2}ah$
梯形	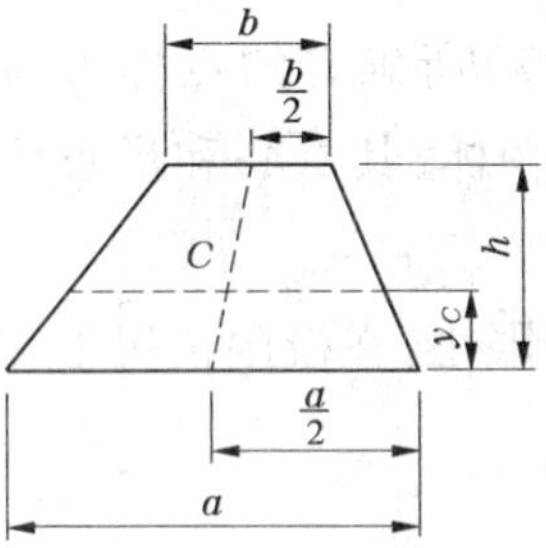	在上、下底边中线连线上 $y_C=\frac{h(a+2b)}{3(a+b)}$	面积 $A=\frac{h}{2}(a+b)$
圆弧	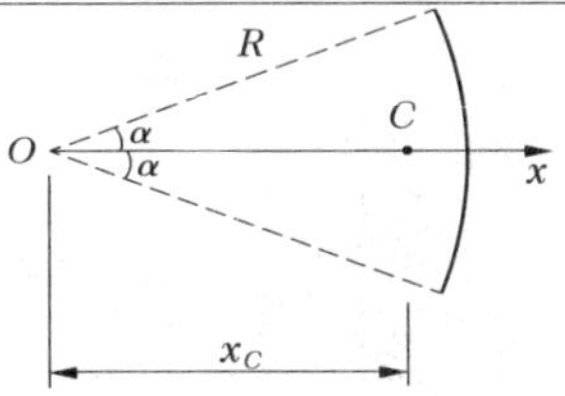	$x_C=\frac{R\sin\alpha}{\alpha}$（$\alpha$ 以弧度计） 半圆弧（$\alpha=\frac{\pi}{2}$）$x_C=\frac{2R}{\pi}$	弧长 $l=2\alpha R$
扇形	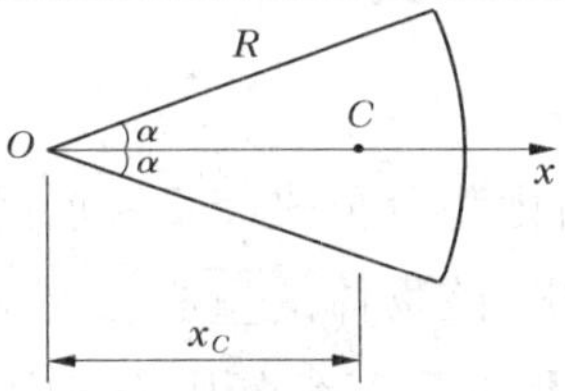	$x_C=\frac{2R\sin\alpha}{3\alpha}$（$\alpha$ 以弧度计） 半圆面（$\alpha=\frac{\pi}{2}$）$x_C=\frac{4R}{3\pi}$	面积 $A=\alpha R^2$
弓形	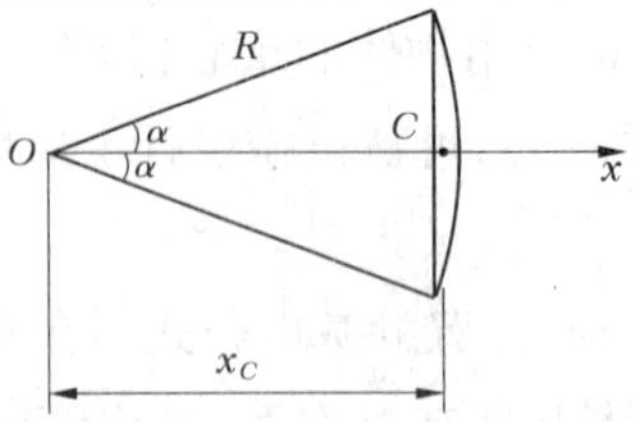	$x_C=\frac{4R\sin^3\alpha}{3(2\alpha-\sin2\alpha)}$	面积 $A=\frac{R^2(2\alpha-\sin2\alpha)}{2}$
二次抛物线面	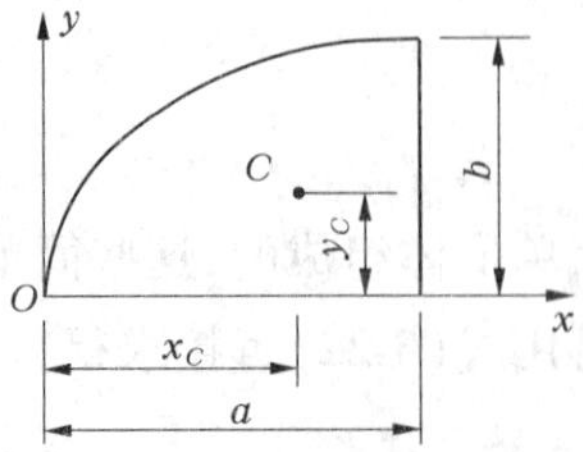	$x_C=\frac{5}{8}a$ $y_C=\frac{2}{5}b$	面积 $A=\frac{2}{3}ab$

续表 5-3

名称	图形	形心坐标	线长、面积、体积
三次抛物线面	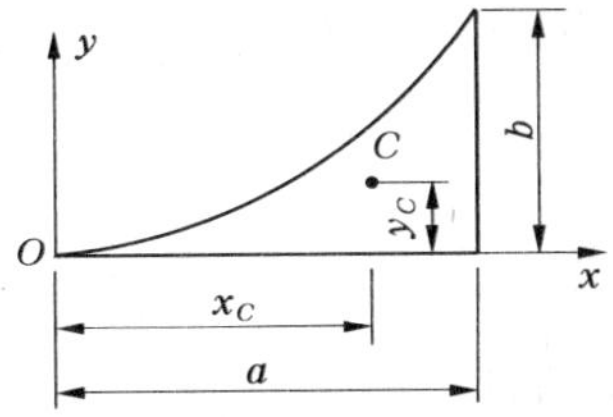	$x_C = \frac{4}{5}a$ $y_C = \frac{3}{10}b$	面积 $A = \frac{1}{3}ab$
半球形体	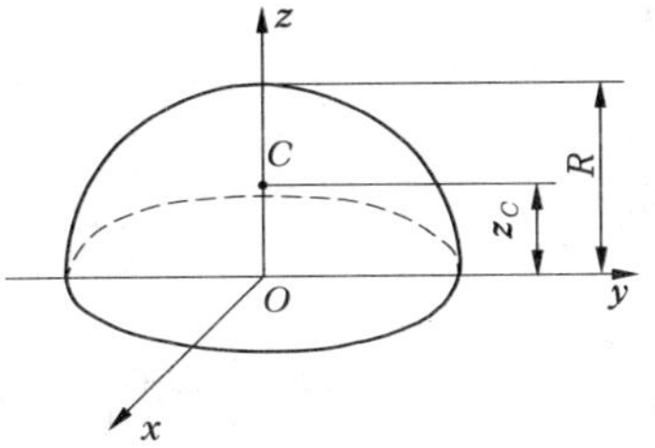	$z_C = \frac{3}{8}R$	面积 $V = \frac{2}{3}\pi R^3$

【例 5-11】　角钢截面的尺寸如图 5-21 所示。试求其形心的位置。

解　取 xOy 坐标系如图 5-21 所示。将截面分割成为两个矩形如图中虚线所示。第一个矩形的面积和形心 C_1 的坐标为

$$A_1 = (120 - 20) \times 20 = 2\,000(\text{mm}^2)$$

$$x_1 = 10 \text{ mm} \qquad y_1 = 20 + \frac{120 - 20}{2} = 70(\text{mm})$$

第二个矩形的面积和形心 C_2 的坐标为

$$A_2 = 100 \times 20 = 2\,000(\text{mm}^2)$$

$$x_2 = 50 \text{ mm} \qquad y_2 = 10 \text{ mm}$$

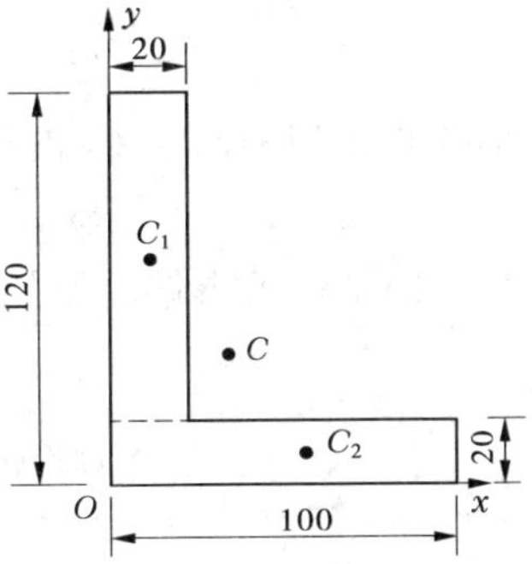

图 5-21　例 5-11 图　（单位:mm）

则可得截面的形心坐标为

$$x_C = \frac{\sum A_i x_i}{A} = \frac{A_1 x_1 + A_2 x_2}{A_1 + A_2} = \frac{2\,000 \times 10 + 2\,000 \times 50}{2\,000 + 2\,000} = 30(\text{mm})$$

$$y_C = \frac{\sum A_i y_i}{A} = \frac{A_1 y_1 + A_2 y_2}{A_1 + A_2} = \frac{2\,000 \times 70 + 2\,000 \times 10}{2\,000 + 2\,000} = 40(\text{mm})$$

2. 负面积法

如果在规则形体上切去一部分,例如钻一个孔等,则在求这类形体的形心时,可以认为原形体是完整的,只是把切去的部分视为负值(负体积或负面积),仍可利用式(5-23)来求形体的形心。

【例 5-12】　试求图 5-22 所示振动器用的偏心块的形心位置。已知 $R = 100$ mm,$r_1 = 30$ mm,$r_2 = 17$ mm。

解　取坐标系 xOy 如图 5-22 所示。偏心块可看做由三部分组成，半径为 R 的半圆 A_1，半径为 r_1 的半圆 A_2，挖去半径为 r_2 的圆 A_3。

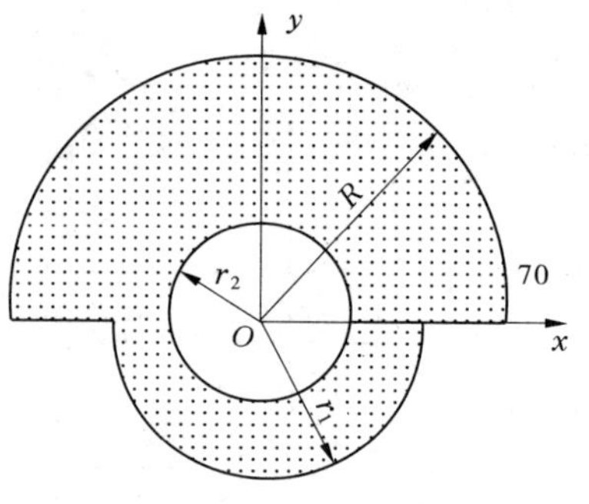

图 5-22　例 5-12 图

大半圆的面积和形心 C_1 的坐标为

$$A_1 = \frac{\pi R^2}{2} = \frac{\pi \times 100^2}{2} = 5\,000\pi(\text{mm}^2)\quad x_1 = 0\quad y_1 = \frac{4R}{3\pi} = \frac{400}{3\pi}(\text{mm})$$

小半圆的面积和形心 C_2 的坐标为

$$A_2 = \frac{\pi r_1^2}{2} = \frac{\pi \times 30^2}{2} = 450\pi(\text{mm}^2)\quad x_2 = 0\quad y_2 = -\frac{4r_1}{3\pi} = -\frac{40}{\pi}(\text{mm})$$

小圆的面积和形心 C_3 的坐标为

$$A_3 = -\pi r_2^2 = -\pi \times 17^2 = -289\pi(\text{mm}^2)\quad x_3 = 0\quad y_3 = 0$$

由式(5-23)可得偏心块的形心坐标为

$$x_C = 0$$

$$y_C = \frac{\sum A_i y_i}{A} = \frac{5\,000\pi \times \frac{400}{3\pi} + 450\pi \times \left(-\frac{40}{\pi}\right) + (-289\pi)\times 0}{5\,000\pi + 450\pi - 289\pi} = 40(\text{mm})$$

3. 试验法（平衡法）

如物体的形状不是由基本形体组成的或过于复杂或质量分布不均匀，其重心常用试验方法来确定。

1）悬挂法

对于形状复杂的薄平板，确定重心位置时，可将板悬挂于任一点 A，如图 5-23(a)所示。根据二力平衡原理，板的重力与绳的张力必在同一直线上，故物体的重心一定在铅垂的挂绳延长线 AB 上。重复使用上法，将板挂于 D 点，可得 DE 线。显然，平板的重心即为 AB 与 DE 两线的交点 C，如图 5-23(b)所示。

2）称重法

对于形状复杂的零件、体积庞大的物体以及由许多构件组成的机械，常用此法确定其重心的位置。例如，连杆本身具有两个相互垂直的纵向对称面，其重心必在这两个平面的交线，即连杆的中心线 AB 上，如图 5-24 所示。其重心在 x 轴上的位置可用下法确定：先称出连杆的重量 W，然后将其一端支于固定支点 A 上，另一端支于磅秤上。使 AB 处于水平位置，读出磅秤上读数 F_{NB}，并量出两支点间的水平距离 l，则列平衡方程为

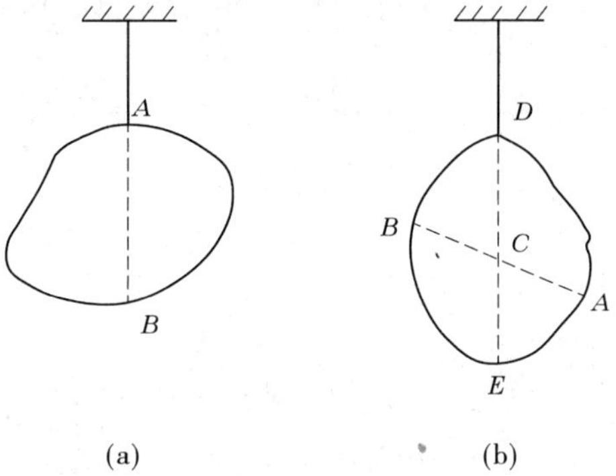

图 5-23　悬挂法

$$\sum M_A = 0 \qquad F_{NB}l - Wx_C = 0$$

得

$$x_C = \frac{F_{NB}l}{W}$$

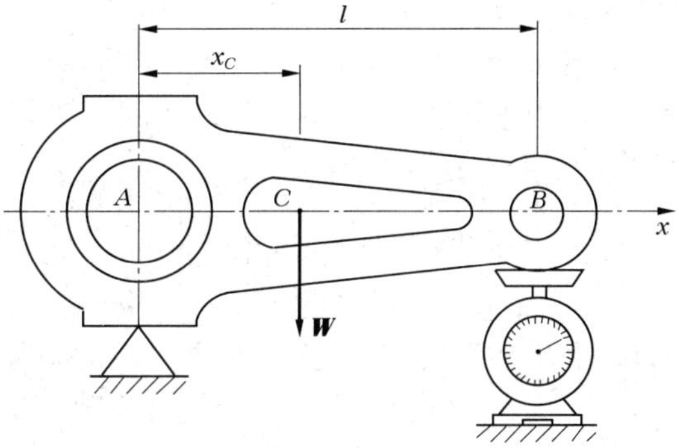

图 5-24　称重法

小　结

(1)平面一般力系向一点简化,可能出现四种情况,见表 5-4。

表 5-4　平面一般力系的简化

主矢	主矩	合成结果	
$F'_R \neq 0$	$M_O = 0$	合力	此力为原力系的合力,合力作用线通过简化中心
	$M_O \neq 0$	合力	合力作用线离简化中心的距离 $d = \frac{M_O}{F'_R}$
$F'_R = 0$	$M_O \neq 0$	合力偶	此力偶为原力系的合力偶,在这种情况下,主矩与简化中心的位置无关
	$M_O = 0$	平衡	

(2)平面一般力系的平衡方程。

平面一般力系的平衡方程见表 5-5。

表 5-5 平面一般力系的平衡方程

Ⅰ	Ⅱ	Ⅲ
$\sum F_x = 0$	$\sum F_x = 0$（或 $\sum F_y = 0$）	$\sum M_A(\boldsymbol{F}) = 0$
$\sum F_y = 0$	$\sum M_A(\boldsymbol{F}) = 0$	$\sum M_B(\boldsymbol{F}) = 0$
$\sum M_O(\boldsymbol{F}) = 0$	$\sum M_B(\boldsymbol{F}) = 0$	$\sum M_C(\boldsymbol{F}) = 0$
	AB 连线不能垂直于 x 轴（或 y 轴）	A、B、C 三点不能共线

(3)力在空间直角坐标轴上的投影。

①直接投影法。已知力 $\boldsymbol{F}$ 与三个坐标轴 x、y、z 正向间的夹角分别为 α、β、γ（见图 5-12(a)），则 $\boldsymbol{F}$ 在三个坐标轴上投影分别为

$$F_x = F\cos\alpha \quad F_y = F\cos\beta \quad F_z = F\cos\gamma$$

②二次投影法。已知 γ、φ，如图 5-12(b)所示，则 $\boldsymbol{F}$ 在三个坐标轴上投影分别为

$$F_x = F\sin\gamma\cos\varphi$$

$$F_y = F\sin\gamma\sin\varphi$$

$$F_z = F\cos\gamma$$

在具体计算时，究竟取哪种方法求投影，要根据问题给出的条件来决定。

(4)力对轴之矩。

力对轴之矩是力使刚体绕该轴转动效果的度量，其值等于该力在垂直于该轴的平面上的投影对于这个平面与该轴的交点的矩。其正负号按右手螺旋法则确定；或从 z 轴正端来看逆时针转动取正号，反之取负号。

(5)空间力系的平衡方程。

$$\sum F_x = 0 \quad \sum F_y = 0 \quad \sum F_z = 0$$

$$\sum M_x(\boldsymbol{F}) = 0 \quad \sum M_y(\boldsymbol{F}) = 0 \quad \sum M_z(\boldsymbol{F}) = 0$$

各种力系的平衡方程汇总见表 5-6。

(6)计算步骤。

①判断物体系是否属于静定系统；

②选择研究对象；

③画受力图；

④列平衡方程，求未知量。

(7)本章计算题主要类型。

①计算平面一般力系简化结果（参见例 5-1）。

表 5-6　各种力系的平衡方程汇总

力系的类型	平衡方程						独立方程的数目
空间一般力系	$\sum F_x=0$	$\sum F_y=0$	$\sum F_z=0$	$\sum M_x(\boldsymbol{F})=0$	$\sum M_y(\boldsymbol{F})=0$	$\sum M_z(\boldsymbol{F})=0$	6
空间汇交力系	$\sum F_x=0$	$\sum F_y=0$	$\sum F_z=0$				3
空间平行力系			$\sum F_z=0$	$\sum M_x(\boldsymbol{F})=0$	$\sum M_y(\boldsymbol{F})=0$		3
平面一般力系	$\sum F_x=0$	$\sum F_y=0$				$\sum M_O(\boldsymbol{F})=0$	3
平面汇交力系	$\sum F_x=0$	$\sum F_y=0$					2
平面平行力系		$\sum F_y=0$				$\sum M_O(\boldsymbol{F})=0$	2
平面力偶系						$\sum M(\boldsymbol{F})=0$	1

②解平面平行力系平衡问题(参见例 5-4)。

③解物体系平衡问题(参见例 5-5、例 5-6 及例 5-7),这是最重要的类型。

④求力在坐标轴上的投影,可利用二次投影。求力对坐标轴之矩(参见例 5-8)。

⑤求空间约束(如轴承)的约束反力(参见例 5-9 和例 5-10)。

(8)物体的重心就是物体重力合力的作用点,它相对于物体的位置是固定不变的。根据合力矩定理,建立了重心坐标的一般公式(5-22),它是求物体重心的理论基础。解题时,可根据物体具体情况,选用相应的方法和公式来确定物体的重心。

思考题

5-1　某平面力系向 A、B 两点简化的主矩皆为零,此力系简化的最终结果可能是一个力吗? 可能是一个力偶吗? 可能平衡吗?

5-2　某平面力系向平面内任一点简化,其结果都相同,此力系简化的最终结果可能是什么?

5-3　司机操纵方向盘驾驶汽车时,可用双手对方向盘施加一个力偶,也可用单手对方向盘施加一个力,这两种方式能否得到同样的效果? 这是否说明一个力与一个力偶等效? 为什么?

5-4　如图 5-25 所示的三铰拱,在构件 AC 上作用一力 $\boldsymbol{F}$,当求铰链 A、B、C 的约束反力

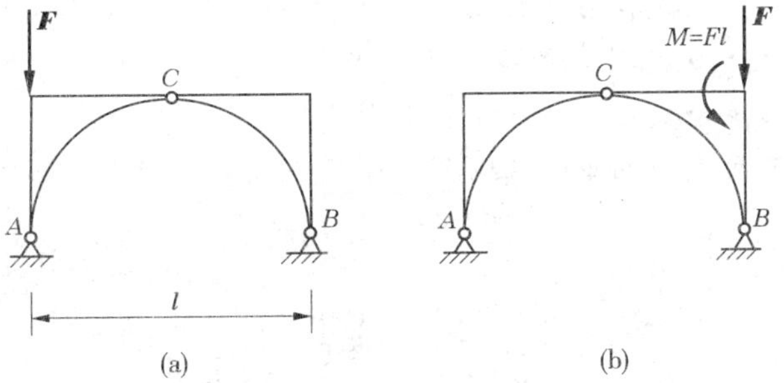

图 5-25　思考题 5-4 图

时,能否按力的平移定理将它移到构件 BC 上(见图5-25(b))? 为什么?

5-5　平面力系如图5-26所示,且 $F_1 = F_2 = F_3 = F_4$。试问该力系向 A 点的简化结果是(　　),向 B 点的简化结果是(　　)。

(a)一个力

(b)一个力偶

(c)一个力和一个力偶

(d)平衡

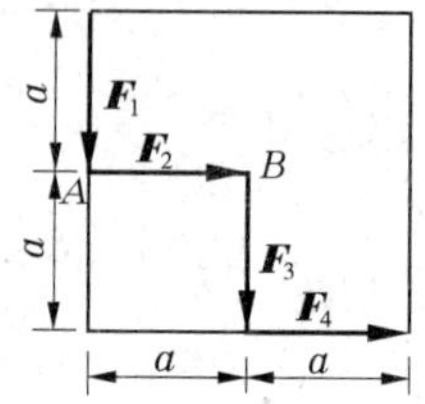

图5-26　思考题5-5图

5-6　判断图5-27所示各问题是静定的,还是超静定的,并确定超静定的次数。

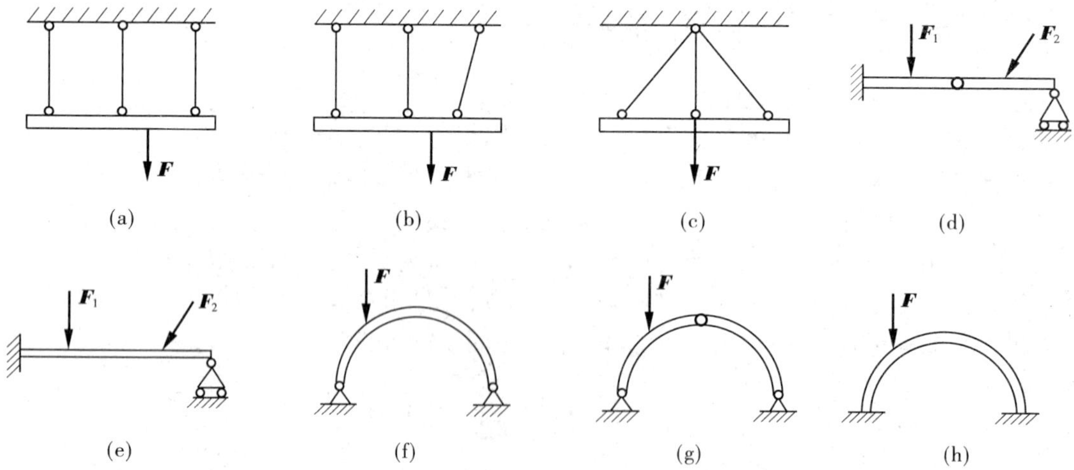

图5-27　思考题5-6图

5-7　力在空间直角坐标轴上的投影和此力沿该坐标轴的分力有何区别和联系?

5-8　设一个力 $\boldsymbol{F}$,并选取 x 轴,问力 $\boldsymbol{F}$ 与 x 轴在何种情况下 $F_x = 0, M_x(\boldsymbol{F}) = 0$? 在何种情况下 $F_x = 0, M_x(\boldsymbol{F}) \neq 0$? 又在何种情况下 $F_x \neq 0, M_x(\boldsymbol{F}) = 0$?

5-9　如果力 $\boldsymbol{F}$ 与 y 轴的夹角为 β,问在什么情况下此力在 z 轴上的投影为 $F_z = F\sin\beta$? 并求此时该力在 x 轴上的投影。

5-10　位于两相交平面内的两力偶能否等效? 能否组成平衡力系?

5-11　为什么说力偶矩矢是自由矢量? 力矩矢是自由矢量吗? 试说明其理由。

5-12　试分析空间力系中各力的作用线平行于某一固定平面和空间力系中各力的作用线分别汇交于两个固定点这两种力系各有几个平衡方程?

5-13　物体的重心是否一定在物体上? 为什么?

5-14　一均质等截面直杆的重心在哪里? 若将它变成半圆形,重心的位置是否改变?

习　题

5-1　如图5-28所示,已知 $F_1 = 150\ \text{N}, F_2 = 200\ \text{N}, F_3 = 300\ \text{N}, F = F' = 200\ \text{N}$。试求力

系向 O 点的简化结果，并求力系合力的大小及其与原点 O 的距离 d。

5-2　平面力系中各力大小分别为 $F_1=60\sqrt{2}$ kN，$F_2=F_3=60$ kN，作用位置如图 5-29 所示。试求力系向 O 点和 O_1 点简化的结果。

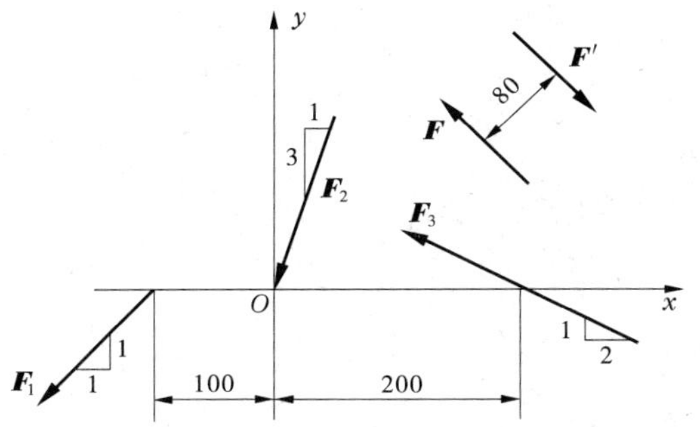

图 5-28　习题 5-1 图　（单位：mm）

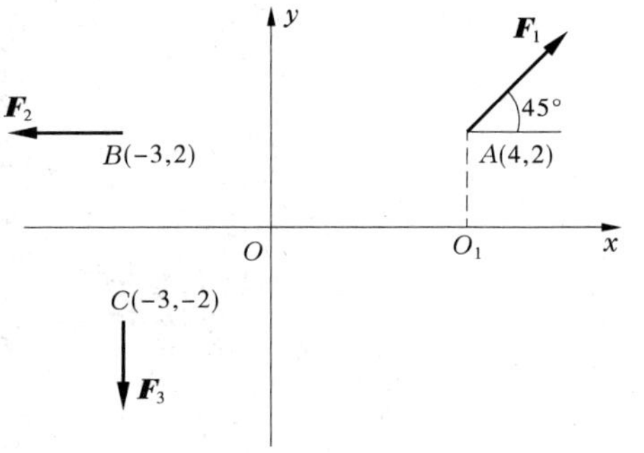

图 5-29　习题 5-2 图　（单位：m）

5-3　试求图 5-30 所示梁的支座反力。已知 $q=2$ kN/m，$M=2$ kN · m。

5-4　试求图 5-31 所示梁的支座反力。已知 $F=6$ kN，$q=2$ kN/m。

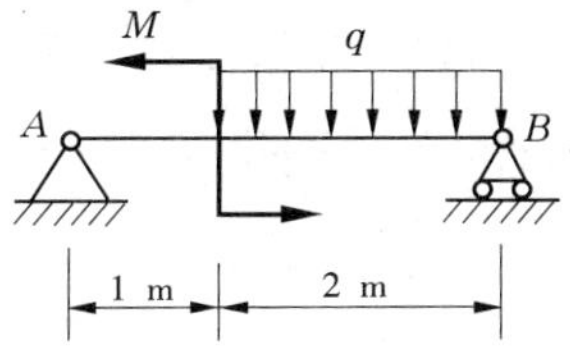

图 5-30　习题 5-3 图

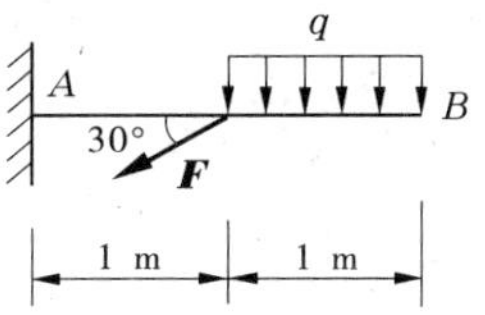

图 5-31　习题 5-4 图

5-5　外伸梁的支承和荷载如图 5-32 所示。已知 $F=2$ kN，$M=2.5$ kN · m，$q=1$ kN/m。不计梁重，试求梁的支座反力。

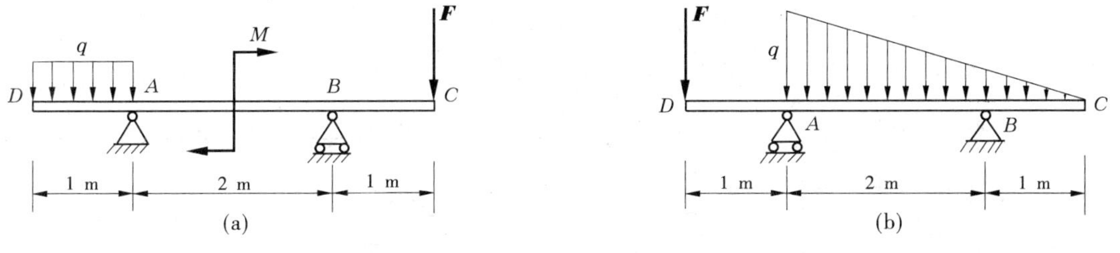

图 5-32　习题 5-5 图

5-6　如图 5-33 所示，铁路式起重机重 $W=500$ kN，其重心在离右轨 1.5 m 处。起重机的起重量为 $W_1=250$ kN，突臂伸出离右轨 10 m。跑车本身重量忽略不计，欲使跑车满载或空载时起重机均不致翻倒，求平衡锤的最小重量 W_2 以及平衡锤到左轨的最大距离 x。

5-7　梁 AB 用三根支杆支承，如图 5-34 所示。已知 $F_1=30$ kN，$F_2=40$ kN，$M=30$ kN · m，$q=20$ kN/m，试求三根支杆的约束反力。

5-8　平面刚架的受力及各部分如图 5-35 所示，A 端为固定端约束。若图中 q、$\boldsymbol{F}_1$、M、l

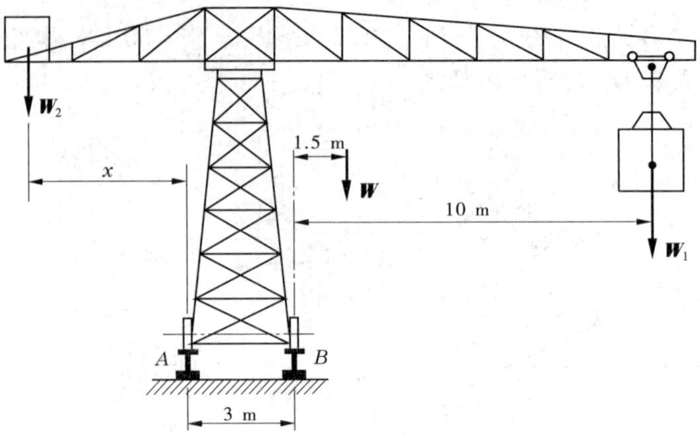

图 5-33　习题 5-6 图

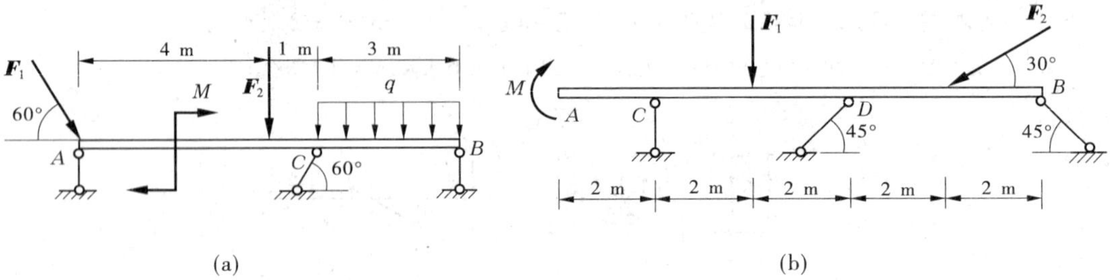

图 5-34　习题 5-7 图

等均为已知，试求 A 端的约束力。

5-9　水平梁 AB 由铰链 A 和杆 BC 所支承，如图 5-36 所示。在梁上 D 处用销子安装一半径为 $r=0.1$ m 的滑轮。跨过滑轮的绳子一端水平地系于墙上，另一端悬挂有重 $W=1\ 800$ N 的重物。如 $AD=0.2$ m，$BD=0.4$ m，$\alpha=45°$，且不计梁、杆、滑轮和绳子的重量。试求铰链 A

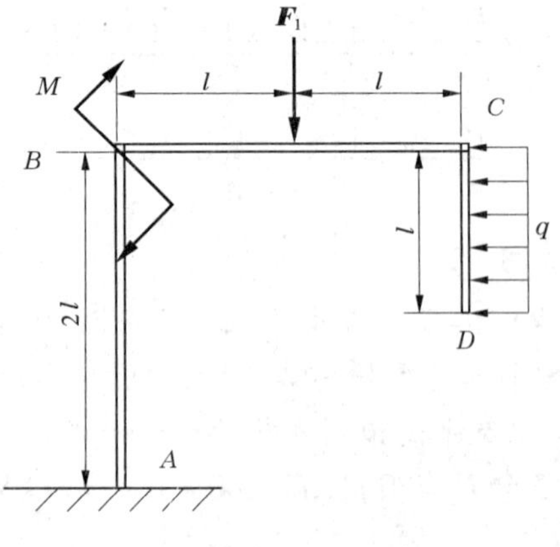

图 5-35　习题 5-8 图

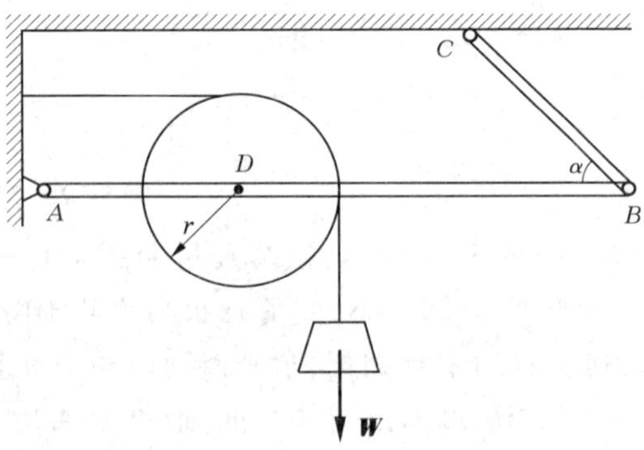

图 5-36　习题 5-9 图

和杆 BC 对梁的反力。

5-10　组合梁如图 5-37 所示，已知集中力 $\boldsymbol{F}$、分布荷载集度 q 和力偶矩 M，试求梁的支座反力和铰 C 处所受的力。

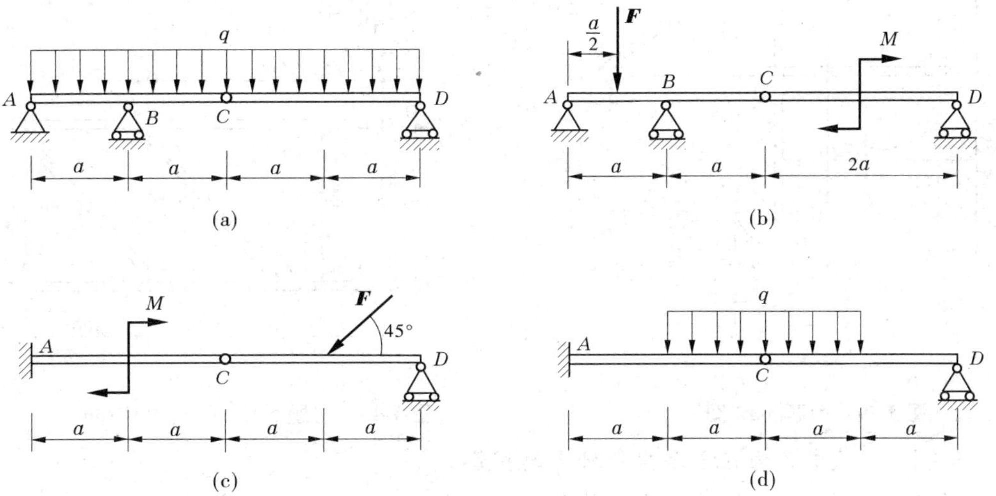

图 5-37　习题 5-10 图

5-11　三铰拱如图 5-38 所示，跨度 $l=8$ m，$h=4$ m。试求支座 A、B 的反力。

(1)在图 5-38(a)中，拱顶部受均布荷载 $q=20$ kN/m 作用，拱的自重忽略不计；

(2)在图 5-38(b)中，拱顶部受集中力 $F=20$ kN 作用，拱每一部分的重量 $W=40$ kN。

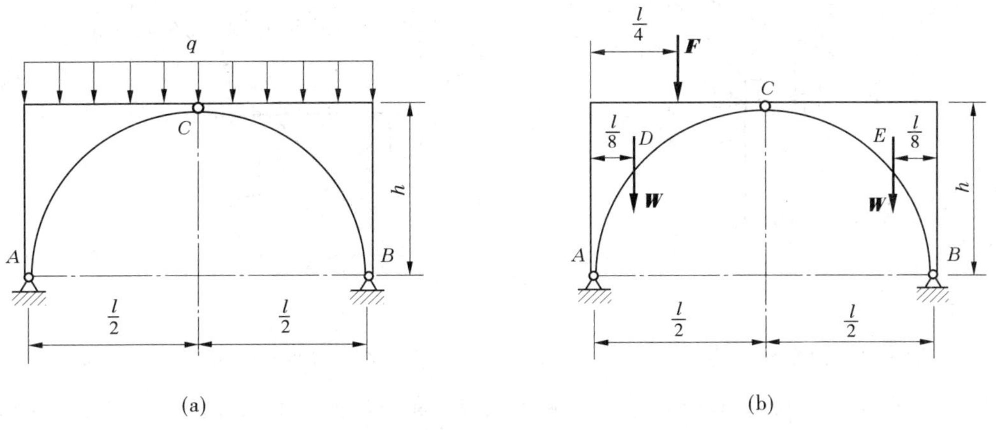

图 5-38　习题 5-11 图

5-12　在图 5-39 所示的构架中，物体重 $W=1\ 200$ N，由细绳跨过滑轮 E 而水平系于墙上，尺寸如图所示。不计杆和滑轮的重量，试求支座 A、B 处的反力和杆 BC 的内力。

5-13　如图 5-40 所示的构架，已知 $F=1$ kN，不计各杆重量，杆 ABC 与杆 DEF 平行，尺寸如图所示，试求铰支座 A、D 处的约束反力。

5-14　在边长为 a 的正六面体上作用有 3 个力，如图 5-41 所示，已知：$F_1=6$ kN，$F_2=2$

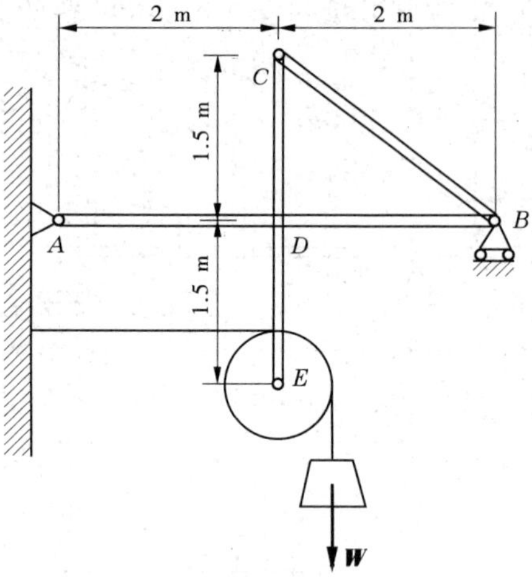

图 5-39　习题 5-12 图

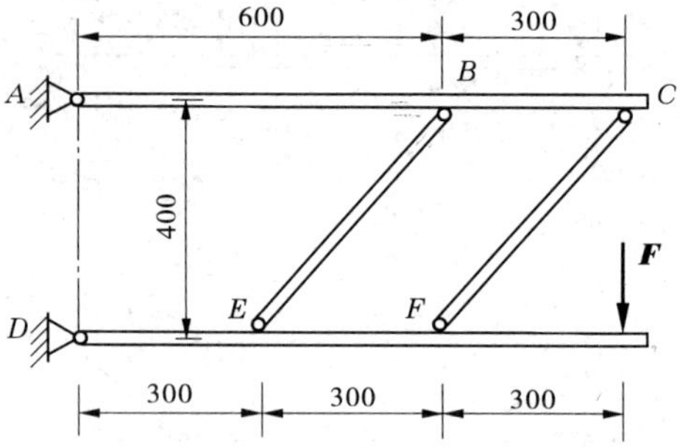

图 5-40　习题 5-13 图　（单位:mm）

kN,$F_3 = 4$ kN。试求各力在 3 个坐标轴上的投影。

5-15　如图 5-42 所示,已知六面体尺寸为 400 mm × 300 mm × 300 mm,正面有力 $F_1 = 100$ N,中间有力 $F_2 = 200$ N,顶面有力偶 $M = 20$ N · m 作用。试求各力及力偶对 z 轴之矩的和。

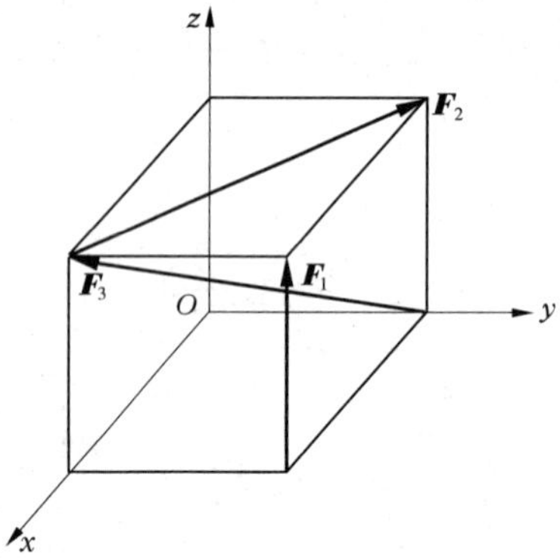

图 5-41　习题 5-14 图

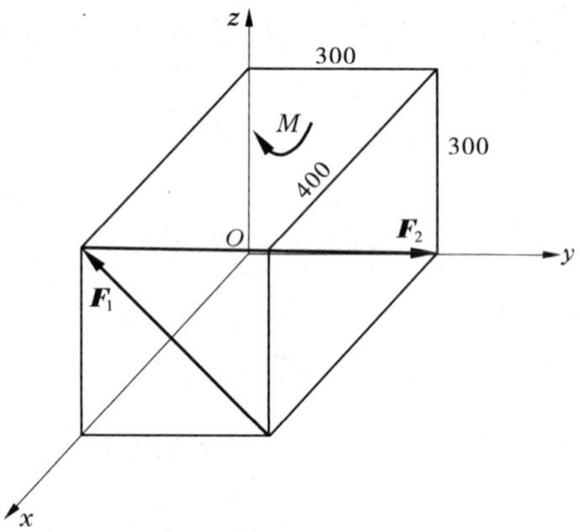

图 5-42　习题 5-15 图　（单位:mm）

5-16　长方体的顶角 A 和 B 分别作用有力 $\boldsymbol{F}_1$ 和 $\boldsymbol{F}_2$,如图 5-43 所示,已知:$F_1 = 500$ N,$F_2 = 700$ N。试求该力系向 O 点简化的主矢和主矩。

5-17　如图 5-44 所示的悬臂刚架,作用有分别平行于 x、y 轴的力 $\boldsymbol{F}_1$ 和 $\boldsymbol{F}_2$。已知:$F_1 = 5$ kN,$F_2 = 4$ kN,刚架自重不计。试求固定端 O 处的约束反力和约束反力偶。

5-18　空间桁架如图 5-45 所示。力 $\boldsymbol{F}$ 作用在 $ABDC$ 平面内,且与铅垂线成 45°角,$\triangle EAK \cong \triangle FBM$,等腰 $\triangle EAK$、$\triangle FBM$ 和 $\triangle NDB$ 在顶点 A、B 和 D 处均为直角,又 $EC = CK = FD = DM$。若 $F = 10$ kN,试求各杆的受力。

5-19　水平板用 6 根支杆支承,如图 5-46 所示,板的一角受铅垂力 $\boldsymbol{F}$ 的作用,不计板和

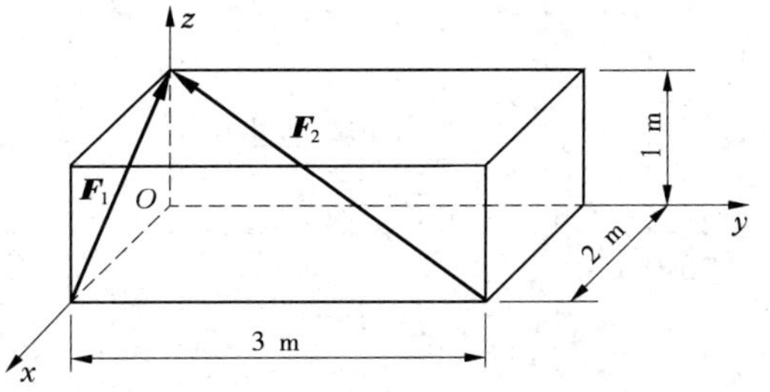

图 5-43　习题 5-16 图

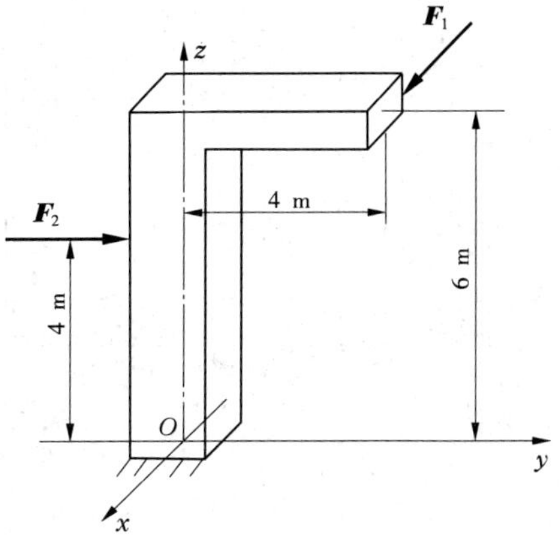

图 5-44　习题 5-17 图

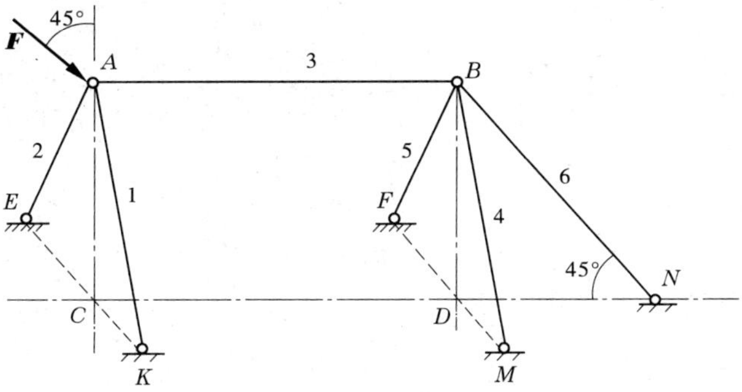

图 5-45　习题 5-18 图

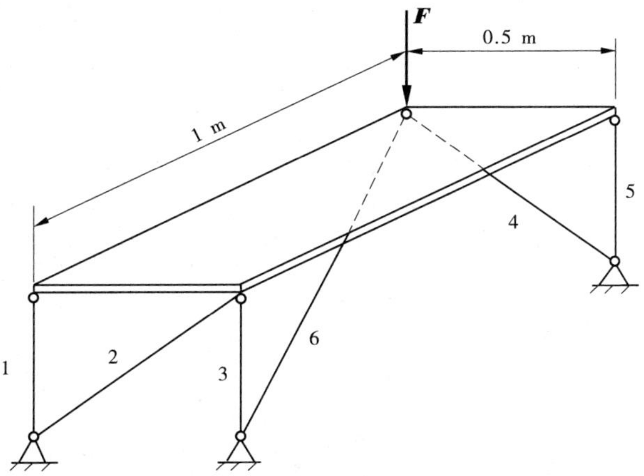

图 5-46　习题 5-19 图

杆的自重，试求各杆的受力。

5-20　试求图 5-47 所示各型材截面形心的位置。

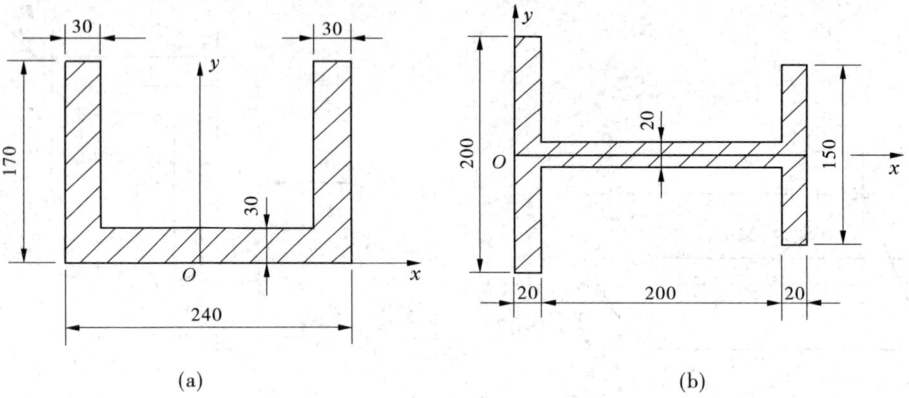

图 5-47　习题 5-20 图　（单位：mm）

第六章　材料力学的一般概念

第一节　概　述

材料力学主要研究物体在外力作用下内力和变形的情况。其主要目的是保证构件在使用过程中有足够的强度、刚度及稳定性,保证构件及结构的安全。建筑物中承受荷载而起骨架作用的部分称为结构,组成结构的元件如梁、柱等称为构件。材料力学主要研究构件,有时也涉及一些简单的结构。结构的力学计算问题是结构力学的主要内容。

材料力学研究外力与变形间的关系,以变形体为研究对象。受外力作用的变形体,当外力在一定范围时,卸去外力后其变形会完全消失,这种变形为弹性变形。当外力超过一定范围后,卸去外力变形只能部分消失,还残留一部分不能消失的变形,这种不能消失的变形称为塑性变形。

材料力学研究的主要是线弹性范围内的小变形问题。

第二节　内力与截面法

一、内力

在外力作用下,构件发生变形。这时构件内部各部分之间会产生抵抗这种变形的作用力,这种作用力称为内力。内力具有力图保持物体原形状、抵抗变形的性质,所以也称为抗力。内力是由于外力而引起的,伴随着变形的产生而产生。

由于材料力学有均匀连续性假设,这种物体内部相邻部分间的相互作用力实际上是分布于截面上的连续分布的内力系。这个分布力系的合成,就是内力。

构件的强度、刚度及稳定性与内力的大小及在构件内的分布情况密切相关,所以内力分析是解决构件强度、刚度及稳定性的基础。

二、截面法

截面法是分析构件内力的一种常用方法。以图 6-1(a)为例来说明。要分析杆件 AB 的横截面 m—m 上的内力,则假想用一平面从该处将杆截开,分成 A、B 两部分。根据牛顿第三定理,作用在 A 部分截面上的内力与作用在 B 部分同一截面上的内力在对应点上,大小相等,方向相反。

现取 B 部分为研究对象,称为隔离体 B。因原构件在外力作用下处于平衡状态,则在 B 部分的 m—m 上分布内力系与隔离体 B 部分受的外力相平衡,如图 6-1(c)所示。将 m—m 截面上内力系向截面上某一点简化,可得到如图 6-1(b)所示的主矢和主矩,就是隔离体 B

在 $m—m$ 截面上的内力。对所取的隔离体 B 利用静力平衡方程可以求出内力的大小。

上述求内力的方法就是截面法。

截面法可以归纳为以下三步完成:

(1)截开。用假想的平面将构件在所求内力的截面处截开。

(2)取隔离体。取截开后构件的一部分为隔离体。把截开截面上的内力也作为一种力,画隔离体的受力图。

(3)平衡。建立隔离体的平衡方程,求解未知内力。

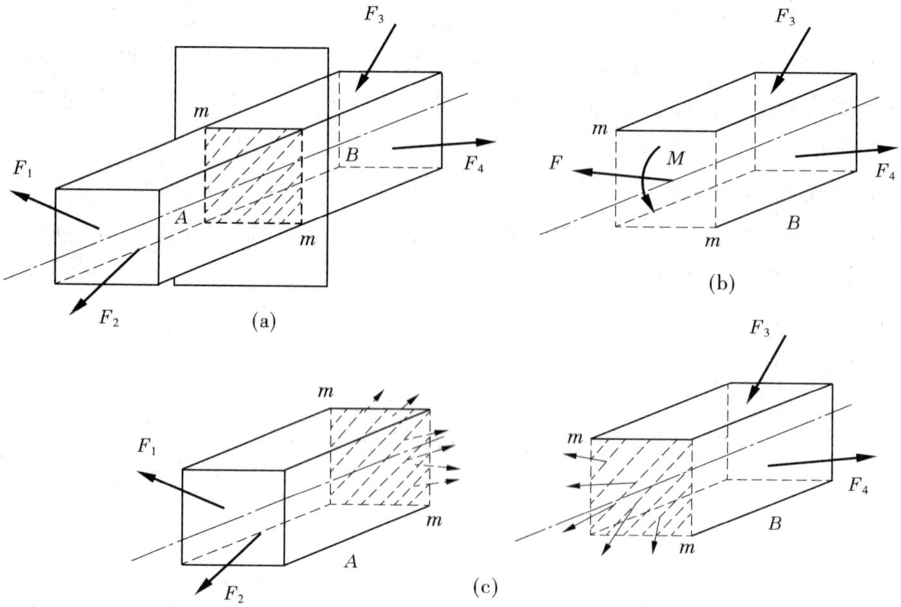

图 6-1 截面法

第三节 应力与应变

一、应力

为描述截面上每一点的内力情况,引入应力的概念。应力是受力构件某截面上一点处的内力集度。如图 6-2(a)所示是一个隔离体,若分析这个隔离体截面 $m—m$ 上 O 点的应力,在 O 点处划分出一个小面积 ΔA,ΔA 面积上分布内力的合力假设为 ΔF,那么 ΔF 在面积 ΔA 上的内力平均集度就是

$$p_m = \frac{\Delta F}{\Delta A} \tag{6-1}$$

一般情况下,截面上的内力分布是不均匀的,当面积取得很小时,其极限值为

$$p = \lim_{\Delta A \to 0} \frac{\Delta F}{\Delta A} = \frac{\mathrm{d}F}{\mathrm{d}A} \tag{6-2}$$

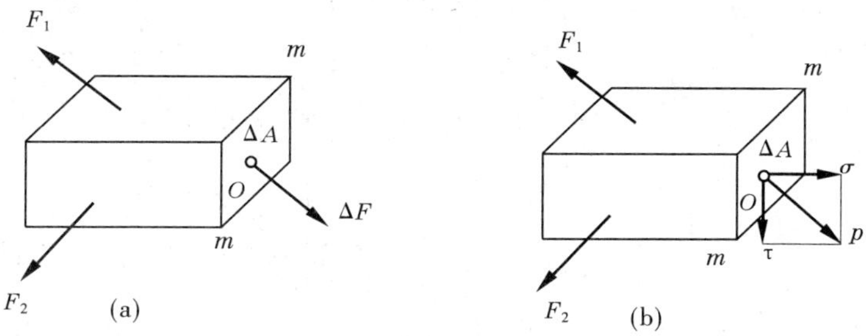

图 6-2　应力分析

式(6-2)中 p 就是点 O 处的内力集度,称为截面上 O 点处的总应力,如图 6-2(b)所示。点 O 处的总应力 p 往往与截面成一个角度,将 p 沿截面的法向与切线分解,可得到截面上该点法向应力分量 σ 和截面上该点切向应力分量 τ。法向应力分量 σ 称为这个截面上 O 点处的正应力,切向应力分量 τ 称为这个截面上 O 点处的剪应力。

正应力 σ 和剪应力 τ 是两个重要的概念,必须注意以下几点:

(1)必须明确正应力 σ 和剪应力 τ 是指构件上某个截面的某一点处的正应力和剪应力。

(2)因某一截面上一点处的应力是矢量,必须明确应力的正负号,也就是正应力 σ 和剪应力 τ 的正负号。一般规定正应力 σ 的指向离开截面时,取正号,反之取负号。剪应力 τ 对所取的隔离体内任一点产生顺时针的力矩时,取正号,反之取负号。图 6-2(b)中的正应力 σ 和剪应力 τ 均为正号。

(3)应力的单位为 Pa,1 Pa = 1 N/m^2。工程中常用 MPa 和 GPa。1 MPa = 10^6 Pa;1 GPa = 10^9 Pa。

二、应变

引入应变的概念,来研究固体的变形。所谓变形是指在外力作用下,物体形状和尺寸的改变,如图 6-3 所示。在构件上某点 A 处取一微小正六面单元体,当构件受外力作用时,微单元体发生变形。图 6-3(c)中原长为 Δx 的 ab 边,变形后的长度为 $\Delta x+\Delta\delta x$,$\Delta\delta x$ 为线变形量。

线变形量 $\Delta\delta x$ 与原长 Δx 的比值为

$$\bar{\varepsilon}_x=\frac{\Delta\delta x}{\Delta x}$$

式中:$\bar{\varepsilon}_x$ 称为棱边 Δx 的平均线应变。

取 Δx 趋于 0,$\dfrac{\Delta\delta x}{\Delta x}$的极限值为

$$\varepsilon_x=\lim_{\Delta x\to 0}\frac{\Delta\delta x}{\Delta x}=\frac{\mathrm{d}\delta x}{\mathrm{d}x} \tag{6-3}$$

ε_x 称为点 A 在 x 方向的线应变。变形体在同一点的不同方向,其线应变一般也不相同。某点在 x、y、z 三个坐标轴方向的线应变,分别表示为 ε_x、ε_y、ε_z。

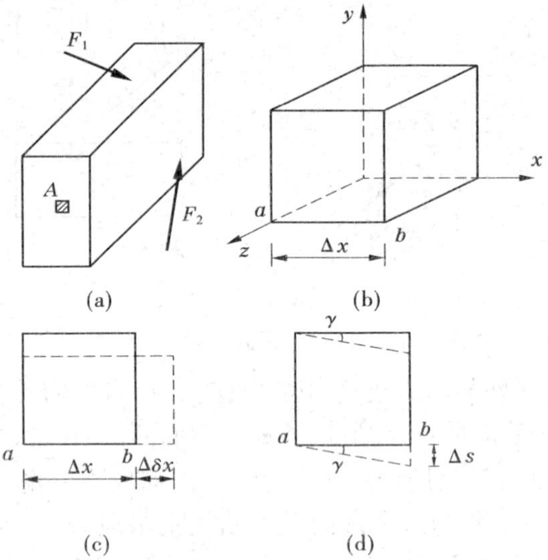

图 6-3　变形

在图 6-3 所示单元体的变形过程中，有时单元体的两个面之间原有直角夹角也会发生改变，如图 6-3(d)所示的夹角改变量 γ 称为角变形，也称为该点处这两个方向的面之间的角应变或切应变。在小变形情况下，可近似地写为

$$\gamma = \frac{\Delta s}{\Delta x} \tag{6-4}$$

线应变 ε 和切应变 γ 是描述构件内一点处变形程度的两个基本量，它们是单位为 1 的量。γ 也可用弧度(rad)来表示。

三、位移

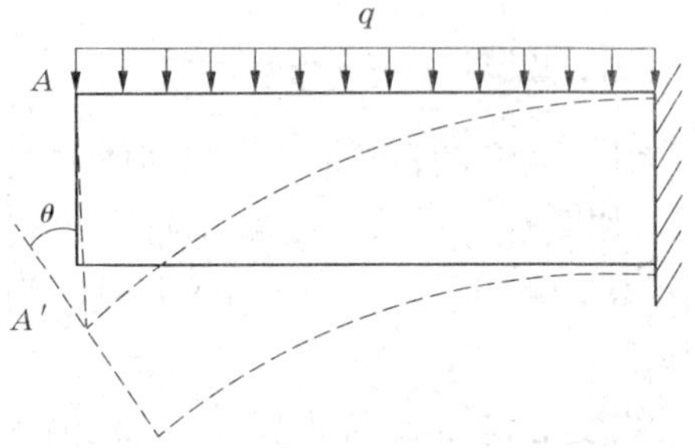

图 6-4　位移

物体发生变形后，物体上的各点、直线和面都可能发生空间位置的改变，这种改变称为位移。位移分为角位移和线位移两种。线位移是指构件上某一点在变形前后所在位置的连线，角位移是指构件中某一直线或一个面在变形时所旋转的角度，称为该线或该面的角位移。如图 6-4 所示一悬臂梁在均布载荷作用下，构件上 A 点移动到 A' 点，从 A 到 A' 的连线就是 A 的线位移。角 θ 就是 A 点所在端面的角位移。

第四节　杆件变形的基本形式

一、杆件

一般把长度尺寸远大于横向尺寸的构件称为杆件或简称为杆。杆件有直杆和曲杆。

直杆的横截面与杆长度方向相垂直，各横截面形心的连线为杆轴线，并且是一条直线。各横截面相等的直杆称为等直杆。

曲杆的横截面是指垂直于其弧长方向的截面；曲杆的轴线同样是各横截面形心的连线，但曲杆的轴线是一条曲线。

直杆和曲杆的横截面都与其杆轴线相垂直，如图 6-5 所示。材料力学主要研究等直杆。

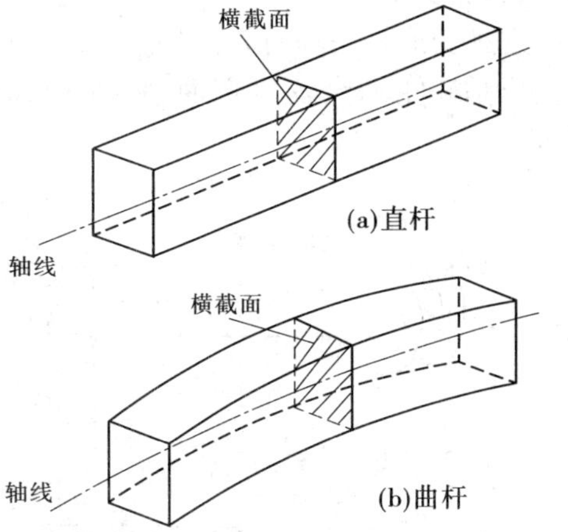

图 6-5　杆件

二、变形的基本形式

杆件的变形有多种形式，有时也比较复杂，但都无外乎以下四种基本变形或由这四种基本变形组合而成。

(一)轴向拉伸(压缩)

这种变形的外力作用线与杆轴线相重合，引起的主要变形是杆件长度的伸长或缩短，相对应地其横截面变细或变粗，如图 6-6 所示。

(二)剪切

剪切变形是由一对相距很近且方向相反的横向外力引起的，其变形特点是横截面沿外力作用方向发生错动，如图 6-7 所示。

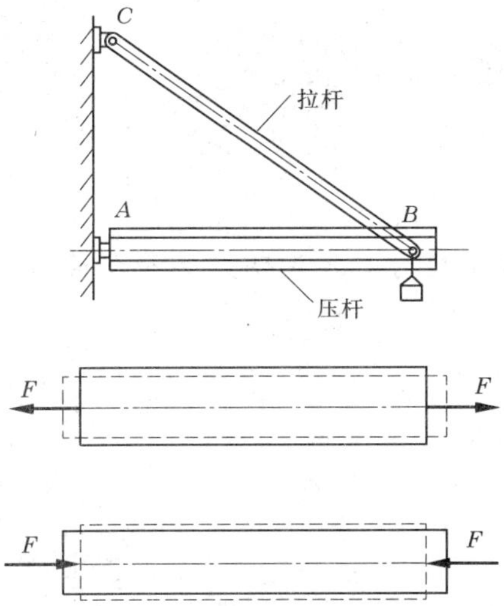

图 6-6　轴向拉伸(压缩)变形

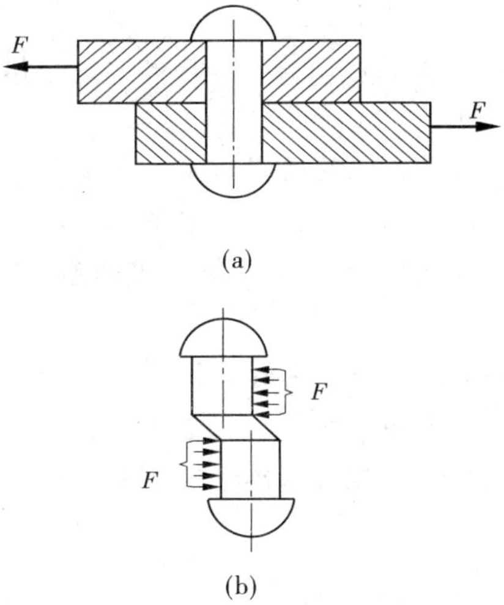

图 6-7　剪切变形

(三)扭转

扭转变形是由一对转向相反、作用面垂直于杆件轴线的两平面内的外力偶引起的，主要变形是杆件轴线保持直线，但杆件上相邻两个横截面绕轴线发生相对转动，如图 6-8 所示。

(四)弯曲

这种变形是由一对转向相反、作用在包含轴线在内的纵向平面内的外力偶所引起的,主要变形是杆件轴线发生弯曲,杆件相邻两截面绕垂直于杆轴线的轴发生转动,如图 6-9 所示。

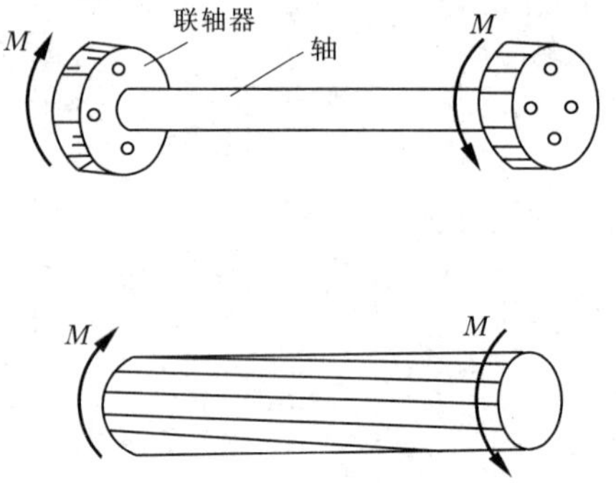

图 6-8　扭转变形

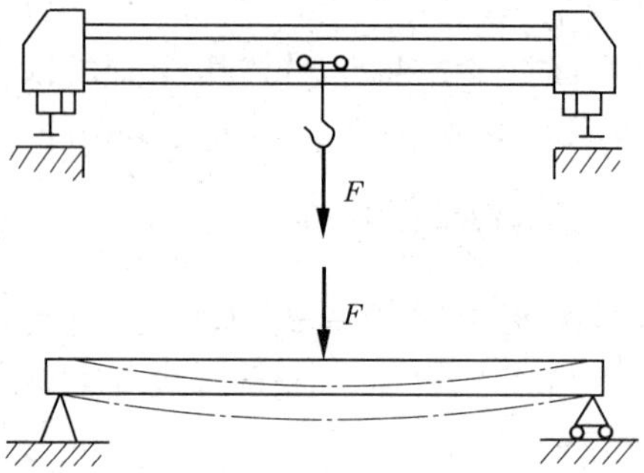

图 6-9　弯曲变形

小　结

本章的主要内容是变形体的内力及内力计算的截面法,介绍了应力、应变和位移的基本概念,以及轴向拉伸(压缩)、扭转、剪切、弯曲四种基本变形的基本形式和其受力特点。

思考题

6-1　材料力学的研究对象是什么?

6-2　什么是内力?怎样求解?

6-3　一点处的应力可分为哪两种?为什么说应力必须说明是某个截面上某一点的应力?

6-4　变形和位移有什么区别?

6-5　应力和应变的物理意义是什么?

6-6　构件变形的基本形式有哪些?

第七章　轴向拉伸(压缩)

第一节　概　述

在工程实际中,常见很多直杆,如组成起重机塔架的杆件(见图 7-1)、房屋桁架中的杆件(见图 7-2)等。略去次要受力后,这些杆件在外力的作用下主要受到拉伸或压缩。下面通过房屋桁架的受力和变形说明这些构件的受力和变形特点。

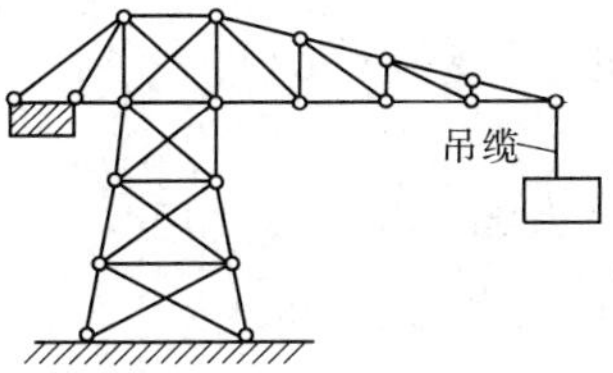

图 7-1　塔架

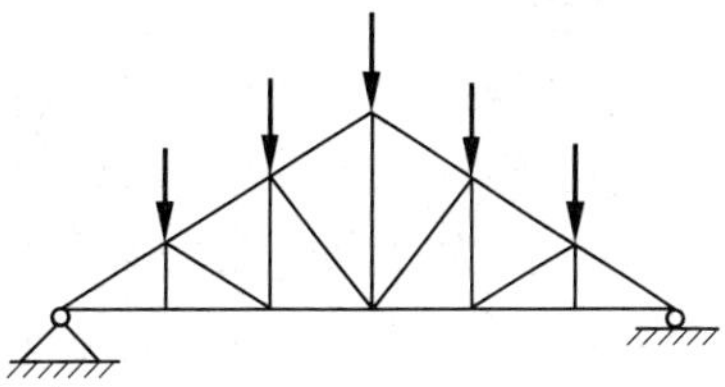

图 7-2　桁架

图 7-2 所示房屋的桁架,是由很多等直杆件铰接而成的。现取出其中的拉杆和压杆进行分析。略去次要因素,抓住主要特点,经简化后可得到图 7-3 所示的力学模型。其中,图 7-3(a)是一根受压的等直杆,由节点处传来的合力 P,作用在杆件的两端,与杆的轴线重合,并且大小相等、方向相反,它们使杆件产生轴向的压缩变形,称之为轴向压缩;图 7-3(b)是一根受拉的等直杆,作用在杆件上的力 P 使杆产生轴向拉伸变形,称为轴向拉伸。

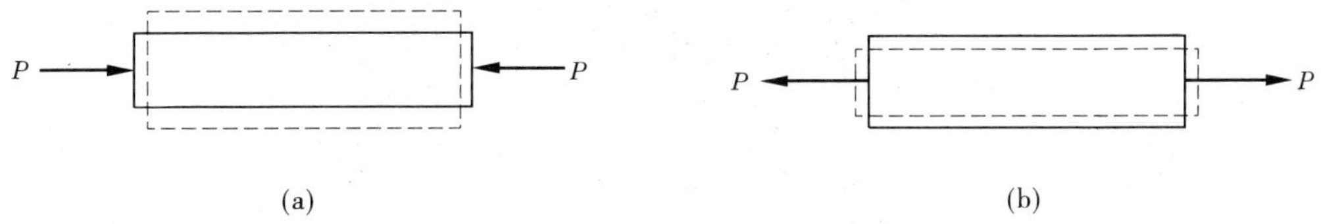

图 7-3　轴向拉伸(压缩)

通过上述实例可知,轴向拉伸和压缩具有如下特点:

(1)受力特点:作用于杆件两端的外力大小相等,方向相反,作用线与杆件轴线重合,称为轴向力。

(2)变形特点:杆件变形是沿轴线方向的伸长或缩短。

为了保证杆件安全工作,对于许多轴向拉伸和压缩的杆件,需要进行强度计算,有些杆件还需考虑刚度方面的要求。但在工程实际中大部分是关于杆件强度方面的问题,故本章主要讨论拉伸和压缩杆件的强度计算,并简要介绍其变形计算。

第二节　轴向拉伸(压缩)杆件的内力和应力

一、轴向拉伸(压缩)杆件横截面上的内力和应力

杆件在受到轴向拉力作用时,会产生变形而伸长,同时,在杆件内任何截面处,截面两侧相连部分之间产生相互作用力,它的存在保证了截面两侧部分不被分开,这种作用力就是杆件的拉伸内力。类似地,杆件在受到轴向压力作用时,杆件内部会产生压缩内力。拉伸(压缩)内力随外力增加而增大,达到某一限度时杆件将发生破坏,即拉伸(压缩)内力与杆件的承载能力密切相关,所以首先需求其大小及方向,这也是材料力学研究问题的一般步骤和方法。

(一)横截面上的内力

根据计算杆件内力的方法,即截面法的原理和一般步骤,研究拉(压)杆的内力计算方法。

如图7-4(a)所示拉杆,两端各受到一轴向外力 P,内力的计算步骤如下:

(1)在该杆任一横截面 $m—m$ 处将其假想地切开,取其左半部分 A 段(或右半部分)为隔离体。

(2)对所取隔离体进行受力分析,画出受力图。该隔离体除受到外力 P 外,在横截面 $m—m$ 处还受到右半部分对它的作用力。该作用力本来应是分布在整个截面上的连续分布力,在计算内力时,只考虑它们的合力。设其合力为 N,并设其方向为背离截面方向,即设其为拉力,则隔离体的受力分析如图7-4(b)所示。

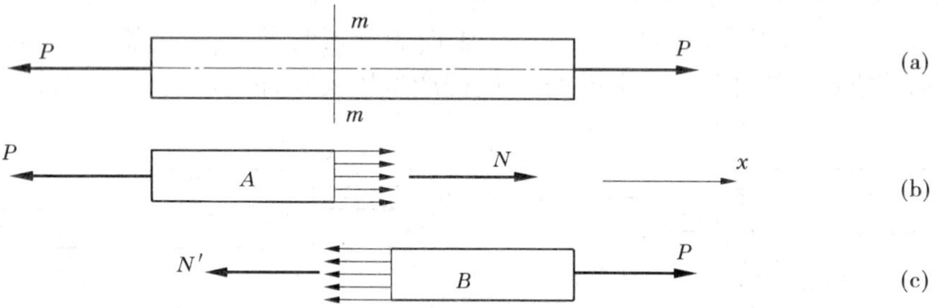

图7-4　轴向拉力求解

(3)对所取隔离体列出平衡方程。由平衡条件得 $\sum F_x = 0$,即 $N - P = 0$。

由于 $P > 0$(拉力),则 $N = P > 0$,如图7-4(b)所示。

同理,对 B 段也有:$N' = P$,则 $N' = N$,如图7-4(c)所示。

这样,可求出截面 $m—m$ 处的内力。上述方法也同样适用于受压杆的内力计算,如图7-5所示,此时将求得 $N = -P$,负号表明 N 的实际方向与所设方向相反。

显然,为了保证隔离体的平衡,N 的作用线必然与 P 的作用线重合,也就是说,内力 N 是沿杆件轴线作用的。因此,我们把轴向拉(压)杆的内力称为轴力。

轴力的符号规定:拉力为正轴力,而压力为负轴力。在用截面法计算轴力时,为了避免

符号上的混乱,一般总是假设轴力为拉力,如果计算结果为正值,表明实际轴力为拉力,与假设相同;如计算结果为负值,则表明实际轴力为压力。

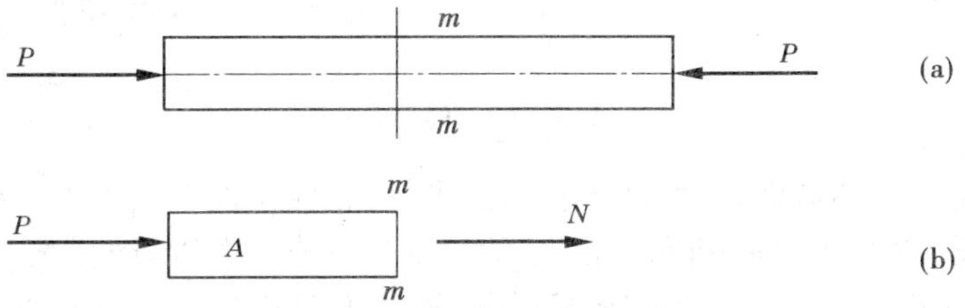

图 7-5 轴向压力求解

下面用轴力图来表示杆件轴力的大小及变化。

轴向拉(压)杆上各部分的轴力将依所受荷载而变化,可以用图形来直观地表示杆件上各截面处轴力的变化情况,这种图形即轴力图。该图一般以杆轴线为横坐标表示截面位置,纵轴表示轴力大小,以下通过一个例题来说明轴力图的作法。

如图 7-6(a)所示杆件承受三个轴向外力。由于在截面 B 处作用有外力,当在 B 截面以左或以右用截面截开杆件,截取的隔离体受力情况是不同的。也就是说,B 截面以左和以右的杆段轴力是不同的,因而需要分段研究。

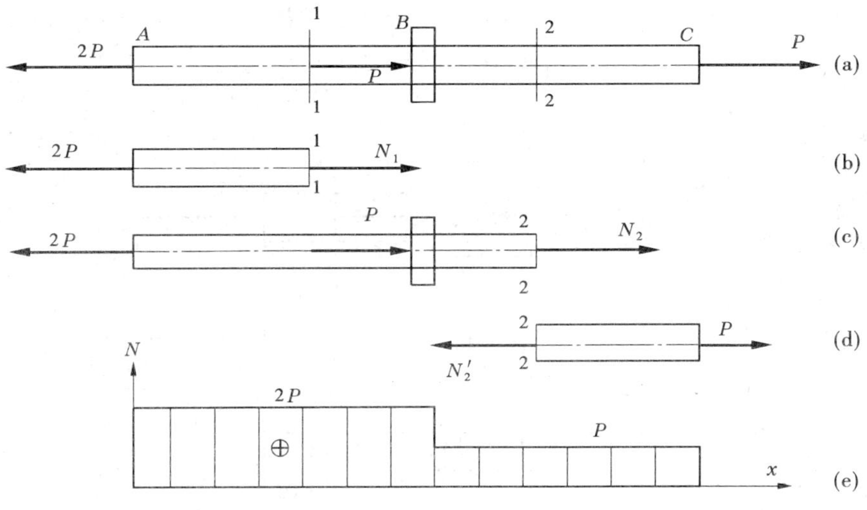

图 7-6 轴力图作法

用截面法先计算 AB 段的轴力。在 AB 段的任一横截面 1—1 处将杆件切开,并选左段隔离体为研究对象,其受力情况如图 7-6(b)所示。由平衡方程 $\sum F_x = 0$,即 $N_1 - 2P = 0$,得 AB 段的轴力为 $N_1 = 2P$。

对于 BC 段,仍用截面法,在任一横截面 2—2 处将其切开,仍选左段为研究对象,其受力如图 7-6(c)所示。根据力的平衡有:$\sum F_x = 0$,即 $N_2 + P - 2P = 0$,得 BC 段的轴力为 $N_2 = P$。

实际上往往不需要先列平衡方程再求解,可直接求 BC 段上的轴力,$N_2 = 2P - P = P$。

若取截面 2—2 以右为隔离体，如图 7-6(d)所示，仍可得 $N_2 = P$。

由以上计算结果可见，整个杆上各截面处轴力不同，且杆件任一横截面上的轴力值等于该截面任一侧的杆上所有轴向外力的代数和，与内力(方向假定)方向相反的外力为正，相同的外力为负，即

$$N_i = \sum_{i=1}^{n} P_i \tag{7-1}$$

轴力图的绘制：为表达截面位置，选 x 轴为横坐标，相应截面上的轴力为纵坐标，根据适当比例，绘出轴力图，如图 7-6(e)所示。由图可知，AB 段的轴力值最大，$N_{max} = 2P$。

注意：轴力图一般应与原计算简图上下对应(原计算简图竖直方向时为左右对应)，从而可使横截面上轴力的大小一目了然。另外在轴力图中，一般将拉力绘在 x 轴的上侧，压力绘在 x 轴的下侧。这样，轴力图不但可以显示出杆件各段内轴力的大小，而且还可以表示出各段内的变形是拉伸还是压缩。

【例 7-1】　绘制如图 7-7 所示阶梯杆的轴力。

解　截面顺序从右往左排列，取截面以右的各段为隔离体。

由力的平衡可得截面 1—1、2—2、3—3 上的轴力分别为

$$N_1 = -3P$$

$$N_2 = P - 3P = -2P$$

$$N_3 = 4P + P - 3P = 2P$$

$$|N_{max}| = 3P(\text{在第一段})$$

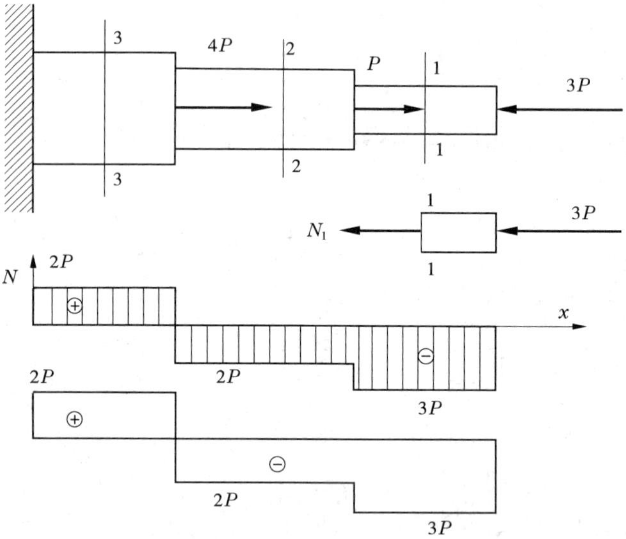

图 7-7　例 7-1 图

绘轴力图时，中间的直线和坐标箭头可以省略。因此，图 7-7 中的两种画法都可以。

(二)横截面上的应力

轴力是杆件横截面上受到的合力，只根据轴力并不能判断杆件的强度是否足够，轴力在杆件内部各点的强弱程度即应力，这对杆件的强度而言是至关重要的，因此须确定杆件横截

面上各点处的应力。

要确定拉(压)杆横截面上的内力分布规律,即确定横截面上各点的应力,仅靠平衡条件是不能解决的。杆件在外力作用下不仅产生内力,而且引起变形,内力和变形之间总是相互关联的。要研究应力分布问题,除应利用平衡条件外,还应考虑杆件的变形,并利用内力和变形间的关系建立必要的补充条件。

首先通过试验观察拉(压)杆的变形情况,取一等截面直杆进行试验,试验前,在杆件表面画两条平行于轴线的横线 ab 和 cd(见图 7-8(a)),然后在杆件两端施加轴向外力 P,使杆产生拉伸变形。这时可以发现 ab 和 cd 仍为直线,且仍然平行于轴线,只是分别平移到了 $a'b'$和 $c'd'$,如图 7-8(b)所示。这一现象是杆件变形在表面的反映。由此推测,杆件内部的变形情况也是如此。

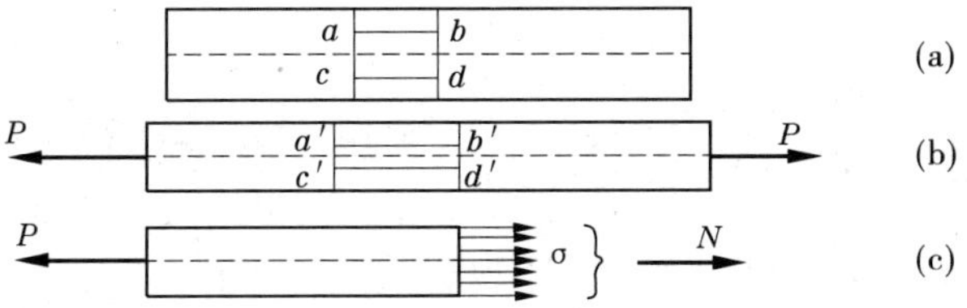

图 7-8 轴向拉伸杆件横截面上的应力分布

根据上述现象,对轴向拉(压)杆内部的变形作如下假设:变形前原为平面的横截面,变形后仍保持为平面,且仍垂直于杆轴线,只是横截面沿杆轴做相对平移,此假设称为平面假设。

如果将杆件设想成由无数根纵向“纤维”所组成,则由平面假设可知,任意两横截面间的所有纤维的变形均相同。由于已经假定材料是均匀的,各纵向纤维变形相同,则受力也相同,由此可见,横截面上各点处的应力相等,其方向均垂直于横截面,如图 7-8(c)所示。垂直于横截面的应力称为正应力或法向应力,用 σ 表示。若拉(压)杆横截面面积为 A,轴力为 N, 则正应力为

$$N = \int \mathrm{d}N = \int \sigma \mathrm{d}A = \sigma \int \mathrm{d}A = \sigma A$$

$$\sigma = \frac{N}{A} \tag{7-2}$$

由式(7-2)可知,正应力的符号与轴力的符号相同,即拉应力为正,压应力为负。

虽然式(7-2) 是杆件只在两端受到轴向作用力的情况下得出的,但它也适用于杆件同时在不同部位受到几个轴向外力作用的情况,只是这时在杆件的不同区段内,因内力 N 不同,应力 σ 的大小不同。对于等直杆,最大应力出现在最大轴力段内,即

$$\sigma_{\max} = \frac{N_{\max}}{A}$$

$\sigma_{\max}$称为最大应力,其相应的横截面称为危险截面。

【例 7-2】 求图 7-9 中正应力的最大值,设杆件的横截面面积为 $A = 400\ \mathrm{mm}^2$。

解 因为 $\sigma_{\max} = \dfrac{N_{\max}}{A}$,又由内力图可知

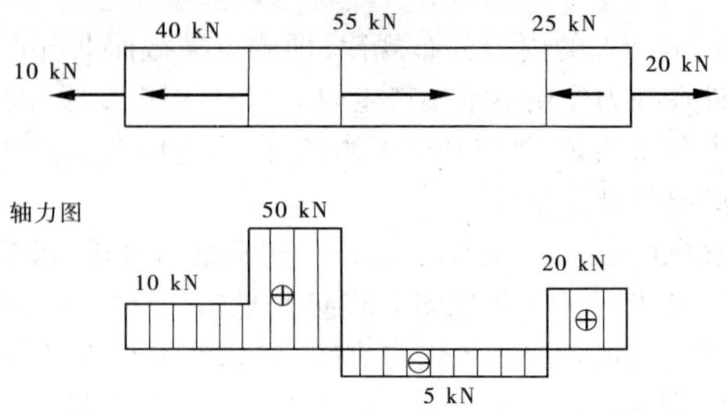

图 7-9　例 7-2 图

$$N_{\max} = 50 \text{ kN}$$

所以

$$\sigma_{\max} = \frac{50 \times 10^3}{4 \times 10^2 \times 10^{-6}} = 125 \times 10^6 (\text{Pa}) = 125 \text{ MPa}$$

二、轴向拉伸(压缩)杆件斜截面上的应力

上面分析了轴向拉伸或压缩时,直杆横截面上的应力,它是强度计算的依据。但不同材料的试验表明,拉(压)杆的破坏并不总是沿横截面发生的,因此要全面地分析杆件在轴向拉压时的破坏情况,需进一步了解斜截面上的应力。

图 7-10(a)所示的拉杆,设其横截面面积为 A,则横截面上的应力 $\sigma = \frac{N}{A} = \frac{P}{A}$。现分析与横截面成 α 角的斜截面 k—k 上的应力。

假想从斜截面 k—k 处将杆件剖开,移走右段,以左段杆件为研究对象可得图 7-10(b)。由力的平衡,得斜截面上的内力 P_α 为:$P_\alpha = P$。

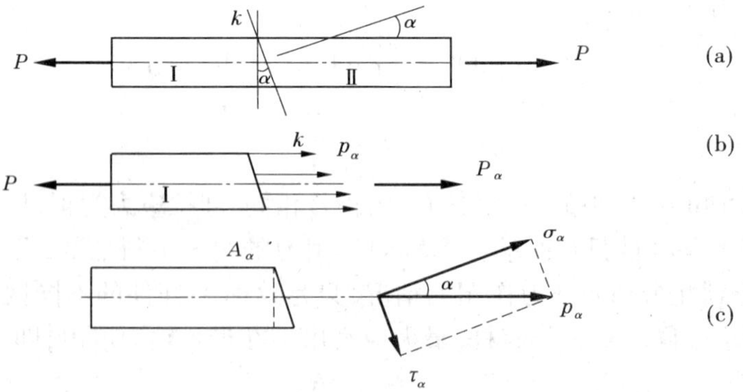

图 7-10　拉杆斜截面上的应力

P_a 为 k—k 斜截面上的总应力,由平面假设(拉伸时斜截面平行移动)知,斜截面上的应力也是均匀分布的,故

$$p_\alpha = \frac{P_\alpha}{A_\alpha}$$

而
$$A_\alpha = \frac{A}{\cos\alpha}$$

所以
$$p_\alpha = \frac{P_\alpha}{A_\alpha} = \frac{P}{A}\cos\alpha = \sigma_0\cos\alpha$$

$\sigma_0 = \frac{P}{A}$ 为拉杆横截面上的正应力。

p_α 为斜截面上的全应力，由于 $\cos\alpha < 1$，所以斜截面上的正应力总是小于横截面上的正应力。p_α 是一个矢量，为分析计算方便，常将其分解为垂直斜截面的正应力 σ_α 和沿斜截面的剪应力 τ_α。由图 7-10(c)可知 σ_α、τ_α 分别为

$$\sigma_\alpha = p_\alpha\cos\alpha = \sigma_0\cos^2\alpha \tag{7-3a}$$

$$\tau_\alpha = p_\alpha\sin\alpha = \sigma_0\cos\alpha\sin\alpha = \frac{\sigma_0}{2}\sin2\alpha \tag{7-3b}$$

以上公式是直杆在受到轴向拉伸情况下得到的，对于其受轴向压缩时也可得到同样的计算式子。

在计算 σ_α 和 τ_α 时，正、负号的规定如下：

α 的正负号为：从 x 轴方向向斜截面的外法线量去，逆时针为正，顺时针为负；

σ_α 的正负号为：拉应力为正，压应力为负；

τ_α 的正负号为：绕截面内侧一点做顺时针转向者为正，反之为负。

从式 (7-3a)、(7-3b)还可以得到以下结论：

(1)当 $\alpha = 0$ 时，$\sigma_\alpha = (\sigma_\alpha)_{\max} = \sigma_0$，$\tau_\alpha = 0$。

(2)当 $\alpha = \pm45°$时，$\sigma_\alpha = \frac{1}{2}\sigma_0$，$(\tau_\alpha)_{\max} = \tau_{45°} = \frac{1}{2}\sigma_0\sin(2\times45°) = \frac{\sigma_0}{2}$，$(\tau_\alpha)_{\min} = \tau_{-45°} = -\frac{1}{2}\sigma_0$。

(3)当 $\alpha = 90°$时，$\sigma_\alpha = 0$，$\tau_\alpha = 0$。

即对于轴向拉(压)杆件，$(\sigma_\alpha)_{\max} = \sigma_0$ 发生在横截面上；$(\tau_\alpha)_{\max} = \frac{\sigma_0}{2}$发生在沿顺时针转 45°角的斜截面上，同样大小的剪应力也发生在 $\alpha = -45°$的斜截面上。所以，对于轴向受拉杆，可能沿横截面被拉断破坏，也可能沿 45°的斜截面被剪切而破坏。

三、单向应力状态与应力的集中

因 σ_α、τ_α 与 α 有关，α 不同，对应的是不同方位的截面上的应力，过一点所作的各截面上的全部应力即称为该点的应力状态。对轴向拉压杆，σ_α、τ_α 可由 σ_0(横截面上的正应力)完全确定，称为单向应力状态。

进一步的研究还表明，对于轴向拉压的杆件，只有在距离力的作用点较远处截面上的应力才是均匀分布的；而且，在实际工程中，不少杆件截面尺寸会有突然的改变(如连接杆件上有钉孔的地方，机械零件上有小缺口、小孔、螺纹等的地方)。

由于截面的突然改变，使得这些截面上的应力已不再是均匀分布，而是在孔口或缺口附近局部区域处急剧增大，但稍稍离开这个区域后应力又趋于平均，如图 7-11 所示。

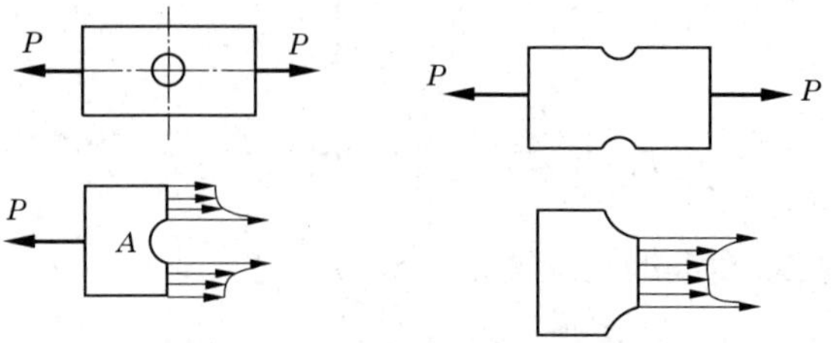

图 7-11　带孔口或缺口杆件的应力分布

由于截面尺寸突然改变使得在较小区域内出现应力急剧增大的现象称为应力集中。缺口处截面上的最大应力 σ_{max} 称峰值应力，缺口处截面上平均应力为 σ_0。常温静载下，常用理论应力集中因数 α 来衡量杆件应力集中的程度。

应力集中因数：$\alpha = \dfrac{\sigma_{max}}{\sigma_0}$，$\alpha > 1$。

第三节　材料拉伸(压缩)的力学性能

在进行构件设计时，需要考虑如何合理选用材料，这就要求了解材料的力学性能。所谓材料的力学性能，是指材料在外力作用下所表现的有关强度和变形方面的特性。研究材料的力学性能的目的在于确定材料在变形和破坏情况下的一些重要性能指标，以作为选用材料，计算构件强度、刚度的依据。

材料的力学性能也称机械性能，需借助于力学试验测定，通过试验揭示材料在受力过程中所表现出的与试件几何尺寸无关的材料本身的特性，如变形特性、破坏特性等。

大量的试验证明材料的力学性能随外界因素的改变而改变。影响材料力学性能的主要因素有温度、荷载的性质等，因为大部分杆件是在常温、静荷载的条件下工作的，所以这里主要讨论材料在常温、静荷载条件下拉伸和压缩的力学性能。

一、材料的拉伸和压缩试验

为了各种不同材料的力学性能及同种材料各次所做试验的比较，首先要统一试验条件，然后把试验研究的材料做成标准试件。

把材料按国家标准《金属拉力试验法》制成一定尺寸的杆件称为标准试件。对于金属材料的拉伸试件一般做成圆形或矩形截面标准试件(见图 7-12)。为了避开试件两端受力部分对测试结果的影响，取试件中间一段作为工作段，用于测量变形，其长度称为标距 l。拉伸试件一般分为长试件和短试件，对于圆截面试件，这两种标准试件的标距 l 与横截面直径 d 的比例分别规定为

$$l = 10d \text{ 和 } l = 5d$$

对于矩形截面试件，这两种标准试件的标距 l 与横截面面积 A 的比例分别规定为

$$l = 11.3\sqrt{A} \text{ 和 } l = 5.63\sqrt{A}$$

压缩试件通常采用圆截面或方截面的短柱体，如图 7-12 所示，避免试件在试验过程中被压弯。其高度 h 与横截面直径 d (圆柱体)或边长 b (方柱体)的比值，一般规定为 1 ~3。

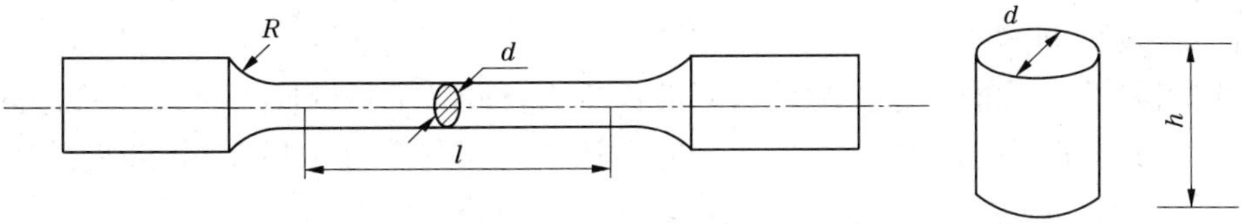

图 7-12　轴向拉压试件

在拉伸和压缩试验时,用到两类主要设备:一类是对试件施加荷载使它发生变形,并能测定出试件抵抗力的设备,这类设备称为万能试验机;另一类是测量试件变形的,它的主要作用是将微小变形放大,能在所需的精度范围内量测试件的变形。

下面介绍工程中常用的几种材料在拉伸和压缩时所显示出的力学性能。

二、低碳钢拉伸时的力学性能

(一)低碳钢的拉伸曲线

低碳钢是工程上应用较广泛的一种金属材料,它在拉伸试验中所表现出的变形与内力间的关系也较为典型和全面,所以首先讨论这种材料的力学性能。试验时,将试件安装在万能试验机的上下夹头中,然后开动试验机使试件受到轴向拉力 P 的作用。当拉力 P 由零逐渐增加时,试件逐渐伸长,直至试件被拉断时止。不同荷载 P 与试件标距内的绝对伸长量 Δl之间的关系,可通过试验机上的自动绘图仪绘出相应的关系曲线,如图 7-13 所示,这一关系曲线称为低碳钢拉伸曲线或拉伸图。

(二)低碳钢拉伸时的应力—应变曲线及其力学性能

低碳钢拉伸曲线只反映了试件受力过程中的现象,不能直接反映材料的力学性能,因为曲线受试件的几何尺寸影响。例如,如果试件横截面做得大一些,产生相同的伸长所需的拉力就大一些;如果试件的标距长一些,则在同样的拉力作用下,伸长也会大一些。为了消除试件尺寸的影响,使试验结果能反映材料的性质,将拉力值 P 除以试件原横截面面积 A,以应力 $\sigma = \dfrac{P}{A}$ 来衡量材料的受力情况;将标距的绝对伸长 Δl 除以原标距长度 l,以应变 $\varepsilon = \dfrac{\Delta l}{l}$ 来衡量材料的变形情况。这样就将图 7-13 的拉伸曲线改变为图 7-14 所示的以应力和应变为坐标的曲线,该曲线称为材料的应力—应变曲线或 $\sigma \sim \varepsilon$ 曲线。应力—应变曲线不再与杆件的长度和横截面面积有关,只反映材料的力学性能。

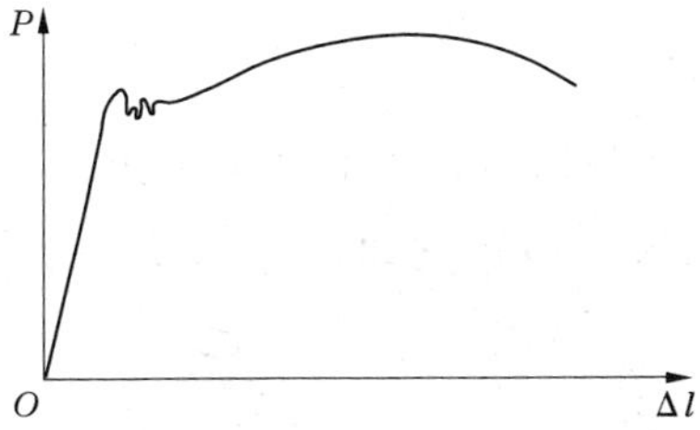

图 7-13　低碳钢试件的拉伸图

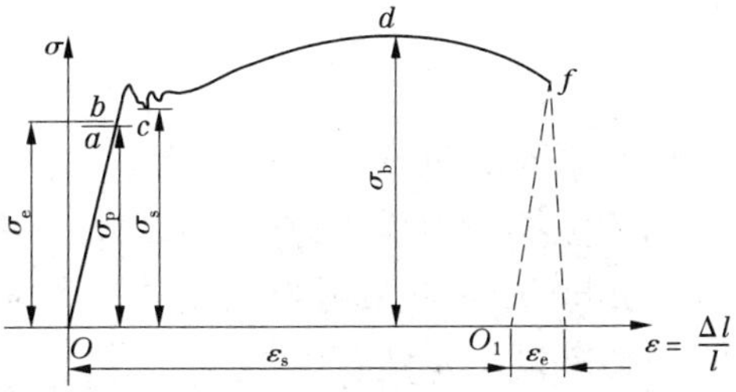

图 7-14　低碳钢应力—应变曲线

根据低碳钢应力—应变曲线的特点,可将其分为 Ob、bc、cd、df 四个阶段。

1. 弹性阶段(Ob 段)

在 Ob 阶段内,试件的变形是弹性的。即当应力 σ 小于 b 点的应力时,如果卸去外力,在应力逐渐减小到 0 时相应的应变 ε 也随之完全消失。材料受外力后变形,卸去外力后变形完全消失的这种性质称为弹性,因此 Ob 阶段称为弹性阶段。相应于 b 点的应力称为弹性极限,用 σ_e 表示。

在弹性阶段内, Oa 段为一直线,说明此阶段内应力和应变成正比,这一阶段的最高点 a 所对应的应力称为材料的比例极限,用 σ_p 表示,是应力与应变保持正比关系的最大应力值。Q235 钢的比例极限 $\sigma_p = 200$ MPa。ab 段微弯,应力与应变不成正比关系,但变形是完全弹性的。

弹性极限与比例极限两者的意义不同,但试验表明 σ_e、σ_p 非常接近,在实际工程中,一般不严格区分,统称为弹性极限。

在弹性阶段由于 σ 与 ε 呈线性关系,曲线的斜率称为弹性模量(E)。即

$$\tan\alpha = \frac{\sigma}{\varepsilon} = E \quad \text{即} \tan\alpha = E$$

2. 屈服阶段(bc 段)

当试件的应力超过 σ_e 后,在 bc 段材料所受应力几乎不变,仅有微小波动;而应变却急剧增长,材料暂时失去了抵抗变形的能力。这种现象称为材料的屈服或流动。这一阶段称为屈服阶段。

当应力大于弹性极限后,如解除荷载,试件的变形只能消失一部分,即上面提到的弹性变形,剩余不能消失的变形称为塑性变形或残余变形。屈服阶段内的最大应力和最小应力分别称为上屈服极限和下屈服极限。上屈服极限的数值受试件形状、加载速度等试验条件影响大,一般很不稳定;下屈服极限比较稳定并从安全与实用的角度出发,能够反映材料的性能,所以通常把下屈服极限作为屈服极限或流动极限,记为 σ_s。Q235 钢的屈服应力 $\sigma_s \approx 240$ MPa。

材料的屈服主要是晶体内部滑移的表现。表面磨光的试件屈服时,在试件表面可看到与试件轴线基本成 45°倾斜的细微线纹(见图 7-15),这些线纹称为滑移线,它们是材料沿最大剪应力面发生滑移而出现的。

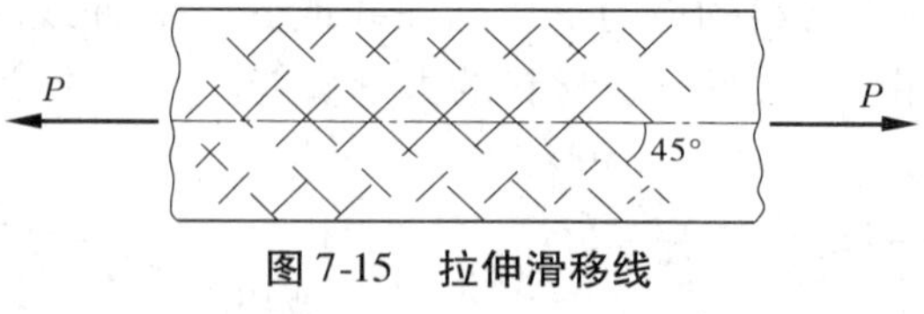

图 7-15 拉伸滑移线

材料屈服表现为显著的塑性变形,而零件的塑性变形将影响机器的正常工作,工程中一般不允许产生较大的塑性变形,因此设计中对低碳钢这类材料常取屈服极限作为材料的强度指标。亦即 σ_s 是衡量材料强度的一个重要指标。

3. 强化阶段(cd 段)

经过屈服阶段之后,从 c 点到 d 点曲线又呈上升趋势,这表明要使试件继续变形,必须增加应力,即材料又恢复了抵抗变形的能力。这是因为材料经过屈服阶段后,内部晶体组织

的排列重新得到调整,产生了抵抗滑移的能力,这种现象称为材料的强化。这个阶段称为强化阶段。强化阶段曲线的最高点 d 所对应的应力值,称为材料的强度极限,用 σ_b 表示。强度极限是试件断裂前所能承受的最大名义应力值,是塑性材料的另一个重要指标。Q235 钢的强度极限 $\sigma_b \approx 400$ MPa。

4. 局部变形阶段(df 段)

在应力达到 d 点的相应值之前,沿试件的长度,变形是均匀的。当应力达到 d 点的相应值之后,试件的变形集中于试件的某一局部范围内,横截面面积出现局部迅速收缩,这种现象称为颈缩现象(见图 7-16)。由于局部的截面收缩,使试件继续变形所需的拉力逐渐减小,而曲线是根据荷载值 P 除以原横截面面积 A 所绘制的,所以过 d 点后,曲线呈下降趋势,直至 f 点被拉断。由 d 点到 f 点这个阶段,称为局部变形阶段。

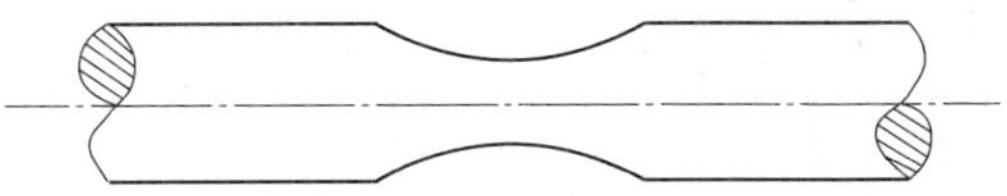

图 7-16　颈缩现象

由上述试验现象可以看到,当应力达到屈服点 σ_s 时,材料会产生显著的塑性变形;当应力达到强度极限(抗拉强度)σ_b 时,材料会由于局部变形而导致断裂。这是工程实际中应当避免的。因此,屈服点和抗拉强度是反映材料强度的两个性能指标,也是拉伸试验中需要测定的重要数据。

综上所述,在整个拉伸过程中,材料经历了弹性、屈服、强化和局部变形四个阶段,并存在三个特征点,其相应的应力依次为比例极限、屈服极限和强度极限。对于低碳钢这一类材料来说,屈服极限和强度极限是衡量其强度的主要指标。

试件被拉伸后,弹性变形消失,而塑性变形被保留下来。工程中常用试件拉断后被保留下来的塑性变形的大小来衡量材料的塑性性能。常用的塑性指标有两个:

(1)延伸率。试件拉断后,标距段的残余伸长与原标距长度的百分比称为材料的延伸率,用 δ 表示,即

$$\delta = \frac{\Delta l_0}{l} \times 100\% \tag{7-4}$$

式中:l 为试件标线间的标距;Δl_0 为试验段的残余变形。

(2)断面收缩率。试件拉断后,拉断处横截面面积的收缩量与原横截面面积的百分比称为材料的断面收缩率,用 ψ 表示,即

$$\psi = \frac{A - A_1}{A} \times 100\%$$

式中:A 为拉伸前横截面面积;A_1 为拉断后断口横截面面积。

材料的 δ 和 ψ 越大,说明材料的塑性越好,故 δ 和 ψ 是衡量材料塑性性能的两个重要指标。一般将 $\delta \geqslant 5\%$ 的材料称为塑性材料,$\delta < 5\%$ 的材料称为脆性材料。Q235 钢的延伸率 δ 一般为 20% ~30%,ψ 值约为 60%,是一种典型的塑性材料。

三、卸载定律及冷作硬化

在拉伸试验过程中,如果在材料进入强化阶段的任一点 H(见图 7-17)后停止加载,并将荷载逐渐减小至零,即卸去荷载,在这个过程中应力和应变曲线沿直线 HO_1 回到 O_1 点,见

图 7-17。直线 HO_1 和弹性阶段内的直线 Oa 近似平行，可见应力和应变之间仍保持正比关系，此种性质称为卸载定律。荷载完全卸除后试件中的弹性变形消失，应力—应变图中，O_1O_2 表示恢复了的弹性应变 ε_e，OO_1 表示保留下来的塑性应变 ε_s。

如果试件在强化阶段内，卸载后再接着加载，直到试件断裂，其应力—应变曲线将沿图 7-18中的 O_1Hdf 实线变化，H 前的虚线表示卸载前的应力—应变关系。比较 $OHdf$ 和 O_1Hdf 这两条曲线，可以看出，若材料曾一度受力达到强化阶段，然后卸载，再重新加载时，其比例极限 σ_p 将提高，且断裂后塑性变形减小，这种现象称为冷作硬化。

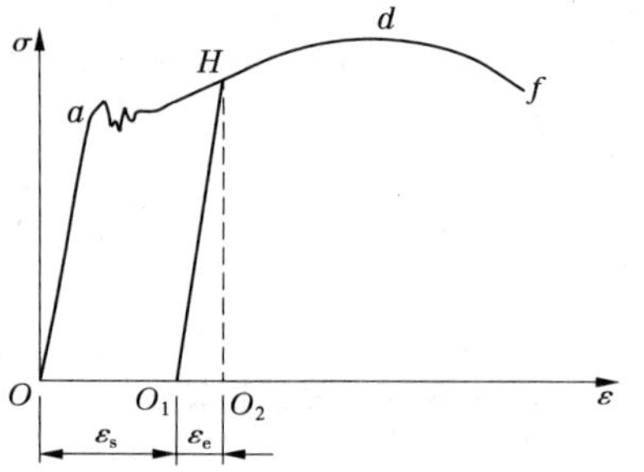

图 7-17　卸载前后应力—应变图

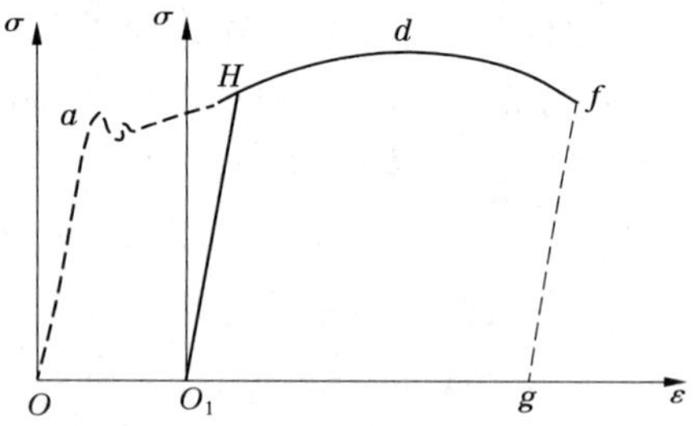

图 7-18　卸载后再加载的应力—应变图

冷作硬化可提高材料弹性阶段内的承载力，但会降低材料的塑性。在工程实际中，一方面冷作硬化是有害的，如钢板冲孔后，冷作硬化会使孔边的材料变脆，在后续加工中可能发生破坏；另一方面又可利用其特点，如起重用的钢索和建筑构件中的钢筋，用冷作硬化可提高其比例极限，从而在弹性设计中提高其强度，达到节约钢材的目的。

四、其他材料在拉伸时的力学性能

其他塑性金属材料，比如常用的锰钢、硬铝、退火球墨铸铁等材料，它们的应力—应变曲线如图 7-19 所示。从图中可以看出，它们与 Q235 钢的应力—应变曲线相比不存在线弹性阶段，而且断裂时材料没有明显的屈服阶段，有的材料还不存在颈缩现象。但它们的延伸率都大于 10%，属于塑性材料。对于这些没有明显屈服阶段的塑性材料，工程中通常以产生 0.2% 塑性应变时的应力作为名义屈服极限，并用 $\sigma_{0.2}$ 表示。如图 7-20 所示，在 ε 轴上取 $Oc = 0.2\%$，作直线 cd 平行于加载曲线中的直线段，与应力应变曲线交于 d 点，d 点对应的应力即为名义屈服应力 $\sigma_{0.2}$。

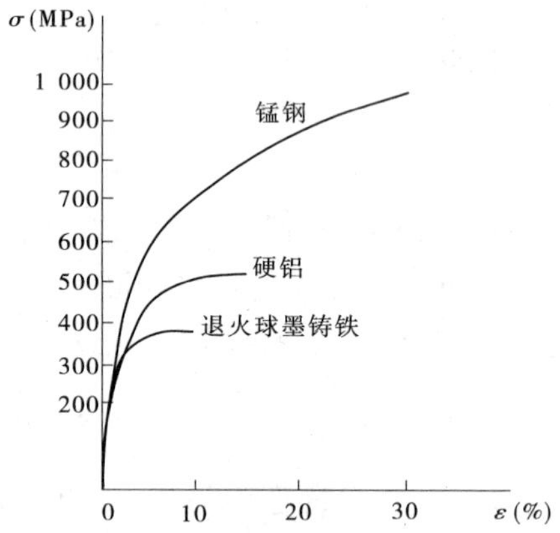

图 7-19　几种常用材料的拉伸曲线

至于脆性材料，如铸铁等，从受拉到断裂，变形始终很小，既无屈服阶段，也无颈缩现象。图 7-21 为铸铁拉伸时的应力—应变曲线，断裂时的应变只不过为 0.4% ~0.5%，断口则垂直于试件轴线。铸铁应力—应变曲线的另一特点是：当应力不大时，应力和应变间即开始不成正比。但在实际使用的应力范围内,应力—应变曲线的曲率很小,因此在实际计算时常把这一部分应力—应变曲线近似地以直线(见图 7-21 中虚线)代替。

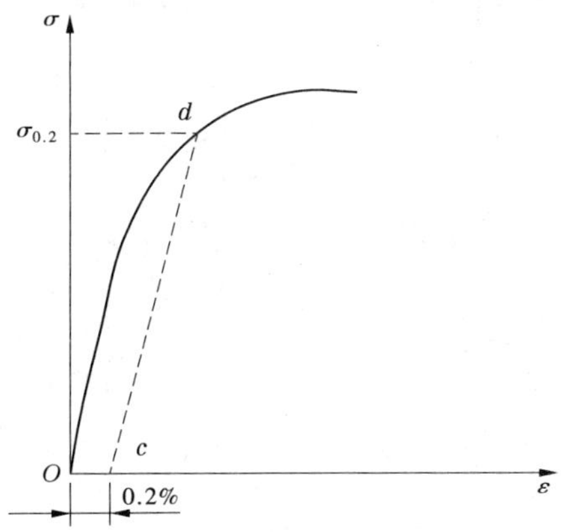

图 7-20 确定名义屈服应力 $\sigma_{0.2}$ 的方法

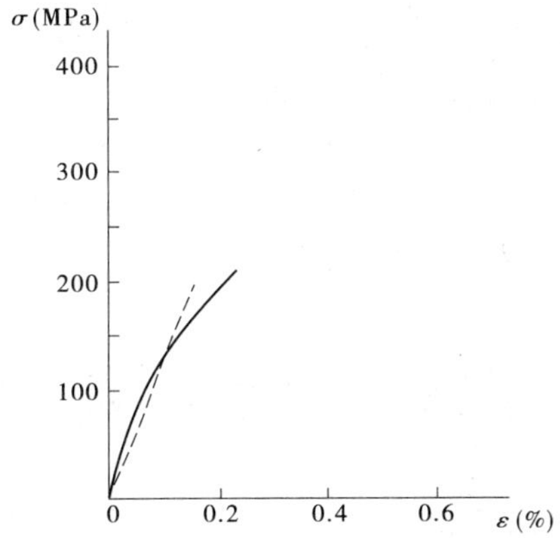

图 7-21 铸铁拉伸时的应力—应变曲线

衡量脆性材料强度的唯一指标是材料拉伸时的强度极限 σ_b,它是试件被拉断时的真正应力。

五、材料在压缩时的力学性能

低碳钢压缩时的应力—应变曲线如图 7-22 所示。

可以看出,在屈服阶段以前,压缩曲线与拉伸曲线基本重合,压缩时的屈服应力与拉伸时的屈服应力大致相同,故在实际应用中可认为低碳钢是拉伸、压缩等强度材料。进入强化阶段后,拉伸、压缩应力曲线分开,这时名义应力增加很多,而变形却增加很少,即低碳钢可以产生很大的塑性变形而不破裂,故无法测出材料的抗压强度极限。

铸铁拉伸、压缩时的应力—应变曲线如图 7-23 所示,实线为压缩曲线,虚线为拉伸曲线。比较这两条曲线可知,铸铁压缩时,无论是强度极限还是延伸率,都比拉伸时大得多。另外,曲线中的直线部分很短,没有屈服极限,试件将沿与轴线成 45°~54°角的斜截面发生剪切错动破坏。这说明铸铁的抗剪能力比抗压能力差,抗压强度极限为抗拉强度的 4~5

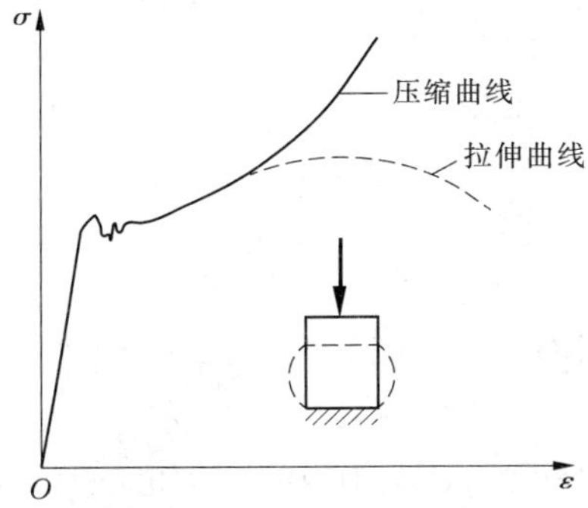

图 7-22 低碳钢拉伸、压缩应力—应变曲线比较

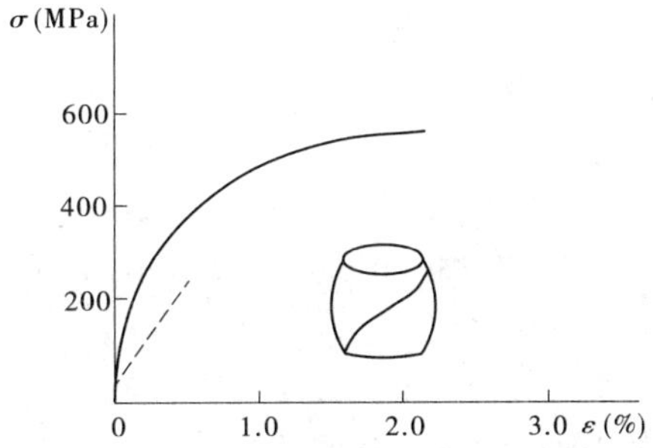

图 7-23 铸铁拉伸、压缩应力—应变曲线比较

倍。所以,实际工程中常把铸铁用做抗压构件。

混凝土是一种常用的抗压强度高的脆性材料,其抗压强度的测定是通过混凝土做成的标准立方体试件在标准养护条件下,经过 28 d 养护后测试确定的。混凝土的压缩应力—应变曲线如图 7-24 所示,由图可知,只在加载初期有很短的一段直线,以后明显变弯,其强度极限比较高。由于曲线没有比较明显的直线,工程上常以 $\sigma = 0.4\sigma_b$时割线的斜率来代表混凝土的弹性模量。试验还表明,混凝土的强度和试件的破坏形式,均随试件两端面同压板间的摩擦力大小而有差别,所以混凝土的压缩试验必须规定其端部条件。

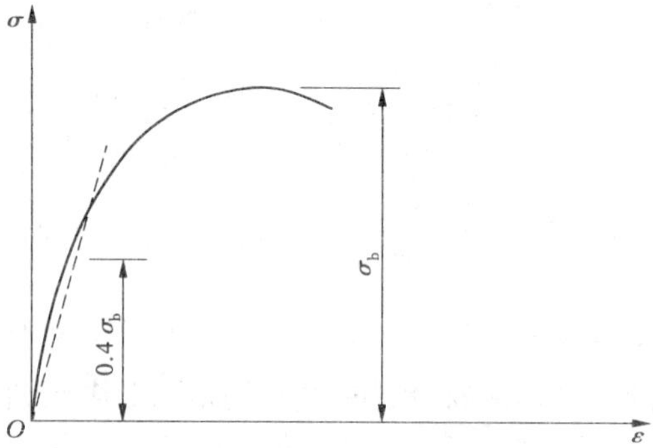

图 7-24　混凝土压缩应力—应变曲线

混凝土的抗拉强度只有抗压强度的$\frac{1}{5} \sim \frac{1}{20}$,所以混凝土如用做抗弯构件,其受拉侧必须采用钢筋这样的塑性材料来加强,这便是常说的钢筋混凝土构件。

第四节　许用应力

由材料的拉伸或压缩试验可知:对于塑性材料,当应力达到屈服极限 σ_s 时,会发生显著的塑性变形,影响构件的正常工作;对于脆性材料,当应力达到强度极限 σ_b 时,会发生断裂。在工程实际中,这两种情况显然都是不能允许的。因此,屈服和断裂都是破坏现象。为了便于说明问题,将塑性材料的强度指标 σ_s 和脆性材料的强度指标 σ_b 统称为极限应力,用 σ_u 表示。

为了保证构件有足够的强度,必须将工作应力限制在比极限应力更低的范围内,即将材料的破坏应力 σ_u 除以一个大于 1 的系数 n 以后,作为构件工作不允许超过的数值。这个应力值称为材料的许用应力,用$[\sigma]$表示,这个系数 n 称为安全因数,它们之间的关系是

$$[\sigma] = \frac{\sigma_u}{n} \tag{7-5}$$

对于塑性材料,其许用应力为

$$[\sigma] = \frac{\sigma_s}{n_s} \tag{7-6}$$

对于脆性材料,其许用应力为

$$[\sigma] = \frac{\sigma_b}{n_b} \tag{7-7}$$

n_s 和 n_b 分别为对应于屈服极限和抗拉强度的安全因数，一般 $n_b > n_s$。

由此可见，对许用应力数值的规定实质上是如何选择适当的安全因数。安全因数的选取，主要考虑以下主要因素：一是主观设定和客观事实上的差距，如极限应力的差异、横截面面积尺寸的差异、荷载值的差异、实际结构与计算简图间的差异，这些差异都可能使构件的实际工作条件比设计时所设定的条件更偏于不安全，因此为了确保构件能正常工作，就以安全因数的形式加以补偿；二是构件必须有必要的强度储备，如温度变化、金属腐蚀、磨损、应力集中等因素的影响必须加以考虑，这种强度储备也是以安全因数的形式加以考虑的。

可见，安全因数的选取涉及多方面的问题，是一项复杂的工作。目前，在机械设计和建筑结构设计中，都倾向于根据构件材料和具体工作条件，并结合过去制造同类构件的实践经验和现时的技术水平，规定不同的安全因数。对于各种不同构件的安全因数和许用应力，有关设计部门在规范中有具体规定。一般构件，在常温、静载下，对塑性材料取 $n = 1.5 \sim 2.5$，对脆性材料取 $n = 2 \sim 3.5$。

第五节　材料拉伸(压缩)的强度计算

材料的安全因数或许用应力确定以后，就可以进行强度计算了。为了保证构件安全正常地工作，不至于因强度不足而破坏，要求构件的最大工作应力不超过材料的许用应力。于是，得到强度条件

$$\sigma_{max} \leqslant [\sigma] \tag{7-8}$$

对于等截面直杆，拉伸(压缩)时的强度条件，可改写为

$$\sigma_{max} = \frac{N_{max}}{A} \leqslant [\sigma] \tag{7-9}$$

对于阶梯杆或变截面杆，σ_{max} 要由轴力和横截面面积两个因素共同决定。

根据强度条件，可以解决三种类型的强度计算问题：

(1)强度校核。若已知构件的尺寸、荷载大小以及材料的许用应力，即可用式(7-9)验算是否满足强度要求。若能满足，说明构件的强度足够；否则，说明构件不够安全。

(2)截面选择。若已知构件承受的荷载和材料的许用应力，则根据式(7-9)确定构件所需要的横截面面积，即

$$A \geqslant \frac{N_{max}}{[\sigma]}$$

(3)确定许用荷载。若已知构件的尺寸和材料的许用应力，则根据式(7-9)确定构件所能承受的最大轴力，即

$$N_{max} \leqslant [\sigma]A$$

根据构件的最大轴力，由静力平衡条件可进一步确定机器或工程结构的许可荷载。

下面举例说明强度计算的方法。

【例 7-3】　铸工车间吊运铁水包的吊杆的横截面为矩形，尺寸 $b = 50$ mm，$h = 25$ mm，如图 7-25 所示，吊杆的许用应力 $[\sigma] = 80$ MPa。铁水包自重为 8 kN，最多能容 30 kN 重的铁水。试校核吊杆的强度。

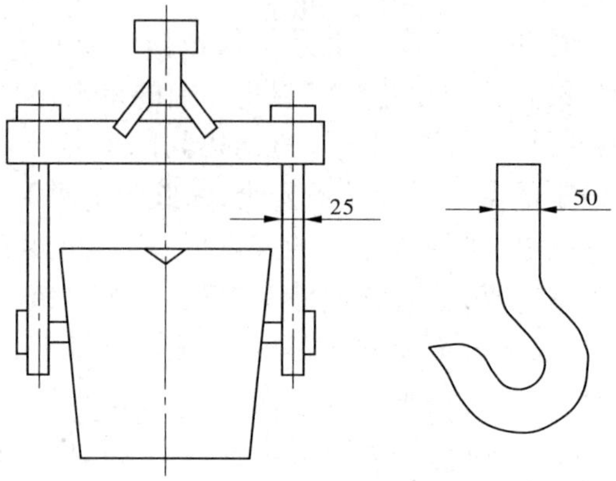

图 7-25　例 7-3 图　（单位：mm）

解　(1)计算吊杆的轴力。总荷载由两根吊杆承担,故每根吊杆的轴力应为

$$N_{\max}=\frac{W}{2}=\frac{1}{2}\times(30+8)=19(\text{kN})$$

(2)校核强度。吊杆横截面上的最大工作应力为

$$\sigma_{\max}=\frac{N_{\max}}{A}=\frac{19\times10^{3}}{25\times50\times10^{-6}}=15.2\times10^{6}(\text{Pa})=15.2\ \text{MPa}<[\sigma]=80\ \text{MPa}$$

故吊杆满足强度条件。

【例 7-4】　某悬臂吊车结构如图 7-26 所示,最大起吊量 $F_G=20$ kN。杆 AB 为圆截面,许用应力$[\sigma]=120$ MPa。试设计杆 AB 的直径。

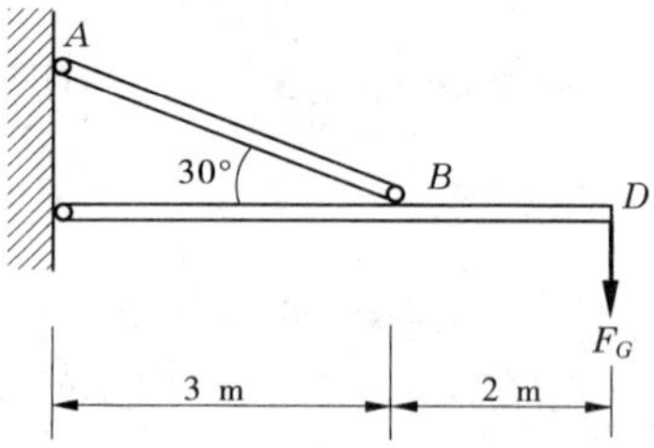

图 7-26　例 7-4 图

解　$N_{AB}=\dfrac{20\times5}{3\times\sin30^\circ}=66.7(\text{kN})$

由 $\sigma=\dfrac{N}{A}\leqslant[\sigma]$,得$\dfrac{N}{[\sigma]}\leqslant A$,则

$$A\geqslant\frac{N_{AB}}{[\sigma]}=\frac{66.7\times10^{3}}{120\times10^{6}}=0.000\,556(\text{m}^2)$$

$$A=\frac{\pi D^2}{4}\geqslant0.000\,556$$

$$D\geqslant\sqrt{\frac{0.000\,556\times4}{\pi}}=0.026\,6(\text{m})=2.66(\text{cm})$$

取 $D=2.7$ cm。

【例 7-5】　如图 7-27 所示为简易吊车的示意图,AB 和 BC 均为圆形钢杆。$d_1=36$ mm,$d_2=25$ mm,钢的许用应力$[\sigma]=100$ MPa。试确定吊车的最大许可起重量 $W_{\max}$。

解　(1)计算杆 AB 、BC 的轴力,设杆 AB 的轴力为 N_1,杆 BC 的轴力为 N_2,根据结点 B 的平衡(见图 7-27(b)),有

$$\sum F_x=0\qquad -N_2-N_1\cos30^\circ=0$$

$$\sum F_y=0\qquad N_1\cos60^\circ-W=0$$

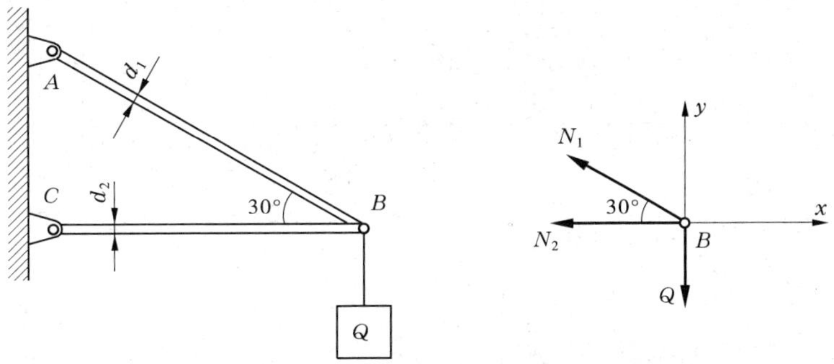

图 7-27　例 7-5 图

解得

$$N_1 = 2W \qquad N_2 = -\frac{\sqrt{3}}{2}N_1 = -\sqrt{3}W$$

上式表明,杆 AB 受拉伸,杆 BC 受压缩,在强度计算时,$\boldsymbol{N}_2$ 可取绝对值。

(2)求许可荷载,由式(7-9)可得

$$N_{max} \leqslant A[\sigma]$$

当杆 AB 达到许用应力时,有

$$N_{max} \leqslant A_1[\sigma] = \frac{\pi d_1^2}{4}[\sigma]$$

则

$$W_{max} = \frac{1}{2}N_{max} = \frac{\pi d_1^2[\sigma]}{8} = \frac{\pi \times 36^2 \times 10^{-6} \times 100 \times 10^6}{8} = 50\ 894(\mathrm{N}) \approx 50.9\ \mathrm{kN}$$

当杆 BC 达到许用应力时,有

$$N_{max} \leqslant A_2[\sigma] = \frac{\pi d_2^2}{4}[\sigma]$$

则

$$W_{max} = \frac{N_{max}}{\sqrt{3}} = \frac{\pi d_2^2[\sigma]}{4\sqrt{3}} = \frac{\pi \times 25^2 \times 10^{-6} \times 100 \times 10^6}{4\sqrt{3}} = 28\ 341(\mathrm{N}) \approx 28.3\ \mathrm{kN}$$

因此,该吊车的最大许可荷载只能为 $W = 28.3$ kN。

第六节　材料拉伸(压缩)的变形和虎克定律

一、拉压杆件的变形

杆件在轴向拉伸或压缩时,其轴线方向的尺寸和横向尺寸将发生改变。前者称为纵向变形,后者称为横向变形。下面研究如何计算这些变形。先引入线应变的概念。

设一等直杆的原长为 l ,横截面面积为 A ,如图 7-28 所示。在轴向拉力 F 的作用下,杆件的长度由 l 变为 l_1 ,其纵向伸长量为

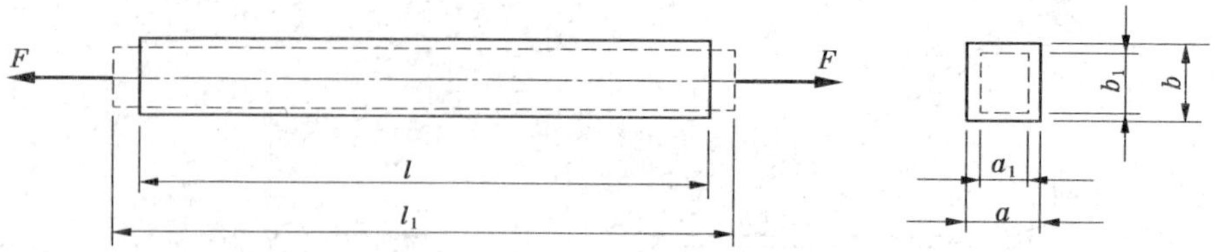

图 7-28　拉伸

$$\Delta l = l_1 - l \tag{a}$$

Δl 只反映杆的总变形量,而无法说明沿杆长度方向上各段的变形程度。为了反映杆的变形程度,需要消除杆件原长对变形的影响,可用单位长度杆件的变形度量杆件的变形程度,用纵向线应变 ε 表示,即

$$\varepsilon = \frac{\Delta l}{l} \tag{7-10}$$

ε 为一无量纲量,正负号与 Δl 相同,伸长时以正号表示,缩短时以负号表示。

杆件横向尺寸也发生变化,$\Delta b = b_1 - b$,$\Delta a = a_1 - a$,称为横向变形,拉时为负,压时为正。

$$\varepsilon' = \frac{\Delta b}{b} = \frac{\Delta a}{a} \tag{b}$$

ε' 为横向线应变。

二、虎克定律

拉(压)杆的变形量与其所受力之间的关系与材料的性能有关,必须通过试验的方法来研究。许多材料的试验证明,当杆所受外力未超过材料的某一极限值(比例极限)时,杆件的伸长(缩短)量 Δl 和杆件所受的外力 F 成正比,与杆件的原长 l 成正比,与横截面面积 A 成反比,即

$$\Delta l \propto \frac{Fl}{A}$$

引入比例系数 E,则有

$$\Delta l = \frac{Fl}{EA} \tag{7-11a}$$

又由于此时杆横截面上的轴力 N 与拉力 F 相等,所以

$$\Delta l = \frac{Nl}{EA} \tag{7-11b}$$

这一关系称为虎克定律。式中比例常数 E 称为弹性模量。它表示材料在拉伸(或压缩)时抵抗变形的能力,其值随材料不同而不同,单位为 Pa(MPa 或 GPa)。式中 EA 称为抗拉(抗压)刚度。它是反映杆件抵抗拉压变形能力的一个力学量。对于长度相等且受力相同的拉杆,其抗拉刚度越大则拉杆的变形越小。

将上述公式改写成

$$\frac{\Delta l}{l} = \frac{1}{E}\frac{N}{A}$$

而 $\varepsilon = \frac{\Delta l}{l}$，$\sigma = \frac{N}{A}$，所以

$$\varepsilon = \frac{\sigma}{E} \text{或} \sigma = E\varepsilon \tag{7-12}$$

式(7-12)可称为微观形式的虎克定律，揭示应力与应变之间的关系，它更具有普遍意义。而 $\Delta l = \frac{Nl}{EA}$ 称为宏观形式的虎克定律，揭示内力与变形之间的关系。

试验还表明，对于同一材料的杆件，当应力未超过材料的比例极限时，杆件的横向线应变 ε' 与纵向线应变 ε 之比为一常数，即

$$\mu = \left|\frac{\varepsilon'}{\varepsilon}\right| \tag{c}$$

μ 称为横向变形系数或泊松比。它是一个无量纲的量，因为 ε' 和 ε 总是异号，所以

$$\varepsilon' = -\mu\varepsilon \tag{7-13a}$$

若将式(7-12)中的 ε 代入式(7-13a)，则得

$$\varepsilon' = -\mu\frac{\sigma}{E} \tag{7-13b}$$

与弹性模量 E 一样，泊松比 μ 也是材料的弹性常数。几种常用材料的 E 和 μ 值，列于表7-1中。

表7-1　几种常用材料的 E 和 μ 值

材料名称	牌号	E(GPa)	μ
低碳钢	Q235	200～210	0.24～0.28
中碳钢	45	205	
低合金钢	16Mn	200	0.25～0.30
合金钢	40CrNiMoA	210	
灰口铸铁		60～162	0.23～0.27
球墨铸铁		150～180	
铝合金	LY12	71	0.33
硬质合金		380	
混凝土		15.2～36	0.16～0.18
木材(顺纹)		9～12	

【例7-6】　一长为30 cm的钢杆，受力情况如图7-29所示，已知横截面面积 $A = 10\ \text{cm}^2$，材料的弹性模量 $E = 200$ GPa。试求：

(1) AC、CD、DB 各段的应力和变形；

(2) AB 杆的总变形。

解　(1)求内力

$$N_{AC} = -20\ \text{kN}$$
$$N_{CD} = 0$$
$$N_{DB} = -20\ \text{kN}$$

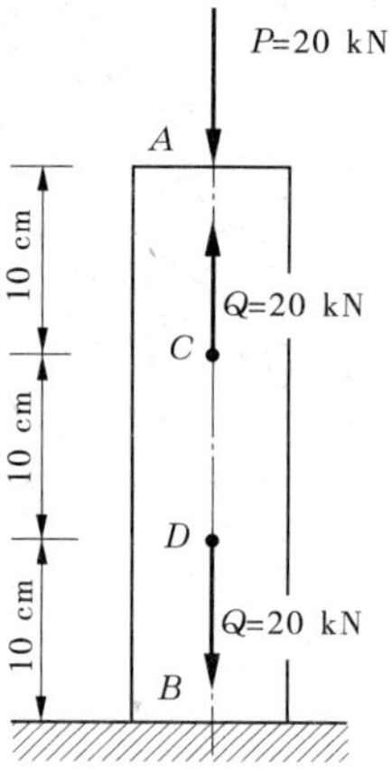

图 7-29　例 7-6 图

下面求各段的应力,依次为

$$\sigma_{AC} = \frac{N_{AC}}{A} = \frac{-20 \times 10^3}{10 \times 10^{-4}} = -20 \times 10^6(\text{Pa}) = -20\ \text{MPa}$$

$$\sigma_{CD} = \frac{N_{CD}}{A} = \frac{0}{10 \times 10^{-4}} = 0$$

$$\sigma_{DB} = \frac{N_{DB}}{A} = \frac{-20 \times 10^3}{10 \times 10^{-4}} = -20 \times 10^6(\text{Pa}) = -20\ \text{MPa}$$

各段的变形为

$$\Delta l_{AC} = \frac{N_{AC} l_{AC}}{EA} = \frac{-20 \times 10^3 \times 10 \times 10^{-2}}{200 \times 10^9 \times 10 \times 10^{-4}} = -10^{-5}(\text{m}) = -0.01\ \text{mm}$$

$$\Delta l_{CD} = \frac{N_{CD} l_{CD}}{EA} = 0$$

$$\Delta l_{DB} = \frac{N_{DB} l_{DB}}{EA} = \frac{-20 \times 10^3 \times 10 \times 10^{-2}}{200 \times 10^9 \times 10 \times 10^{-4}} = -10^{-5}(\text{m}) = -0.01\ \text{mm}$$

(2)杆 AB 的总变形为

$$\Delta l_{AB} = -0.02\ \text{mm}$$

【例 7-7】　图 7-30 所示一简易托架,杆 BC 为圆截面钢杆,其直径 $d=18.5$ mm,杆 BD 为 8 号槽钢,若两杆的$[\sigma]=160$ MPa,$E=200$ GPa,设 $F=60$ kN。试校核该托架的强度,并求 B 点的位移。

解　(1)计算杆的内力。绕结点 B 截开杆 BC 和杆 BD 。设杆 BC 的轴力为 N_1,杆 BD 的轴力为 N_2,如图 7-30(b)所示。根据平衡条件可得轴力为

$$N_1 = F \times \frac{3}{4} = 60 \times \frac{3}{4} = 45(\text{kN})(\text{拉力})$$

$$N_2 = -F \times \frac{5}{4} = -60 \times \frac{5}{4} = -75(\text{kN})(\text{压力})$$

(2)校核两杆的强度 ,对于杆 BC ,其横截面面积 $A_1=\pi d_1^2/4$,故杆的工作应力为

$$\sigma_1 = \frac{N_1}{A_1} = \frac{45 \times 4 \times 10^3}{\pi \times 18.5^2 \times 10^{-6}} = 167.4 \times 10^6(\text{Pa}) = 167.4\ \text{MPa} > [\sigma] = 160\ \text{MPa}$$

虽然工作应力大于许用应力,然而

$$\frac{\sigma_1 - [\sigma]}{[\sigma]} = \frac{167.4 - 160}{160} = 4.6\% < 5\%$$

在工程中是允许的,认为强度符合要求。

对于杆 BD ,由型钢表查得其横截面面积为

$$A_2 = 10.24\ \text{cm}^2 = 1\,024 \times 10^{-6}\ \text{m}^2$$

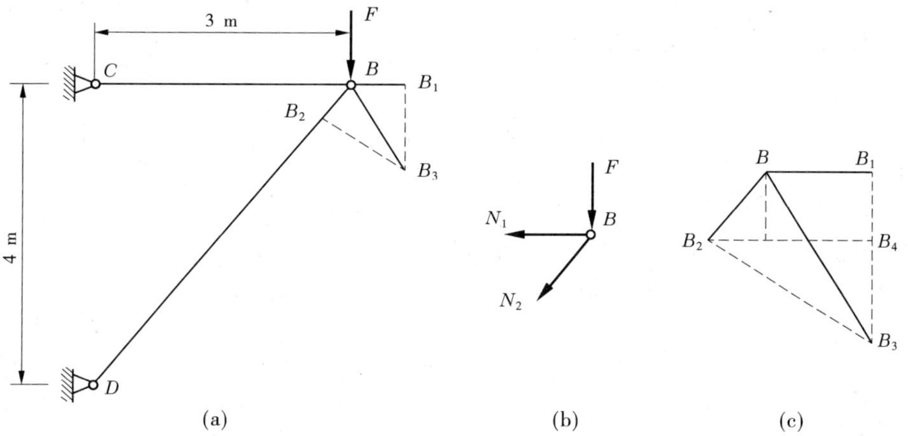

图 7-30　例 7-7 图

则杆的工作应力

$$\sigma_2 = \frac{N_2}{A_2} = \frac{75 \times 10^3}{1\ 024 \times 10^{-6}} = 73.2 \times 10^6 (\text{Pa}) = 73.2\ \text{MPa} < [\sigma] = 160\ \text{MPa}$$

计算结果表明,托架的强度是足够的。

(3)计算 B 点的位移,由虎克定律公式(7-11),可求出杆 BC 的伸长为

$$\Delta l_1 = \overline{BB_1} = \frac{N_1 l_1}{EA_1} = \frac{45 \times 10^3 \times 3 \times 4}{200 \times 10^9 \times \pi \times 18.5^2 \times 10^{-6}} = 2.51 \times 10^{-3} (\text{m})$$

杆 BD 的缩短为

$$\Delta l_2 = \overline{BB_2} = \frac{N_2 l_2}{EA_2} = \frac{75 \times 10^3 \times 5}{200 \times 10^9 \times 1\ 024 \times 10^{-6}} = 1.83 \times 10^{-3} (\text{m})$$

假想把托架从结点 B 拆开,那么 BC 杆伸长变形后成为 B_1C , BD 杆压缩变形后成为 B_2D ,分别以 C 点和 D 点为圆心,以 CB_1 和 DB_2 为半径作弧相交于 B_3 处,该点即为托架变形后 B 点的位置。由于是小变形, B_1B_3 和 B_2B_3 是两段极微小的短弧,因而可分别用 BC 和 BD 的垂线来代替,两垂线的交点为 B_3 , BB_3 即为 B 点的位移。这种作图法称为切线代圆弧法。

现用解析法计算位移 $\overline{BB_3}$ 。为了清楚起见,可将多边形 $BB_1B_3B_2$ 放大,如图 7-30(c)所示。由图可知

$$\overline{B_2B_4} = \Delta l_2 \times \frac{3}{5} + \Delta l_1$$

B 点的垂直位移为

$$\overline{B_1B_3} = \overline{B_1B_4} + \overline{B_4B_3} = \overline{BB_2} \times \frac{4}{5} + \overline{B_2B_4} \times \frac{3}{4} = \Delta l_2 \times \frac{4}{5} + \left(\Delta l_2 \times \frac{3}{5} + \Delta l_1\right) \times \frac{3}{4}$$

$$= 1.83 \times 10^{-3} \times \frac{4}{5} + \left(1.83 \times \frac{3}{5} + 2.51\right) \times 10^{-3} \times \frac{3}{4} = 4.17 \times 10^{-3} (\text{m})$$

B 点的水平位移为

$$\overline{BB_1} = \Delta l_1 = 2.51 \times 10^{-3} (\text{m})$$

B 点的总位移为

$$\overline{BB_3} = \sqrt{(\overline{B_1B_3})^2 + (\overline{BB_1})^2} = \sqrt{(4.17 \times 10^{-3})^2 + (2.51 \times 10^{-3})^2} = 4.87 \times 10^{-3}(\mathrm{m})$$

由本例看出，变形和位移是两个不同的概念。

小　结

(1)本章所介绍的重要概念有内力、应力、变形和应变等。

求内力的基本方法是截面法，这是材料力学的一个基本方法。

轴向拉(压)杆横截面上应力的计算公式为

$$\sigma = \frac{N}{A}$$

虎克定律

$$\Delta l = \frac{Nl}{EA} \text{或} \sigma = E\varepsilon$$

要掌握式中各量的意义、单位。对这些概念、方法和公式能正确理解，熟练掌握。

(2)材料的力学性质是指材料在外力作用下所表现出来的强度和变形方面的特性。它是通过试验来测定的。本章仅介绍了在常温、静荷载作用下两类代表性材料(塑性材料——低碳钢，脆性材料——铸铁)的性质。学习这部分内容时要从应力—应变图入手。材料的力学性质是解决强度、刚度问题的重要依据。学习的重点是掌握低碳钢的应力—应变图，了解力学性质指标。

(3)强度计算是材料力学研究的主要问题，轴向拉伸和压缩构件的强度条件是

$$\sigma_{max} = \frac{N_{max}}{A} \leqslant [\sigma]$$

强度条件在工程中的三类应用如下所述。

①对杆进行强度校核。在已知材料、荷载、截面的情况下，判断 σ_{max} 是否不超过许用值 $[\sigma]$，杆是否能安全工作。

②设计杆的截面。在已知材料、荷载的情况下，求截面的面积或有关尺寸。

③计算许用荷载。在已知材料、截面、荷载作用方式的情况下，计算杆件满足强度要求时轴力的最大值。再由 N_{max} 与外荷载 F_p 的关系求出 $[F_p]$。

强度计算是本章的重点，要能灵活地运用强度条件解决工程中的三类问题。

思考题

7-1　简述轴向拉(压)杆的受力特点和变形特点。

7-2　什么是轴力？简述用截面法求轴力的步骤。

7-3　两根材料不同、截面面积不同的拉杆，受相同的轴向拉力，它们的内力是否相同？它们的应变是否相同？

7-4　指出下列概念的区别：内力与外力，变形与应变，弹性与塑性，纵向应变与横向应变，极限应力与许用应力。

7-5　在静力学中介绍的力的可传性,在材料力学中是否仍然使用?为什么?

7-6　直杆轴向拉伸(压缩)时,横截面上的正应力计算公式 $\sigma = \dfrac{N}{A}$ 是建立在什么假设基础上的?试说明应用该公式的条件。

7-7　钢的弹性模量 $E = 200$ GPa,铝的弹性模量 $E = 71$ GPa。试比较在同一应力作用下,哪种材料的应变大?在产生同一应变的情况下,哪种材料的应力大?

7-8　什么是强度条件?根据强度条件可以解决哪些问题?

7-9　低碳钢拉伸时的应力—应变图可分为哪四个阶段?试样被拉断时的应力为什么反而比强度极限低?

7-10　虎克定律的适用范围是什么?有一低碳钢试件,由试验测得其应变 $\varepsilon = 0.002$,已知低碳钢的比例极限 $\sigma_p = 200$ MPa,弹性模量 $E = 200$ GPa,问能否由拉(压)虎克定律 $\sigma = E\varepsilon$ 计算其正应力?为什么?

7-11　在拉伸和压缩试验中,各种材料试样的破坏形式有哪些?试从宏观上大致分析其破坏的原因。

7-12　何谓应力集中?什么情况下产生应力集中?用塑性材料和脆性材料制成的构件,对应力集中有什么不同的反映?

习　题

7-1　求图 7-31 所示各杆横截面 1—1、2—2 和 3—3 上的轴力,并作轴力图。

7-2　求图 7-32 所示等直杆横截面 1—1、2—2 和 3—3 上的轴力,并作轴力图,如果横截面面积 $A = 400\ \text{mm}^2$,求各横截面上的应力。

7-3　求图 7-33 所示阶梯状直杆横截面 1—2、2—2 和 3—3 上的轴力,并作轴力图。如果横截面面积 $A_1 = 200\ \text{mm}^2$、$A_2 = 300\ \text{mm}^2$、$A_3 = 400\ \text{mm}^2$,求各横截面上的应力。

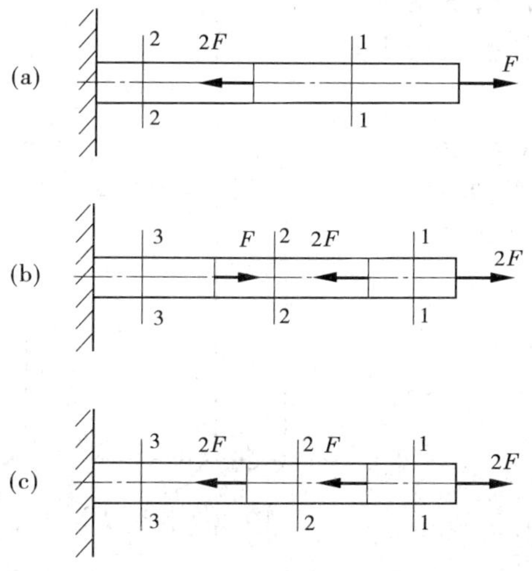

图 7-31　习题 7-1 图

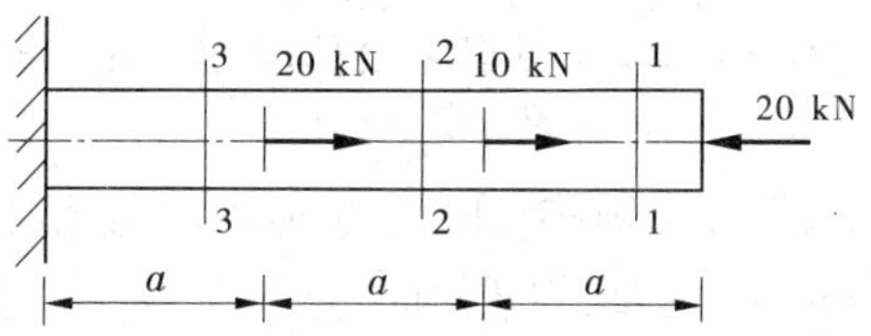

图7-32　习题7-2图

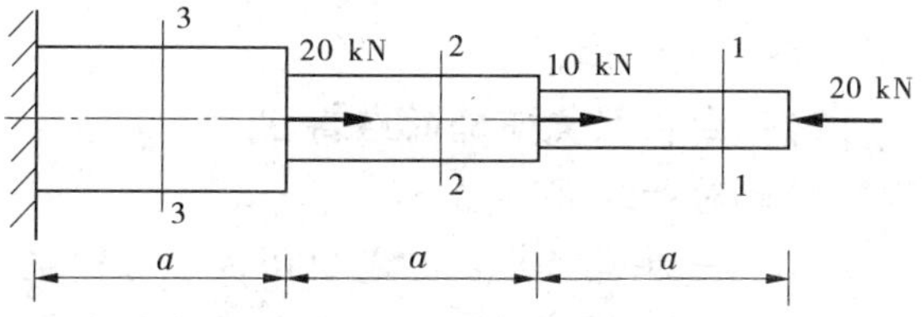

图 7-33　习题 7-3 图

7-4　图 7-34 所示拉杆承受拉力 $F=10$ kN，杆的横截面面积 $A=100\ \text{mm}^2$，如果以 α 表示斜截面与横截面间的夹角，试求当 $\alpha=0°$、$30°$、$45°$、$60°$、$90°$时，各斜截面上的正应力和剪应力，并用图表示其方向。

7-5　外径为 25 mm、内径为 12 mm 的钢管，承受 $F=40$ kN 的轴向拉力，此时杆中的应力有多大？若杆的材料的许用应力为 225 MPa，则 F 还可增加多少？

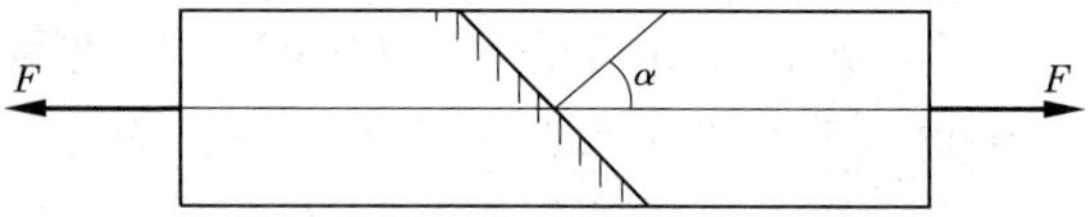

图 7-34　习题 7-4 图

7-6　一根等直杆受力如图 7-35 所示，已知杆的横截面面积 A 和材料的弹性模量 E。试作轴力图，并求杆端截面 D 的位移。

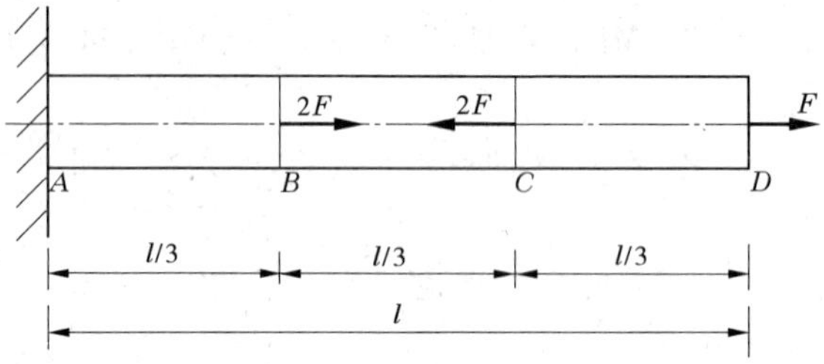

图 7-35　习题 7-6 图

7-7　一木柱受力如图 7-36 所示，柱的横截面为边长 200 mm 的正方形，材料可认为符合虎克定律，其弹性模量 $E=10$ GPa。如不计柱的自重，试求：

(1)作轴力图；

(2)各段柱横截面上的应力；

(3)各段柱的纵向线应变；

(4)柱的总变形。

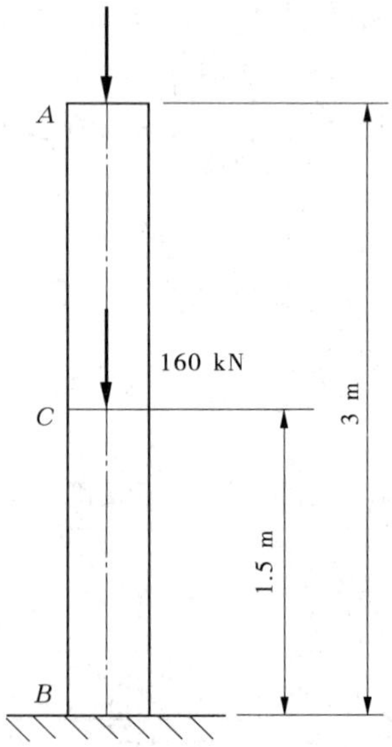

图 7-36　习题 7-7 图

7-8　一根直径 $d=16$ mm、长 $l=3$ m 的圆截面杆，承受轴向拉力 $F=30$ kN，其伸长量为 $\Delta l=2.2$ mm。试求杆横截面上的应力与材料的弹性模量 E。

7-9　如图 7-37 所示，A、B 两点之间原来水平地拉着一根直径 $d=1$ mm 的钢丝，现在钢丝的中点 C 加一竖向荷载 F。已知钢丝由此产生的线应变为 $\varepsilon=0.0035$，其材料弹性模量 $E=210$ GPa；钢丝的自重不计。试求：

(1)钢丝横截面上的应力，假设钢丝经过冷拉，在断裂前可认为符合虎克定律；

(2)钢丝在 C 点下降的距离 Δ；

(3)此时荷载 F 的值。

7-10　一块厚 10 mm、宽 200 mm 的钢板，其截面被直径 $d=20$ mm的圆孔所削弱，圆孔的排列对称于杆的轴线，如图 7-38 所示。现用此钢板承受轴向拉力 $F=200$ kN。如材料的许用应力$[\sigma]=170$ MPa，试校核钢板的强度。

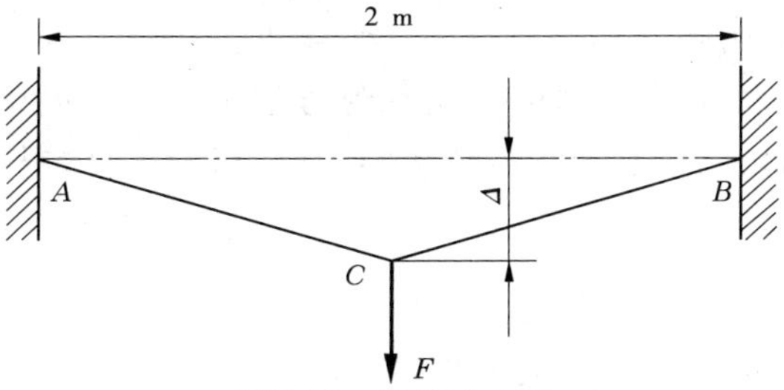

图 7-37　习题 7-9 图

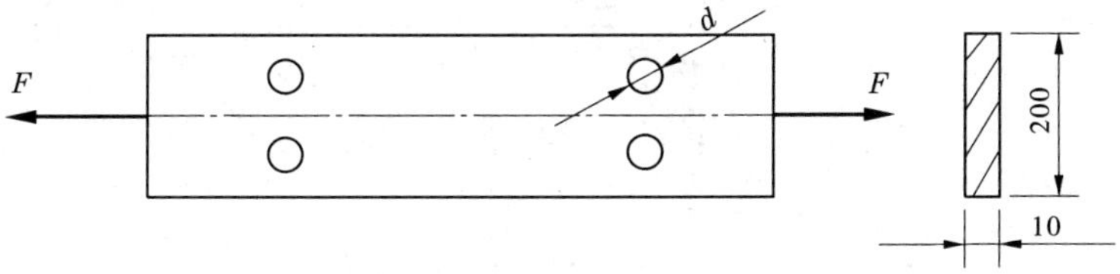

图 7-38　习题 7-10 图　(单位:mm)

7-11　实心圆钢杆 AB 和 AC 在 A 点处铰接,如图 7-39 所示。在 A 点处作用铅垂向下的力 $F=35$ kN。已知杆 AB 和 AC 的直径分别为 $d_1=12$ mm 和 $d_2=15$ mm,钢的弹性模量 $E=210$ GPa。试求 A 点在铅垂方向的位移。

7-12　如图 7-40 所示为一雨篷的结构计算简图。其伸出长度为 1.8 m,宽度为 4 m,由两根与水平方向成 30°的圆钢拉杆拉着。雨篷承受均布荷载 1 200 N/m^2,钢的许用应力$[\sigma]=170$ MPa。试选择拉杆的直径。

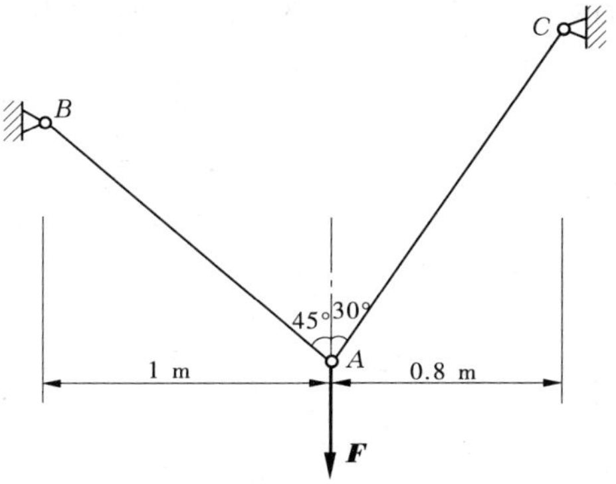

图 7-39　习题 7-11 图

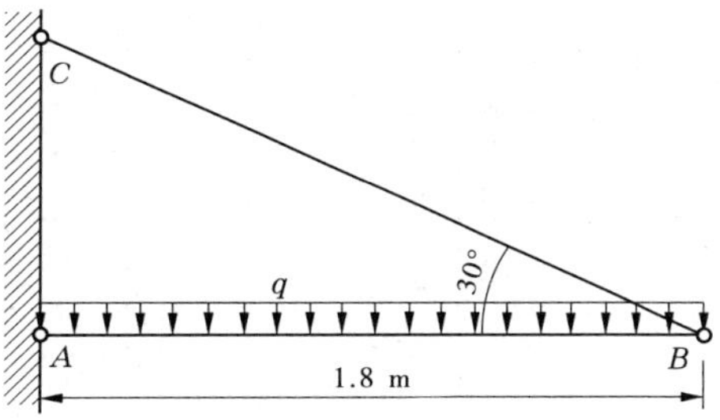

图 7-40　习题 7-12 图

7-13　图 7-41 所示圆锥形杆受轴向拉力作用,试求杆的伸长。

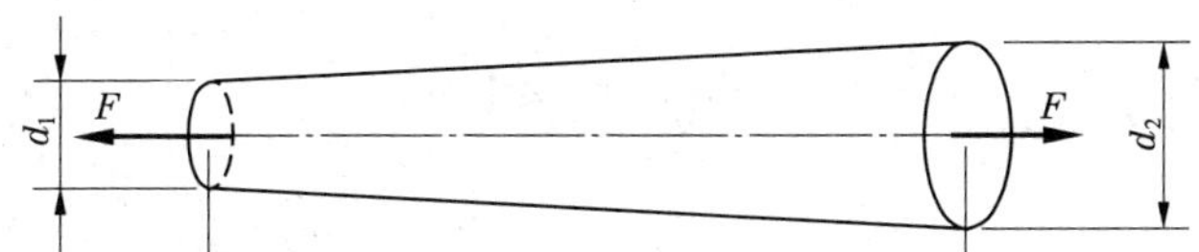

图 7-41　习题 7-13 图

7-14　起重机如图 7-42 所示，绳索 AB 的横截面面积为 500 mm^2，许用应力 $[\sigma]=40$ MPa。试根据绳索的强度条件求起重机许用起重量 F。

7-15　如图 7-43 所示，起重吊钩的上端借螺母固定。若吊钩螺栓部分的外径 $d=63.5$ mm，内径 $d_1=55$ mm，材料的许用应力 $[\sigma]=50$ MPa，试根据吊钩螺纹部分的强度确定吊钩的许用起重量 F。

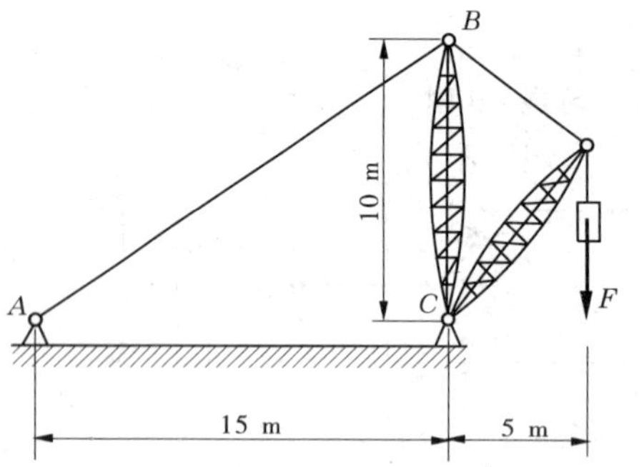

图 7-42　习题 7-14 图

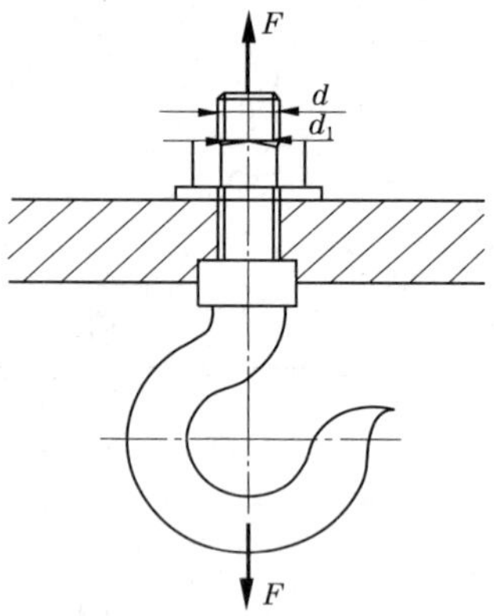

图 7-43　习题 7-15 图

7-16　已知混凝土的密度 $\rho=2.25\times10^3$ kg/m^3，许用应力 $[\sigma]=2$ MPa。试按强度条件确定图 7-44 所示混凝土柱所需的横截面面积 A_1 和 A_2。若混凝土的弹性模量 $E=20$ GPa，试求柱顶 A 的位移。

7-17　如图 7-45 所示，AC、BC 为两根钢杆，横截面面积相同，$A=1$ cm^2，弹性模量 $E=200$ GPa。在结点 C 处受垂直荷载 $F=800$ N 的作用，试求 C 点的位移（用垂直与水平位移分量表示）。

7-18　如图 7-46 所示，试求钢杆上、下段横截面上的应力，已知上段横截面面积 $A_1=1$ cm^2，下段横截面面积 $A_2=4$ cm^2，$E=200$ GPa。

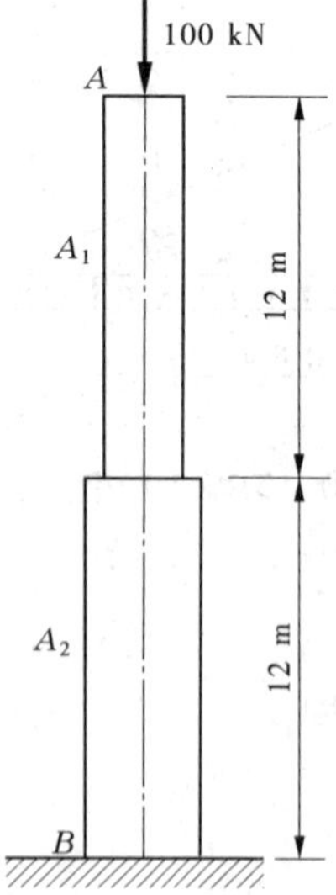

图 7-44　习题 7-16 图

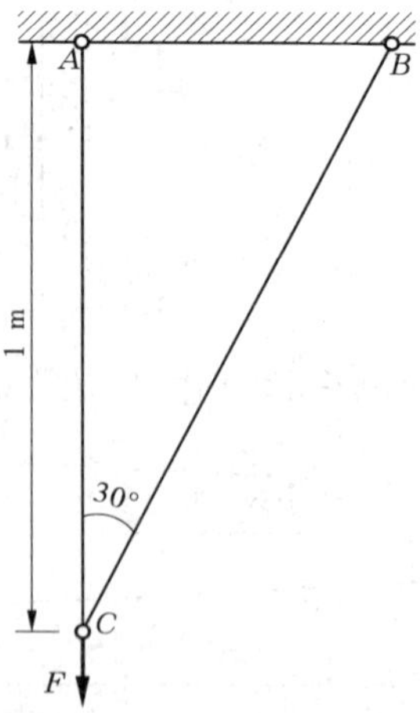

图 7-45　习题 7-17 图

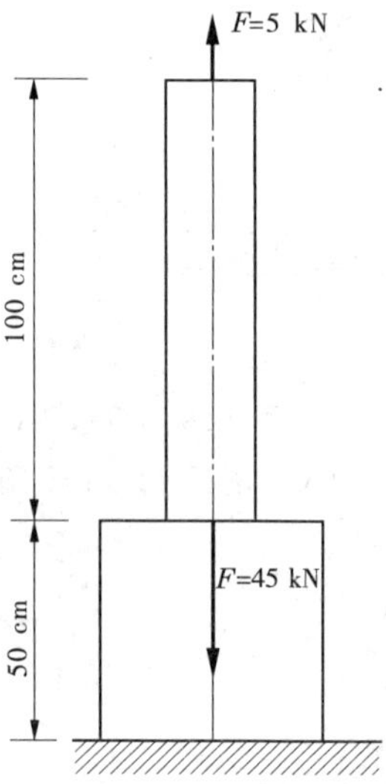

图 7-46　习题 7-18 图

第八章　扭　转

第一节　概　述

如图 8-1(a)所示，杆件在一对作用平面与其轴线垂直，且大小相等、方向相反的外力偶矩 M 的作用下，任意两横截面绕其轴线发生相对转动，而其轴线仍维持直线，这种变形称为扭转。在工程上，单纯发生扭转变形的杆件不多，而以扭转作为主要变形的杆件很多。如图 8-1(b)所示机器中的传动轴，其主动轮与从动轮作用在传动轴上的外力偶矩使得传动轴发生的扭转。通常将以扭转作为主要变形的圆截面杆件称为圆轴。

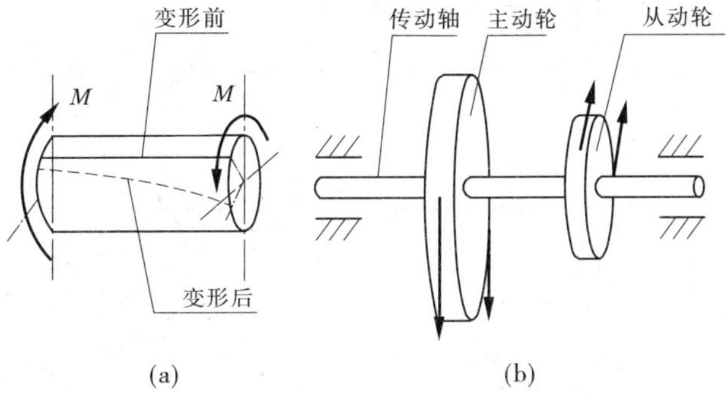

图 8-1　杆件扭转

第二节　外力偶矩与内力图

一、计算传动轴的外力偶矩

在工程中，常常已知主动轮的功率与转速，而主动轮又通过传动轴将功率分配给从动轮，在这种情况下，我们可以通过功率、转速，计算出作用于传动轴上的外力偶矩 M(N·m)。

设主动轮所传递的功率为 P_z(kW)，转速(匀速)为 n(r/min)，其转动的角速度为 ω(rad/s)。

由
$$\omega = 2\pi n/60 \tag{8-1}$$

且有
$$1\,000\ P_z = M\omega \tag{8-2}$$

得
$$M = 9\,550\,\frac{P_z}{n} \tag{8-3}$$

二、扭矩及扭矩图

受扭转的杆件，在外力偶矩 M 的作用下，根据静力平衡条件可知，其横截面上产生的内力应为作用于横截面内的力偶，称之为扭矩，记为 M_n。

扭矩的计算仍然采用截面法，即用假想的截面将杆件自要计算扭矩的截面处断开分成两部分，横截面上的扭矩与作用在杆件的任何一部分上的所有外力偶矩构成平衡力系。由此便可以求得该截面内扭矩的大小和方向。为了统一起见，对扭矩的符号作如下规定。

如图 8-2(a)所示，圆轴的两端受到一对外力偶矩 M 的作用而发生扭转变形。假想从 C 截面处将轴截开，左段 C 截面上的扭矩 M_n 和右段 C 截面上的扭矩 M_n' 大小相等、方向相反。其符号规定为：按右手螺旋法则表示扭矩向量，当此向量与横截面外法线方向一致时，扭矩为正，反之为负。如图 8-2(b)所示，截面 C 的扭矩 M_n 为正。

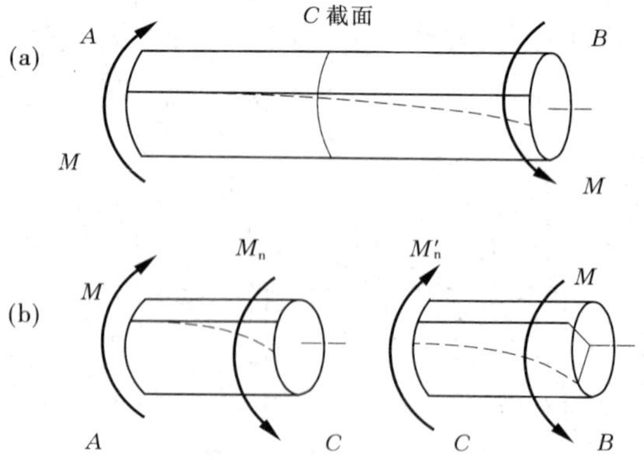

图 8-2　扭矩的正负符号

图 8-3(a)所示的传动轴，轮 1 为主动轮，轮 2、轮 3 为从动轮。已知各轮作用在轴上的外力偶矩分别是 $M_1=500\ \text{kN}\cdot\text{m}$、$M_2=300\ \text{kN}\cdot\text{m}$、$M_3=200\ \text{kN}\cdot\text{m}$，其计算简图如图 8-3(b)所示。在计算 AE 轴上各横截面的内力时，根据外力偶矩作用的位置，对整个传动轴将分段进行研究，即将 AE 轴分成 AC、CD、DB、BE 四段。

首先，在 AC 和 BE 两段内任意位置分别用 1—1、4—4 假想截面将轴断开，分别取 1—1 截面以左部分和 4—4 截面以右部分为隔离体，并设 1—1 横截面和 4—4 横截面内的扭矩分别为 M_{n1}、M_{n4}，因为作用在这两段上的外力偶矩均为零，故由静力平衡条件 $\sum M=0$，得

$$M_{n1}=0(AC\ 段)\qquad M_{n4}=0(BE\ 段)$$

即 AC、BE 段内力为零。

其次，对 CD、DB 两段同样采用截面法，并根据扭矩符号的规定，在 CD 和 DB 两段内，取任意截面位置进行分析，如图 8-3(c)、(d)所示。

在 2—2 截面处，由

$$\sum M=0\quad M_{n2}+M_2=0$$

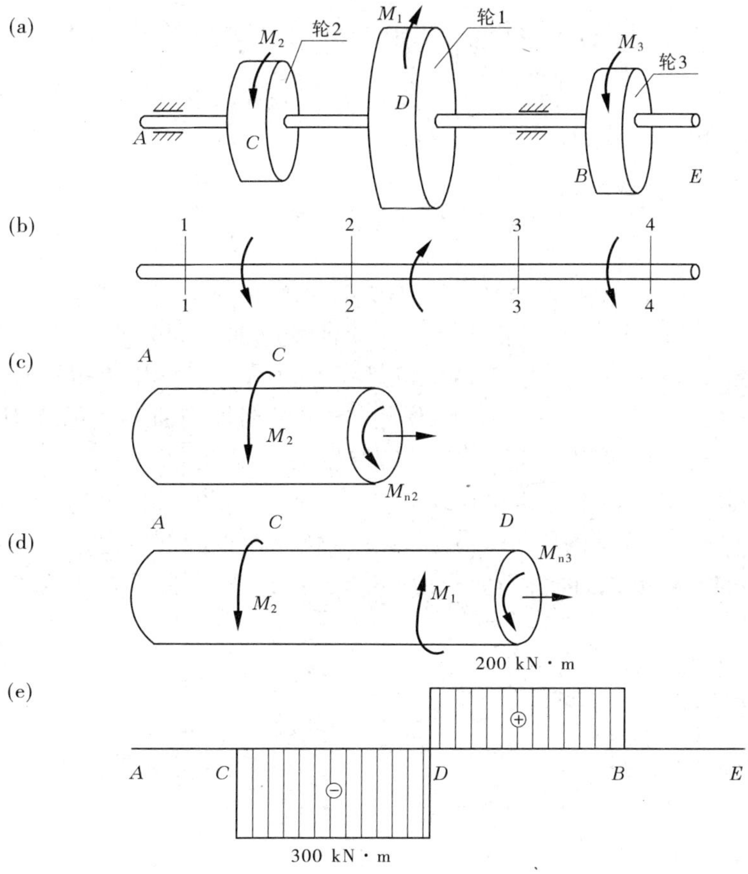

图 8-3　扭矩计算

$$M_{n2}=-M_2=-300\ \text{kN}\cdot\text{m}$$

M_{n2}为 CD 段各横截面内的扭矩，负号表示截面内扭矩实际转向与假设的方向相反，一般总是先假设为正（向）扭矩。

在 3—3 截面处，得

$$\sum M=0\qquad M_{n3}+M_2-M_1=0$$

$$M_{n3}=M_1-M_2=500-300=200(\text{kN}\cdot\text{m})$$

所得该截面内扭矩的符号为正，表示 DB 段内各横截面内扭矩的实际方向与假设的方向相同（为正）。

由上面计算结果可知，在扭转轴内其扭矩随截面所在位置而变化。同样，也可以绘制出扭矩图，直观地表示扭矩的分布情况和最大扭矩的数值及其所在位置。将横坐标设与杆轴线平行，表示杆件各截面位置，纵坐标表示各截面的扭矩值，如图 8-3（e）所示。通常，正扭矩画在横坐标上方，负扭矩则画在横坐标下方。

第三节 扭转轴的应力与强度计算

一、薄壁圆筒扭转时的应力

当空心圆筒的壁厚 t 与其平均直径 D_0(即 $2r$)之比 $t/D_0 \leqslant 1/20$ 时,则称之为薄壁圆筒。

(一)剪应力

为了观察薄壁圆筒扭转时的变形特征,在其外表面上画一系列彼此平行的横向圆周线和纵向直线(图中只画出有代表性的两条),可将薄壁圆筒表面分成一个个小方格,任取其中的一个小方格如图 8-4(a)所示。当薄壁圆筒在外力偶 M 的作用下扭转时,相邻圆周线绕轴线相对转过一个微小转角,如图 8-4(b)所示,薄壁圆筒表面所有的纵线均倾斜了微小倾角 γ,原来的小方格变成平行四边形,而薄壁圆筒轴向长度及周线的长度均无变化。由此推断,薄壁圆筒扭转时,其横截面和包含轴线的纵向截面上都没有正应力,只有横截面内有剪应力存在,记为 τ。又因筒壁的厚度 t 很小,于是沿筒壁厚度内剪应力近似不变,又根据圆截面的轴对称性,可以认为横截面上的剪应力 τ 均匀分布。根据图 8-4(c)所示部分的平衡方程 $\sum M_x = 0$,有

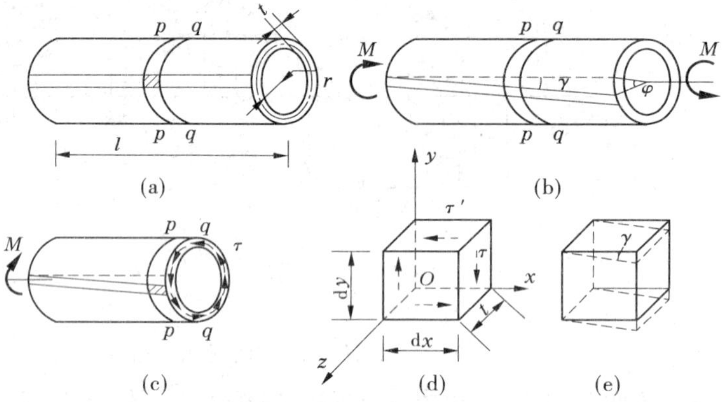

图 8-4 薄壁圆筒的应力

$$M_n = 2\pi r t \tau r$$

即
$$\tau = \frac{M_n}{2\pi r^2 t} \tag{8-4}$$

或
$$\tau = \frac{M_n}{2A_0 t} \tag{8-5}$$

式中,A_0 为沿壁厚的中线所围成的面积。式(8-5)对其他形状的闭合薄壁截面也适用。

(二)剪应力互等定理

如图 8-4(d)所示,从薄壁圆筒上取出一个单元体,该单元体对应于图 8-4(a)上小方块,它的厚度为壁厚 t,宽度和高度分别为 dx 和 dy。当薄壁圆筒受扭转时,此单元体分别相应于 $p—p$、$q—q$ 圆周面的左、右侧面上有剪应力 τ,因此在这两个侧面上有剪力 $\tau t dy$,而且这两个侧面上剪力大小相等、方向相反,形成一个力偶,其力偶矩等于$(\tau t dy)dx$。为了平衡这一

力偶，上、下水平面上也必须有一对剪应力 τ' 作用。对整个单元体，必须满足 $\sum M=0$，即

$$(\tau t\mathrm{d}y)\mathrm{d}x=(\tau' t\mathrm{d}x)\mathrm{d}y$$

所以

$$\tau=\tau' \tag{8-6}$$

式(8-6)表明，在相互垂直的一对微面上，有着大小相等的剪应力，它们的方向共同指向或背离相互垂直的两个微面的交线。这就是剪应力互等定理。

图 8-4(d)所示单元体称纯剪切单元体，图 8-4(e)是其变形示意图。

(三)剪切虎克定律

与图 8-4(b)变形后的薄壁圆筒中小方格(平行四边形)相对应，图 8-4(e)中单元体两侧面发生微小的相对错动，即原来互相垂直的两条棱的夹角改变了一个微量 γ，称之为剪应变。再设图 8-4(b)所示薄壁圆筒受扭后，两端面相对扭转角为 φ，l 为薄壁圆筒的长度，则剪应变 γ 与扭转角 φ 之间近似地有

$$\gamma=\frac{r\varphi}{l} \tag{8-7}$$

又通过薄壁圆筒扭转试验表明，在弹性范围内，剪应变 γ 与剪应力 τ 成正比，即

$$\tau=G\gamma \tag{8-8}$$

式(8-8)称为剪切虎克定律，其中 G 为材料剪切弹性模量，单位为 GPa。G 值越大则表明材料抵抗剪切变形的能力越强，钢的 G 值约为 80 GPa。顺便指出，对于各向同性材料的弹性模量 E、剪切弹性模量 G 和泊松比 μ 三者之间存在如下关系

$$G=\frac{E}{2(1+\mu)} \tag{8-9}$$

二、等直圆杆在扭转时的应力

(一)变形方面

如图 8-5(a)所示，为了便于观察，在等直圆杆表面仍然画上圆周线和纵向线(图中只各画出有代表性的两条)，并在等直圆杆的两端施加一对等值、反向的扭转力偶，由变形情况可见：

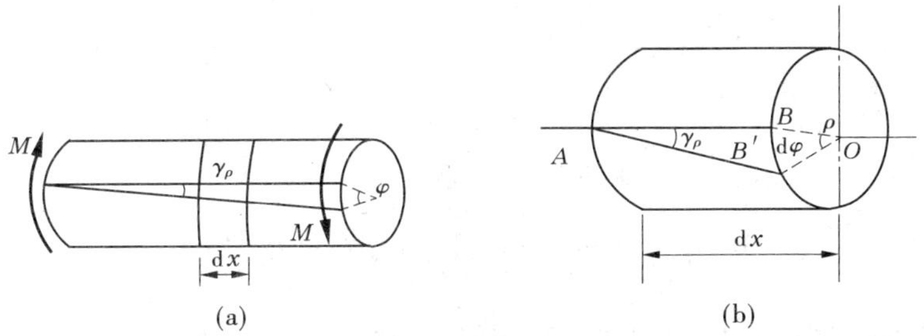

图 8-5 等直圆杆的扭转

(1)各圆周线大小、形状和彼此之间的距离不变，只是轴线相对地转了一个角度。

(2)在小变形的情况下，各纵向线仍可近似地视为直线，只是倾斜了同一个微小角度 γ_ρ，变形前等直圆杆表面由圆周线和纵向线构成的方格扭曲成了平行四边形。

据此，可以得出关于等直圆杆受扭转变形时的平面假设：等直圆杆扭转时，其横截面变形后仍保持为平面，半径仍保持为直线，且截面形状和大小均无变化。

若等直圆杆右端相对于左端截面绕轴线转过的角度用 φ(rad)表示，称为端面扭转角。用相邻两截面截出 dx 微段，对应 dx 微段的扭转角为 dφ，如图 8-5(b)所示，则有

$$\overline{BB'} = \gamma_\rho \mathrm{d}x = \rho \mathrm{d}\varphi$$

得

$$\gamma_\rho = \rho \frac{\mathrm{d}\varphi}{\mathrm{d}x}$$

式中，$\frac{\mathrm{d}\varphi}{\mathrm{d}x}$表示转角的变化率，即等直圆杆沿轴向单位长度所对应的扭转角，对同一截面而言，该变化率为一常数，以 θ 表示。则

$$\gamma_\rho = \rho\theta \tag{8-10}$$

由此可知，任意点的剪应变 γ_ρ 与该点到圆心的距离 ρ 成正比。

（二）物理方面

当材料处于剪切比例极限以内时，由剪切虎克定律可知，横截面上距圆心为 ρ 的任意点处的剪应力 τ_ρ 与剪应变 γ_ρ 的关系是

$$\tau_\rho = G\gamma_\rho \tag{8-11}$$

（三）静力方面

如图 8-6(a)所示，在圆截面上取微面积 dA，则微面积上剪应力之和为 τ_ρdA，于是，该力对轴的力矩是 $\rho\tau_\rho$dA，整个横截面上的剪应力对轴之矩便构成了扭矩 M_n，即

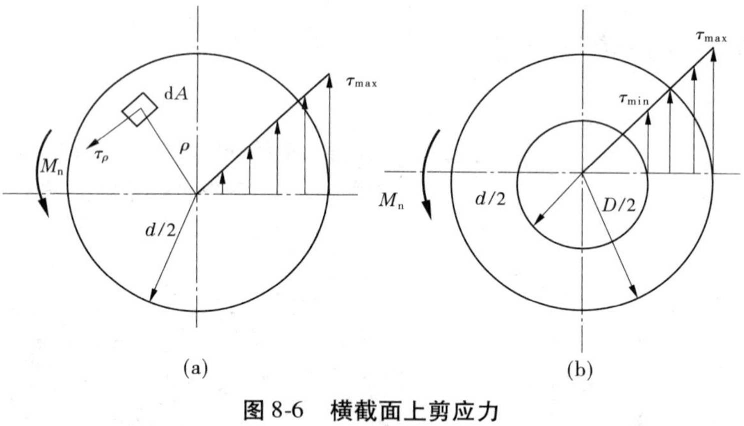

图 8-6　横截面上剪应力

$$M_n = \int_A \tau_\rho \rho \mathrm{d}A = G\frac{\mathrm{d}\varphi}{\mathrm{d}x}\int_A \rho^2 \mathrm{d}A = G\frac{\mathrm{d}\varphi}{\mathrm{d}x} I_p$$

$I_p = \int \rho^2 \mathrm{d}A$ 是与圆截面尺寸相关的纯几何量，称之为截面的极惯性矩。

实心圆轴截面极惯性矩 $I_p = \frac{\pi d^4}{32}$，空心圆轴 $I_p = \frac{\pi}{32}(D^4 - d^4) = \frac{\pi D^4}{32}(1 - \alpha^4)$，其中 $\alpha = d/D$（内外径之比）。

结合几何与物理方面可得

$$\tau_\rho = \frac{M_n \rho}{I_p} \tag{8-12}$$

即等直圆杆横截面上任意点剪应力的分布规律是：剪应力 τ_ρ 与该点到圆心的距离 ρ 成正比。如图 8-6(a)所示，当 $\rho = R$ 时，即在圆截面边缘处的剪应力最大，记为 τ_{max}，则

$$\tau_{max} = \frac{M_n}{W_p} \tag{8-13}$$

式中，W_p 称为抗扭截面模量，同样也只与截面形状尺寸有关，且有实心圆轴 $W_p = \frac{\pi d^3}{16}$，空心圆轴 $W_p = \frac{\pi D^3}{16}(1-\alpha^4)$。对于空心圆轴，截面外边缘 τ_{max}、内环边缘 τ_{min} 如图 8-6(b)所示。必须指出，上述剪应力的计算公式只适用于等直圆杆，且材料必须处于弹性范围内。

三、非圆截面等直杆在自由扭转时的应力

在工程上，受扭转的杆件除圆截面轴外，还有许多其他形状的截面，其中矩形截面也经常会遇到，如图 8-7 所示。

矩形截面杆件在受到位于横截面内的力偶 M 作用而发生变形，变形后的横截面将不再保持平面，即发生“翘曲”，如图 8-7 所示。扭转时，若各横截面翘曲是自由的（不受约束），则相邻横截面的翘曲处处相同，杆件轴向长度无变化，因而横截面上同样只有剪应力，而没有正应力，这种扭转称为自由扭转。此时，横截面上剪应力规律如图 8-8 所示，具有以下特点：

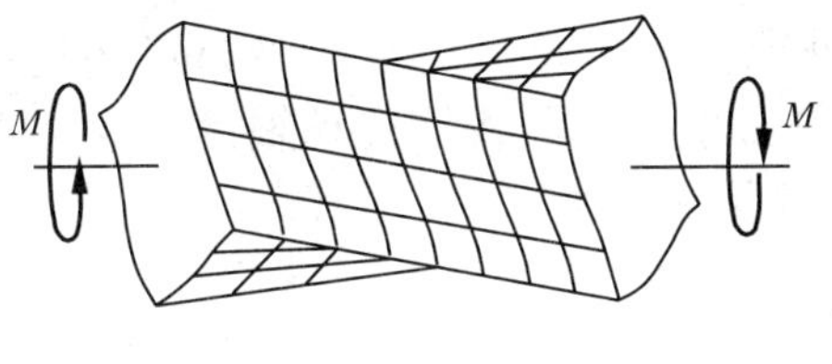

图 8-7 矩形截面扭转

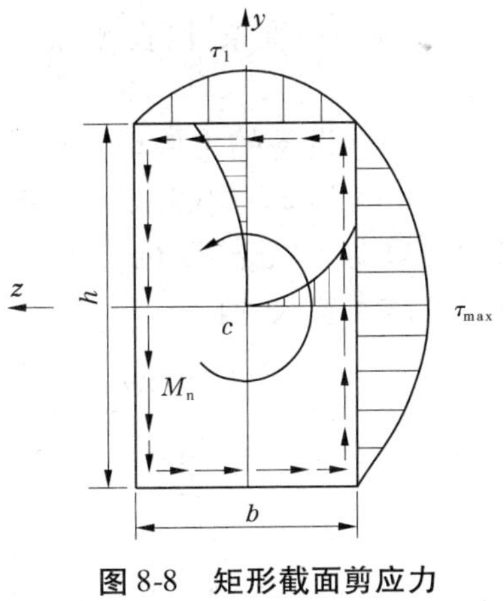

图 8-8 矩形截面剪应力

(1)矩形截面边缘各点的剪应力 τ 与周边相切，并沿周边方向形成剪力流，其方向与扭矩 M_n 一致；

(2)角点处的剪应力为零；

(3) τ_{max} 发生在矩形长边中点处，大小为

$$\tau_{max} = \frac{T}{W_t} \tag{8-14}$$

式中，$W_t = \beta b^3$，称为相当抗扭截面模量，β 是与尺寸相关的系数（见表 8-1）。

(4)在短边中点处,剪应力 τ_1 大小为

$$\tau_1 = \upsilon\tau_{max} \tag{8-15}$$

式中:υ 仍是与尺寸相关的系数(见表 8-1)。

表 8-1　矩形截面杆扭转时的系数 α、β 和 υ

h/b	1.0	1.2	1.5	2.0	2.5	3.0	4.0	6.0	8.0	10.0
β	0.208	0.263	0.346	0.493	0.645	0.801	1.150	1.789	2.456	3.123
α	0.140	0.199	0.294	0.457	0.622	0.790	1.123	1.789	2.456	3.123
υ	1.000	—	0.858	0.796	—	0.753	0.745	0.743	0.743	0.743

注:1. 当 $h/b>4$ 时,α、β 和 υ 可作近似计算:$\alpha=\beta\approx\frac{1}{3}(h/b-0.63)$,$\upsilon\approx0.74$。

2. 当 $h/b>10$ 时,$\alpha=\beta\approx\frac{h}{3b}$,$\upsilon\approx0.74$。

四、扭转变形时的强度问题

为了保证受扭转杆件能安全可靠地工作,应使其上最大剪应力不超过材料的许用剪应力[τ],即

$$\tau_{max} = \frac{M_n}{W_p} \leqslant [\tau] \tag{8-16}$$

对于塑性材料,$[\tau]=(0.5\sim0.58)[\sigma]$;而对于脆性材料,$[\tau]=(0.8\sim1.0)[\sigma]$。如果遇到矩形截面,只需用 W_t 代替式中 W_p 即可。

根据受扭转杆件的强度条件,在工程中将涉及强度校核、截面设计和许可载荷的确定等三类强度问题。

【例 8-1】 已知一设备的主传动轴钢管外径 $D=80$ mm,壁厚 $t=3$ mm,传递扭矩 $M_n=2.5$ kN · m,$[\tau]=100$ MPa,试校核该传动轴的强度。又若将该传动轴设计成实心轴,并保持 τ_{max} 不变,则材料用量又怎样变化?哪一种情况更合理?

解　(1)计算截面参数,有

$$\alpha = \frac{80-2\times3}{80} = 0.925$$

$$I_p = \frac{\pi D^4}{32}(1-\alpha^4) = \frac{\pi\times80^4}{32}(1-0.925^4) = 107.7\times10^4(\text{mm}^4) = 107.7\ \text{cm}^4$$

$$W_p = \frac{I_p}{D/2} = \frac{107.7}{4} = 26.9(\text{cm}^3)$$

根据强度条件,有

$$\tau_{max} = \frac{M_{nmax}}{W_p} = \frac{2.5\times10^6}{26.9\times10^3} = 92.9(\text{MPa}) < [\tau] = 100\ \text{MPa}$$

故轴的强度满足要求。

(2)若改为实心轴,有

$$\tau_{max} = \frac{M_{nmax}}{W_p} = \frac{2.5\times10^6}{\pi d^3/16} = 92.9(\text{MPa})$$

得
$$d \approx 52\ \text{mm}$$

于是
$$\frac{A_{空}}{A_{实}}=\frac{\pi[D^2-(D-2t)^2]}{4}\Big/\frac{\pi d^2}{4}=0.342$$

可见，在轴的长度相同的前提下，空心轴用材是实心轴的 34.2%，因此该传动轴采用空心的比实心的更合理。

【例 8-2】　如图 8-9 所示的各受扭转构件，截面面积均约等于 10 000 mm^2。已知$[\tau]=50$ MPa，图 8-9(b) 中有微小缺口，图 8-9(d) 中壁厚 t 均匀。试从强度的角度，比较它们的抗扭转破坏能力。

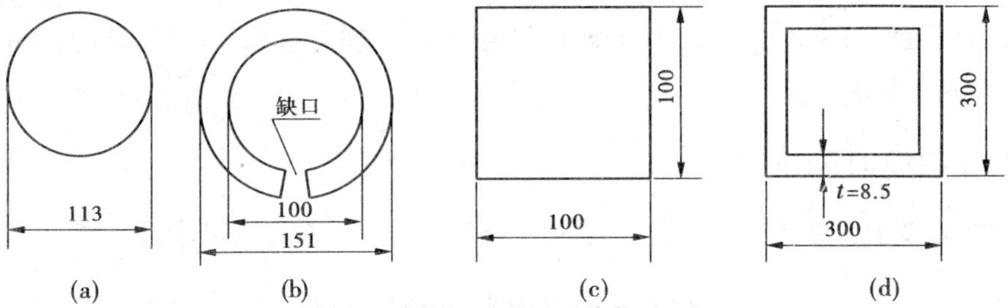

图 8-9　例题 8-2 图　（单位：mm）

解　在图 8-9(a) 中

$$W_p=\frac{\pi}{16}d^3=\frac{\pi}{16}\times 113^3=283\ 312(\text{mm}^3)\approx 283\ \text{cm}^3$$

$$[M_n]_1=W_p\cdot\tau=283\times 10^{-6}\times 50\times 10^6=14\ 150(\text{N}\cdot\text{m})\approx 14.2\ \text{kN}\cdot\text{m}$$

图 8-9(b) 可将其展开后视为 $h/b>10$ 的矩形，此时 $W_t=\frac{1}{3}ht^2$，其中 $t=0.5\times(151-100)=25.5(\text{mm})$，$h=2\pi(50+12.75)=394(\text{mm})$，所以

$$[M_n]_2=W_t[\tau]=\frac{1}{3}\times 394\times 25.5^2\times 10^{-9}\times 50\times 10^6=4.27\times 10^3(\text{N}\cdot\text{m})=4.27\ \text{kN}\cdot\text{m}$$

图 8-9(c) 中 $W_t=\beta b^3$，其中 $\beta=0.208$（按 $h/b=1$，查表 8-1），所以

$$[M_n]_3=W_t[\tau]=0.208\times 100^3\times 10^{-9}\times 50\times 10^6=10.4\times 10^3(\text{N}\cdot\text{m})=10.4\ \text{kN}\cdot\text{m}$$

图 8-9(d) 可视为薄壁截面，薄壁截面沿壁厚的中线所围成的面积 $A_0=(300-8.5)^2=84\ 972(\text{mm}^2)$。则由式(8-5)得

$$[M_n]_4=2\times 8.5\times 10^{-3}\times 84\ 972\times 10^{-6}\times 50\times 10^6\approx 72.2(\text{kN}\cdot\text{m})$$

根据上述计算可知图 8-9(d) 所表示的“箱形”薄壁截面抗扭转破坏能力最强，圆截面次之，而图 8-9(b) 所示的有缺口的环状截面最差。

第四节　扭转轴的变形与刚度计算

一、扭转轴的变形计算

扭转时的变形参数是指两个横截面绕轴线的相对转角。就等直圆杆而言，根据第三节内容可知，相距 dx 的两个横截面间的相对扭转角为

$$d\varphi = \frac{M_n dx}{GI_p}$$

于是杆的两端面间相对扭转角

$$\varphi = \int_0^l d\varphi = \int_0^l \frac{M_n}{GI_p} dx = \frac{M_n l}{GI_p} \quad (\text{rad}) \tag{8-17}$$

式中:GI_p 称为圆轴的抗扭刚度。GI_p 越大,则扭转角 φ 越小。考虑 $\theta = d\varphi/dx$,即单位长度相对扭转角,则有

$$\theta_{max} = \frac{M_n}{GI_p} \quad (\text{rad/m}) \tag{8-18}$$

对于矩形截面,只需用相当极惯性矩 I_t 代替式中 I_p 即可,而 $I_t = \alpha b^4$,其中 α 是与尺寸相关的系数(见表 8-1)。

二、扭转变形时的刚度问题

等直圆杆在受到扭转作用时,除满足强度条件外,有时还需满足刚度条件

$$\theta_{max} = \frac{M_n}{GI_p} \leqslant [\theta] \quad (\text{rad/m}) \tag{8-19}$$

或

$$\theta_{max} = \frac{M_n}{GI_p} \times \frac{180}{\pi} \leqslant [\theta] \quad (°/\text{m}) \tag{8-20}$$

其中[θ]对于一般传动轴等取 2 °/m 左右,精密仪器或在刚度要求高的场合可取 0. 15 ~ 0. 30 °/m。

【例 8-3】 图 8-10 所示某一传动轴,转速 $n = 400$ r/min,功率由 A 轮输入 $P_A = 60$ kW,再由 B 轮和 C 轮输出 $P_B = P_C = 30$ kW。已知[θ] = 0. 5 °/m,G = 80 GPa。试按刚度条件选择轴的直径。

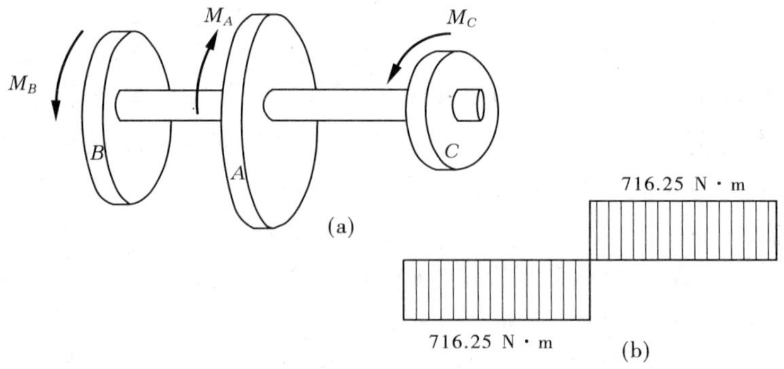

图 8-10 例 8-3 图

解 (1)先计算外力偶矩,并画出扭矩图,见图 8-10(b)图。

$$M_B = M_C = 9\ 550 \frac{P}{n} = 9\ 550 \times \frac{30}{400} = 716.25(\text{N} \cdot \text{m}) = \frac{1}{2} M_A$$

(2)再按刚度条件选择轴的直径。

由
$$\theta_{max}=\frac{T}{GI_p}\times\frac{180}{\pi}\leqslant[\theta]$$
可得
$$I_p=\frac{\pi}{32}D^4\geqslant\frac{T_{max}}{G[\theta]}\times\frac{180}{\pi}$$
即
$$D\geqslant\sqrt[4]{\frac{32\times180T_{max}}{\pi^2G[\theta]}}=\sqrt[4]{\frac{32\times180\times10^3\times716.25\times10^3}{80\times10^3\times0.5\pi^2}}=56.9(\text{mm})$$
由此可知该轴的直径 D 不应小于 57 mm(取整数)。

小　结

(1)轴在受到扭转时的外力特征和变形特点:在轴的两端垂直于轴线的平面内,作用一对大小相等、方向相反的力偶;轴的任意两个横截面绕轴线发生相对转动。

(2)外力偶矩可以利用功率与转速进行计算。

(3)轴在扭转时,其内力为扭矩,扭矩的符号可由右手螺旋法则判定,而其数值上均等于截面左侧(或右侧)所有外力偶矩的代数和。

(4)轴扭转时,横截面上将产生剪应力。剪应力的计算可视其具体截面形状(薄壁圆筒、等直圆轴或非圆截面)采用相应公式进行。

(5)轴扭转时的强度条件:由扭矩图和轴上各段的截面形状与尺寸判断出危险截面,再根据截面特点确定其危险点的强度条件 $\tau_{max}\leqslant[\tau]$。

(6)轴扭转时的变形和刚度条件:轴杆件在扭转时,其变形的大小可用单位长度上横截面绕轴线的相对扭转角 θ 来量度。轴扭转时其刚度条件是 $\theta\leqslant[\theta]$。

思考题

8-1　在减速箱中,通常高速轴的直径比低速轴的直径小,为什么?

8-2　如何根据扭矩图以及截面情况分析出危险截面?

8-3　等直圆轴扭转剪应力的应用条件是什么?

8-4　开口薄壁截面的扭转剪应力是如何分布的?是否仍构成剪力流?

8-5　两根材料、长度及横截面面积均相同的圆轴,一个为实心圆截面,另一个为空心圆截面,在同样扭矩作用下,最大剪应力和单位长度的端面扭转角是否也相同?

8-6　如果圆截面轴的直径增大一倍,其他情况不变,那么最大剪应力和扭转角将怎样变化?

习　题

8-1　作出图 8-11 所示的各受扭转杆件的扭矩图。

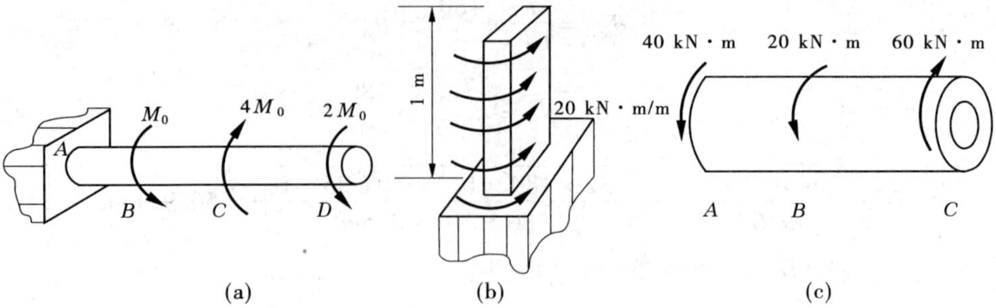

图 8-11　习题 8-1 图

8-2　钢质空心圆轴的两端分别受到等值、反向外力偶 $M=24$ kN · m 的作用。轴长 $L=800$ mm，其内、外直径如图 8-12 所示，试计算：

(1)横截面的最大剪应力；

(2)沿轴向单位长度的扭转角；

(3)截面内 a 点(位于内径边缘)的剪应力。

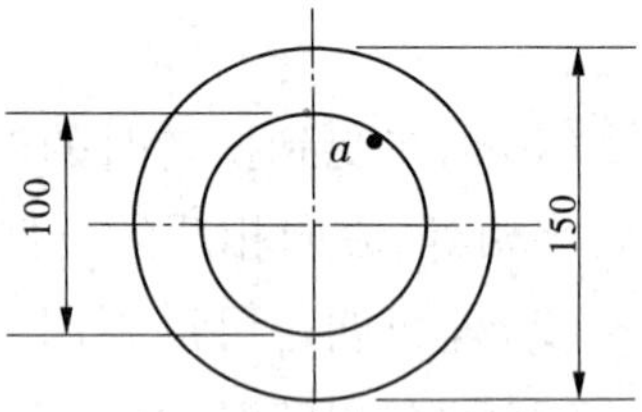

图 8-12　习题 8-2 图　(单位:mm)

8-3　如图 8-13 所示转速 $n=260$ r/min 的传动轴，轴上配有 4 个三角带轮，轮 1 为主动轮，且输入功率为 $P_1=60$ kW，分配到轮 2、3、4 上的功率分别是 20 kW、18 kW 和 22 kW，若扭转轴材料的$[\tau]=50$ MPa，$[\theta]=0.5°/\text{m}$，$G=80$ GPa。试设计该轴的直径。

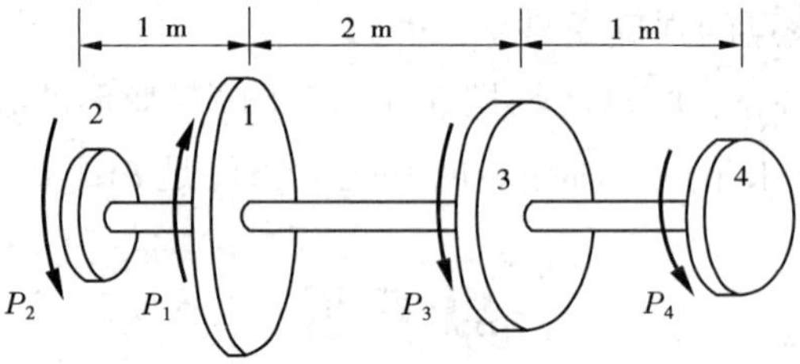

图 8-13　习题 8-3 图

8-4　如图 8-14 所示一钢质实心圆轴，两端受外力偶 M 的作用，已知 $M=15.6$ kN · m，直径 $d=80$ cm，许用应力$[\tau]$为 80 MPa。试校核该实心圆轴的强度。

8-5　变截面轴受力如图 8-15 所示。若已知 $M_1=2$ kN · m，$M_2=1.5$ kN · m，材料的剪切模量 $G=70.5$ GPa。试求：

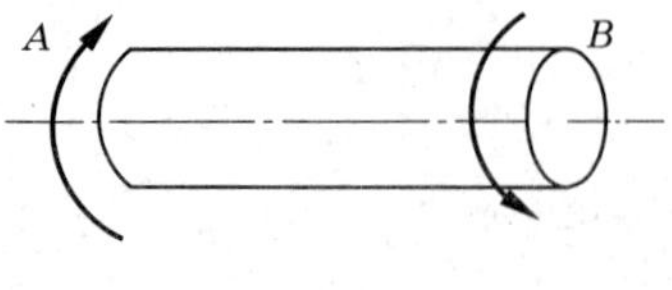

图 8-14　习题 8-4 图

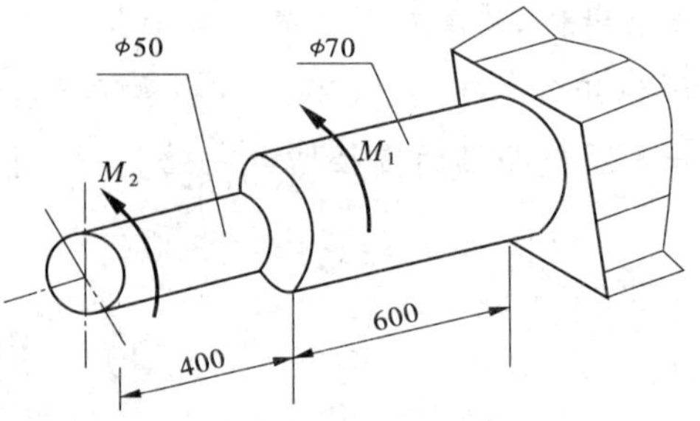

图 8-15　习题 8-5 图　(单位:mm)

(1)整个轴内的最大剪应力及其所在位置。

(2)轴内最大相对扭转角,若要求$[\theta] \leqslant 1.5°/m$,是否满足刚度要求?

8-6　已知矩形截面轴受外力偶作用(见图 8-16),其力偶矩 $M=5.2$ kN · m。试求:

(1)轴横截面上的最大剪应力及其所在位置。

(2)若材料许用应力$[\tau]=70$ MPa,$[\theta] \leqslant 1°/m$,是否安全。

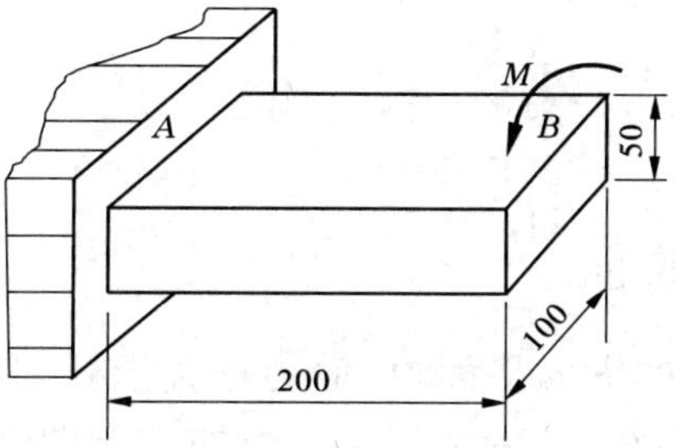

图 8-16　习题 8-6 图　(单位:mm)

第九章　弯　曲

第一节　概　述

一、受弯构件与平面弯曲

等直杆在其包含杆轴线的纵向平面内，承受垂直于杆轴线的横向外力或外力偶的作用，杆的轴线在变形后成为曲线，这种变形称为弯曲。弯曲变形是构件的基本变形之一，这种以弯曲变形为主的杆件叫做受弯杆或简称为梁。工程结构中经常用梁来承受荷载，如图 9-1(a)所示房屋建筑中的楼板梁要受到由楼板传递来的均布荷载，图 9-1(b)所示的火车轮轴受到火车车厢的作用，这些杆件发生的主要变形都是弯曲变形。

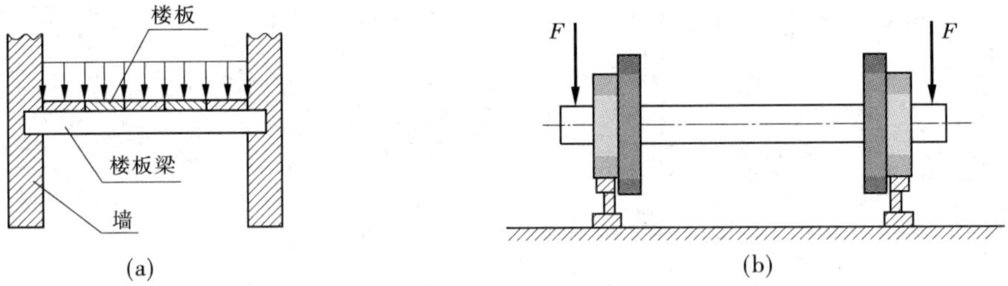

图 9-1　弯曲实例

工程中大多数的梁，其横截面都具有对称轴，如图 9-2 所示。对称轴与梁的轴线构成的平面称为纵向对称面，如图 9-3 所示。若作用在梁上的外力或外力偶都作用在纵向对称面内，且外力垂直于梁的轴线，则梁在变形时，其轴线将在纵向对称面内弯曲成一条平面曲线，

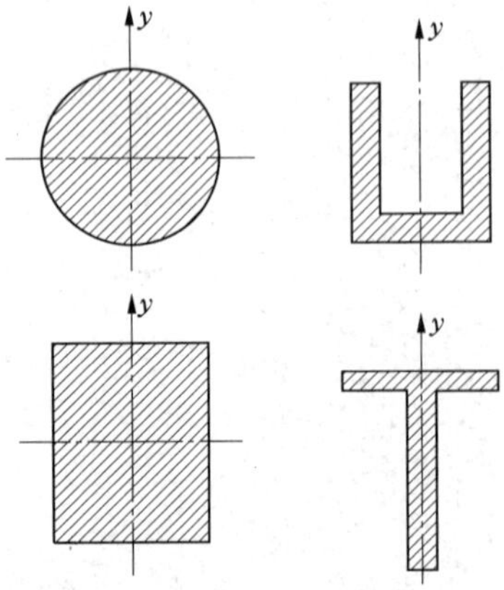

图 9-2　梁横截面

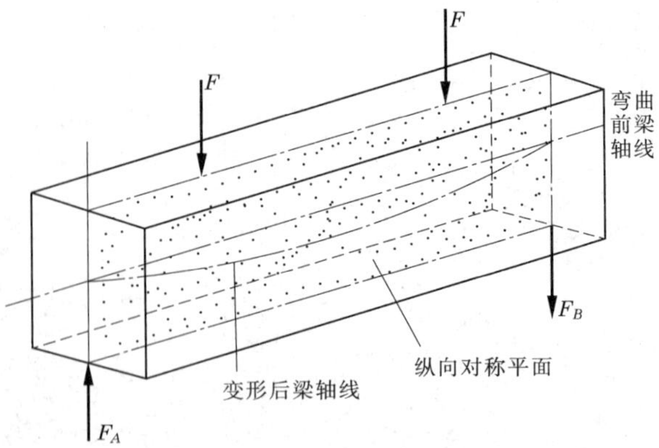

图 9-3　梁纵向对称面

这种弯曲变形称为平面弯曲。

若梁不具有纵向对称面，或者梁虽然具有纵向对称面但外力并不作用在纵向对称面内，这种弯曲统称为非对称弯曲。

二、梁的计算简图

梁的计算简图，也可称为受力图，其上包括梁的本身、荷载、支座及支座反力。梁的本身可用其轴线表示，梁上的荷载就作用在轴线上。

梁的支座及支座反力如下所述。

(一)可动铰支座

可动铰支座如图9-4(a)所示，它只限制梁在支撑处沿垂直于支撑面方向的位移，但不能限制梁在支撑处沿平行于支撑面的方向移动和转动，故其只有一个垂直于支撑面方向的支座反力 F_y。

(二)固定铰支座

这种支座如图9-4(b)所示，它限制梁在支座处沿任何方向的移动，但不限制梁在支座处的转动，故其反力一定通过铰中心，但大小和方向均未知，一般将其分解为两个相互垂直的分量：水平分量 F_x 和竖向分量 F_y，即可认为该支座有两个支座反力。

(三)固定端支座

这种支座如图9-4(c)所示，它既限制梁在支座处的线位移，也限制其角位移。支座反力的大小、方向都是未知的，通常将该支座反力简化为3个分量 F_x、F_y 和 M，即可认为该支座有3个支座反力。

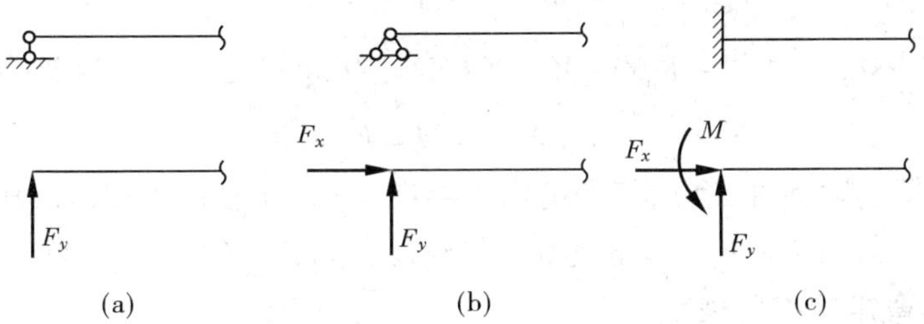

图9-4　梁的支座及支座反力

三、静定梁的基本形式

梁可分为静定梁和超静定梁两类。凡可由静力平衡方程确定其全部支座反力的梁，称为静定梁；而不能由静力平衡方程确定其全部支座反力的梁，称为超静定梁(见图9-5(d)、(e))。静定梁又可分为单跨静定梁和多跨静定梁。

目前讨论的平面弯曲的基本变形，只讨论单跨静定梁。单跨静定梁按支座情况可分三种基本类型：简支梁、悬臂梁、外伸梁。简支梁一端是固定铰支座，另一端是可动铰支座(见图9-5(a))；悬臂梁的一端是固定端支座，另一端是自由端(见图9-5(b))；外伸梁相当于简支梁的一端或两端伸出支座以外(见图9-5(c))。

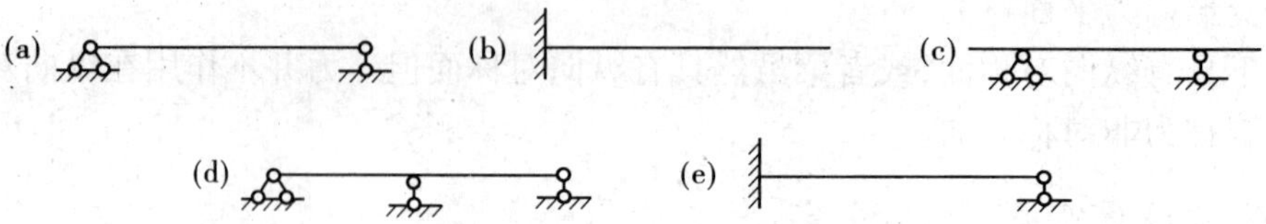

图 9-5　梁的基本形式

第二节　弯曲变形的内力计算

一、用截面法求梁的内力

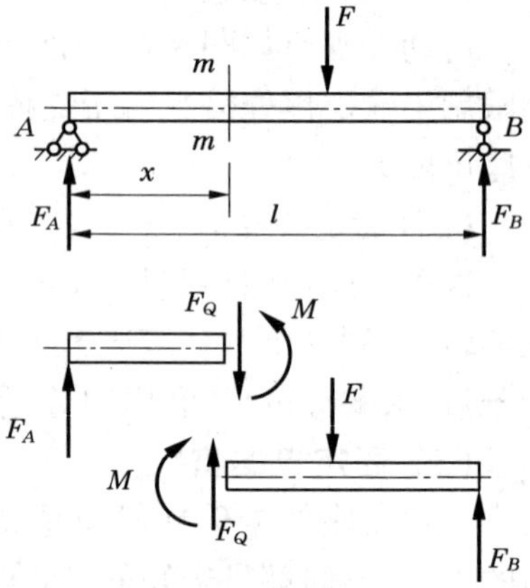

图 9-6　用截面法计算内力

(一) 基本原理

梁在外力作用下,其横截面上的内力可以通过截面法来求解。如图 9-6(a)所示的简支梁在外力作用下处于平衡状态,我们用一个假想的截面 $m—m$ 将它分为两段。因为梁原来处于平衡状态,被截的任一段梁也应该保持平衡状态,所以上述梁在截面 $m—m$ 上存在内力:剪力 F_Q 和弯矩 M。其具体数值可由隔离体的平衡条件求得。

根据左段梁的平衡条件,由平衡方程:

$$\sum F_y = 0 \quad F_A - F_Q = 0$$

$$\sum M_O = 0 \quad -F_A x + M = 0（矩心 O 为截面 m—m 的形心）$$

可得

$$F_Q = F_A \quad M = F_A x$$

也可以右段梁为隔离体,利用其平衡求出梁在 $m—m$ 截面上的内力,其结果与上面取左段梁为隔离体时求得的 F_Q、M 大小相等但方向相反(见图 9-6(c))。

(二) 剪力和弯矩的符号规定

(1)剪力符号规定。截面上的剪力如果有使考虑的隔离体有顺时针转动的趋势则为正,反之为负,如图 9-7 所示。

(2)弯矩符号规定。截面上的弯矩如果使考虑的隔离体向下凸(或者说使梁下边受拉,上边受压)为正,反之如果使考虑的隔离体向上凸(或者说使梁上边受拉,下边受压)为负,如图 9-8 所示。

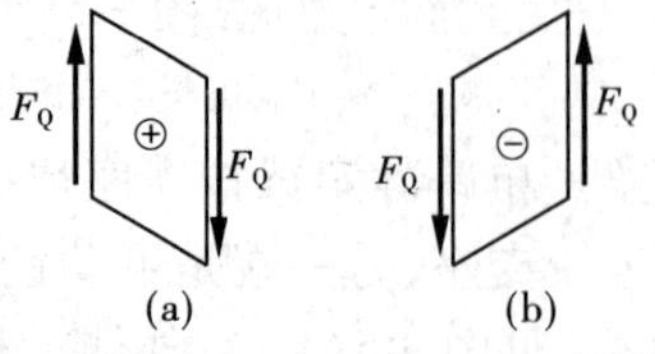

图 9-7　剪力符号规定

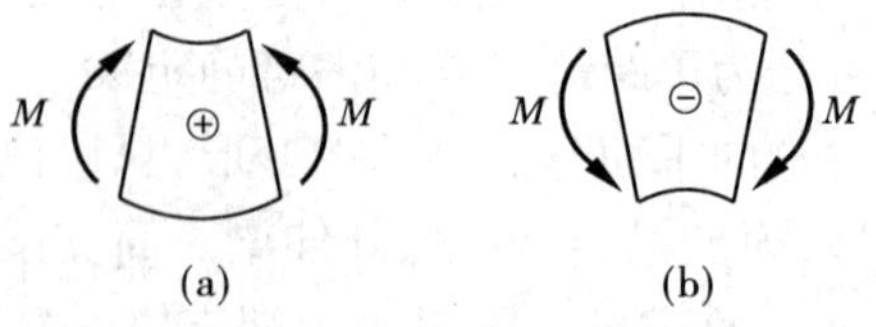

图 9-8　弯矩符号规定

(三)用截面法求指定截面的剪力和弯矩的一般步骤

(1)计算支座反力。

(2)用假想的截面在欲求内力处将梁截成两段,取其中一段为研究对象。

(3)画出研究对象的内力图,截面上的剪力和弯矩均按正方向假设。

(4)建立平衡方程,求解该截面上剪力和弯矩。

【例 9-1】 简支梁如图 9-9(a)所示。已知 $P_1=36$ kN,$P_2=30$ kN,试求截面 1—1 上的剪力和弯矩。

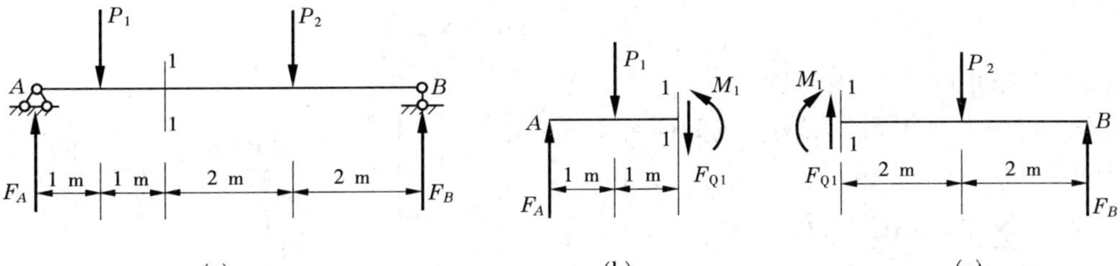

图 9-9　例 9-1 图

解　(1)求支座反力。

以整梁为研究对象,受力图如图 9-9(a)所示,列平衡方程

$$\sum M_A(F)=0 \qquad F_B\times 6-P_1\times 1-P_2\times 4=0$$

$$F_B=\frac{P_1\times 1+P_2\times 4}{6}=\frac{36\times 1+30\times 4}{6}=26(\text{kN})$$

$$\sum M_B(F)=0 \qquad P_1\times 5+P_2\times 2-F_A\times 6=0$$

$$F_A=\frac{P_1\times 5+P_2\times 2}{6}=\frac{36\times 5+30\times 2}{6}=40(\text{kN})$$

(2)求截面 1—1 的内力。

用截面 1—1 将梁截开,取左段为研究对象,受力图如图 9-9(b)所示。列平衡方程

$$\sum F_y=0 \qquad F_A-P_1-F_{Q1}=0$$

得

$$F_{Q1}=40-36=4(\text{kN})$$

$$\sum M_1(F)=0 \qquad M_1+P_1\times 1-F_A\times 2=0$$

得

$$M_1=40\times 2-36\times 1=44(\text{kN}\cdot\text{m})$$

计算结果 F_{Q1}、M_1 为正,表明实际方向与图示假设方向相同,故为正剪力和正弯矩。

若取梁的右段为研究对象,受力图如图 9-9(c)所示。列平衡方程

$$\sum F_y=0 \qquad F_{Q1}+F_B-P_2=0$$

$$F_{Q1}=30-26=4(\text{kN})$$

$$\sum M_1(F)=0 \qquad F_B\times 4-M_1-P_2\times 2=0$$

$$M_1=26\times 4-30\times 2=44\ \text{kN}\cdot\text{m}$$

可见,不管选取梁的左段或右段为研究对象,所得截面 1—1 的内力结果相同。

【例 9-2】 外伸梁受荷载作用如图 9-10 所示。图中截面 1—1 从右侧无限接近于支座 B。试求截面 1—1 和截面 2—2 的剪力与弯矩。

解 (1)求支座反力。

以整梁为研究对象,受力图如图 9-10(a)所示。由平衡方程求解支座反力

$$\sum M_B(F) = 0 \qquad F_C \times a - M_e - P \times 2a = 0$$

$$F_C = 3P$$

$$\sum M_C(F) = 0 \qquad -F_B \times a - M_e - P \times a = 0$$

$$F_B = -2P$$

(2)求截面 1—1 的内力。

用截面 1—1 将梁截开,取左段为研究对象,受力图如图 9-10(b)所示。由平衡方程求 F_{Q1} 和 M_1

$$\sum F_y = 0 \qquad F_B - F_{Q1} = 0$$

$$F_{Q1} = -2P(\text{负剪力})$$

$$\sum M_1(F) = 0 \qquad M_1 - M_e = 0$$

$$M_1 = Pa(\text{下侧受拉})$$

计算结果 F_{Q1} 为负,表明实际方向与图示假设方向相反,故为负剪力;M_1 为正,表明实际方向与图示假设方向相同,故为正弯矩。

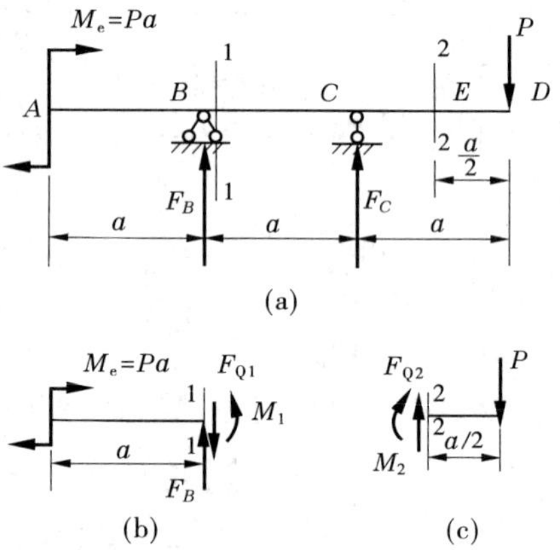

图 9-10　例 9-2 图

(3)求截面 2—2 的内力。

用截面 2—2 将梁截开,取右段为研究对象,受力图如图 9-10(c)所示。由平衡方程求 F_{Q2} 和 M_2

$$\sum F_y = 0 \qquad F_{Q2} - P = 0$$

$$F_{Q2} = P(\text{正剪力})$$

$$\sum M_2(F) = 0 \qquad -M_2 - P\frac{a}{2} = 0$$

$$M_2 = -P\frac{a}{2}(\text{上侧受拉})$$

【例 9-3】 简支梁受荷载作用如图 9-11 所示。已知集中力 $P=1\ 000$ N,集中力偶 $M=4$ kN · m,均布荷载 $q=10$ kN/m,试求截面 1—1 和 2—2 的剪力与弯矩。

解 (1)求支座反力。

以整梁为研究对象,受力图如图 9-11 所示,由平衡方程求解支座反力。

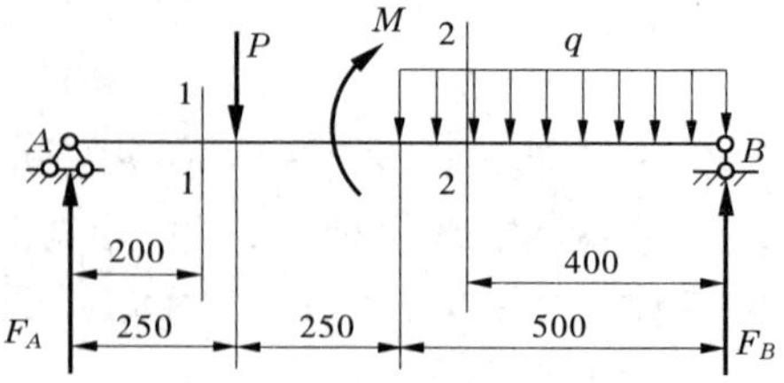

图 9-11　例 9-3 图　(单位:mm)

$$\sum M_B(F) = 0 \qquad P \times 0.75 - F_A \times 1 - M \times 10^3 + q \times 0.5 \times 10^3 \times 0.25 = 0$$

$$F_A = -2\ 000 \text{ N}$$

$$\sum F_y = 0 \qquad F_A - P - 0.5q \times 10^3 + F_B = 0$$

$$F_B = 8\ 000\ \text{N}$$

(2)计算截面1—1的内力。

利用计算剪力和弯矩的规律,由截面1—1左侧外力计算

$$F_{Q1} = F_A = -2\ 000\ \text{N}\ (负剪力)$$

$$M_1 = F_A \times 200 = -2\ 000 \times 200 = -400 \times 10^3(\text{N} \cdot \text{mm}) = -400\ \text{N} \cdot \text{m}\ (上侧受拉)$$

(3)计算截面2—2的内力。

利用计算剪力和弯矩的规律,由截面2—2的右侧外力计算

$$F_{Q2} = q \times 0.4 \times 10^3 - F_B = 10 \times 0.4 \times 10^3 - 8\ 000 = -4\ 000(\text{N})(负剪力)$$

$$M_2 = F_B \times 0.4 - q \times 0.4 \times 10^3 \times 0.2 = 8\ 000 \times 0.4 - 10 \times 0.4 \times 10^3 \times 0.2 = 2\ 400(\text{N} \cdot \text{m})\ (下侧受拉)$$

分析以上3个例题不难看出,梁在任意截面上的剪力,在数值上等于该截面任意一侧(左侧或右侧)隔离体上所有的外力(包括支座反力)沿该截面切向投影的代数和,在左侧隔离体上向上的外力或右侧隔离体上向下的外力投影为正,反之为负。而梁在任意截面上的弯矩,在数值上等于该截面任意一侧(左侧或右侧)隔离体上所有的外力(包括支座反力)对该截面形心取矩的代数和。

二、剪力图和弯矩图的绘制

(一)利用内力方程绘制内力图

1. 定义

为了形象地表明内力沿梁轴线的变化情况,通常用图形将剪力和弯矩沿梁长的变化情况表示出来,这样的图形分别称为剪力图和弯矩图。

假设梁截面位置用沿梁轴线的坐标 x 表示,则梁的各个横截面上的剪力和弯矩都可以表示为坐标 x 的函数,即

$$F_Q = F_Q(x) \qquad M = M(x)$$

通常把它们叫做梁的内力方程——剪力方程和弯矩方程。

梁利用内力方程绘制内力图与轴力图相似,用平行于梁轴的横坐标 x 表示梁横截面的位置,用垂直于梁轴的纵坐标表示相应截面的剪力和弯矩。绘图时习惯上将正剪力画在 x 轴上方,负剪力画在 x 轴的下方,要标正负号;但弯矩图画在梁受拉的一侧,且不标正负号。

2. 利用方程绘制剪力图和弯矩图的步骤

1)求支座反力

以梁整体为研究对象,根据荷载和支座情况由静力平衡方程求出支座反力。

2)将梁分段

以集中力和集中力偶作用处、分布荷载的起止处、梁的支撑处以及梁的端面为分界点,将梁进行分段。

3)列出各段的剪力方程和弯矩方程

各段列方程时,所取的坐标原点与坐标轴 x 的正向可视计算方便而定,不必一致。

4)画剪力图和弯矩图

先根据剪力方程(或弯矩方程)判断剪力图(或弯矩图)的形状,确定其控制截面,再根

据剪力方程(或弯矩方程)计算其相应截面的剪力值(或弯矩值),然后描点并画出整个全梁的剪力图(或弯矩图)。

剪力图和弯矩图可以确定梁的最大剪力和最大弯矩值,其相应的横截面称为危险断面。

【例 9-4】 悬臂梁如图 9-12(a)所示,在自由端 B 处有集中力 P 作用,试作此梁的剪力图和弯矩图。

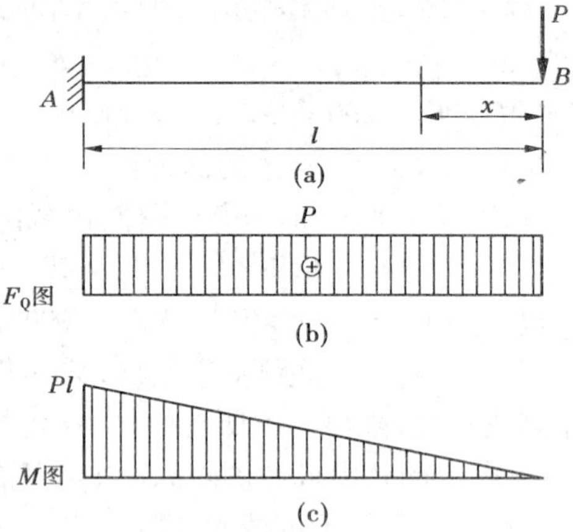

图 9-12　例 9-4 图

解　(1)列剪力方程和弯矩方程。

将坐标原点取在梁右端 B 点上,取距坐标原点为 x 的任意截面右侧梁为研究对象。利用计算剪力和弯矩的规律,列出剪力方程和弯矩方程分别为

$$F_Q(x) = P(0 < x < l) \quad \text{(a)}$$

$$M(x) = -Px(0 \leqslant x \leqslant l) \quad \text{(b)}$$

(2)画剪力图和弯矩图。

剪力图是一条在 x 轴线上侧与 x 轴平行的直线,如图 9-12 (b)所示。从式(b)可见,弯矩 $M(x)$ 是 x 的一次函数,所以弯矩图是一条斜直线。只需确定始末两个控制截面的弯矩值,就能画出弯矩图。

由式(b)得

$$x = 0 \quad M_B = 0$$

$$x = l \quad M_A = -Pl$$

弯矩图如图 9-12(c)所示。

从所作的内力图可知,剪力在全梁的所有截面都相等,且处处为最大剪力,其值为 $|F_{Q\max}| = P$;弯矩的最大值发生在固定端,其值为 $|M_{\max}| = Pl$。最大剪力和最大弯矩指的是绝对值最大的剪力和绝对值最大的弯矩。

【例 9-5】 简支梁如图 9-13 (a)所示,受均布荷载 q 作用,试画出梁的剪力图和弯矩图。

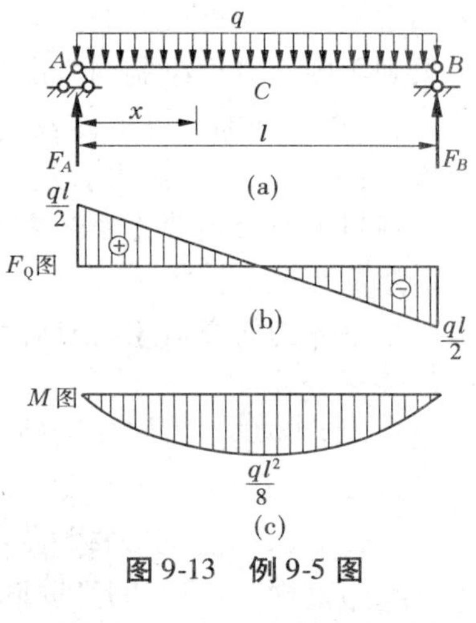

图 9-13　例 9-5 图

解　(1)求支座反力。

由于荷载对称,支座反力也对称,有 $F_A = F_B = \dfrac{ql}{2}$。

(2)列剪力方程和弯矩方程。

坐标原点取在左端 A 点处,距原点 A 为 x 处的任意截面,其剪力方程和弯矩方程为

$$F_Q(x) = F_A - qx = \frac{ql}{2} - qx \quad (0 \leqslant x \leqslant l)$$

$$M(x) = F_A x - \frac{1}{2}qx^2 = \frac{ql}{2}x - \frac{1}{2}qx^2 \quad (0 \leqslant x \leqslant l)$$

(3)画剪力图和弯矩图。

$F_Q(x)$是 x 的一次函数,所以剪力图是一条斜直线,剪力图如图 9-13(b)所示。

$$x=0 \quad F_{QA右}=\frac{ql}{2}$$

$$x=l \quad F_{QB左}=-\frac{ql}{2}$$

$M(x)$是x的二次函数，所以弯矩图是一条二次抛物线，至少需要确定三个控制截面的弯矩值，才能描出曲线大致形状。弯矩图如图9-13(c)所示。

$$x=0 \quad M_A=0$$

$$x=\frac{l}{2} \quad M_C=\frac{ql^2}{8}$$

$$x=l \quad M_B=0$$

从所作的内力图可知，最大剪力发生在梁端，其值为$|Q_{\max}|=\frac{ql}{2}$，最大弯矩发生在剪力为零的跨中截面，其值$|M_{\max}|=\frac{ql^2}{8}$。

【例9-6】　外伸梁受荷载作用如图9-14(a)所示，试画出梁的剪力图和弯矩图。

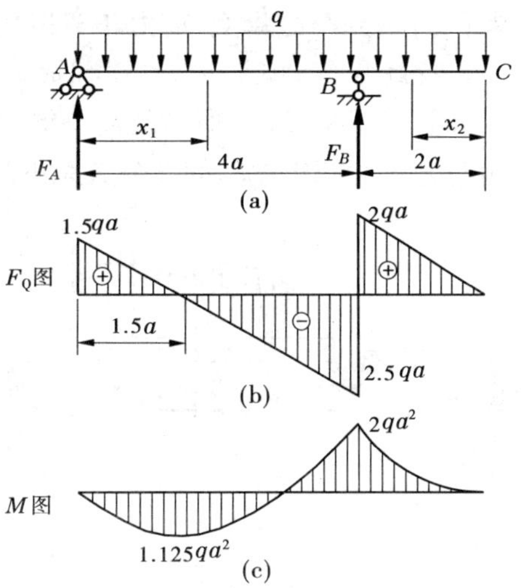

图9-14　例9-6图

解　(1)求支座反力。

以整梁为研究对象，由平衡方程得

$$\sum M_B=0 \qquad q\times 6a\times a-F_A\times 4a=0$$

得
$$F_A=1.5qa$$

$$\sum M_A=0 \qquad F_B\times 4a-q\times 6a\times 3a=0$$

得
$$F_B=4.5qa$$

(2)列剪力方程和弯矩方程。

梁在B截面处有支座反力F_B作用，需分为AB段和BC段。

AB段：坐标原点取在左端A点处，距原点A为x_1处的任意截面，其剪力方程和弯矩方程为

$$F_Q(x_1)=F_A-qx_1=1.5qa-qx_1 \quad (0\leqslant x_1\leqslant 4a)$$

$$M(x_1)=F_Ax_1-\frac{qx_1^2}{2}=1.5qax_1-\frac{qx_1^2}{2} \quad (0\leqslant x_1\leqslant 4a)$$

BC段：坐标原点取在右端C点处，距原点C为x_2处的任意截面，其剪力方程和弯矩方程为

$$F_Q(x_2)=qx_2 \quad (0<x_2\leqslant 2a)$$

$$M(x_2)=-\frac{qx_2^2}{2} \quad (0\leqslant x_2\leqslant 2a)$$

(3)画剪力图。

AB段的剪力$F_Q(x_1)$是x_1的一次函数，剪力图是一条斜直线，BC段的剪力$F_Q(x_2)$是x_2的一次函数，剪力图也是一条斜直线，画出剪力图如图9-14(b)所示。

(4)画弯矩图。

AB 段的弯矩 $M(x_1)$ 是 x_1 的二次函数，弯矩图是一条二次抛物线，至少需要确定 A 截面、B 截面和极值弯矩截面 3 个控制截面上的弯矩值，才能画出弯矩图。

$$x_1 = 0 \quad M_A = 0$$

$$x_1 = 4a \quad M_B = -2qa^2$$

为计算 AB 段的极值弯矩，首先要确定产生极值弯矩截面的位置。由例 9-5 知，在剪力为零的截面有弯矩的极值，令 $F_Q(x_1) = 0$，有

$$1.5qa - qx_1 = 0$$

得

$$x_1 = 1.5a$$

即距离原点 A 为 $1.5a$ 处的截面上剪力为零，该截面上有极值弯矩。将 $x_1 = 1.5a$ 代入

$$M(x_1) = 1.5qax_1 - \frac{qx_1^2}{2} = 1.5qa \times 1.5a - q\frac{(1.5a)^2}{2} = 1.125qa^2$$

BC 段的弯矩 $M(x_2)$ 是 x_2 的二次函数，弯矩图也是一条二次抛物线，$x_2 = 0$，$M_C = 0$；$x_2 = 2a$，$M_B = -2qa^2$。画出弯矩图如图 9-14(c)所示。

(二)利用荷载集度、剪力和弯矩之间的微分关系绘制内力图

1. 荷载集度、剪力和弯矩之间的关系

如假设图 9-15(a)所示的简支梁，局部受分布荷载作用，分布荷载集度为 $q(x)$，剪力和弯矩与分布荷载集度间的微分关系的推导如下：

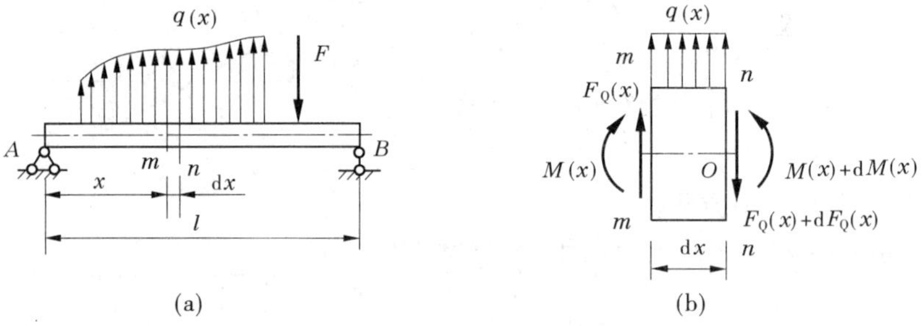

图 9-15　梁微段受力分析图

取截面 m—m 与 n—n 之间的一段梁为研究对象，其受力如图 9-15(b)所示，并设分布荷载向上为正，微段两侧截面上的内力均设为正方向。若 x 截面上的内力为 $F_Q(x)$、$M(x)$，则 $x + dx$ 截面上的内力为 $F_Q(x) + dF_Q(x)$、$M(x) + dM(x)$。因为梁整体是平衡的，dx 微段也应处于平衡。根据平衡条件 $\sum F_y = 0$ 和 $\sum M_O = 0$，得到平衡时有

$$F_Q(x) + q(x)dx - [F_Q(x) + dF_Q(x)] = 0$$

则

$$\frac{dF_Q}{dx} = q(x) \tag{9-1}$$

$$M(x) + F_Q(x)dx + qdx\frac{dx}{2} - [M(x) + dM(x)] = 0$$

略去其中的高阶微量后得到

$$\frac{dM(x)}{dx} = F_Q(x) \tag{9-2}$$

$$\frac{dM^2(x)}{dx^2} = q(x) \tag{9-3}$$

用上述关系可以验证或绘制剪力图和弯矩图。

2. 绘制剪力图、弯矩图的规律

1)没有外力作用的区段

当梁的某段上没有荷载作用时,剪力图是平行于梁轴线的直线段,弯矩图是一条直线段。

2)$q(x)$为非零常数的区段

当梁在某段上作用有均布荷载时,剪力图是一条斜直线段,弯矩图是二次曲线,并且其凹凸方向与外力是一致的。

3)集中力作用处

在集中力(见图9-16)作用处剪力图发生突变,突变值等于该集中力值,并且当从左向右作剪力图时突变方向与该集中力方向一致。

4)集中力偶作用处

在集中力偶(见图9-17)作用处剪力图不发生变化;而弯矩图发生突变,突变值等于该集中力偶值。

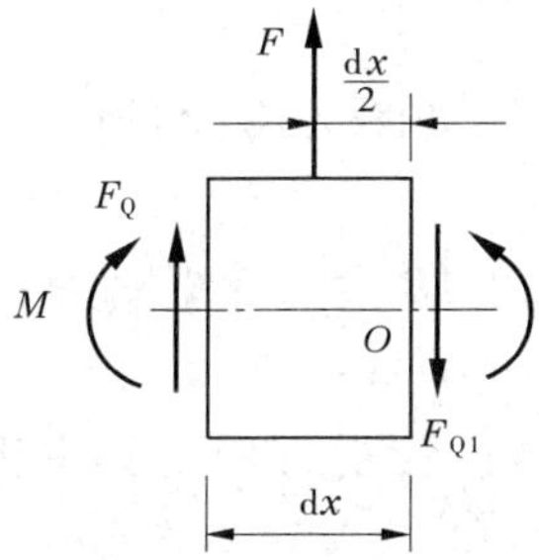

图9-16　集中力作用处

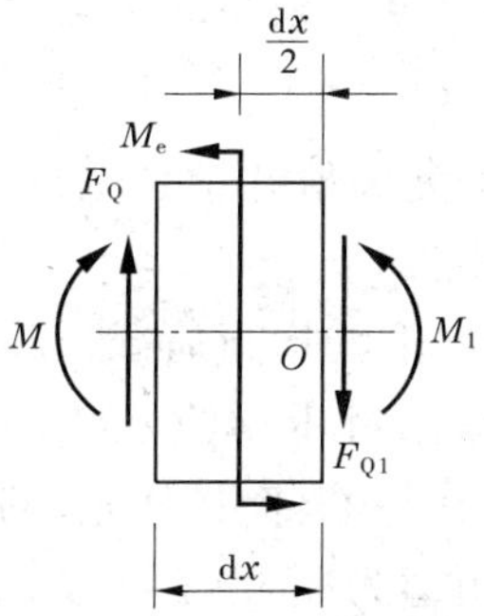

图9-17　集中力偶作用处

3. 利用内力图的规律作剪力图和弯矩图的作图步骤

1)求支座反力

以梁整体为研究对象,根据梁上的荷载和支座情况,由静力平衡方程求出支座反力。

2)梁的分段和控制截面

确定控制截面原则:以集中力和集中力偶作用处、分布荷载的起止处、梁的支撑处以及梁的端面为控制截面。对于剪力图,在集中力作用的截面上发生突变,需将集中力作用点两侧截面的剪力求出来;对于弯矩图,在集中力偶作用的截面上发生突变,需将集中力偶作用点两侧的弯矩求出来。

梁的分段原则与列剪力方程和弯矩方程的分段相同,即以集中力和集中力偶作用处、分布荷载的起止处、梁的支撑处以及梁的端面为界点,将梁进行分段。

3)求控制截面内力

用截面法结合剪力和弯矩的规律计算各控制截面上的剪力值和弯矩值。

4)分区段画剪力图和弯矩图

按照各控制截面的内力,分区段利用剪力图和弯矩图的规律,依次绘制内力图。

【例9-7】　如图9-18(a)所示的外伸梁,尺寸及荷载如图所示,试作梁的剪力图和弯矩图。

解 (1)首先由梁的平衡求出支座反力

$$F_A = 8\ \text{kN} \qquad F_B = 12\ \text{kN}$$

由于梁上的外力将梁分为两段,所以需分段绘制剪力图和弯矩图。

(2)作剪力图。

AB 段:$F_{QA右} = F_A = 8\ \text{kN}$

$F_{QB左} = -12\ \text{kN}$

BC 段:$F_{QB右} = F_{QC左} = 0$

此外,还应求出 $F_Q = 0$ 的截面位置,以确定弯矩的极值。设该截面距梁左端点为 x,于是在 x 处截面上剪力为零,即

$$F_{Qx} = F_A - qx = 0$$

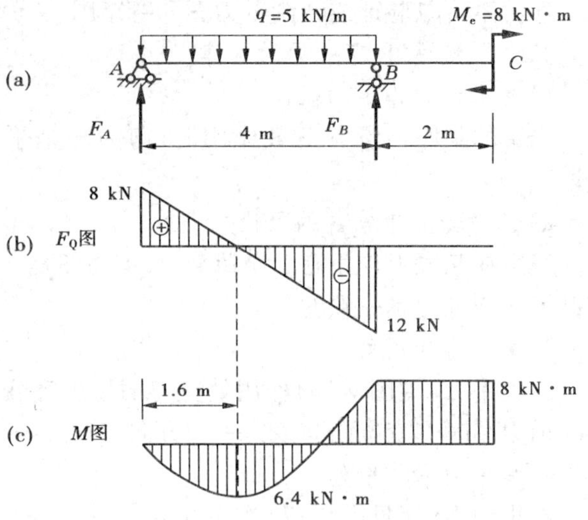

图 9-18 例 9-7 图

$$x = \frac{F_A}{q} = \frac{8}{5} = 1.6(\text{m})$$

由以上各段的剪力值并结合微分关系,便可绘出剪力图如图 9-18(b)所示。

(3)作弯矩图。

AB 段作用有向下的均布荷载,即 $q(x)$ = 常数 <0,所以 AB 段的弯矩图为下凸二次抛物线;BC 段没有荷载作用,即 $q(x)=0$,所以 BC 段的弯矩图为直线。

在 B 支座处,由于有集中力 F_B 的作用,弯矩图有转折,转折方向与集中力方向一致。两段分界处的弯矩值为

$$M_B = -8\ \text{kN} \cdot \text{m}$$

AB 段内在剪力为零的截面上弯矩有极值,为

$$M_{极值} = F_A \times 1.6 - \frac{1}{2}q \times 1.6^2 = 8 \times 1.6 - \frac{1}{2} \times 5 \times 1.6^2 = 6.4(\text{kN} \cdot \text{m})$$

由分段处的弯矩值和剪力为零处的 $M_{极值}$,并根据微分关系,便可绘出该梁的弯矩图如图 9-18(c)所示。

【例 9-8】 如图 9-19(a)所示的简支梁,试画出该梁的剪力图和弯矩图。

解 (1)求支座反力。

以整梁为研究对象,由平衡方程得

$$\sum M_A = 0 \qquad F_B \times 8 + M - P \times 2 - q \times 4 \times 6 = 0$$

$$F_B = 30\ \text{kN}$$

$$\sum M_B = 0 \qquad P \times 6 + M + q \times 4 \times 2 - F_A \times 8 = 0$$

$$F_A = 30\ \text{kN}$$

(2)确定控制截面,对梁进行分段。

从左向右作图,全梁分为 A 截面、AC 段、C 截面、CD 段、DB 段和 B 截面。

(3)求控制截面内力。

A 截面：$F_{QA右}=30\ \text{kN}$　　$M_A=0$

C 截面：有向下的集中力 P 作用，F_Q 图向下突变，有

$$F_{QC左}=F_{QA右}=30\ \text{kN}$$

$$F_{QC右}=30-20=10(\text{kN})$$

$$M_C=2F_A=60\ \text{kN}\cdot\text{m}$$

D 截面：有逆时针方向的集中力偶 M 作用，M 图向上突变 $M=40\ \text{kN}\cdot\text{m}$，则

$$F_{QD}=F_{QC右}=10\ \text{kN}$$

$$M_{D左}=F_A\times4-P\times2=30\times4-20\times2=80(\text{kN}\cdot\text{m})$$

$$M_{D右}=M_{D左}-M=80-40=40(\text{kN}\cdot\text{m})$$

B 截面：有向上的集中力 F_B 作用，F_Q 图向上突变 $F_B=30\ \text{kN}$，有

$$F_{QB左}=-F_B=-30\ \text{kN}\qquad M_B=0$$

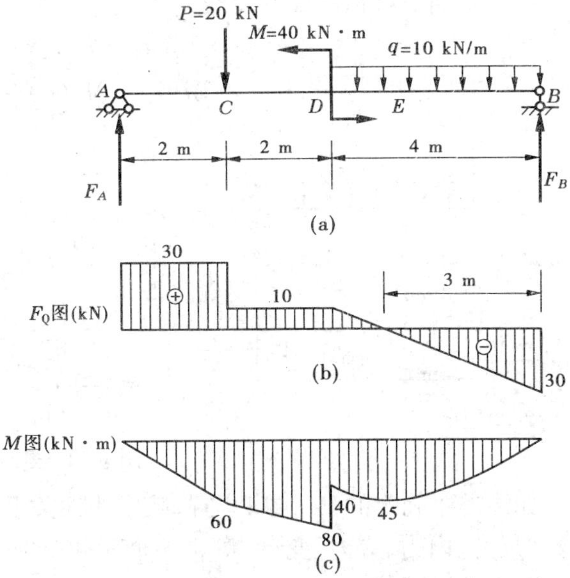

图 9-19　例 9-8 图

(4)分区段画剪力图和弯矩图。

AC 段：无荷载作用，F_Q 图为一条水平线，M 图是一条斜直线。

CD 段：无荷载作用，F_Q 图为一条水平线，M 图是一条斜直线。

DB 段：有向下的均布荷载 q 作用，F_Q 图为一条斜直线，M 图为一条下凸的二次抛物线。由于该段内有 $F_Q=0$ 的截面，需确定极值弯矩。

为计算极值弯矩，首先确定 $F_Q=0$ 的截面位置。设 E 截面的剪力 $F_Q=0$，由 F_Q 图中相似三角形的比例关系有

$$10:30=DE:EB，得\ EB=3\ \text{m}$$

E 截面上的弯矩，即为极值弯矩，其值为

$$M_E=F_B\times3-q\times3\times1.5=30\times3-10\times3\times1.5=45(\text{kN}\cdot\text{m})$$

画出的剪力图和弯矩图如图 9-19(b)、(c)所示。

(三)利用叠加原理绘制内力图

1. 叠加原理

在图 9-20(a)、(b)、(c)分别画出了同一根梁 AB 受集中力 P 和均布荷载 q 共同作用、集中力 P 单独作用及均布荷载 q 单独作用等三种受力情况。

(1)在 P、q 共同作用时，有

$$F_Q(x)=-P-qx\qquad M(x)=-Px-\frac{qx^2}{2}$$

(2)在 P 单独作用时，有

$$F_{QP}(x)=-P\qquad M_P(x)=-Px$$

(3)在 q 单独作用时，有

$$F_{Qq}(x)=-qx\qquad M_q(x)=-\frac{qx^2}{2}$$

比较上面三种情况的计算结果，有

$$\left.\begin{aligned} F_Q(x) &= F_{QP}(x) + F_{Qq}(x) \\ M(x) &= M_P(x) + M_q(x) \end{aligned}\right\} \tag{9-4}$$

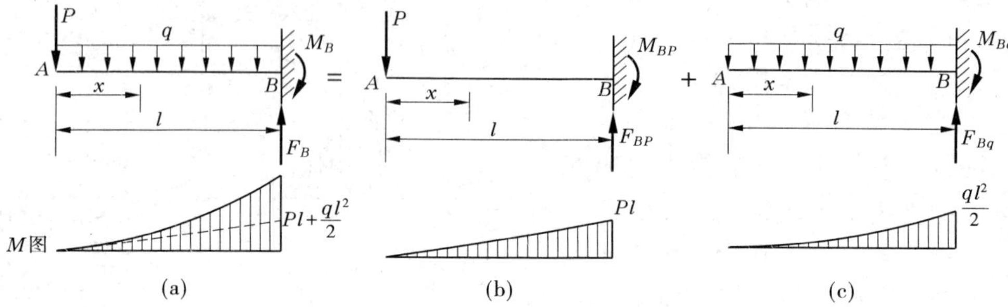

图 9-20　叠加原理

如果需要确定的某一参数与荷载成线性关系，则由 n 个荷载共同作用时所引起的某一参数（反力、内力、应力、变形）等于各个荷载单独作用时所引起的该参数值的代数和。这个结论称为叠加原理。

2. 叠加法画弯矩图

用叠加法画弯矩图，绘图时先把作用在梁上的复杂的荷载分成几组简单的荷载，分别作出各简单荷载单独作用下的弯矩图，然后将它们相应的纵坐标叠加，就得到梁在复杂荷载作用下的弯矩图。

用叠加法画弯矩图时，一般先画直线形的弯矩图，再叠画上曲线形的弯矩图。

【例 9-9】　试用叠加法画出图 9-21（a）所示梁的剪力图和弯矩图。

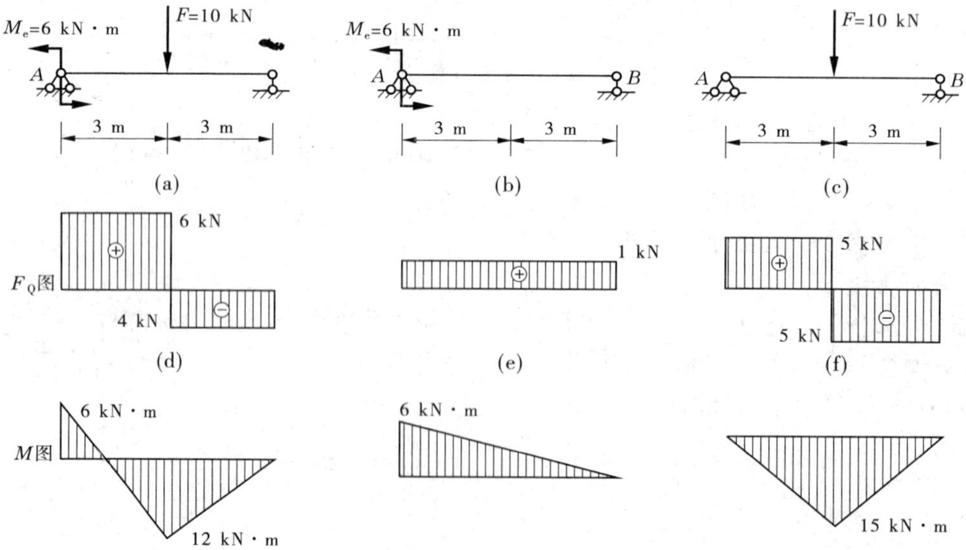

图 9-21　例 9-9 图

解　由叠加原理可知，梁在 M_e 和 F 共同作用下的反力和内力，等于梁在 M_e 和 F 单独作用时的反力与内力的代数和，即图9-21(b)和(c)两种情况的叠加与图9-21(a)的情况是等效的。

梁在 M_e 和 F 单独作用下的剪力图和弯矩图如图9-21(e)、(f)、(h)、(i)所示，图9-21(e)与(f)叠加就得图9-21(d)所示剪力图，图9-21(h)与(i)叠加就得图9-21(g)所示弯矩图。应当注意，内力图的叠加不是内力图简单的合并，而是指内力图的纵坐标代数相加。

【例9-10】 外伸梁受荷载作用如图9-22(a)所示，试用叠加法画梁的弯矩图。

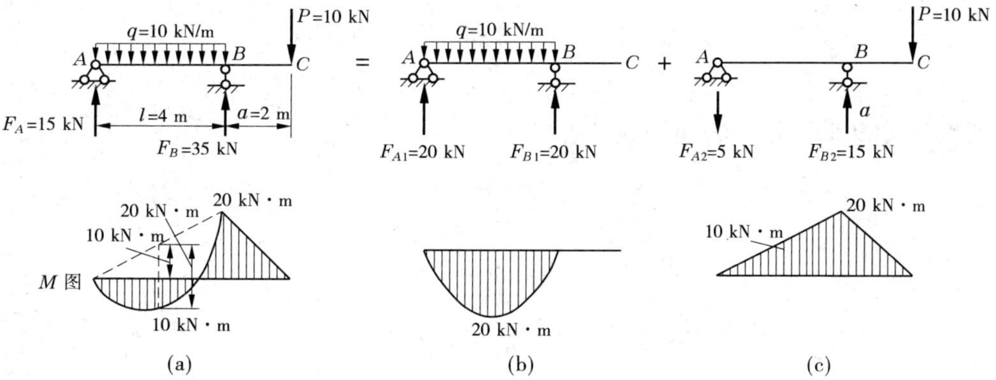

图9-22　例9-10图

解　将荷载分为 q 与 P 两组。

先分别画出 q、P 单独作用下的弯矩图，如图9-22(b)、(c)所示。由于荷载 q 与 P 单独作用时弯矩图有不同的正负号，叠加时可以先画直线弯矩图，再叠加画上曲线弯矩图，如图9-22(a)所示，使两图相互重叠部分正值和负值的纵坐标互相抵消，则剩下的部分就是外伸梁在荷载 q 和 P 共同作用下的弯矩图。

第三节　截面几何性质

材料力学中所讨论的各种构件，其截面都是具有一定几何形状的平面图形，如圆形、矩形等。如构件发生弯曲、扭转等变形，在计算构件的强度、刚度时除需用到杆件的横截面面积外，还要用到横截面的另外一些几何量，如截面的静矩、惯性矩、极惯性矩等。截面的这些几何量，称为截面几何性质。

一、截面的静矩和形心位置

(一)静矩

如图9-23所示平面图形代表一任意截面，其面积为 A，y 轴和 z 轴为图形所在平面内的坐标轴，以下两积分

$$\left.\begin{aligned} S_z &= \int_A y\mathrm{d}A \\ S_y &= \int_A z\mathrm{d}A \end{aligned}\right\} \tag{9-5}$$

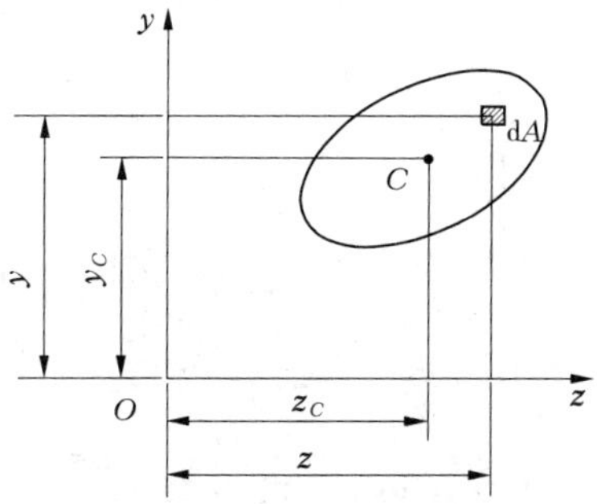

图9-23　静矩

分别定义为该截面对于 z 轴和 y 轴的静矩，也称为平面

图形对 z 轴和 y 轴的一次矩或面积矩。

从式(9-5)可以得出,截面的静矩是对某一坐标轴而言的,同一截面对不同的坐标轴,其静矩不同。静矩可正可负,也可为零。静矩的量纲是长度的三次方。

静矩可用来确定截面的形心位置。由静力学中确定物体重心的公式可得

$$\left.\begin{aligned} y_C &= \frac{\int_A y\mathrm{d}A}{A} \\ z_C &= \frac{\int_A z\mathrm{d}A}{A} \end{aligned}\right\} \tag{9-6}$$

利用公式(9-5),式(9-6)可写成

$$\left.\begin{aligned} y_C &= \frac{\int_A y\mathrm{d}A}{A} = \frac{S_z}{A} \\ z_C &= \frac{\int_A z\mathrm{d}A}{A} = \frac{S_y}{A} \end{aligned}\right\} \tag{9-7}$$

或

$$\left.\begin{aligned} S_z &= Ay_C \\ S_y &= Az_C \end{aligned}\right\} \tag{9-8}$$

即平面简单图形对某轴的静矩等于其面积与形心坐标(形心至该轴的距离)的乘积。

如果一个平面图形是由若干个简单图形组成的组合图形,则由静矩的定义可知,整个图形对某一坐标轴的静矩应该等于各简单图形对同一坐标轴的静矩的代数和。即

$$\left.\begin{aligned} S_z &= \sum_{i=1}^{n} A_i y_{Ci} \\ S_y &= \sum_{i=1}^{n} A_i z_{Ci} \end{aligned}\right\} \tag{9-9}$$

式中:A_i、y_{Ci} 和 z_{Ci} 分别表示某一组成部分的面积和其形心坐标;n 为简单图形的个数。

(二)形心位置

将式(9-9)代入式(9-7),得到组合图形形心坐标的计算公式为

$$\left.\begin{aligned} y_C &= \frac{\sum_{i=1}^{n} A_i y_{Ci}}{\sum_{i=1}^{n} A_i} \\ z_C &= \frac{\sum_{i=1}^{n} A_i z_{Ci}}{\sum_{i=1}^{n} A_i} \end{aligned}\right\} \tag{9-10}$$

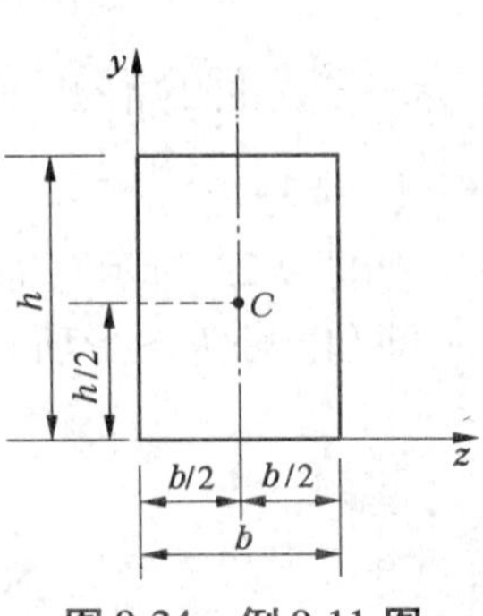

图 9-24　例 9-11 图

【例 9-11】 试计算图 9-24 所示矩形截面对 z 轴和 y 轴的静矩。

解　矩形截面的面积 $A=bh$，其形心坐标

$$y_C=\frac{h}{2}\qquad z_C=\frac{b}{2}$$

由式(9-8)有

$$S_z=y_C\times A=\frac{h}{2}\times bh=\frac{bh^2}{2}$$

$$S_y=z_C\times A=\frac{b}{2}\times bh=\frac{b^2h}{2}$$

【例 9-12】　试计算图 9-25 所示截面对 z 轴和 y 轴的静矩。已知 $a=30$ mm。

解　图 9-25 所示截面可看成是由矩形Ⅰ减去半圆Ⅱ。设矩形Ⅰ的面积为 A_1，半圆Ⅱ的面积为 A_2。由于 A_2 是要被减去的，该面积取负值。

截面对 y 轴的静矩为零，即 $S_y=0$，下面计算该截面对 z 轴的静矩。

$$A_1=4a\times 2a=8a^2\qquad A_2=-\frac{1}{2}\pi a^2$$

$$y_{C1}=a\qquad y_{C2}=\frac{4a}{3\pi}$$

$$S_z=y_{C1}\times A_1+y_{C2}\times A_2=8a^2\times a+\left(-\frac{1}{2}\pi a^2\right)\times\frac{4a}{3\pi}$$

$$=8\times 30^2\times 30-\frac{1}{2}\pi\times 30^2\times\frac{4\times 30}{3\pi}=1.98\times 10^5(\text{mm}^3)$$

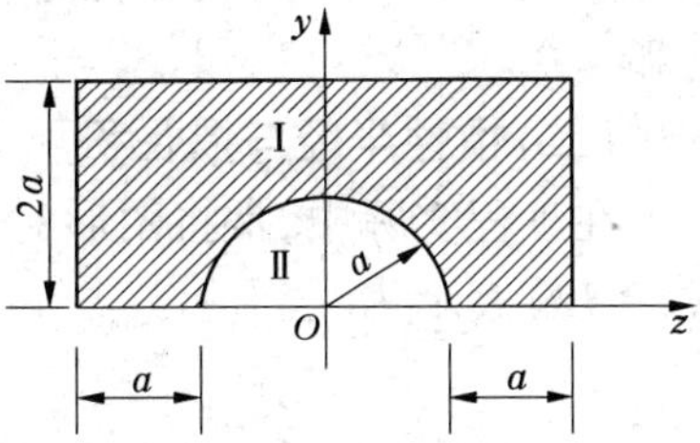

图 9-25　例 9-12 图

【例 9-13】　图 9-26 所示为对称 T 形截面，求该截面的形心位置。

解　建立直角坐标系 zOy，其中 y 轴为截面的对称轴。因图形相对于 y 轴对称，其形心一定在该对称轴上，因此 $z_C=0$，只需计算 y_C 值。将截面分成Ⅰ、Ⅱ两个矩形，则

$$A_{\text{Ⅰ}}=0.072\ \text{m}^2\qquad A_{\text{Ⅱ}}=0.08\ \text{m}^2$$

$$y_{\text{Ⅰ}}=0.46\ \text{m}\qquad y_{\text{Ⅱ}}=0.2\ \text{m}$$

$$y_C=\frac{\sum_{i=1}^{n}A_iy_{Ci}}{\sum_{i=1}^{n}A_i}=\frac{A_{\text{Ⅰ}}y_{\text{Ⅰ}}+A_{\text{Ⅱ}}y_{\text{Ⅱ}}}{A_{\text{Ⅰ}}+A_{\text{Ⅱ}}}$$

$$=\frac{0.072\times 0.46+0.08\times 0.2}{0.072+0.08}=0.323(\text{m})$$

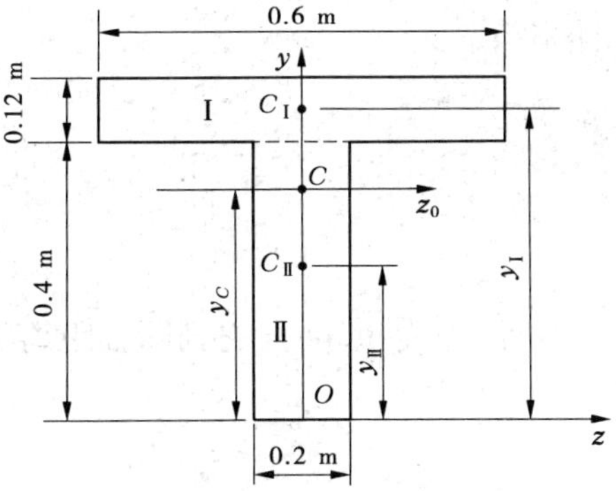

图 9-26　例 9-13 图

二、惯性矩、惯性积和极惯性矩

(一)惯性矩和极惯性矩

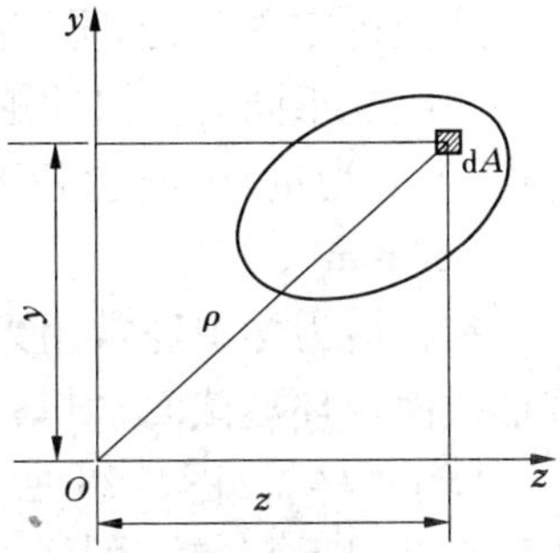

图 9-27　惯性矩与极惯性矩

如图 9-27 所示平面图形代表一任意截面，在平面图形内建立直角坐标系 zOy。现在图形内取微面积 dA，dA 的形心在坐标系 zOy 中的坐标为 y 和 z，到坐标原点的距离为 ρ。现定

义 $y^2\mathrm{d}A$ 和 $z^2\mathrm{d}A$ 为微面积 $\mathrm{d}A$ 对 z 轴和 y 轴的惯性矩，$\rho^2\mathrm{d}A$ 为微面积 $\mathrm{d}A$ 对坐标原点的极惯性矩，而以下三个积分

$$\left.\begin{aligned} I_z &= \int_A y^2\mathrm{d}A \\ I_y &= \int_A z^2\mathrm{d}A \\ I_\rho &= \int_A \rho^2\mathrm{d}A \end{aligned}\right\} \tag{9-11}$$

分别定义为该截面对于 z 轴和 y 轴的惯性矩以及对坐标原点的极惯性矩。

由图 9-27 可见，$\rho^2 = y^2 + z^2$，所以有

$$I_\rho = \int_A \rho^2\mathrm{d}A = \int_A (y^2 + z^2)\mathrm{d}A = I_z + I_y \tag{9-12}$$

即任意截面对一点的极惯性矩，等于截面对以该点为原点的两任意正交坐标轴的惯性矩之和。

（二）惯性半径与惯性积

在工程实际中，常将图形对某轴的惯性矩表示为图形面积与某一长度平方的乘积，可用式(9-13)表示为

$$\left.\begin{aligned} I_z &= i_z^2 A \\ I_y &= i_y^2 A \end{aligned}\right\} \tag{9-13}$$

式(9-13)中 i_z、i_y 分别称为平面图形对 z 轴和 y 轴的惯性半径，常用单位为 m 或 mm。惯性半径定义为

$$\left.\begin{aligned} i_z &= \sqrt{\frac{I_z}{A}} \\ i_y &= \sqrt{\frac{I_y}{A}} \end{aligned}\right\} \tag{9-14}$$

另外，微面积 $\mathrm{d}A$ 与它到两轴距离的乘积 $zy\mathrm{d}A$ 称为微面积 $\mathrm{d}A$ 对 y 轴、z 轴的惯性积，而积分

$$I_{yz} = \int_A zy\mathrm{d}A \tag{9-15}$$

定义为该截面对于 y 轴、z 轴的惯性积。

从上述定义可见，同一截面对于不同坐标轴的惯性矩和惯性积一般是不同的。惯性矩的数值恒为正值，而惯性积则可能为正，可能为负，也可能等于零。惯性矩和惯性积的常用单位是 m^4 或 mm^4。

在材料力学中经常用到的是一些简单截面（如矩形截面、圆形截面及环形截面）对其过形心的对称轴的惯性矩。

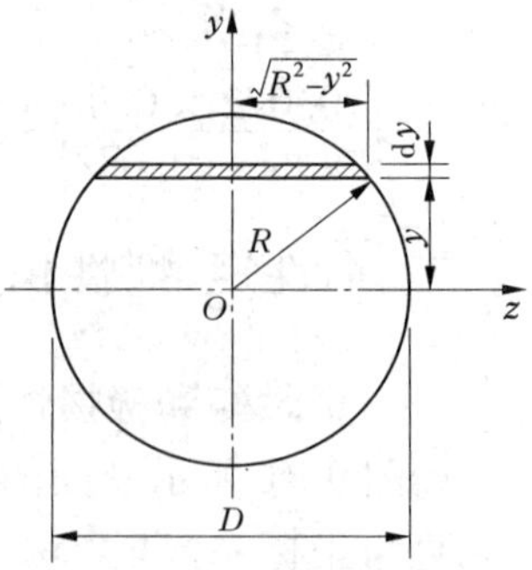

图 9-28　例 9-14 图

【例 9-14】 图 9-28 所示圆形截面的直径为 D，试计算它对形心轴（即直径轴）的惯性矩。

解　取平行于 z 轴的微面积

$$dA = 2\sqrt{R^2 - y^2}\,dy$$

$$I_z = \int_A y^2 dA = 2\int_{-R}^{R} y^2 \sqrt{R^2 - y^2}\,dy = \frac{\pi D^4}{64}$$

由于对称，圆形截面对任一形心轴的惯性矩都等于 $\pi D^4/64$。

【例 9-15】 如图 9-29 所示矩形截面，试计算对其形心轴的惯性矩 I_z、I_y。

解 (1)计算惯性矩 I_z。

取平行于 z 轴的微面积 $dA = b dy$，则

$$I_z = \int_A y^2 dA = \int_{-\frac{h}{2}}^{\frac{h}{2}} y^2 b dy = \frac{bh^3}{12}$$

(2) 计算惯性矩 I_y。

取平行于 y 轴的微面积 $dA = h dz$，则

$$I_y = \int_A z^2 dA = \int_{-\frac{b}{2}}^{\frac{b}{2}} z^2 h dz = \frac{b^3 h}{12}$$

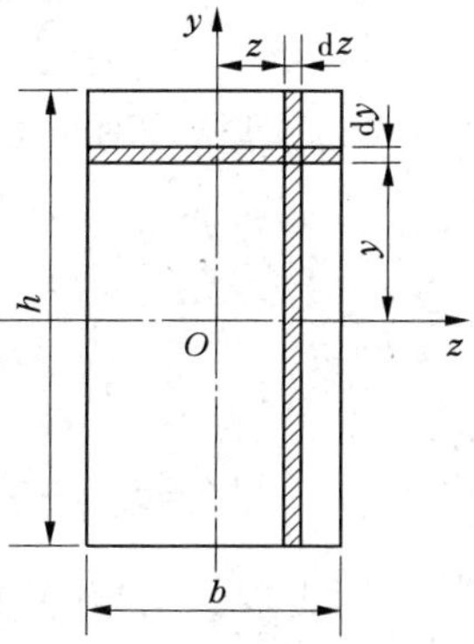

图 9-29 例 9-15 图

三、惯性矩、惯性积的平行移轴公式

(一)惯性矩的平行移轴公式

图 9-30 所示为一任意截面，z、y 为通过截面形心的一对正交轴，z_1、y_1 为与 z、y 平行的坐标轴，截面形心 C 在坐标系 z_1Oy_1 中的坐标为(b, a)，已知截面对 z、y 轴惯性矩为 I_z、I_y，下面求截面对 z_1、y_1 轴惯性矩 I_{z_1}、I_{y_1}。

$$I_{z_1} = I_z + a^2 A \qquad (9\text{-}16)$$

$$I_{y_1} = I_y + b^2 A \qquad (9\text{-}17)$$

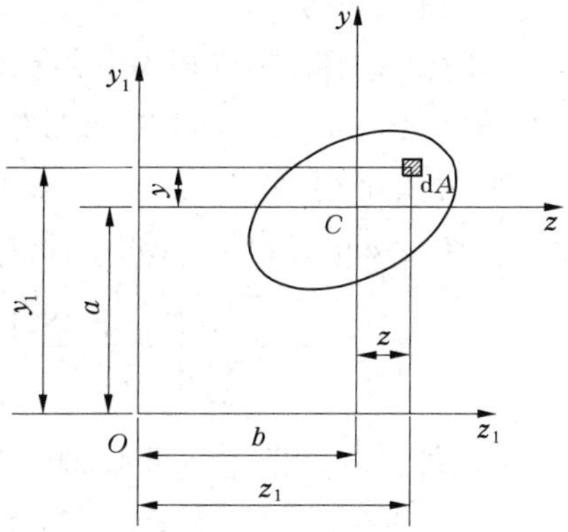

图 9-30 惯性矩平行移轴公式

式(9-16)、式(9-17)称为惯性矩的平行移轴公式。

它表明：平面图形对任意轴的惯性矩，等于图形对与该轴平行的形心轴的惯性矩加上图形的面积与两轴距离平方的乘积。

由惯性矩的定义可知，组合图形对某轴的惯性矩就等于组成它的各简单图形对同一轴惯性矩之和。简单图形本身形心轴的惯性矩可通过积分或查表求得，再利用平行移轴公式，便可求得各简单图形对组合图形的形心轴的惯性矩。

【例 9-16】 试计算图 9-31 所示的组合图形对形心轴的惯性矩。

解 此组合图形看成大矩形Ⅰ减去小矩形Ⅱ所组成。

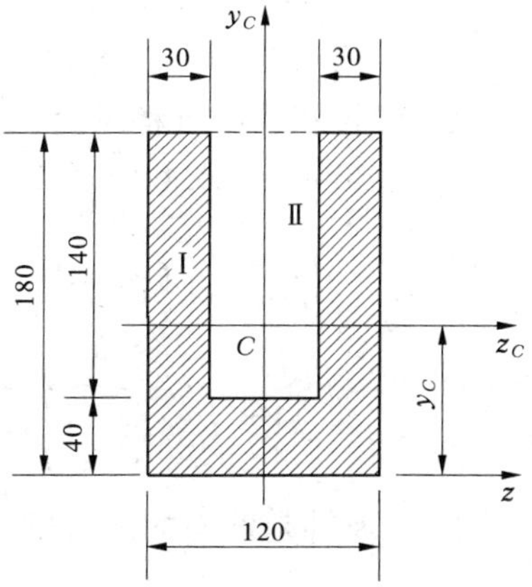

图 9-31 例 9-16 图 (单位:mm)

(1)计算截面形心 C 的位置。

由于 y_C 轴为图形的对称轴,故形心必在此轴上,即 $z_C=0$。为计算形心坐标 y_C,取底边为参考轴 z,则有

$$y_C=\frac{\sum A_i y_{Ci}}{\sum A_i}=\frac{180\times120\times90-140\times60\times110}{180\times120-140\times60}=77(\mathrm{mm})$$

(2)计算截面对形心轴的惯性矩 I_{zC}、I_{yC},由平行移轴公式有

$$I_{zC}=I_{zC\,\mathrm{I}}-I_{zC\,\mathrm{II}}=\frac{1}{12}\times120\times180^3+(90-77)^2\times180\times120-$$
$$\frac{1}{12}\times60\times140^3-(110-77)^2\times60\times140=391\times10^5(\mathrm{mm}^4)$$

$$I_{yC}=I_{yC\,\mathrm{I}}-I_{yC\,\mathrm{II}}=\frac{1}{12}\times180\times120^3-\frac{1}{12}\times140\times60^3=234\times10^5(\mathrm{mm}^4)$$

【例 9-17】 试计算图 9-32 所示组合图形对形心轴 z_C 和 y_C 的惯性矩。

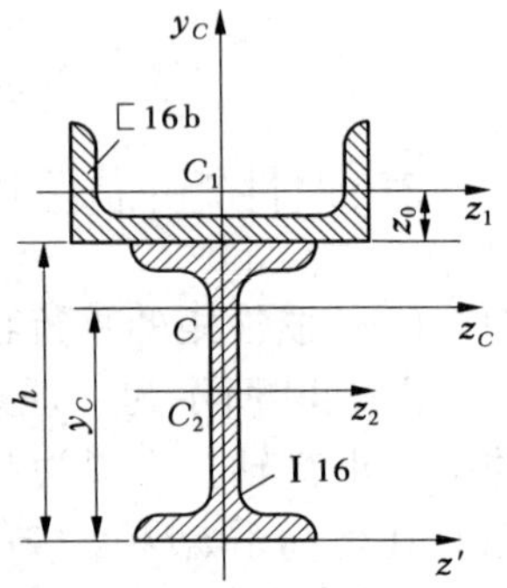

图 9-32　例 9-17 图

解　(1)计算组合图形形心 C 的位置。

取轴 z' 为参考轴,轴 y_C 为该截面的对称轴,$z_C=0$,只需计算该截面的形心坐标 y_C。

由附录型钢表中查得 16b 号槽钢:形心为 C_1

$A_1=25.15\ \mathrm{cm}^2, I_{z1}=83.4\ \mathrm{cm}^4, I_{y1}=934.5\ \mathrm{cm}^4, z_0=1.75\ \mathrm{cm}$

16 号工字钢:形心为 C_2

$A_2=26.1\ \mathrm{cm}^2, I_{z2}=1\,130\ \mathrm{cm}^4, I_{y2}=93.1\ \mathrm{cm}^4, h=160\ \mathrm{mm}$

$$y_C=\frac{\sum A_i y_{Ci}}{\sum A_i}=\frac{25.15\times(17.5+160)+26.1\times80}{25.15+26.1}=127.8(\mathrm{mm})$$

(2)计算组合图形对形心轴的惯性矩 I_{zC}、I_{yC},分别为

$$I_{zC}=83.4\times10^4+(17.5+160-127.8)^2\times25.15\times10^2+1\,130\times10^4+(127.8-80)^2\times26.1\times10^2$$
$$=243\times10^5(\mathrm{mm}^4)$$

$$I_{yC}=934.5\times10^4+93.1\times10^4=102.8\times10^5(\mathrm{mm}^4)$$

(二)惯性积的平行移轴公式

如图 9-30 所示,求截面对 y_1、z_1 轴的惯性积 $I_{y_1z_1}$。根据定义

$$\begin{aligned}I_{y_1z_1}&=\int_A z_1y_1\mathrm{d}A=\int_A(z+b)(y+a)\mathrm{d}A\\&=\int_A zy\mathrm{d}A+a\int_A z\mathrm{d}A+b\int_A y\mathrm{d}A+ab\int_A\mathrm{d}A\\&=I_{yz}+aS_y+bS_z+abA\end{aligned}$$

由于 z、y 轴是截面的形心轴,所以 $S_z=S_y=0$,即

$$I_{y_1z_1}=I_{yz}+abA \tag{9-18}$$

式(9-18)称为惯性积的平行移轴公式。

四、惯性矩、惯性积的转轴公式

图 9-33 所示为一任意截面，z、y 为过任一点 O 的一对正交轴，截面对 z、y 轴惯性矩 I_z、I_y 和惯性积 I_{yz} 已知。现将 z、y 轴绕 O 点旋转 α 角（以逆时针方向为正）得到另一对正交轴 z_1、y_1 轴，下面求截面对 z_1、y_1 轴惯性矩和惯性积 I_{z_1}、I_{y_1}、$I_{y_1z_1}$。

$$I_{z_1}=\frac{I_z+I_y}{2}+\frac{I_z-I_y}{2}\cos2\alpha-I_{yz}\sin2\alpha \tag{9-19}$$

$$I_{y_1}=\frac{I_z+I_y}{2}-\frac{I_z-I_y}{2}\cos2\alpha+I_{yz}\sin2\alpha \tag{9-20}$$

$$I_{y_1z_1}=\frac{I_z-I_y}{2}\sin2\alpha+I_{yz}\cos2\alpha \tag{9-21}$$

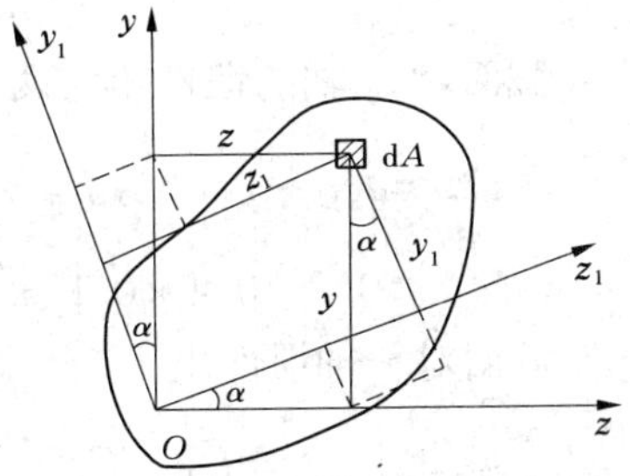

图 9-33　惯性矩、惯性积的转轴公式

式（9-19）、式（9-20）称为惯性矩的转轴公式，式（9-21）称为惯性积的转轴公式。

五、主惯性轴、主惯性矩

由式（9-21）可以发现，当 $\alpha=0°$，即两坐标轴互相重合时，$I_{y_1z_1}=I_{yz}$；当 $\alpha=90°$时，$I_{y_1z_1}=-I_{yz}$，因此必定有这样的一对坐标轴，使截面对它的惯性积为零。通常把这样的一对坐标轴称为截面的主惯性轴，简称主轴，截面对主轴的惯性矩叫做主惯性矩。

假设将 z、y 轴绕 O 点旋转 α_0 角得到主轴 z_0、y_0，由主轴的定义

$$I_{y_0z_0}=\frac{I_z-I_y}{2}\sin2\alpha_0+I_{yz}\cos2\alpha_0=0$$

从而得

$$\tan2\alpha_0=\frac{-2I_{yz}}{I_z-I_y} \tag{9-22}$$

式（9-22）就是确定主轴的公式，式中负号放在分子上，为的是和下面两式相符。这样确定的 α_0 角就使得 I_{z_0} 等于 I_{max}。

由式（9-22）及三角公式可得

$$\cos2\alpha_0=\frac{I_z-I_y}{\sqrt{(I_z-I_y)^2+4I_{yz}^2}}$$

$$\sin2\alpha_0=\frac{-2I_{yz}}{\sqrt{(I_z-I_y)^2+4I_{yz}^2}}$$

将此二式代入到式（9-19）、式（9-20）便可得到截面对主轴 z_0、y_0 的主惯性矩

$$\left.\begin{aligned}I_z&=\frac{I_z+I_y}{2}+\frac{1}{2}\sqrt{(I_z-I_y)^2+4I_{yz}^2}\\I_y&=\frac{I_z+I_y}{2}-\frac{1}{2}\sqrt{(I_z-I_y)^2+4I_{yz}^2}\end{aligned}\right\} \tag{9-23}$$

通过截面上的任何一点均可找到一对主轴。通过截面形心的主轴叫做形心主轴，截面

对形心主轴的惯性矩叫做形心主惯性矩。

【例 9-18】 求图 9-26 中截面的形心主惯性矩。

解 在例 9-13 中已求出形心位置为

$$z_C = 0 \qquad y_C = 0.323\ \text{m}$$

过形心的主轴 z_0、y 如图所示，z_0 轴到两个矩形形心的距离分别为

$$\alpha_{\text{I}} = 0.137\ \text{m} \qquad \alpha_{\text{II}} = 0.123\ \text{m}$$

截面对 z_0 轴的惯性矩为两个矩形对 z_0 轴的惯性矩之和，即

$$I_z = I_{z\text{I}} + A_{\text{I}}\alpha_{\text{I}}^2 + I_{z\text{II}} + A_{\text{II}}\alpha_{\text{II}}^2 = \frac{0.6 \times 0.12^3}{12} + 0.6 \times 0.12 \times 0.137^2 + \frac{0.2 \times 0.4^3}{12} + 0.2 \times 0.4 \times 0.123^2 = 0.37 \times 10^{-2}(\text{m}^4)$$

截面对 y 轴惯性矩为

$$I_y = I_{y\text{I}} + I_{y\text{II}} = \frac{0.12 \times 0.6^3}{12} + \frac{0.4 \times 0.2^3}{12} = 0.243 \times 10^{-2}(\text{m}^4)$$

第四节　弯曲变形的应力与强度计算

前面的章节已讨论了梁的内力计算及内力图的绘制。为了计算梁的强度，还必须进一步研究梁的横截面上的应力情况。梁的横截面上通常既有剪力又有弯矩，与剪力对应的是横截面上的剪应力，或者说横截面上的剪应力构成剪力，即

$$F_{\text{Q}} = \int_A \tau \text{d}A \tag{9-24}$$

与弯矩相对应的是横截面的正应力，或者说横截面上的正应力对应的微元力对某轴的矩构成弯矩，即

$$M = \int_A \sigma \cdot \text{d}A \cdot y \tag{9-25}$$

剪应力对应的微元剪力 $\tau \text{d}A$ 位于截面内，不可能产生与梁的轴线相垂直的力偶，故梁横截面上的弯矩与剪应力无关。梁的横截面上的剪应力和正应力分别称为弯曲剪应力和弯曲正应力。下面分别研究弯曲正应力和弯曲剪应力在梁的横截面上的分布规律及其计算公式。

一、梁的正应力

（一）纯弯曲与平面假设

本节将推导梁弯曲时横截面上正应力的计算公式。

为了方便，先研究梁横截面上只有弯矩的情况，这种情况称为纯弯曲。如图 9-34 所示的梁，在荷载作用下，中间 CD 段就属于这种情况，由其剪力图和弯矩图可以看到，在 CD 段内的弯矩 $M = Fa =$ 常数，而剪力 F_{Q} 等于零。

取一矩形截面等直梁，先在其表面画几条与轴线垂直的横线并标出其中两条 mn 和 pq，以及三条与轴线平行的纵线（见图 9-35(a)）。然后在梁的 C、D 截面分别施加集中荷载 F，使梁 CD 段内发生纯弯曲变形（见图 9-35(b)）。可以观察到如下现象：

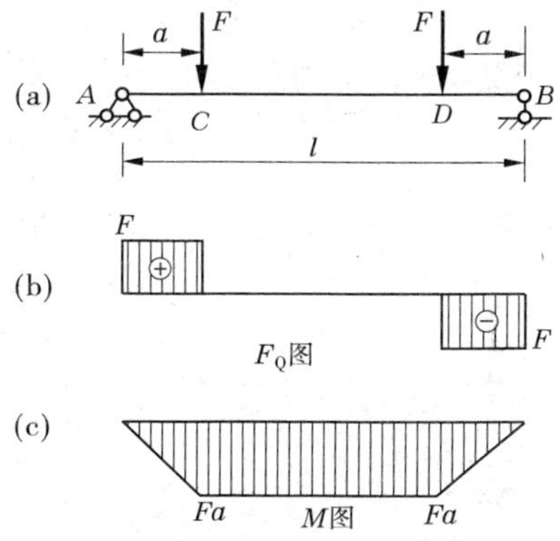

图 9-34　梁受力图及纯弯曲

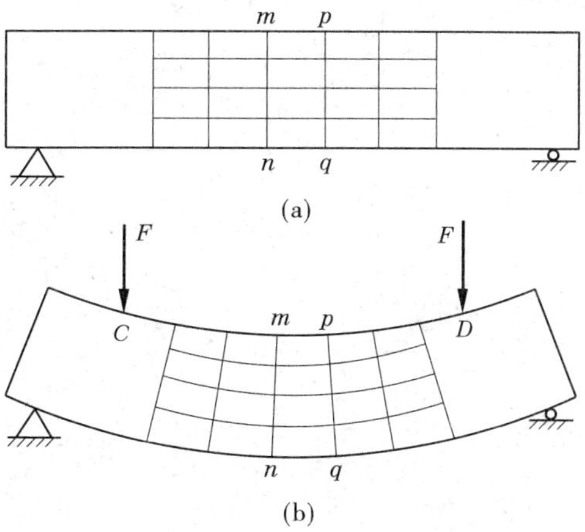

图 9-35　纯弯曲变形情况

(1)梁变形前梁侧面上与纵向直线垂直的横向线 mn 和 pq 在变形后仍为直线,并与变形后梁的轴线垂直,但相对转过一个角度。

(2)变形前互相平行的纵向直线,变形后均变为圆弧线,并且上部的纵线缩短,下部的纵线伸长。在梁中一定有一层上的纤维既不伸长也不缩短,此层称为中性层。中性层与梁横截面的交线称为中性轴,显然,中性轴与截面的对称轴垂直。

在纵线伸长区,可形象理解为截面纤维受拉,对应位置有拉应力;在纵线缩短区,纤维受压,对应位置有压应力。中性轴是拉应力、压应力的分界线。由于中性轴处的纤维既不伸长又不缩短,那么中性轴上的正应力为零。

根据这些试验现象,我们对纯弯曲情况下作出如下假设:

(1)平面假设:梁的横截面在梁弯曲后仍然保持为平面,并且仍然与变形后的梁轴线保持垂直。

(2)单向受力假设:梁的纵向纤维处于单向受力状态,且纵向纤维之间的相互作用可忽略不计。

(二)梁的正应力

1. 几何方面

如图 9-36 所示,用截面 $m—n$ 和 $p—q$ 从梁上截取一段长为 $\mathrm{d}x$ 的微段梁,梁弯曲后,设中性层 O_1O_2 的曲率半径为 ρ,截面 $m—n$ 和 $p—q$ 的相对转角为 $\mathrm{d}\theta$,距中性层 y 处纵向纤维的变形为

$$\Delta l=(\rho+y)\mathrm{d}\theta-\mathrm{d}x=(\rho+y)\mathrm{d}\theta-\rho\mathrm{d}\theta=y\mathrm{d}\theta$$

相应的纵向线应变为

$$\varepsilon=\frac{\Delta l}{\mathrm{d}x}=\frac{y\mathrm{d}\theta}{\rho\mathrm{d}\theta}=\frac{y}{\rho} \tag{9-26}$$

式(9-26)表明:梁的纵向纤维的应变与纤维距中性层的距离成正比,离中性层越远,纤维的线应变越大。

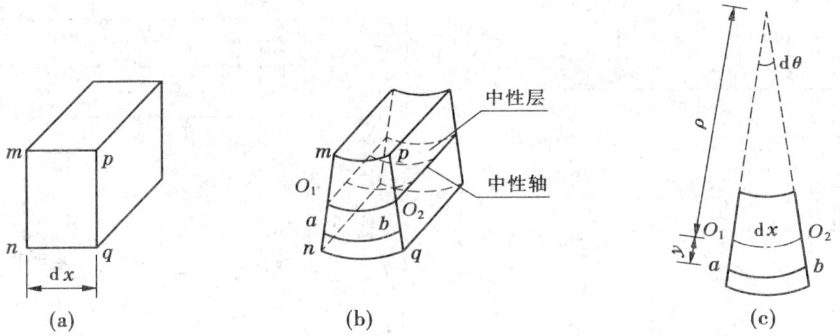

图 9-36　微段变形

2. 物理方面

在弹性范围内正应力与线应变的关系为

$$\sigma = E\varepsilon$$

将式(9-26)代入,得

$$\sigma = E\frac{y}{\rho} \tag{9-27}$$

3. 静力学方面

由图 9-37 可以看出,梁横截面上各微面积上的微内力 $\mathrm{d}F_{\mathrm{N}} = \sigma \mathrm{d}A$ 构成了空间平行力系,它们向截面形心简化的结果应为以下三个内力分量

$$F_{\mathrm{N}} = \int_A \sigma \mathrm{d}A \qquad M_y = \int_A z\sigma \mathrm{d}A \qquad M_z = \int_A y\sigma \mathrm{d}A$$

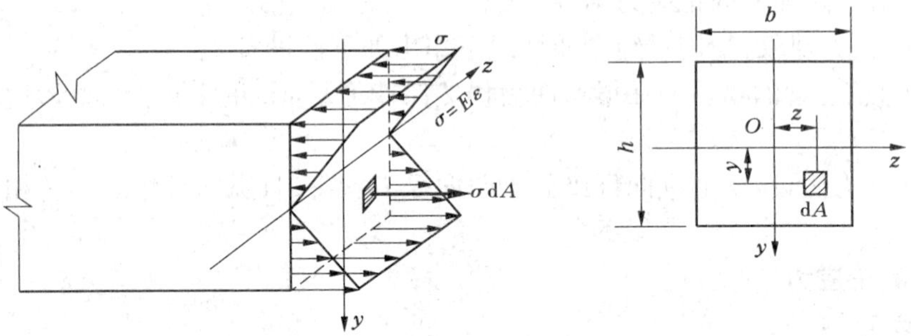

图 9-37　微面积上的微内力

由截面法可求得该截面上只有弯矩 M,即上式中 F_{N}、M_y 均等于零,所以有

$$F_{\mathrm{N}} = \int_A \sigma \mathrm{d}A = 0 \tag{9-28}$$

$$M_y = \int_A z\sigma \mathrm{d}A = 0 \tag{9-29}$$

$$M_z = \int_A y\sigma \mathrm{d}A = M \tag{9-30}$$

将式(9-27)代入式(9-28),得

$$F_{\mathrm{N}} = \int_A \sigma \mathrm{d}A = \int_A \frac{Ey\mathrm{d}A}{\rho} = 0 \tag{9-31}$$

因 E、ρ 为常量，所以有

$$\int_A y\mathrm{d}A = S_z = 0 \tag{9-32}$$

即梁横截面对中性轴（z 轴）的静矩等于零。由此可知，中性轴通过横截面的形心，于是就确定了中性轴的位置。

由式(9-29)可得

$$M_y = \int_A z\sigma\mathrm{d}A = \int_A \frac{Ezy}{\rho}\mathrm{d}A = \frac{E}{\rho}\int_A zy\mathrm{d}A = 0 \tag{9-33}$$

故

$$\int_A zy\mathrm{d}A = I_{yz} = 0 \tag{9-34}$$

即梁横截面对 y、z 轴的惯性积等于零，说明 y、z 轴应为横截面的主轴，又 y、z 轴过横截面的形心，所以其应为横截面的形心主轴。

最后由式(9-30)可得

$$M_z = \int_A y\sigma\mathrm{d}A = M \tag{9-35}$$

即

$$M_z = \int_A y\frac{Ey}{\rho}\mathrm{d}A = \frac{E}{\rho}\int_A y^2\mathrm{d}A = \frac{E}{\rho}I_z = M \tag{9-36}$$

式中 $I_z = \int_A y^2\mathrm{d}A$ 是梁横截面对中性轴的惯性矩。将上式整理可得

$$\frac{1}{\rho} = \frac{M}{EI_z} \tag{9-37}$$

由式(9-37)可知：曲率与弯矩 M 成正比，与 EI_z 成反比。在相同弯矩下，EI_z 值越大，梁的弯曲变形就越小。EI_z 表明梁抵抗弯曲变形的能力，称为梁的弯曲刚度。

将式(9-37)代入式(9-27)，可得

$$\sigma = \frac{My}{I_z} \tag{9-38}$$

这就是梁在纯弯曲时横截面上任一点正应力的计算公式。

由式(9-38)可以看出，当 $y = y_{\max}$ 时，即横截面上离中性轴最远的各点处，弯曲正应力最大，其值为

$$\sigma_{\max} = \frac{M}{I_z}y_{\max} \tag{9-39}$$

而对整个等截面梁来讲，最大正应力应发生在弯矩最大的横截面上，且距中性轴最远的位置，即

$$\sigma_{\max} = \frac{M_{\max}}{I_z}y_{\max} \tag{9-40}$$

该截面称为危险截面，其上下边缘的点称为危险点。

引用符号 $W_z = \dfrac{I_z}{y_{\max}}$，则式(9-40)可改写成

$$\sigma_{\max} = \frac{M_{\max}}{W_z} \tag{9-41}$$

式中的 W_z 叫做弯曲截面系数(或抗弯截面系数),它与梁的截面形状和尺寸有关。

$$\left.\begin{aligned}&\text{对矩形截面}\quad W_z=\frac{bh^3/12}{h/2}=\frac{bh^2}{6}\\&\text{对圆形截面}\quad W_z=\frac{\pi d^4/64}{d/2}=\frac{\pi d^3}{32}\end{aligned}\right\}\tag{9-42}$$

一般情况下,式(9-38)适应于跨度与横截面高度之比大于5($l/h>5$)的受横力弯曲的梁,其计算误差不超过1%,且跨高比越大,误差越小。

【例9-19】 如图9-38所示长为 l 的矩形截面梁,在自由端作用一集中力 F,已知 $h=0.18\text{m}$,$b=0.12\ \text{m}$,$y=0.06\ \text{m}$,$a=2\ \text{m}$,$F=1.5\ \text{kN}$,求 C 截面上 K 点的正应力。

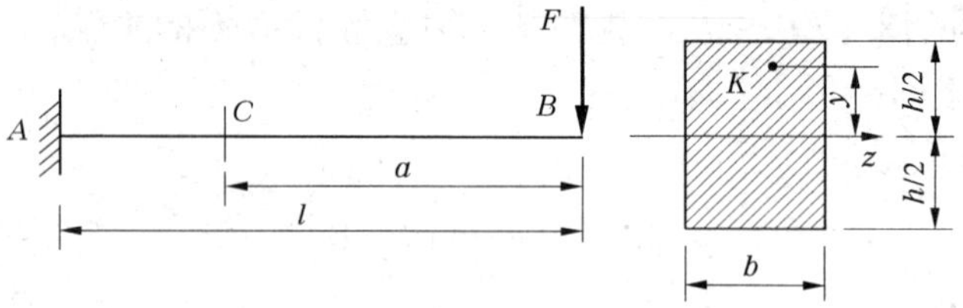

图9-38　例9-19图

解　先求出 C 截面上弯矩为

$$M_C=-Fa=-1.5\times10^3\times2=-3\times10^3(\text{N}\cdot\text{m})$$

截面对中性轴的惯性矩为

$$I_z=\frac{bh^3}{12}=\frac{0.12\times0.18^3}{12}=0.583\times10^{-4}(\text{m}^4)$$

将 M_C、I_z、y 代入正应力计算公式(9-38),则有

$$\sigma_K=\frac{M_C}{I_z}y=\frac{-3\times10^3}{0.583\times10^{-4}}\times(-0.06)=3.09\times10^6(\text{Pa})=3.09\ \text{MPa}$$

K 点的正应力为正值,表明其应为拉应力。

【例9-20】 简支梁受均布荷载 q 作用,如图9-39(a)所示。已知 $q=3.5\ \text{kN/m}$,梁的跨度 $l=1\ \text{m}$,由10号槽钢平置制成。试计算梁的最大拉应力 σ_{tmax} 和最大压应力 σ_{cmax} 以及它们发生的位置。

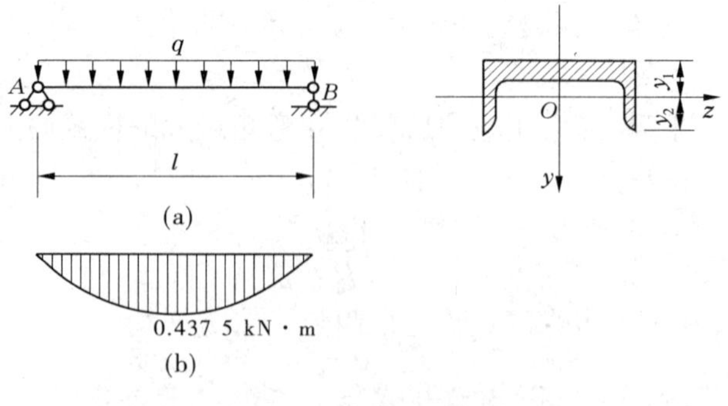

图9-39　例9-20图

解　(1)作出弯矩图,如图9-39(b)所示。最大弯矩发生在跨中截面,其值为

$$M_{max}=\frac{ql^2}{8}=\frac{1}{8}\times 3.5\times 1^2=0.4375(\text{kN}\cdot\text{m})$$

(2)由型钢表查得10号槽钢截面几何性质

$I_z=25.6\ \text{cm}^4=25.6\times 10^4\ \text{mm}^4$　　$y_1=1.52\ \text{cm}=15.2\ \text{mm}$　　$y_2=3.28\ \text{cm}=32.8\ \text{mm}$

(3)计算正应力。

最大拉应力发生在跨中截面的下边缘处

$$\sigma_{tmax}=\frac{M_{max}y_2}{I_z}=\frac{0.4375\times 10^6\times 32.8}{25.6\times 10^4}=56.05(\text{MPa})$$

最大压应力发生在跨中截面的上边缘处

$$\sigma_{cmax}=\frac{M_{max}y_1}{I_z}=\frac{0.4375\times 10^6\times 15.2}{25.6\times 10^4}=25.98(\text{MPa})$$

二、梁的弯曲剪应力

前面已经研究了与弯矩 M 有关的正应力 σ，现在再来研究与剪力 F_Q 有关的剪应力 τ，剪应力 τ 在横截面上的分布规律比正应力的分布要复杂得多，因此对剪应力的计算公式在这里不作详细推导，仅将矩形截面、工字形截面及圆形截面的剪应力分布规律和剪应力的计算公式作一简单介绍。

(一)矩形截面梁的弯曲剪应力

如图9-40所示，当进行矩形截面梁的剪应力公式的推导时，对弯曲剪应力在截面上的分布作以下假设：横截面上各点剪应力均与截面侧边平行，剪应力沿截面宽度均匀分布，即距中性轴等距离各点的剪应力相等。进一步研究会发现，当横截面高度 h 大于其宽度 b 时，在上述假设的基础上建立的剪应力公式是足够准确的。

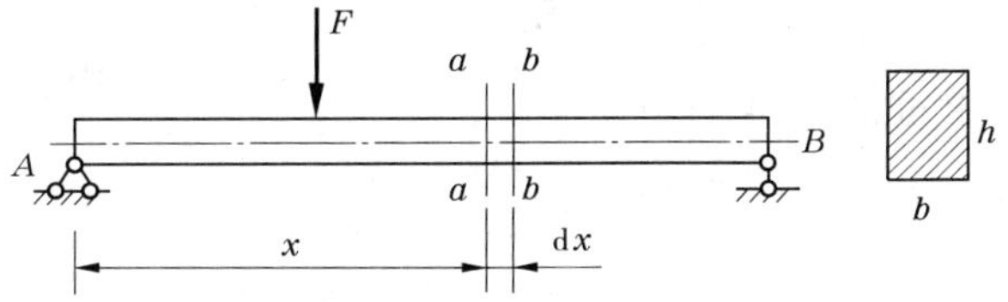

图9-40　矩形截面梁横截面

根据以上假设，再利用平衡条件便可以推导出横力弯曲时横截面上的剪应力 τ 的计算公式(略去推导仅给出结果)

$$\tau=\frac{F_QS_z^*}{bI_z}\tag{9-43}$$

式中：F_Q 为横截面上的剪力；S_z^* 为所求剪应力作用层以下(或以上)部分的横截面面积对中性轴的面积矩；I_z 为横截面对中性轴的惯性矩；b 为所求剪应力作用层处的截面宽度。

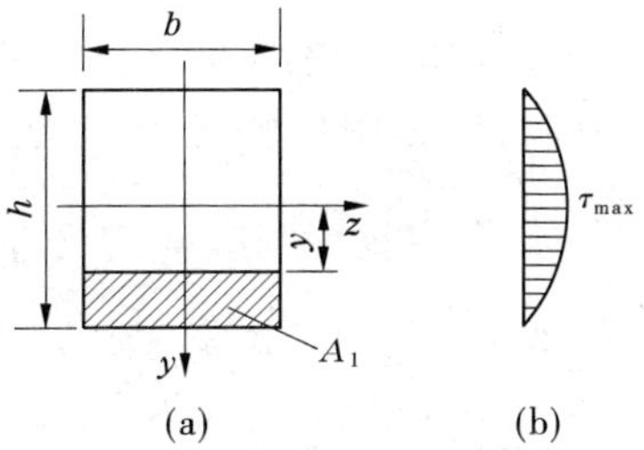

图9-41　剪应力分布

对于矩形截面梁，由图9-41(a)可知

$$S_z^* = b\left(\frac{h}{2} - y\right)\left[y + \frac{1}{2}\left(\frac{h}{2} - y\right)\right] = \frac{b}{2}\left(\frac{h^2}{4} - y^2\right) \tag{9-44}$$

将其代入式(9-43),可得

$$\tau = \frac{F_Q}{2I_z}\left(\frac{h^2}{4} - y^2\right) \tag{9-45}$$

式(9-45)表明矩形截面梁横截面上剪应力沿梁高按二次抛物线规律分布。在截面上、下边缘$\left(y = \pm\frac{h}{2}\right)$处,剪应力为零,而在中性轴上($y=0$)的剪应力有最大值,如图9-41(b)所示。即

$$\tau_{max} = \frac{F_Q h^2}{8I_z} = \frac{3F_Q}{2bh} = \frac{3F_Q}{2A} \tag{9-46}$$

(二)工字形截面梁的弯曲剪应力

在工程实际中所用的工字形、T形、槽形和箱形一类的梁截面,都可以看做是由几个矩形截面组合而成的。实践证明,为了简化计算,在一定的近似程度内,仍然可以利用式(9-43)即$\tau = \frac{F_Q S_z^*}{bI_z}$来求具有这些形式截面的梁的横截面上的剪应力。

以工字形截面梁为例进行说明。当求图9-42(a)所示工字形截面梁腹板部分距离中性轴为y处的剪应力时,首先要针对工字形截面梁的具体情况确定公式$\tau = \frac{F_Q S_z^*}{bI_z}$中的有关各项,即

F_Q——作用在梁横截面上的总剪力;

S_z^*——图9-42(a)中画有阴影线部分的截面面积对中性轴的面积矩,按下式计算

$$S_z^* = b\left(\frac{h}{2} - \frac{h_1}{2}\right)\left(\frac{h_1}{2} + \frac{\frac{h}{2} - \frac{h_1}{2}}{2}\right) + t\left(\frac{h_1}{2} - y\right)\left(y + \frac{\frac{h_1}{2} - y}{2}\right) = \frac{b}{2}\left(\frac{h^2}{4} - \frac{h_1^2}{4}\right) + \frac{t}{2}\left(\frac{h_1^2}{4} - y^2\right) \tag{9-47}$$

I_z——整个工字形截面对中性轴的惯性矩;

t——腹板厚度;

b——翼缘宽度。

将以上各项代入公式$\tau = \frac{F_Q S_z^*}{bI_z}$,就可以求出工字形截面梁腹板中的剪应力为

$$\tau = \frac{F_Q}{I_z t}\left[\frac{b}{2}\left(\frac{h^2}{4} - \frac{h_1^2}{4}\right) + \frac{t}{2}\left(\frac{h_1^2}{4} - y^2\right)\right] \tag{9-48}$$

由式(9-48)可以看出,剪应力τ沿腹板高度是按照二次抛物线形变化的(见图9-42(b))。当$y=0$时,即在中性轴上剪应力τ数值最大;当$y = \pm\frac{h_1}{2}$时,即在翼缘与腹板的交界处,τ数值最小,即

$$\tau_{max} = \frac{F_Q}{I_z t}\left(\frac{bh^2}{8} - \frac{bh_1^2}{8} + \frac{th_1^2}{8}\right) \tag{9-49}$$

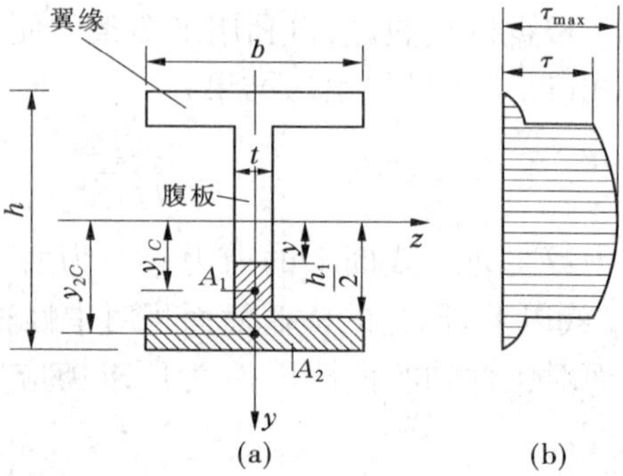

图9-42　工字形梁剪应力

$$\tau_{min} = \frac{F_Q}{I_z t}\left(\frac{bh^2}{8} - \frac{bh_1^2}{8}\right) \tag{9-50}$$

在一般情况下,腹板的厚度 t 与翼缘的宽度 b 比较起来是很小的,于是由式(9-49)和式(9-50)可以看出在腹板上的 τ_{max} 和 τ_{min} 的大小没有显著的差距,即可以认为在腹板横截面上的剪应力是近似于均匀分布的。因此,只要将截面上的总剪力 F_Q 除以腹板的横截面面积 $h_1 t$ 就可以得到 τ_{max} 的近似值了。这说明在腹板横截面上分布的剪应力的合力近似地等于横截面上的全部剪力 F_Q,而翼缘部分只承担了 F_Q 的很小一部分。

(三)圆形截面梁的弯曲剪应力

圆形及薄壁环形截面其最大竖向剪应力(见图9-43)也都发生在中性轴上,并沿中性轴均匀分布,计算公式分别为:

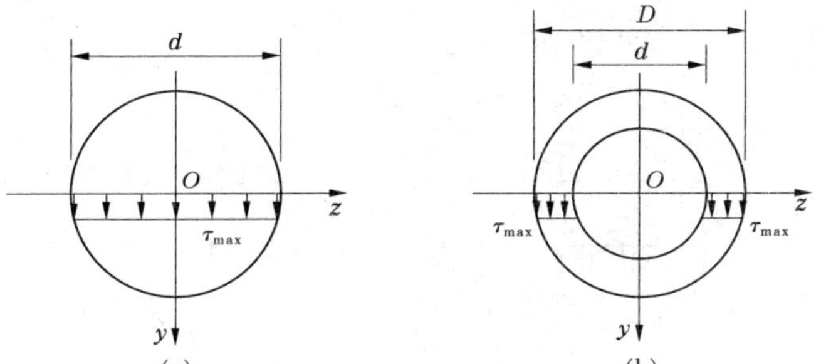

图9-43　圆形及环形截面剪应力

圆形截面梁

$$\tau_{max} = \frac{4}{3}\frac{F_Q}{A} \tag{9-51}$$

式中:F_Q 为横截面上的剪力;A 为圆形截面的面积。

薄壁环形截面梁

$$\tau_{max} = 2\frac{F_Q}{A} \tag{9-52}$$

式中:F_Q 为横截面上的剪力;A 为薄壁环形截面的面积。

【例9-21】　一矩形截面的简支梁如图9-44所示。已知:$l = 3$ m,$h = 160$ mm,$b = 100$ mm,$y = 40$ mm,$F = 3$ kN,求 m—m 截面上 K 点的剪应力。

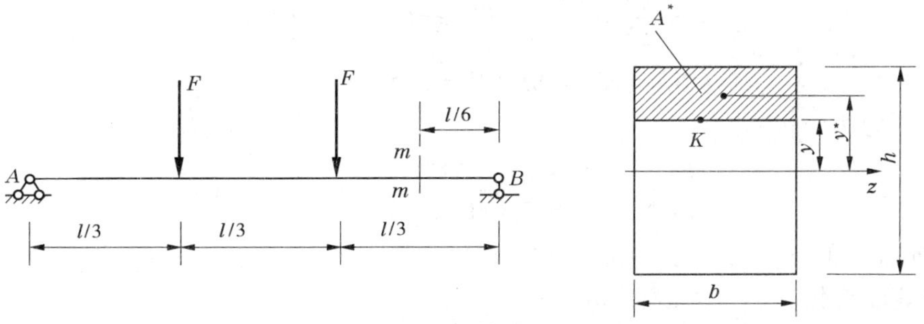

图9-44　例9-21图

解　先求出 m—m 截面上的剪力为3 kN,截面对中性轴的惯性矩为

$$I_z = \frac{bh^3}{12} = \frac{0.1 \times 0.16^3}{12} = 0.341 \times 10^{-4}\ (\text{m}^4)$$

面积 A^* 对中性轴的静矩为

$$S_z^* = A^* y^* = 0.1 \times 0.04 \times 0.06 = 0.24 \times 10^{-3} (\mathrm{m}^3)$$

则 K 点的剪应力为

$$\tau = \frac{F_Q S_z^*}{b I_z} = \frac{3 \times 10^3 \times 0.24 \times 10^{-3}}{0.1 \times 0.341 \times 10^{-4}} = 0.21 \times 10^6 (\mathrm{Pa}) = 0.21\ \mathrm{MPa}$$

【例 9-22】 一矩形截面的简支梁如图 9-45(a)所示，在跨中受集中力 $P = 50$ kN 的作用。已知 $l = 10$ m，$b = 100$ mm，$h = 200$ mm。试求：

(1)m—m 截面上距中性轴 $y = 50$ mm 处 K 点的剪应力；

(2)比较梁的最大正应力和最大剪应力；

(3)若采用 32a 号工字钢梁，计算最大剪应力；

(4)计算工字钢梁 m—m 截面上腹板与翼缘交界处 E 点的剪应力。

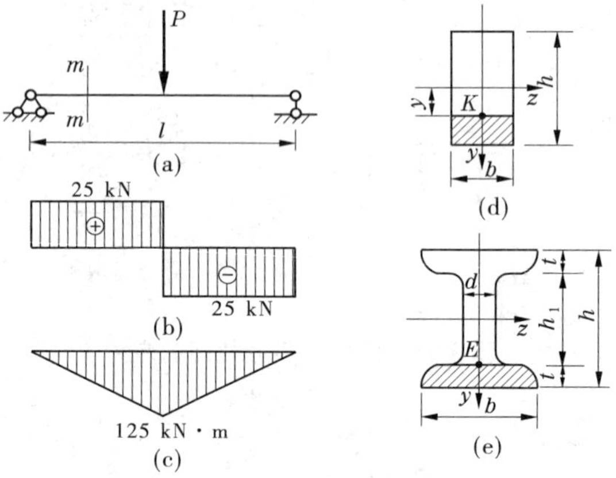

图 9-45 例 9-22 图

解 (1)计算 m—m 截面上 K 点的剪应力。

画出梁的剪力图和弯矩图(见图 9-45(b)、(c))，m—m 截面的剪力为 $F_Q = 25$ kN。

计算 I_z 和 S_z^*

$$I_z = \frac{bh^3}{12} = \frac{100 \times 200^3}{12} = 66.7 \times 10^6 (\mathrm{mm}^4)$$

$$S_z^* = 100 \times 50 \times 75 = 375 \times 10^3 (\mathrm{mm}^3)$$

则 K 点的剪应力

$$\tau = \frac{F_Q S_z^*}{I_z b} = \frac{25 \times 10^3 \times 375 \times 10^3}{66.7 \times 10^6 \times 100} = 1.41 (\mathrm{MPa})$$

(2)比较梁的 $\sigma_{\max}$ 和 $\tau_{\max}$。

抗弯截面系数为

$$W_z = \frac{bh^2}{6} = \frac{100 \times 200^2}{6} = 66.7 \times 10^4 (\mathrm{mm}^3)$$

所以最大正应力为

$$\sigma_{\max} = \frac{M_{\max}}{W_z} = \frac{125 \times 10^6}{66.7 \times 10^4} = 187 (\mathrm{MPa})$$

梁的最大剪力为 $F_{Q\max}=25$ kN,所以最大剪应力为

$$\tau_{\max}=1.5\frac{F_{Q\max}}{A}=1.5\times\frac{25\times10^3}{100\times200}=1.88(\text{MPa})$$

故

$$\frac{\sigma_{\max}}{\tau_{\max}}=\frac{187}{1.88}=99.5$$

可见,梁中的最大正应力比最大剪应力大得多,故在梁的强度计算中,正应力强度计算是主要的。

(3)计算 32a 号工字钢梁的最大剪应力。由型钢表查得

$$\frac{I_z}{S_z^*}=27.46\ \text{cm},d=0.95\ \text{cm},h=32\ \text{cm},b=13\ \text{cm},t=1.5\ \text{cm},I_z=11\ 075.5\ \text{cm}^4$$

则最大剪应力为

$$\tau_{\max}=\frac{F_QS_z^*}{I_zd}=\frac{F_Q}{\frac{I_z}{S_z^*}d}=\frac{25\times10^3}{27.46\times0.95\times10^2}=9.58(\text{MPa})$$

(4)计算 m—m 截面上 E 点的剪应力。E 点以下截面对中性轴的静矩为

$$S_z^*=bt\left(\frac{h}{2}-\frac{t}{2}\right)=130\times15\times\left(\frac{320}{2}-\frac{15}{2}\right)=297.4\times10^3(\text{mm}^3)$$

则 E 点的剪应力为

$$\tau_E=\frac{F_QS_z^*}{I_zd}=\frac{25\times10^3\times297.4\times10^3}{11\ 075.5\times10^4\times9.5}=7.07(\text{MPa})$$

三、梁的强度计算

(一)梁的正应力强度计算

为了保证梁在规定的条件下能够正常的工作,并有一定的安全储备,必须使梁上的最大正应力 $\sigma_{\max}$ 不超过材料受弯时的许用应力[σ],因此写出梁的正应力强度条件为

$$\sigma_{\max}=\frac{M_{\max}}{W_z}\leqslant[\sigma] \tag{9-53}$$

可以用它来对梁进行以下三种不同情况的强度计算:

(1)强度校核。在已知梁的材料和横截面的形状、尺寸,以及所受荷载的情况下,可以检查梁是否满足正应力强度条件。也就是说,如果满足式(9-53),就可以断定梁的正应力强度足够,否则就要重新设计梁的截面。

(2)截面设计。当已知荷载和梁的材料时,可根据强度条件计算所需的抗弯截面系数 $W_z\geqslant\frac{M_{\max}}{[\sigma]}$,再根据梁的截面形状进一步确定截面的具体尺寸。

(3)确定许可荷载。已知梁的材料和截面尺寸,先根据强度条件,计算出梁所能承受的最大弯矩 $M_{\max}\leqslant W_z[\sigma]$,再由 $M_{\max}$ 与荷载间的关系计算出许可荷载。

【例 9-23】 如图 9-46 所示一矩形截面的简支木梁,已知 $l=4$ m,$b=140$ mm,$h=210$ mm,$q=2$ kN/m,弯曲时木材的许用正应力[σ]=10 MPa,校核该梁的强度。

解 先画梁的弯矩图(见图 9-46(b))。由梁的弯矩图可以看出,梁中最大弯矩应发生

在跨中截面上，其值为

$$M_{\max}=\frac{1}{8}ql^2=\frac{1}{8}\times 2\times 10^3\times 4^2=4\times 10^3(\text{N}\cdot\text{m})$$
$$=4\ \text{kN}\cdot\text{m}$$

弯曲截面系数为

$$W_z=\frac{bh^2}{6}=\frac{1}{6}\times 0.14\times 0.21^2=0.103\times 10^{-2}(\text{m}^3)$$

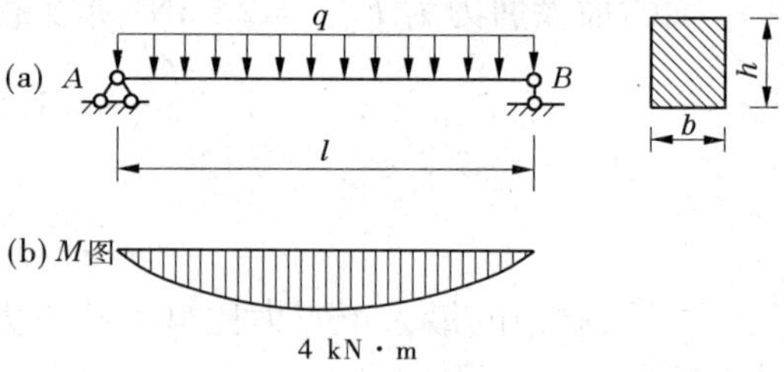

图 9-46　例 9-23 图

由于最大正应力应发生在最大弯矩所在截面上，所以有

$$\sigma_{\max}=\frac{M_{\max}}{W_z}=\frac{4\times 10^3}{0.103\times 10^{-2}}=3.88\times 10^6(\text{Pa})=3.88\ \text{MPa}<[\sigma]=10\ \text{MPa}$$

故梁满足正应力强度要求。

【例 9-24】 矩形截面的木搁栅两端搁在墙上，承受由地板传来的荷载(见图 9-47(a))。若地板的均布面荷载 $p=3\ \text{kN/m}^2$，木搁栅的间距 $a=1.2$ m，跨度 $l=5$ m，木材的许用应力 $[\sigma]=12$ MPa。试求：

(1) 当截面的高宽比 $\frac{h}{b}=1.5$ 时，试设计木搁栅的截面尺寸 b、h；

(2) 当此木搁栅采用 $b=140$ mm、$h=210$ mm 的矩形截面时，试计算地板的许可面荷载 $[p]$。

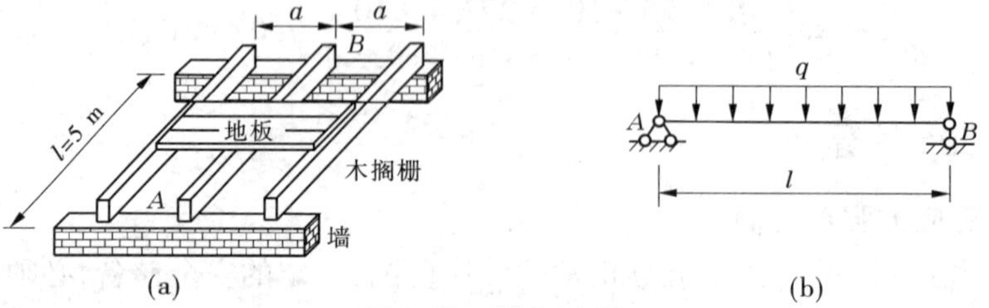

图 9-47　例 9-24 图

解　(1) 设计木搁栅的截面尺寸。

木搁栅支承在墙上，可简化为简支梁计算(见图 9-47(b))。每根木搁栅的受荷宽度 $a=1.2$ m，所以其承受的均布线荷载为

$$q=pa=3\times 1.2=3.6(\text{kN/m})$$

最大弯矩发生在跨中截面

$$M_{\max}=\frac{ql^2}{8}=\frac{3.6\times 5^2}{8}=11.25(\text{kN}\cdot\text{m})$$

由强度条件可得所需的抗弯截面系数为

$$W_z\geqslant\frac{M_{\max}}{[\sigma]}=\frac{11.25\times 10^6}{12}=937.5\times 10^3(\text{mm}^3)$$

由于 $h=1.5b$，有

$$W_z=\frac{bh^2}{6}=\frac{b(1.5b)^2}{6}=\frac{2.25b^3}{6}$$

所以

$$\frac{2.25b^3}{6}\geqslant 937.5\times 10^3$$

得 $b \geqslant 136$ mm，为施工方便，取 $b = 140$ mm，则 $h = 1.5b = 210$ mm。

(2)求地板的许可面荷载$[p]$。

当木搁栅的截面尺寸为 $b = 140$ mm、$h = 210$ mm 时，抗弯截面系数为

$$W_z = \frac{bh^2}{6} = \frac{140 \times 210^2}{6} = 1.029 \times 10^6 (\mathrm{mm}^3)$$

木搁栅能承受的最大弯矩为

$$M_{\max} \leqslant W_z[\sigma] = 1.029 \times 10^6 \times 12 = 12.3 \times 10^6 (\mathrm{N \cdot mm}) = 12.3 \ \mathrm{kN \cdot m}$$

由于

$$M_{\max} = \frac{ql^2}{8} = \frac{pal^2}{8} \leqslant 12.3$$

所以

$$p \leqslant \frac{12.3 \times 8}{1.2 \times 5^2} = 3.28 (\mathrm{kN/m^2})$$

故地板的许可面荷载$[p] = 3.28 \ \mathrm{kN/m^2}$。

(二)梁的剪应力强度计算

前面讲过，梁中的最大剪应力一般发生在最大剪力 $F_{Q\max}$ 作用的横截面上的中性轴处，如果以 $S_{\max}^*$ 表示横截面在中性轴以上(或以下)部分面积对中性轴的面积矩，以 b 表示横截面沿中性轴的宽度，以$[\tau]$表示梁材料的容许剪应力，则可以得到对梁的剪应力进行校核的强度条件为

$$\tau_{\max} = \frac{F_{Q\max} S_{\max}^*}{bI_z} \leqslant [\tau] \tag{9-54}$$

式(9-54)即为剪应力的强度条件。

在设计梁的截面时，必须同时满足正应力强度条件 $\sigma_{\max} = \dfrac{M_{\max}}{W_z} \leqslant [\sigma]$ 和剪应力强度条件 $\tau_{\max} = \dfrac{F_{Q\max} S_{\max}^*}{bI_z} \leqslant [\tau]$。但是在一般情况下，按照正应力强度条件所设计的截面常常可以使剪应力远小于容许剪应力$[\tau]$。因此，对于比较细长的梁，总是根据梁中的最大正应力来设计截面，不一定需要对剪应力进行强度校核。但是在以下几种特殊情况下，需作剪应力强度校核：

(1)梁的跨度较短，或在支座附近有较大荷载，因而梁的最大弯矩较小而剪力却很大。

(2)在铆接或焊接的组合截面(如工字形截面)的钢梁中，其横截面的腹板厚度与高度之比较一般型钢截面的相应比值为小。

(3)对于同一品种木材在顺纹方向的$[\tau]$较$[\sigma]$小很多，所以木梁在横力弯曲时可能因为中性层上的剪应力过大而使梁沿中性层发生剪切破坏。

除以上所介绍的，在计算梁时必须进行正应力强度校核和剪应力强度校核外，由于在梁的横截面上一般既存在正应力又存在剪应力，因而在某些特殊情况下，在某些特殊点处，由这些正应力和剪应力综合而成的折算应力可能会使梁产生更危险的情况，必须也对其进行强度校核，关于这个问题在后续章节再作介绍。

【例 9-25】　一外伸工字形钢梁如图 9-48(a)所示。工字钢的型号为 22a，已知：$l = 6$ m，$F = 30$ kN，$q = 6$ kN/m，材料的许用应力$[\sigma] = 170$ MPa，$[\tau] = 100$ MPa，试校核梁的强度。

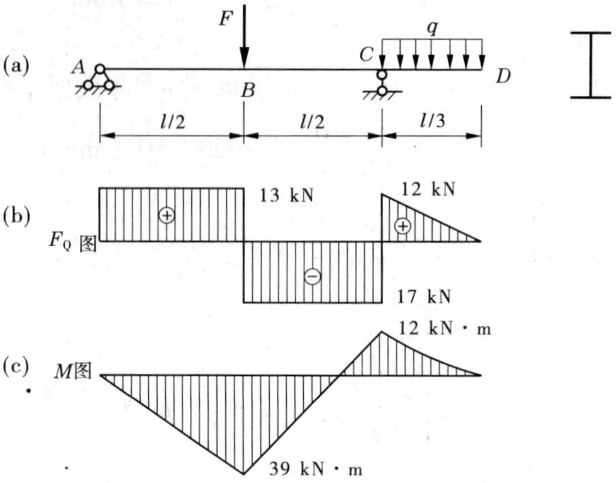

图 9-48　例 9-25 图

解　(1)校核最大正应力。

弯矩图如图 9-48(c)所示,最大正应力应发生在最大弯矩的截面上。查型钢表可知

$$W_z = 309\ \text{cm}^3 = 0.309 \times 10^{-3}\text{m}^3$$

则最大正应力

$$\sigma_{\max} = \frac{M_{\max}}{W_z} = \frac{39 \times 10^3}{0.309 \times 10^{-3}} = 126 \times 10^6(\text{Pa}) = 126\ \text{MPa} < [\sigma] = 170\ \text{MPa}$$

(2)校核最大剪应力。

剪力图如图 9-48(b)所示,最大剪应力发生在最大剪力的截面上。查型钢表可知

$$\frac{I_z}{S_{\max}^*} = 18.9\ \text{cm} = 0.189\ \text{m}$$

$$b = d = 7.5\ \text{mm} = 0.0075\ \text{m}$$

则最大剪应力为

$$\tau_{\max} = \frac{F_{Q\max} S_{\max}^*}{bI_z} = \frac{17 \times 10^3}{0.189 \times 0.0075} = 12 \times 10^6(\text{Pa}) = 12(\text{MPa}) < [\tau] = 100\ \text{MPa}$$

故此梁安全。

四、提高梁抗弯强度的途径

一般情况下,梁的设计是以正应力强度条件为依据的。由等直梁的正应力强度条件

$$\sigma_{\max} = \frac{M_{\max}}{W_z} \leqslant [\sigma]$$

可以看出,梁横截面上最大正应力与最大弯矩成正比,与抗弯截面系数成反比。所以,提高梁的弯曲强度主要从降低最大弯矩值和增大抗弯截面系数这两方面进行。

(一)降低最大弯矩值

1. 合理布置梁的支座

图 9-49 所示的简支梁,跨中最大弯矩 $M_{\max} = \frac{ql^2}{8}$,若将两端的支座各向中间移动 0.2$l$

(见图 9-49(b)),最大弯矩将减小为 $M_{max}=\frac{ql^2}{40}$,仅为前者的 1/5。

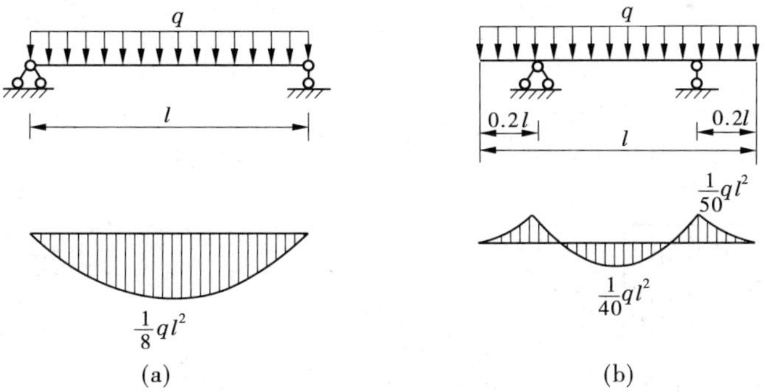

图 9-49 合理布置梁的支座

因而在同样荷载作用下,梁的截面可减小,这样就大大节省材料,并减轻自重。

2. 改善荷载的布置情况

若结构上允许把集中荷载分散布置,则可以降低梁的最大弯矩值。

例如,简支梁在跨中受一集中力 P 作用(见图 9-50(a)),其 $M_{max}=\frac{Pl}{4}$。若在 AB 梁上安置一根短梁 CD(见图 9-50(b)),最大弯矩将减小为 $M_{max}=\frac{Pl}{8}$,仅为前者的 1/2。又如,将集中力 P 分散为均布荷载 $q=\frac{P}{l}$(见图 9-50(c)),其最大弯矩减小为 $M_{max}=\frac{ql^2}{8}=\frac{Pl}{8}$,只有原来的 1/2。

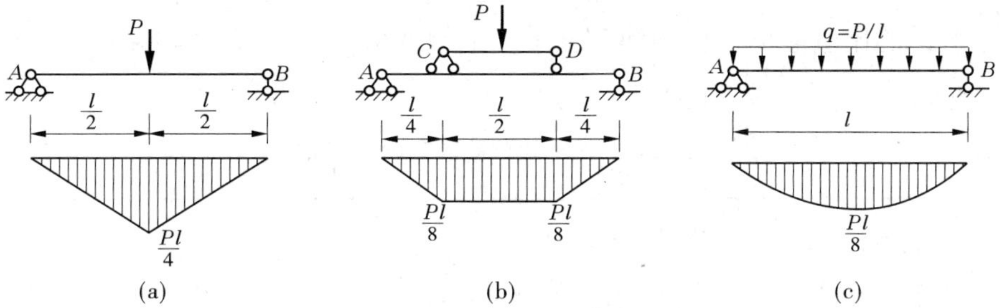

图 9-50 改善荷载的布置情况

3. 合理布置荷载作用位置

将荷载布置在靠近支座处比布置在跨中,最大弯矩值要小得多。例如,承受集中力 P 作用的简支梁,荷载作用在梁中点时(见图 9-51(a)),最大弯矩 $M_{max}=\frac{Pl}{4}$;若荷载靠近支座处(见图 9-51(b)),则最大弯矩 $M_{max}=\frac{5Pl}{36}$,减小近一半,且随着荷载离支座距离的缩小而继续减小。

4. 适当增加梁的支座

由于梁的最大弯矩与梁的跨度有关,增加支座可以减小梁的跨度,从而降低最大弯矩值。

例如，均布荷载作用的简支梁，在梁中间增加一个支座（见图 9-52），则 $|M_{\max}| = \frac{ql^2}{32}$，只是原梁的 1/4。

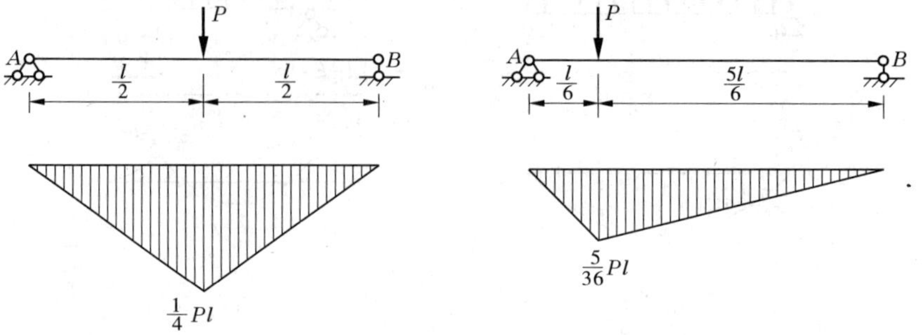

(a)　　(b)

图 9-51　合理布置荷载作用位置

（二）选择合理的截面形状

1. 选择抗弯截面系数 W_z 与截面面积 A 比值高的截面

梁所能承受的弯矩与抗弯截面系数 W_z 成正比，W_z 不仅与截面的尺寸有关，还与截面的形状有关。梁的横截面面积越大，W_z 也越大，但消耗的材料也多。所以，梁的合理截面应该是用最小的面积得到最大的抗弯截面系数。

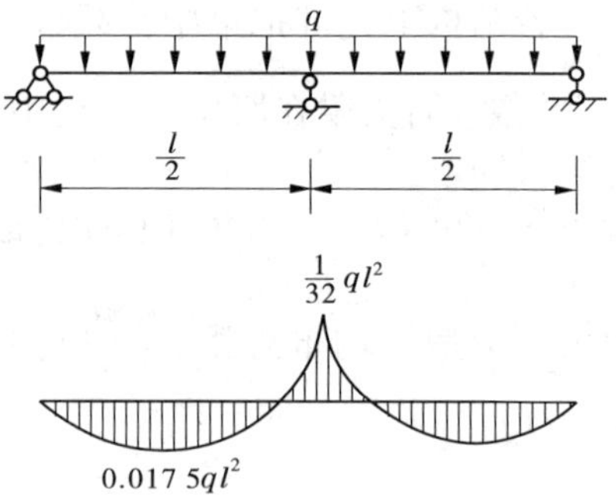

图 9-52　增加梁的支座

表 9-1 列出几种常用截面形状的 $\frac{W_z}{A}$ 值。从表中可看出，圆形截面的比值最小，矩形截面次之，工字钢及槽钢较好。

表 9-1　几种常用截面形状的 $\frac{W_z}{A}$ 值

截面形状	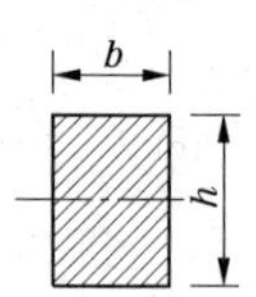	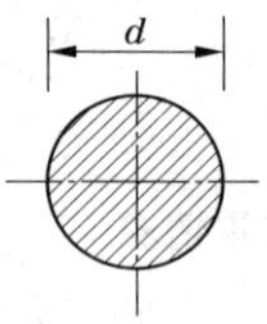	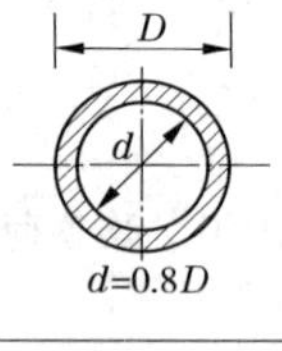	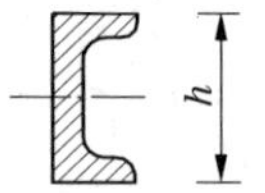	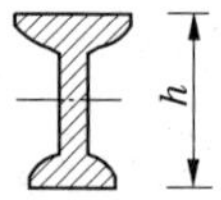
W_z/A	$0.167h$	$0.125d$	$0.205D$	$(0.27\sim0.31)h$	$(0.27\sim0.31)h$

2. 根据材料的特性选择截面

由正应力强度条件

$$\sigma_{\text{tmax}} = \frac{M_{\max}}{W_{\text{t}}} = \frac{M_{\max} y_1}{I} \leqslant [\sigma_{\text{t}}] \tag{9-55}$$

$$\sigma_{\text{cmax}} = \frac{M_{\max}}{W_{\text{c}}} = \frac{M_{\max} y_2}{I} \leqslant [\sigma_{\text{c}}] \tag{9-56}$$

可知，当截面的最大拉应力与压应力同时达到其许用值时，材料才能得到充分利用，故同时满足以上两式的截面形状才是合理的。由以上两式取等号相比得

$$\frac{[\sigma_t]}{[\sigma_c]}=\frac{y_1}{y_2} \tag{9-57}$$

对于抗拉和抗压强度相等的塑性材料，由于$[\sigma_t]=[\sigma_c]$，则要求 $y_1=y_2$，应采用对称于中性轴的截面，如矩形、圆形、工字形等截面。

对于抗拉强度和抗压强度不相等的脆性材料，由于$[\sigma_t]\neq[\sigma_c]$，则要求 $y_1\neq y_2$，应采用不对称于中性轴的截面，如T形、槽形等截面。还应注意脆性材料的$[\sigma_c]$往往比$[\sigma_t]$大得多，因此受压边缘离中性轴的距离 y_2 应较大。

3. 采用变截面梁

等截面梁的截面尺寸是由最大弯矩 M_{max} 确定的，其他截面由于弯矩小，最大应力都未达到许用应力值，材料未得到充分利用。为了充分发挥材料的潜力，在弯矩较大处采用较大截面，而在弯矩较小处采用较小截面。这种横截面沿梁轴线变化的梁称为变截面梁。若变截面梁各横截面上的最大正应力都恰好等于材料的许用应力，称为等强度梁。

等强度梁的 $W_z(x)$ 沿梁轴线变化的规律为 $W_z(x)=\frac{M_x}{[\sigma]}$，从强度观点来看，等强度梁是最理想的，但因截面变化，这种梁的施工较困难。因此，在工程上常采用形状简单的变截面梁来代替理论上的等强度梁。例如，在房屋建筑中的阳台及雨篷挑梁，梁的截面高度是变化的，自由端较小，固定端较大。

第五节 梁的变形与刚度计算

在工程中不但要求梁有足够的强度，还需有足够的刚度，就是把梁的变形控制在一定的范围之内。通常用挠度和转角来描述梁的变形，图 9-53 所示的简支梁，任一横截面的形心即轴线上的点在垂直于 x 轴方向的线位移，称为挠度，用 y 表示；横截面绕中性轴转动的角度，称为该截面的转角，用 θ 表示，如图中 C 截面转过的角度 θ 即为 C 截面的转角。

规定：挠度向下为正，反之为负，挠度的量纲为长度，国际单位制中挠度的单位为 m；转角顺时针旋转为正，反之为负，转角的单位为弧度(rad)。一般情况下，梁的各横截面的挠度和转角是不相同的，梁变形后可将挠度写成关于截面位置 x 的函数，用下式表示

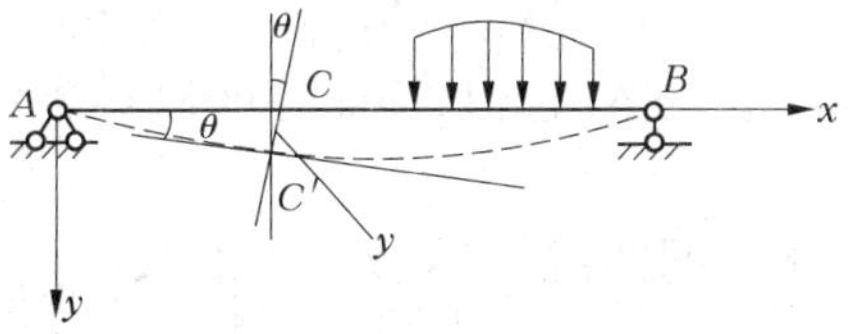

图 9-53 梁的变形

$$y=f(x) \tag{9-58}$$

称为梁的挠曲线方程。

梁的挠度和转角存在内在的联系，如图 9-53 所示，梁弯曲变形后其中 C 截面的挠度为 y，转角为 θ，由数学分析可知，挠曲线上 C' 处的切线斜率为$\frac{dy}{dx}$，又为 $\tan\theta$，即

$$\tan\theta = \frac{dy}{dx}$$

由于梁的变形属于小变形，θ 角很小，因此可取

$$\theta \approx \tan\theta = \frac{dy}{dx} = f'(x) \tag{9-59}$$

称为梁的转角方程。

由式(9-59)可以看出，转角是挠度对 x 的一次导数，只要找出梁的挠曲线方程，不仅可以求出任意截面的挠度，还可以用式(9-59)求出梁的转角方程，进一步求出任一截面的转角。下面我们研究挠曲线方程的求解方法。

一、梁的挠曲线近似微分方程及其积分

在前面推导弯曲正应力的过程中，曾用到公式

$$M = \frac{E}{\rho} I_z$$

即

$$\frac{1}{\rho} = \frac{M}{EI_z}$$

式中：ρ 为梁的挠曲线的曲率半径；M 为弯矩；E 为材料的弹性模量；I_z 为截面的惯性矩。由于 M、I_z 都可能随 x 的变化而变化，所以 ρ 是 x 的函数。

由高等数学可知，曲线 $y=f(x)$ 上任一点的曲率公式为

$$\frac{1}{\rho} = \pm \frac{\frac{d^2y}{dx^2}}{\left[1+\left(\frac{dy}{dx}\right)^2\right]^{3/2}} \tag{9-60}$$

由式(9-37)和式(9-60)可得

$$\frac{M}{EI_z} = \pm \frac{\frac{d^2y}{dx^2}}{\left[1+\left(\frac{dy}{dx}\right)^2\right]^{3/2}} \tag{9-61}$$

式(9-61)就是挠曲线的微分方程。式中 $\frac{dy}{dx}$ 即为转角 θ，在小变形情况下，梁的挠曲线为一平坦的曲线，转角 θ 远小于1，$\left(\frac{dy}{dx}\right)^2$ 与1相比就更小，式(9-61)就变成挠曲线近似微分方程

$$\frac{d^2y}{dx^2} = \pm \frac{M(x)}{EI} \tag{9-62}$$

式(9-62)称为挠曲线的近似微分方程。

式中的正负号取决于 $\frac{d^2y}{dx^2}$ 与 $M(x)$ 的正负号的规定。在如图9-54所示的坐标系中，y 轴以向下为正。当 $M(x)>0$ 时，梁的挠曲线向下凸，此时 $\frac{d^2y}{dx^2}<0$；当 $M(x)<0$ 时，梁的挠曲线

向上凸，此时$\frac{d^2y}{dx^2}>0$。$M(x)$与$\frac{d^2y}{dx^2}$的符号关系如图9-54所示。这样，在图示坐标系中，$M(x)$与$\frac{d^2y}{dx^2}$的符号总是相反，所以式(9-62)中应取负号，即

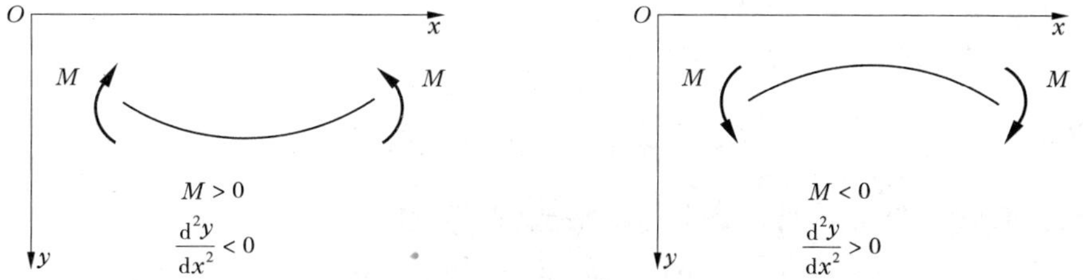

图9-54　$M(x)$的正负号规定

$$\frac{d^2y}{dx^2}=-\frac{M(x)}{EI} \tag{9-63}$$

对该挠曲线近似微分方程进行积分，可求得任一截面的挠度及转角。

当梁为等截面直梁时，弯曲刚度EI为常数，对式(9-63)积分一次，得

$$\theta=\frac{dy}{dx}=-\frac{1}{EI}\left[\int M(x)dx+C\right] \tag{9-64}$$

再积分一次，可得

$$y=-\frac{1}{EI}\left[\iint M(x)dx^2+Cx+D\right] \tag{9-65}$$

式(9-64)和式(9-65)中，C、D为积分常数，可通过梁的边界条件及变形连续条件确定。例如：在简支梁（见图9-55(a)）中，A、B支座处的挠度都等于零；在悬臂梁（见图9-55(b)）中，固定端处的挠度和转角都等于零。积分常数C、D确定后，代入式(9-64)、式(9-65)，便可求得梁的转角方程和挠曲线方程，进而可求得梁上任一横截面的转角和挠度。

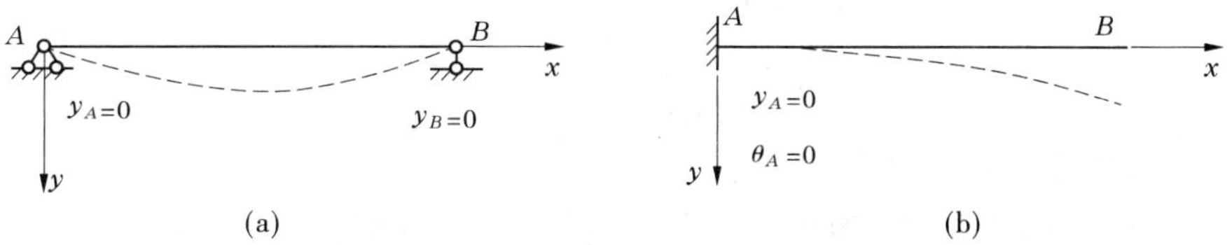

图9-55　梁的边界条件及变形连续条件

如将梁划分为几个力区，各力区有不同的挠曲线方程、转角方程，在确定各方程的积分常数时除利用边界条件外，还要用到连续条件。所谓连续条件就是在两个力区的交界处梁的变形是连续的。若简支梁上有集中力把梁分为两个力区，若分别用两个力区的挠曲线方程、转角方程求出集中力F作用截面的挠度和转角应该是相等的。

【例9-26】　如图9-56所示等截面悬臂梁AB，在自由端作用一集中力F，梁的弯曲刚度为EI，试求梁的挠曲线方程和转角方程，并确定其最大挠度y_{max}和最大转角θ_{max}。

解　(1)列出梁的弯矩方程

建立坐标系如图9-56(a)所示，取x处横截面右边一段梁作为隔离体（见图9-56(b)），弯矩方程为

$$M(x) = -F(l-x) \tag{a}$$

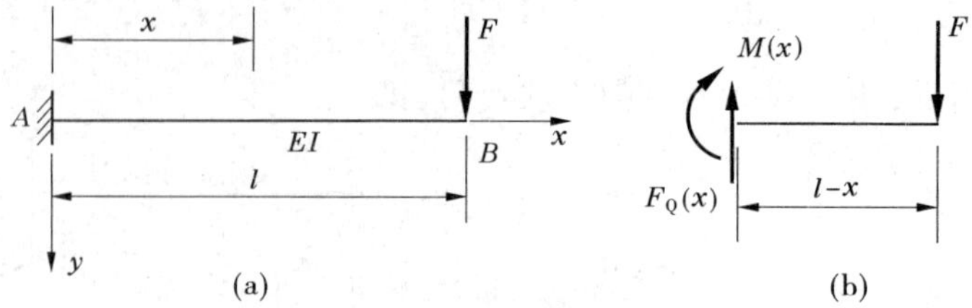

图 9-56　例 9-26 图

(2)建立梁的挠曲线近似微分方程。由式(9-63)得

$$\frac{d^2y}{dx^2} = -\frac{M(x)}{EI} = \frac{F(l-x)}{EI} \tag{b}$$

(3)对微分方程二次积分。

积分一次,得

$$\theta = \frac{dy}{dx} = \frac{1}{EI}\left(Flx - \frac{1}{2}Fx^2 + C\right) \tag{c}$$

再积分一次,得

$$y = \frac{1}{EI}\left(\frac{1}{2}Flx^2 - \frac{1}{6}Fx^3 + Cx + D\right) \tag{d}$$

(4)利用梁的边界条件确定积分常数。

在梁的固定端,横截面的转角和挠度都等于零,即

$$x=0 \text{ 时}, y=0, \theta=0$$

代入式(c)、式(d),求得 $C=0, D=0$。

(5)给出转角方程和挠曲线方程

$$\theta = \frac{dy}{dx} = \frac{1}{EI}\left(Flx - \frac{1}{2}Fx^2\right) \tag{e}$$

$$y = \frac{1}{EI}\left(\frac{1}{2}Flx^2 - \frac{1}{6}Fx^3\right) \tag{f}$$

(6)求最大挠度和最大转角。

根据梁的受力情况和边界条件,可知此梁的最大挠度和最大转角都在自由端,即 $x=l$ 处。将 $x=l$ 代入式(e)、式(f),则可求得最大转角及最大挠度分别为

$$\theta_{max} = \frac{Fl^2}{EI} - \frac{Fl^2}{2EI} = \frac{Fl^2}{2EI}$$

$$y_{max} = \frac{Fl^3}{2EI} - \frac{Fl^3}{6EI} = \frac{Fl^3}{3EI}$$

挠度为正,说明梁变形时 B 点向下移动;转角为正,说明横截面 B 沿顺时针方向转动。

用积分法计算梁的位移时,应先写出梁的弯矩方程,建立梁的挠曲线近似微分方程,然后通过积分得到转角和挠曲线方程式,积分中出现的积分常数可通过边界条件确定。当全梁的弯矩不能用统一的方程式表示时,应分段列出其弯矩方程和挠曲线近似微分方程,并分段积分。积分常数的确定除利用梁的边界条件外,还需利用梁的变形连续条件。

梁在简单荷载作用下的变形如表 9-2 所示。

表 9-2　梁在简单荷载作用下的变形

序号	梁的简图	挠曲线方程	梁端面转角(绝对值)	最大挠度(绝对值)
1	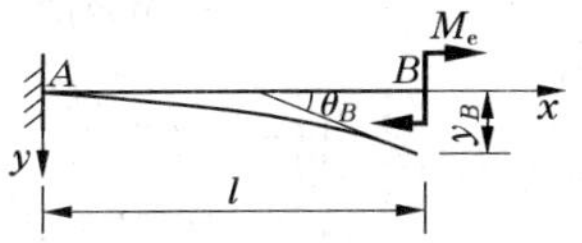	$y=\frac{M_e x^2}{2EI}$	$\theta_B=\frac{M_e l}{EI}(\curvearrowright)$	$y_B=\frac{M_e l^2}{2EI}(\downarrow)$
2	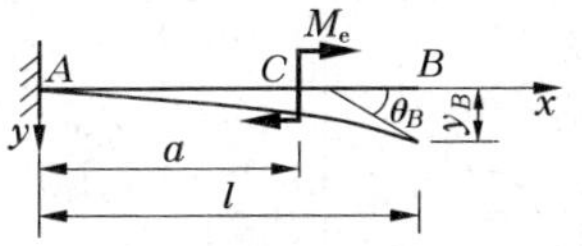	$y=\frac{M_e x^2}{2EI}$ $(0\leqslant x\leqslant a)$ $y=\frac{M_e a}{EI}\left[(x-a)+\frac{a}{2}\right]$ $(a\leqslant x\leqslant l)$	$\theta_B=\frac{M_e a}{EI}(\curvearrowright)$	$y_B=\frac{M_e a}{EI}\left(l-\frac{a}{2}\right)(\downarrow)$
3	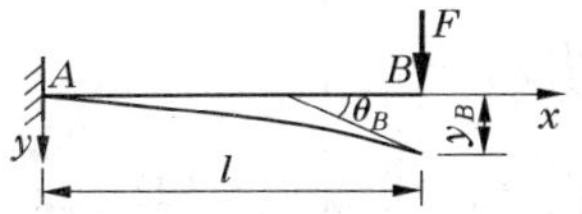	$y=\frac{Fx^2}{6EI}(3l-x)$	$\theta_B=\frac{Fl^2}{2EI}(\curvearrowright)$	$y_B=\frac{Fl^3}{3EI}(\downarrow)$
4	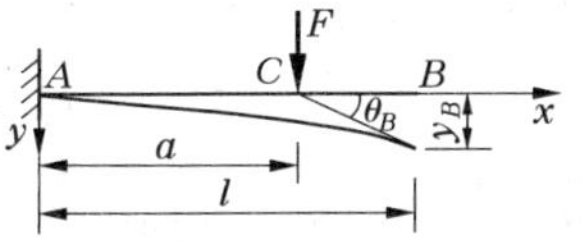	$y=\frac{Fx^2}{6EI}(3a-x)$ $(0\leqslant x\leqslant a)$ $y=\frac{Fa^2}{6EI}(3x-a)$ $(a\leqslant x\leqslant l)$	$\theta_B=\frac{Fa^2}{2EI}(\curvearrowright)$	$y_B=\frac{Fa^2}{6EI}(3l-a)(\downarrow)$
5	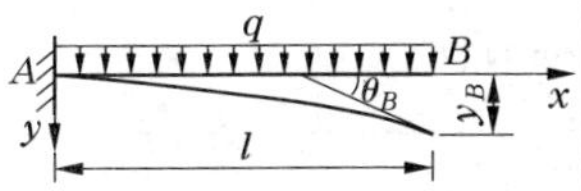	$y=\frac{qx^2}{24EI}(x^2-4lx+6l^2)$	$\theta_B=\frac{ql^3}{6EI}(\curvearrowright)$	$y_B=\frac{ql^4}{8EI}(\downarrow)$
6	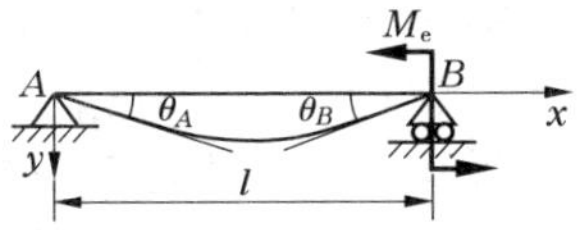	$y=\frac{M_e x}{6lEI}(l^2-x^2)$	$\theta_A=\frac{M_e l}{6EI}(\curvearrowright)$ $\theta_B=\frac{M_e l}{3EI}(\curvearrowleft)$	$y_{max}=\frac{M_e l^2}{9\sqrt{3}EI}(\downarrow)$ $\left(x=\frac{l}{\sqrt{3}}\right)$ $y_{\frac{l}{2}}=\frac{M_e l^2}{16EI}(\downarrow)$
7	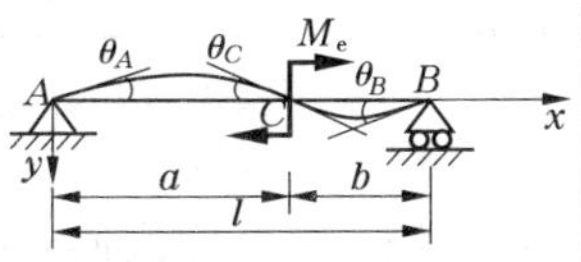	$y=-\frac{M_e x}{6lEI}(l^2-3b^2-x^2)$ $(0\leqslant x\leqslant a)$ $y=-\frac{M_e}{6lEI}[-x^3+3l(x-a)^2+(l^2-3b^2)x]$ $(a\leqslant x\leqslant l)$	$\theta_A=\frac{M_e}{6lEI}(l^2-3b^2)(\curvearrowleft)$ $\theta_B=\frac{M_e}{6lEI}(l^2-3a^2)(\curvearrowleft)$ $\theta_C=\frac{M_e}{6lEI}(3a^2+3b^2-l^2)(\curvearrowright)$	
8	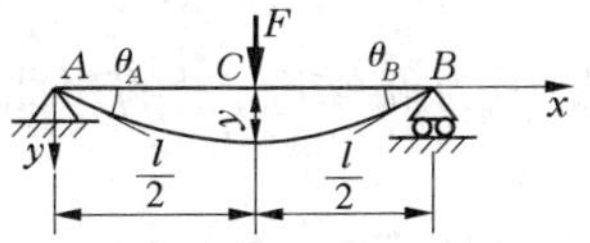	$y=\frac{Fx}{48EI}(3l^2-4x^2)$ $\left(0\leqslant x\leqslant\frac{l}{2}\right)$	$\theta_A=\frac{Fl^2}{16EI}(\curvearrowright)$ $\theta_B=\frac{Fl^2}{16EI}(\curvearrowleft)$	$y_C=\frac{Fl^3}{48EI}(\downarrow)$

续表 9-2

序号	梁的简图	挠曲线方程	梁端面转角(绝对值)	最大挠度(绝对值)
9	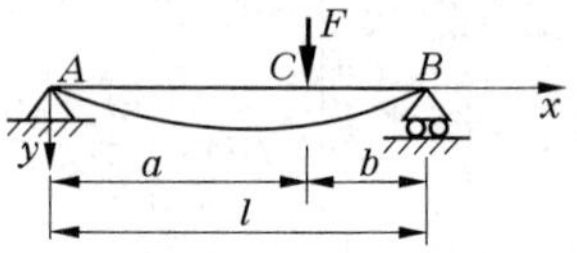	$y=\frac{Fbx}{6lEI}(l^2-x^2-b^2)$ $(0\leqslant x\leqslant a)$ $y=\frac{Fb}{6lEI}\left[\frac{l}{b}(x-a)^3+(l^2-b^2)x-x^3\right]$ $(a\leqslant x\leqslant l)$	$\theta_A=\frac{Fab(l+b)}{6lEI}$(↷) $\theta_B=\frac{Fab(l+a)}{6lEI}$(↶)	$y_{max}=\frac{Fb(l^2-b^2)^{\frac{3}{2}}}{9\sqrt{3}lEI}$(↓) $\left(x=\sqrt{\frac{l^2-b^2}{2}}(a\geqslant b)\right)$ $y_{\frac{l}{2}}=\frac{Fb(3l^2-4b^2)}{48EI}$(↓)
10	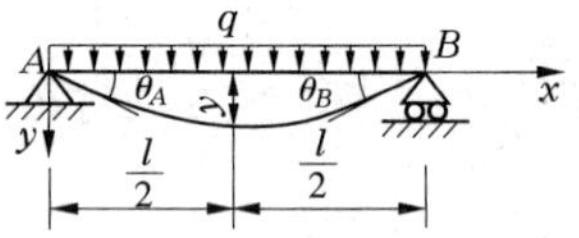	$y=\frac{qx}{24EI}(l^3-2lx^2+x^3)$	$\theta_A=\frac{ql^3}{24EI}$(↷) $\theta_B=\frac{ql^3}{24EI}$(↶)	$y_{max}=\frac{5ql^4}{384EI}$(↓)
11	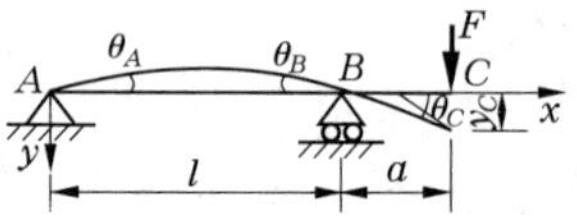	$y=-\frac{Fax}{6lEI}(l^2-x^2)$ $(0\leqslant x\leqslant l)$ $y=\frac{F(x-l)}{6EI}[a(3x-l)-(x-l)^2]$ $(l\leqslant x\leqslant(l+a))$	$\theta_A=\frac{Fal}{6EI}$(↶) $\theta_B=\frac{Fal}{3EI}$(↷) $\theta_C=\frac{Fa}{6EI}(2l+3a)$(↷)	$y_C=\frac{Fa^2}{3EI}(l+a)$(↓)
12	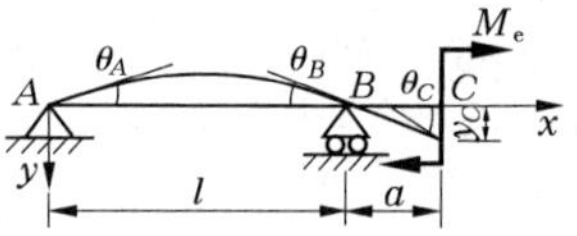	$y=-\frac{M_ex}{6lEI}(x^2-l^2)$ $(0\leqslant x\leqslant l)$ $y=\frac{M_e}{6EI}(3x^2-4xl+l^2)$ $(l\leqslant x\leqslant(l+a))$	$\theta_A=\frac{M_el}{6EI}$(↶) $\theta_B=\frac{M_el}{3EI}$(↷) $\theta_C=\frac{M_e}{3EI}(l+3a)$(↷)	$y_C=\frac{M_ea}{6EI}(2l+3a)$(↓)
13	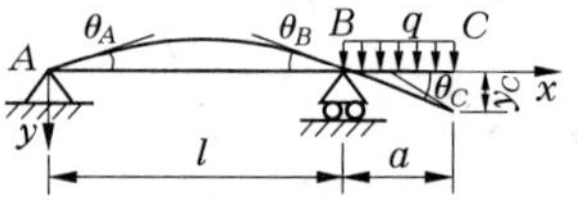	$y=-\frac{qa^2}{12EI}\left(lx-\frac{x^3}{l}\right)$ $(0\leqslant x\leqslant l)$ $y=\frac{qa^2}{12EI}\left[\frac{x^3}{l}-\frac{(2l+a)(x-l)^3}{al}+\frac{(x-l)^4}{2a^2}-lx\right]$ $(l\leqslant x\leqslant(l+a))$	$\theta_A=\frac{qa^2l}{12EI}$(↶) $\theta_B=\frac{qa^2l}{6EI}$(↷) $\theta_C=\frac{qa^2}{6EI}(l+a)$(↷)	$y_C=\frac{qa^3}{24EI}(3a+4l)$(↓) $y=\frac{qa^2l^2}{18\sqrt{3}EI}$(↑) $\left(x=\frac{l}{\sqrt{3}}\right)$

二、用叠加法计算梁的变形

当梁上同时作用几种荷载时,所引起的梁的位移可采用叠加法计算,即先分别求出每一项荷载单独作用时所引起的位移,然后计算这些位移的代数和,即为各荷载同时作用时所引起的位移。

【例 9-27】 如图 9-57(a)所示简支梁 AB,受均布荷载和集中力偶作用,梁的弯曲刚度为 EI,试用叠加法求梁跨中点 C 的挠度值和 A、B 截面的转角。

解 此梁上的荷载可以分为两项简单荷载,如图 9-57(b)、(c)所示。

均布荷载单独作用时，从表 9-2 可以查得

$$y_{Cq}=\frac{5ql^4}{384EI}\qquad \theta_{Aq}=\frac{ql^3}{24EI}\qquad \theta_{Bq}=-\frac{ql^3}{24EI}$$

集中力偶单独作用时，从表 9-2 可以查得

$$y_{CM}=\frac{M_e l^2}{16EI}\qquad \theta_{AM}=\frac{M_e l}{3EI}\qquad \theta_{BM}=-\frac{M_e l}{6EI}$$

将以上两个结果叠加，得

$$y_C=y_{Cq}+y_{CM}=\frac{5ql^4}{384EI}+\frac{M_e l^2}{16EI}$$

$$\theta_A=\theta_{Aq}+\theta_{AM}=\frac{ql^3}{24EI}+\frac{M_e l}{3EI}$$

$$\theta_B=\theta_{Bq}+\theta_{BM}=-\frac{ql^3}{24EI}-\frac{M_e l}{6EI}$$

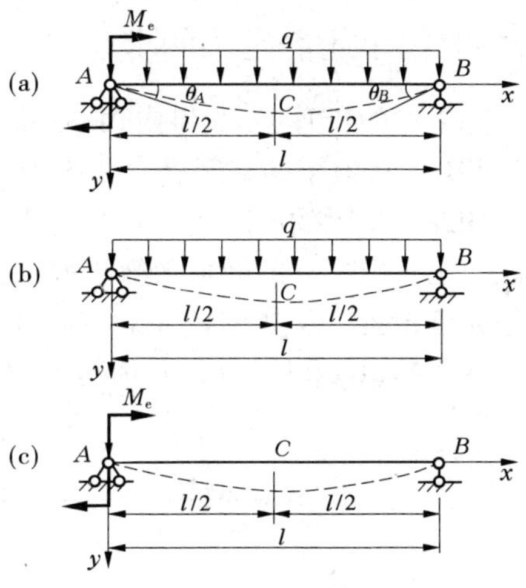

图 9-57　例 9-27 图

三、梁的刚度校核

在梁的设计中，要求梁有足够的刚度，需把梁的变形控制在工程允许的范围之内。在梁的刚度计算中，通常是以挠度的容许值与跨长的比值$\left[\frac{y}{l}\right]$作为校核的标准，即梁在荷载作用下产生的最大挠度 y_{max} 与跨长 l 的比值不能超过$\left[\frac{y}{l}\right]$，所以梁的刚度条件可以写成

$$\frac{y_{max}}{l}\leqslant\left[\frac{y}{l}\right]\tag{9-66}$$

式中，$\left[\frac{y}{l}\right]$根据不同的工程用途，在有关规范中，均有具体的规定值。

【例 9-28】　如图 9-58 所示悬臂梁 AB，承受均布荷载 q 的作用。已知：$l=3$ m，$q=3$ kN/m，$\left[\frac{y}{l}\right]=\frac{1}{400}$，梁采用 20a 号工字钢，其弹性模量 $E=200$ GPa，试校核梁的刚度。

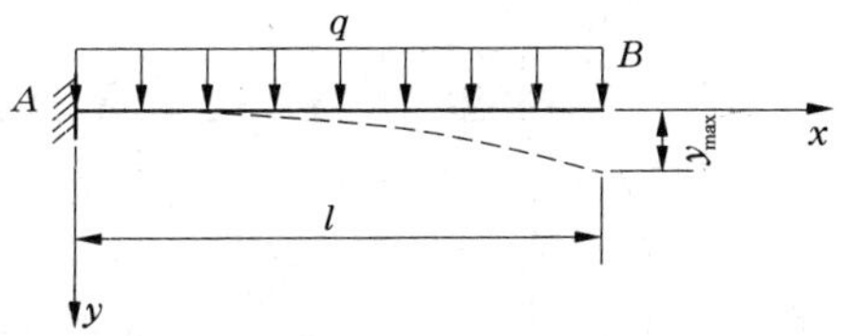

图 9-58　例 9-28 图

解　查得工字钢的惯性矩为

$$I=0.237\times10^{-4}\ \text{m}^4$$

由表 9-2 知，梁的最大挠度为

$$y_{max}=\frac{ql^4}{8EI}=\frac{3\times10^3\times3^4}{8\times200\times10^9\times0.237\times10^{-4}}=6.4\times10^{-3}(\text{m})$$

$$\frac{y_{max}}{l}=\frac{6.4\times10^{-3}}{3}\approx\frac{1}{468}<\frac{1}{400}$$

故梁满足刚度要求。

对于工程中的梁，必须要同时满足强度条件和刚度条件。一般情况下，强度条件往往起控制作用，如果满足强度条件，刚度条件一般也能满足。因此，在设计梁时，一般先由强度条件选择梁的截面，然后再校核刚度。

四、简单超静定梁的求解

如果梁的支座反力和内力仅靠静力平衡条件能全部确定，这种梁称为静定梁（见图 9-59（a）），但梁的支座反力和内力仅靠静力平衡条件不能全部确定，这种梁称为超静定梁。如在简支梁的中间增加一个支座（见图 9-59（b）），此时梁的支座反力有 4 个，而对该梁只能列出 3 个独立的静力平衡方程，所以只用静力平衡条件不能求出全部的支座反力，即该梁是超静定梁。又如在悬臂梁的自由端加一支座（见图 9-60（b）），该梁也是超静定梁。

图 9-59（b）和图 9-60（b）所示的梁均为一次超静定梁。

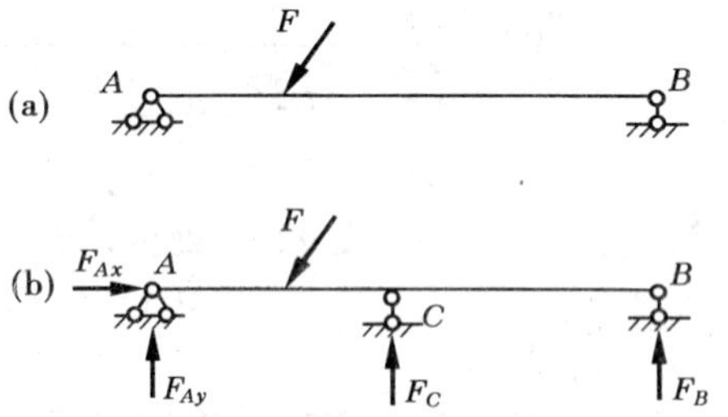

图 9-59　简支梁与超静定梁

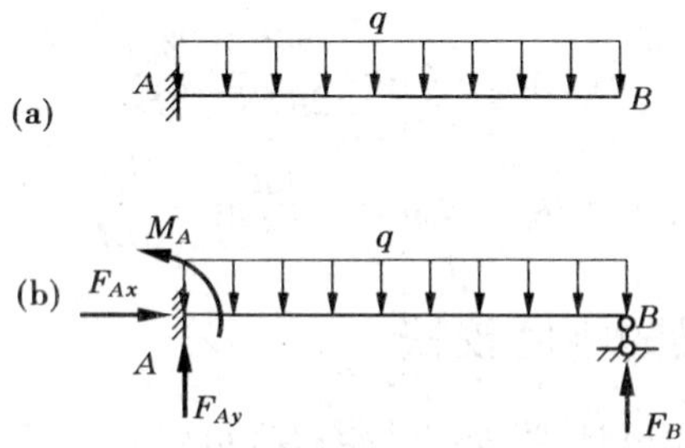

图 9-60　悬臂梁与超静定梁

超静定梁的内力求解方法很多，这里介绍最基本的一种——变形比较法。

下面结合图 9-61 所示的超静定梁来具体说明该方法。

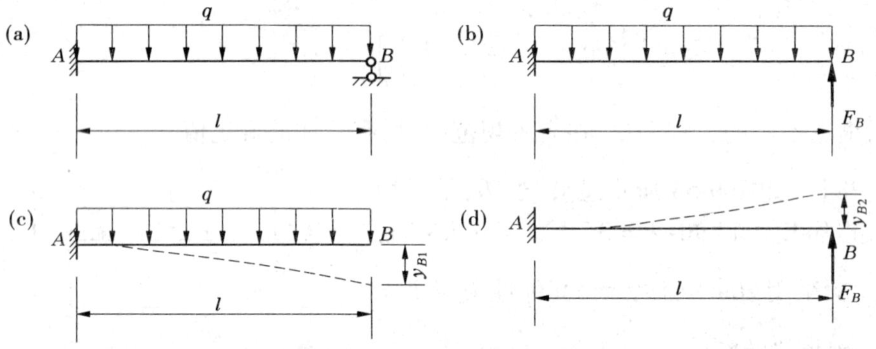

图 9-61　变形比较法计算梁位移

图 9-61（a）所示为一次超静定梁，故需建立一个补充方程。将支座 B 视为多余约束，将该支座解除，并在 B 点施加与所解除的约束相对应的支座反力 F_B，假设其方向向上。这样就得到了一个在均布荷载 q 和 F_B 共同作用下的静定悬臂梁（见图 9-61（b））。该静定梁的变形情况应与原超静定梁的变形相同。根据原超静定梁的约束条件可知，此梁在 B 点的挠度应等于零，即 $y_B=0$。则图 9-61（b）所示的静定梁在均布荷载 q 和 F_B 共同作用下，B 点的挠度也应等于零，按叠加法，B 点的挠度等于均布荷载单独作用在 B 处产生的挠度 y_{B1} 与集中力 F_B 单独作用在 B 处产生的挠度 y_{B2} 的代数和。可写成

$$y_B = y_{B1} + y_{B2} = \frac{ql^4}{8EI} + \left(-\frac{F_B l^3}{3EI}\right)$$

由于图 9-61（b）所示的结构与原结构等价，B 点不应有竖向位移，即得变形协调条件

$$y_B = \frac{ql^4}{8EI} - \frac{F_B l^3}{3EI} = 0$$

可得

$$F_B = \frac{3}{8}ql$$

求出支座反力 F_B 后，梁 AB 的一次超静定问题变为静定问题，其余的反力可用平衡方程来求出，这里不再重述。

本题中梁的变形条件除可用 $y_B=0$ 外，还可以用 $\theta_A=0$ 来求解 AB 梁的超静定问题，解题过程略，同学们自己讨论解决。

小　结

本章主要讲解了梁的弯曲变形的相关性质，主要包括三方面内容：弯曲变形的内力计算，弯曲变形的应力及强度计算和梁的变形及刚度计算。此外，还介绍了截面相关的几何性质问题。

在梁的弯曲内力部分，应掌握弯曲变形与平面弯曲等基本概念；熟练掌握用截面法求弯曲内力；能熟练列出剪力方程和弯矩方程并绘制剪力图和弯矩图；会利用荷载集度、剪力和弯矩间的微分关系绘制剪力图和弯矩图；并掌握用叠加法绘制剪力图和弯矩图。

在弯曲变形的应力及强度计算部分，应掌握梁纯弯曲时横截面上正应力计算公式的推导过程，理解推导中所作的基本假设。理解横力弯曲正应力计算仍用纯弯曲公式的条件和近似程度。掌握中性层、中性轴和翘曲等基本概念和含义。掌握各种形状截面梁（矩形、圆形、圆环形、工字形）横截面上剪应力的分布和计算。熟练弯曲正应力和剪应力强度条件的建立和相应的计算。了解什么情况下需要对梁的弯曲剪应力进行强度校核；并从弯曲强度条件出发，掌握提高弯曲强度的若干措施。

在梁的变形及刚度计算部分，掌握求梁变形的两种方法：积分法和叠加法，明确叠加原理的使用条件，掌握梁的刚度校核。

截面的几何性质部分应掌握静矩和形心的概念与计算方法。掌握惯性矩、极惯性矩、惯性半径和惯性积的概念及计算方法。掌握惯性矩和极惯性矩的关系。熟练掌握某些几何量在不同坐标系中的转换公式——平行移轴公式、转轴公式的应用。掌握主惯性轴、主惯性矩、形心主惯性轴和形心主惯性矩的定义及计算方法。

思考题

9-1　什么是弯曲变形？

9-2　什么是梁的平面弯曲？什么是梁的横力弯曲？什么是梁的纯弯曲？

9-3　弯曲内力有哪些？如何计算？

9-4　绘制梁的内力图的方法有哪些？

9-5　M、F_Q、q 三者之间的关系是什么样的？如何利用这种关系绘制梁的内力图？

9-6　分别说明：在怎样的截面处，F_Q 有突变？M 有突变？

9-7　什么是叠加原理？叠加原理成立的条件是什么？

9-8　有均布荷载 q 的平面弯曲梁段，其弯矩图的中点叠加值为什么是$\frac{ql^2}{8}$？应沿什么方向叠加？

9-9　什么是区段叠加法？如何利用区段叠加法绘制梁的内力图？

9-10　如何利用静矩确定截面的形心位置？静矩为零的条件是什么？

9-11　静矩、惯性矩、惯性积、极惯性矩各有什么特点？

9-12　平行移轴公式的应用条件是什么？

9-13　如何确定主轴及主惯性矩？

9-14　设 z 轴是截面图形的形心轴，试说明：为什么 S_z 一定等于0？I_{zy}是否一定等于0？

9-15　对一簇平行轴而言，截面图形对哪一个轴的惯性矩最小？

9-16　关于过哪些点有主轴，试判断下列说法中哪一种是正确的。

(1)过图形中任意点都有主轴；

(2)过图形内任意点和图形外某些特殊点才有主轴；

(3)过图形内外任意点都有主轴；

(4)只有通过形心才有主轴。

9-17　什么是中性层？什么是中性轴？

9-18　在推导梁的正应力公式时作了哪些假设？假设的依据是什么？在推导公式中起什么作用？

9-19　中性轴的位置如何确定？

9-20　梁的正应力在横截面上如何分布？

9-21　在推导矩形截面梁的剪应力公式时作了什么假设？剪应力在横截面上的分布规律怎样？

9-22　工字形截面梁的剪应力分布规律怎样？

9-23　选取梁合理截面的原则是什么？

9-24　什么是挠度？什么是转角？它们之间有什么关系？

9-25　什么是挠曲线？挠曲线近似微分方程是如何建立的？

9-26　如何利用积分法计算梁的变形？如何利用梁的边界条件和挠曲线的连续条件确定积分常数？

9-27　如何确定挠度和转角的方向？

9-28　什么是求梁变形的叠加法？什么是直接叠加法？什么是间接叠加法？

9-29　如何进行梁的刚度校核？

9-30　判断以下说法的正误，正确的在括号内画“✓”，错误的画“×”。

(1)若简支梁上有若干集中荷载作用，则最大弯矩必发生在最大荷载作用处。(　　)

(2)梁上最大剪力作用面上必有最大弯矩。(　　)

(3)两根受力情况、跨度、横截面尺寸均相同的木梁和钢梁，对应截面上的弯矩相同，对应点的正应力相同。(　　)

(4)平面弯曲梁的横截面上有正应力分布，故横截面上的轴力必不为零。(　　)

(5)弯矩最大的截面转角最大,弯矩为零的截面转角也为零。(　　)

(6)剪力有突变的位置,其梁上相应处必作用有集中力。(　　)

(7)水平放置的梁受均布荷载作用,则其剪力图必为斜直线。(　　)

(8)矩形截面梁,当横截面的高度和宽度分别增加一倍时,该梁抗弯能力增大一倍。(　　)

(9)由弯曲剪应力公式说明,一般情况下中性轴上剪应力最大,横截面的上下边缘处剪应力为零。(　　)

(10)简支梁在任何情况下的弯曲,均不会出现转角为零的截面。(　　)

习　题

9-1　求如图 9-62 所示各梁中指定截面上的剪力和弯矩。

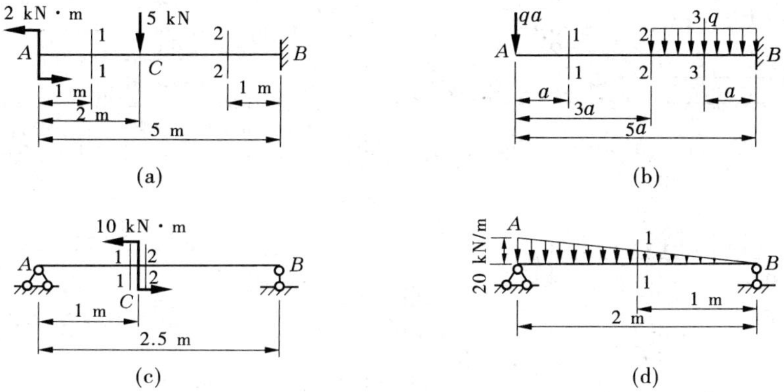

图 9-62　习题 9-1 图

9-2　作出图 9-63 所示各梁的剪力图和弯矩图。

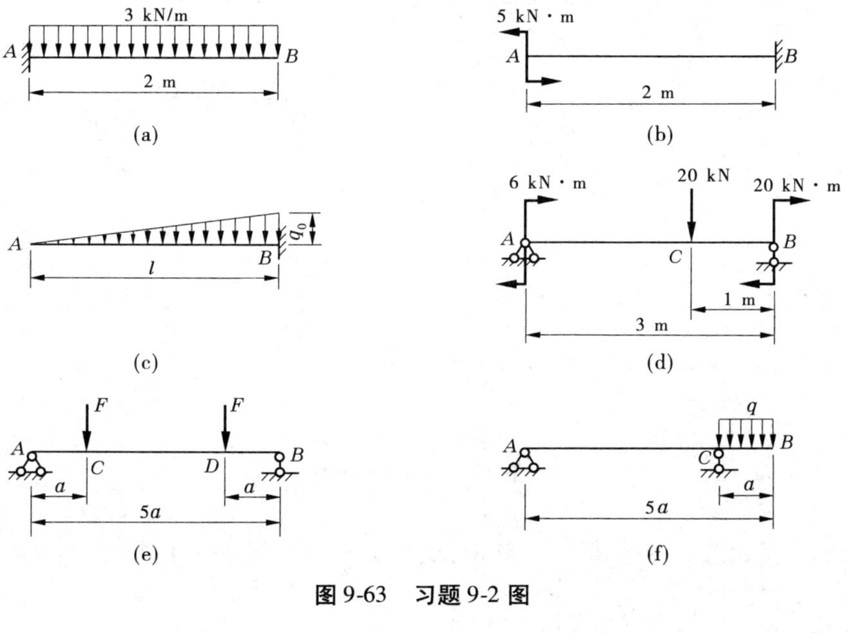

图 9-63　习题 9-2 图

9-3　用简便方法作图 9-64 所示各梁的剪力图和弯矩图。

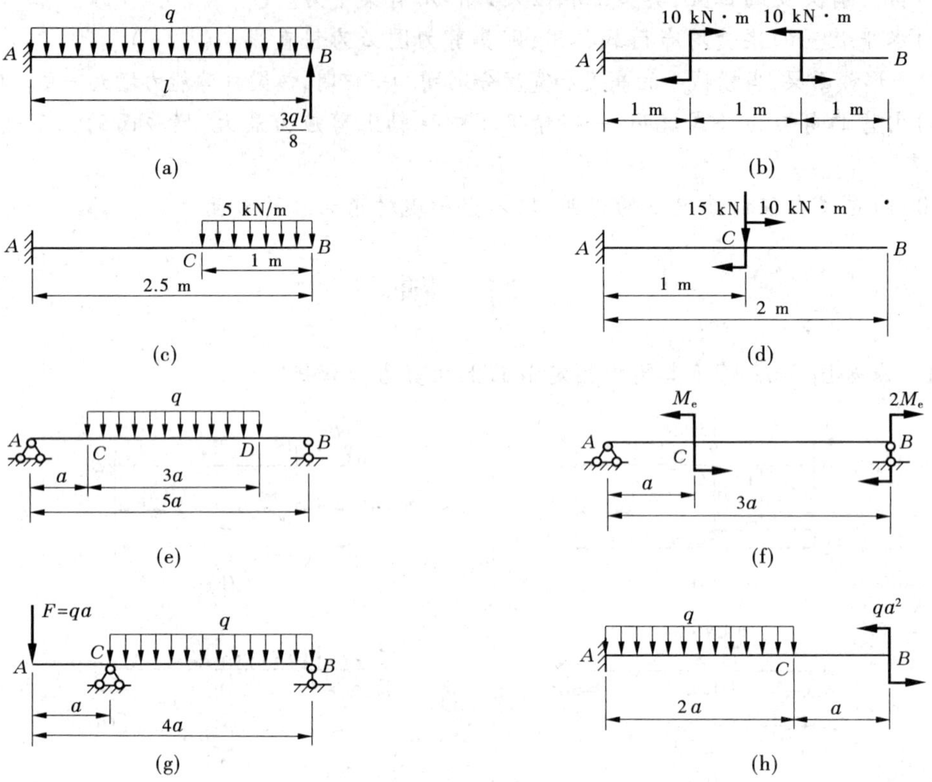

图 9-64　习题 9-3 图

9-4　试用叠加法作图 9-65 所示各梁的弯矩图。

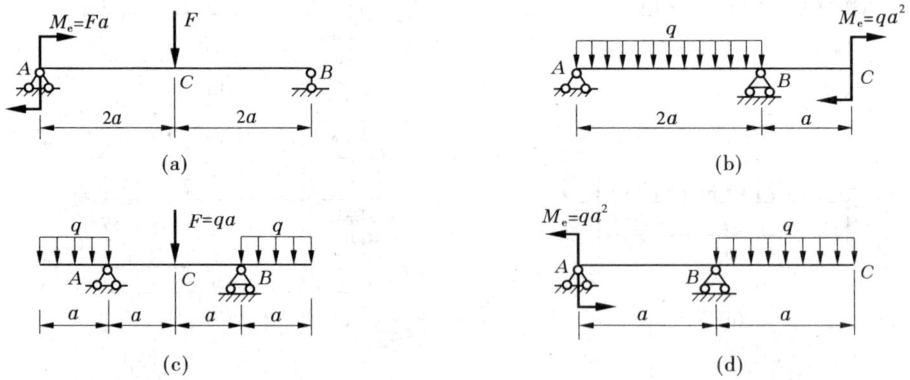

图 9-65　习题 9-4 图

9-5　已知梁的剪力图如图 9-66 所示，试作梁的弯矩图和荷载图。已知梁上没有集中力偶作用。

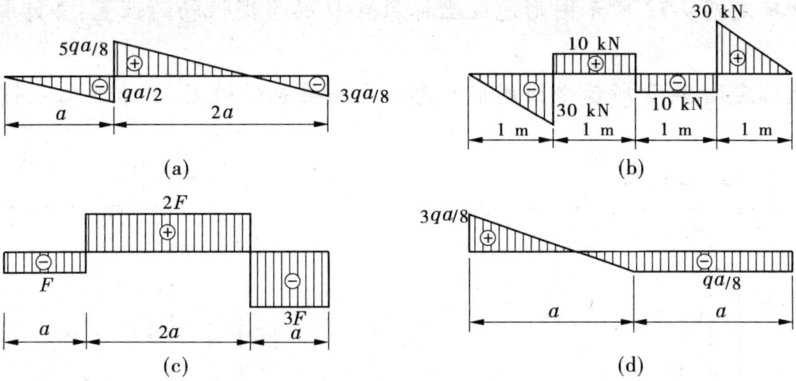

图 9-66　习题 9-5 图

9-6　试根据图 9-67 所示简支梁的弯矩图作出梁的剪力图和荷载图。

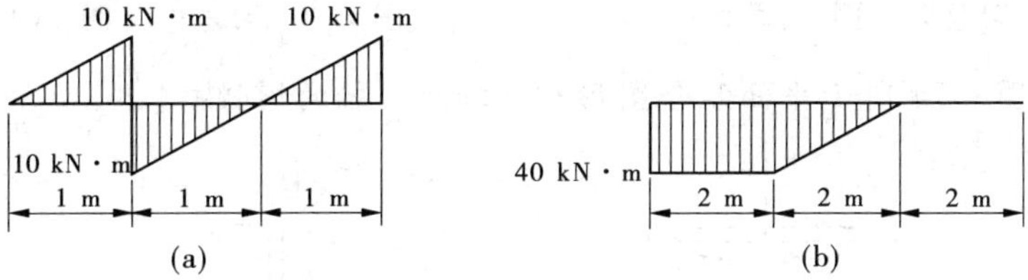

图 9-67　习题 9-6 图

9-7　试求图 9-68 所示平面图形的形心坐标 y_C。

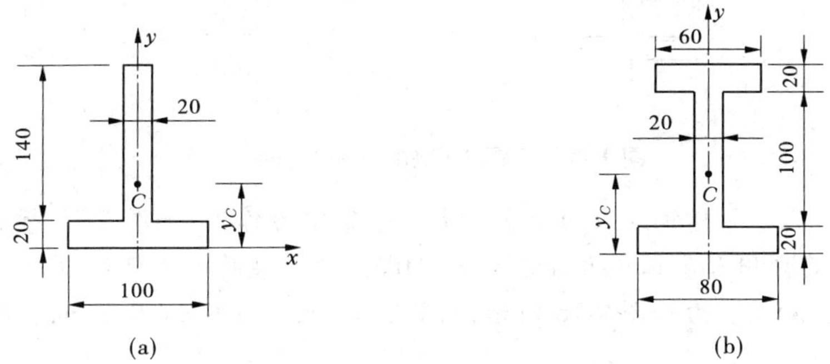

图 9-68　习题 9-7 图　（单位:mm）

9-8　试用积分法求图 9-69 所示三角形的 I_z 值。

9-9　计算图 9-70 所示图形对 y 轴、z 轴的惯性积 I_{yz}。

9-10　求图 9-71 所示图形 y 轴、z 轴及 z_1 轴的惯性矩。

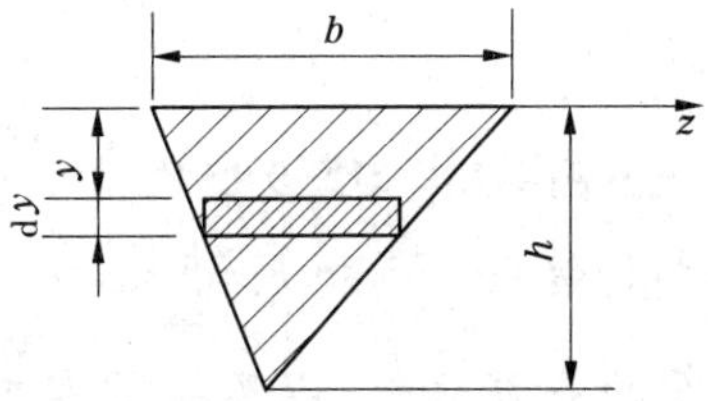

图 9-69　习题 9-8 图

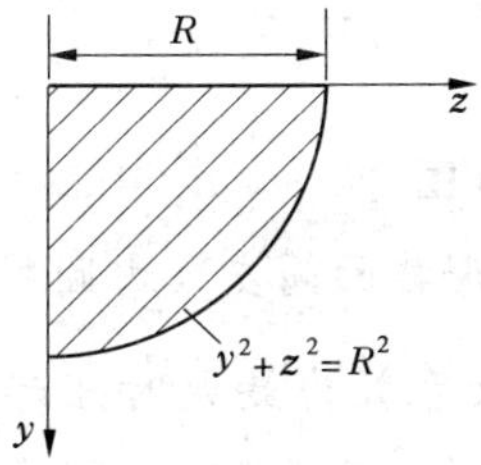

图 9-70　习题 9-9 图

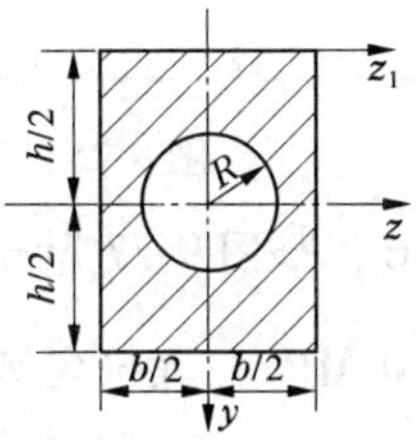

图 9-71　习题 9-10 图

9-11　试确定图 9-72 所示图形通过坐标原点 O 的主惯性轴的位置，并计算主惯性矩 I_{y0} 和 I_{z0} 值。

9-12　试确定图 9-73 所示平面图形的形心主惯性轴的位置，并求形心主惯性矩。

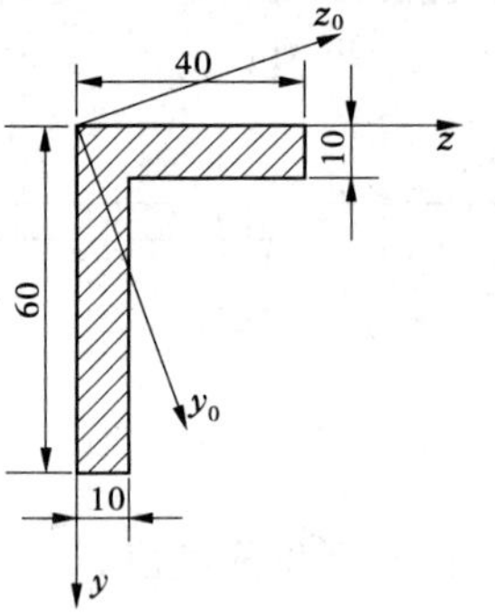

图 9-72　习题 9-11 图　（单位:mm）

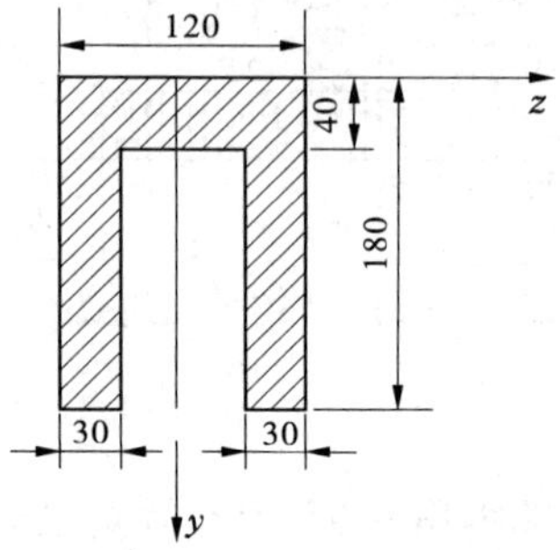

图 9-73　习题 9-12 图　（单位:mm）

9-13　试求图 9-74 所示平面组合图形对 x 轴和 y 轴的惯性矩。

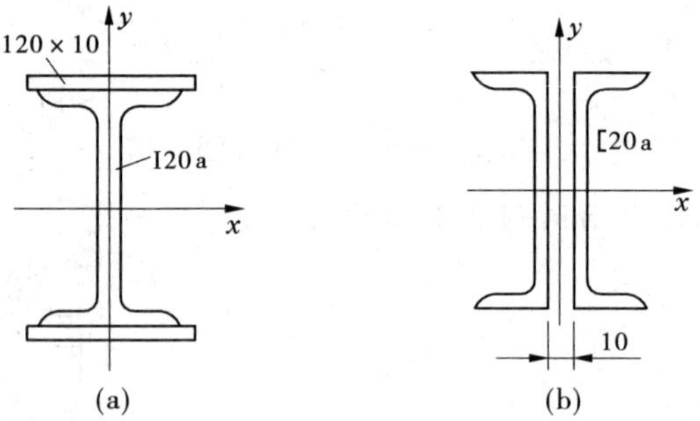

图 9-74　习题 9-13 图　（单位:mm）

9-14　由两根 28a 号槽钢组成的简支梁受 3 个集中力作用，如图 9-75 所示。已知该梁材料为 Q235 钢，其许用弯曲正应力 $[\sigma]=170$ MPa。试求梁的许可荷载 $[F]$。

9-15　一简支木梁受力如图 9-76 所示，荷载 $F=5$ kN，距离 $a=0.7$ m，材料的许用弯曲正应力 $[\sigma]=10$ MPa，横截面为 $\dfrac{h}{b}=3$ 的矩形。试按正应力强度条件确定梁横截面的尺寸。

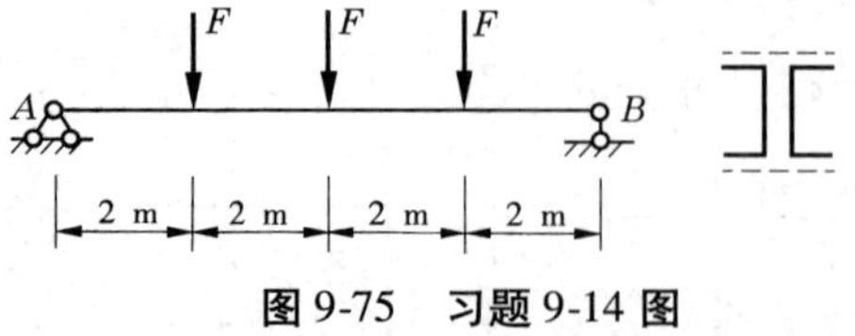

图 9-75　习题 9-14 图

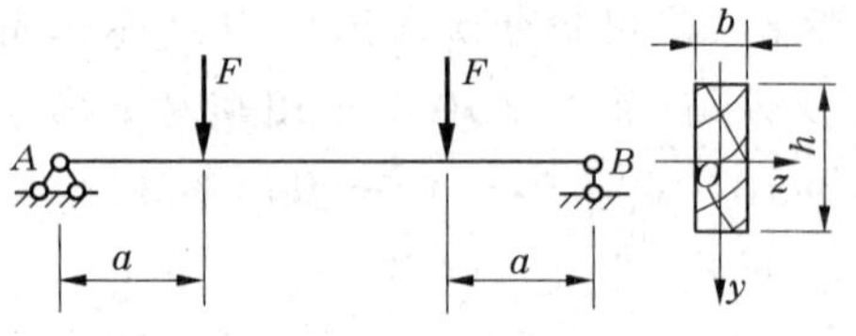

图 9-76　习题 9-15 图

9-16　如图 9-77 所示，一矩形截面简支梁由圆柱形木料锯成。已知 $F=5$ kN，$a=1.5$ m，$[\sigma]=10$ MPa。试确定弯曲截面系数为最大时矩形截面的高宽比 $\dfrac{h}{b}$，以及梁所需木料的最小直径 d。

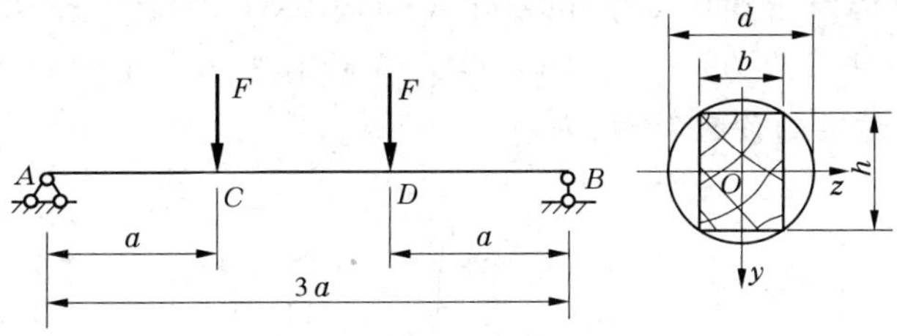

图 9-77　习题 9-16 图

9-17　一正方形截面悬臂木梁的尺寸及所受荷载如图 9-78 所示。木料的许用弯曲正应力$[\sigma]=10$ MPa。现需在梁的截面 C 上中性轴处钻一直径为 d 的圆孔，试问在保证梁强度的条件下，圆孔的最大直径 d（不考虑圆孔处应力集中的影响）可达多大？

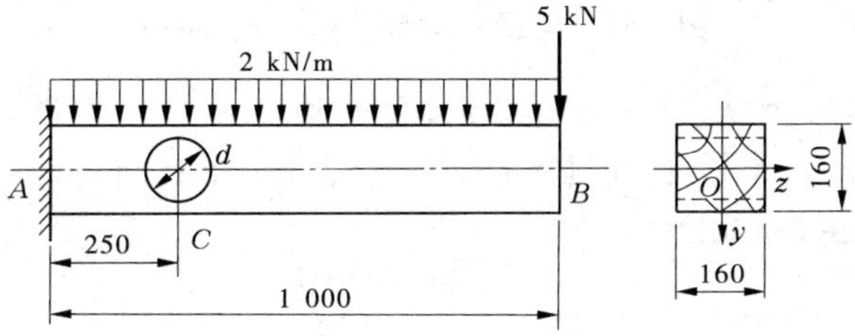

图 9-78　习题 9-17 图　（单位：mm）

9-18　一箱形梁承受荷载和截面尺寸如图 9-79 所示。若梁的两支座间横截面上的弯曲正应力不能超过 8 MPa，剪应力不能超过 1.2 MPa。试确定作用在梁上的许用集中力$[F]$值。

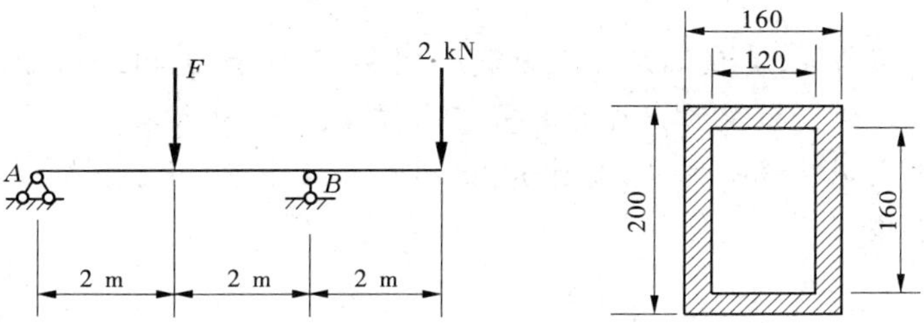

图 9-79　习题 9-18 图　（单位：mm）

9-19　梁的受力情况及截面尺寸如图 9-80 所示。若惯性矩 $I_z=102\times10^{-6}\ \text{m}^4$，试求最大拉应力和最大压应力的数值，并指出产生最大拉应力和最大压应力的位置。

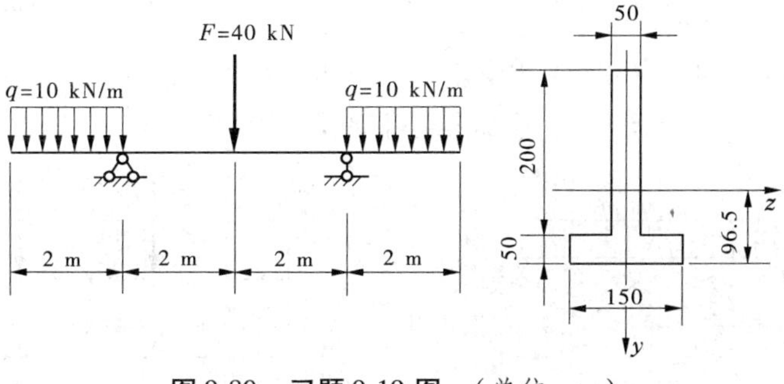

图 9-80　习题 9-19 图　（单位：mm）

9-20　⊥形截面铸铁悬臂梁,尺寸及荷载如图 9-81 所示。若材料的拉伸许用应力 $[\sigma_t]=400$ MPa,压缩许用应力 $[\sigma_c]=160$ MPa,截面对形心轴 z 的惯性矩 $I=10\ 180\ \text{cm}^4$,$h_1=9.64$ cm,试计算该梁的许可荷载 $[F]$。

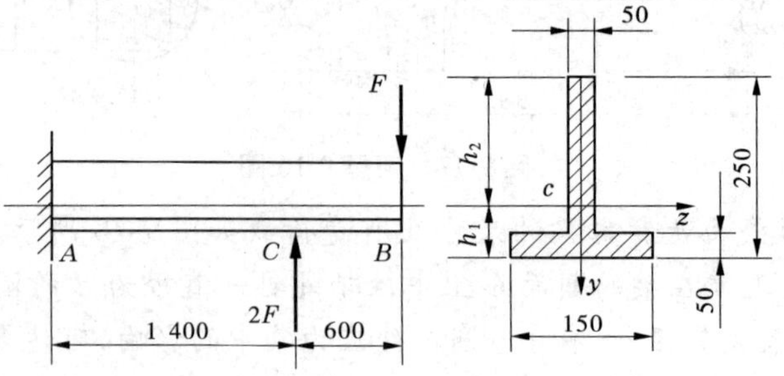

图 9-81　习题 9-20 图　(单位:mm)

9-21　如图 9-82 所示的矩形截面简支梁,承受均布荷载 q 作用。若已知 $q=2$ kN/m,$l=3$ m,$h=2b=240$ mm。试求:截面竖放(如图 9-82(c)所示)和横放(如图 9-82(b)所示)时梁内的最大正应力,并加以比较。

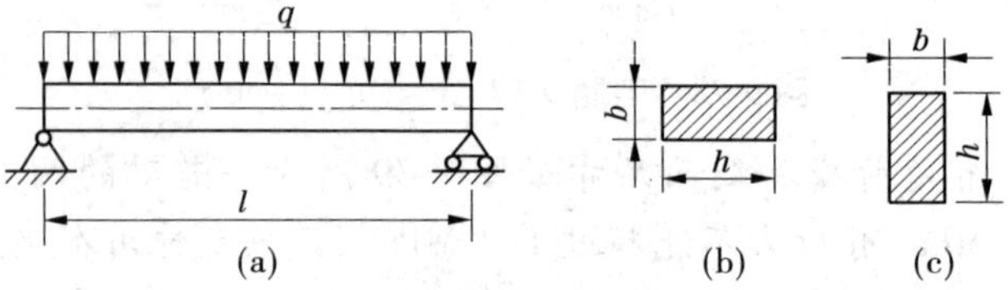

图 9-82　习题 9-21 图

9-22　矩形截面木梁,其截面尺寸及荷载如图 9-83 所示,$q=1.3$ kN/m。已知 $[\sigma]=10$ MPa, $[\tau]=2$ MPa。试校核梁的正应力和剪应力强度。

9-23　简支梁承受荷载如图 9-84 所示,试用积分法求 θ_A、θ_B,并求出 y_{max} 所在截面的位置及该挠度的计算式。

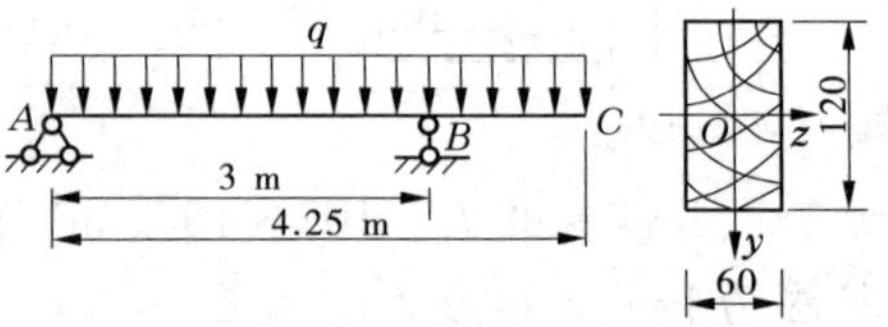

图 9-83　习题 9-22 图　(单位:mm)

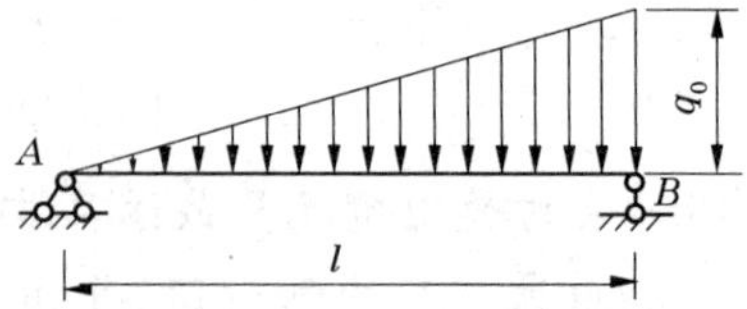

图 9-84　习题 9-23 图

9-24　试用积分法求如图 9-85 所示外伸梁的 θ_A、θ_B 及 y_A、y_D。

9-25　试用积分法求如图 9-86 所示悬臂梁的 B 端的挠度 y_B。

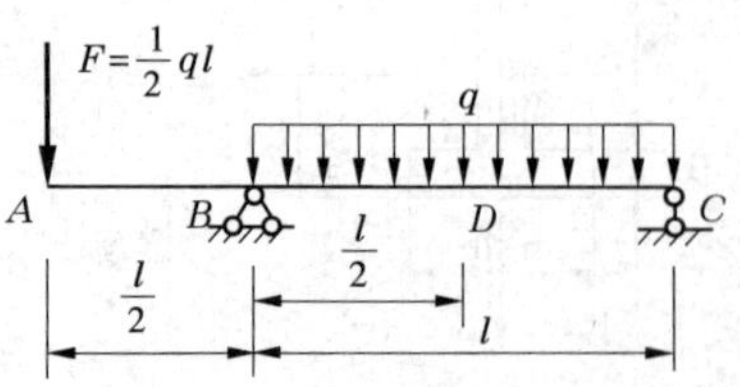

图 9-85　习题 9-24 图

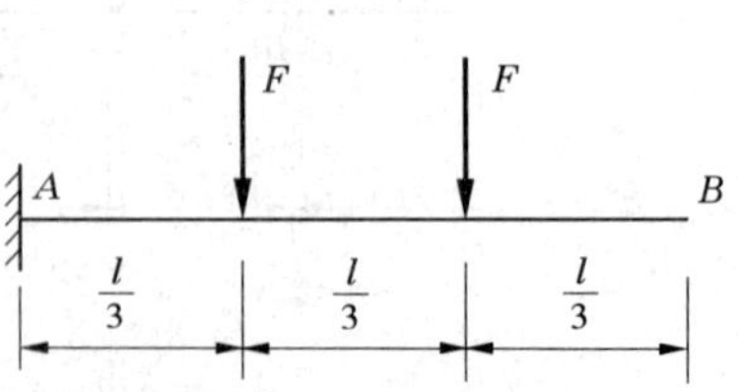

图 9-86　习题 9-25 图

9-26　试用叠加法计算如图 9-87 所示阶梯形梁的最大挠度，设 $I_2=2I_1$，E 为常数。

9-27　如图 9-88 所示的悬臂梁为工字钢梁，长度 $l=4$ m，在梁的自由端作用有力 $F=10$ kN，已知钢材的许用应力 $[\sigma]=170$ MPa，$[\tau]=100$ MPa，$E=210$ GPa，梁的许用挠度 $[y]=\dfrac{l}{400}$，试按强度条件和刚度条件选择工字钢型号。

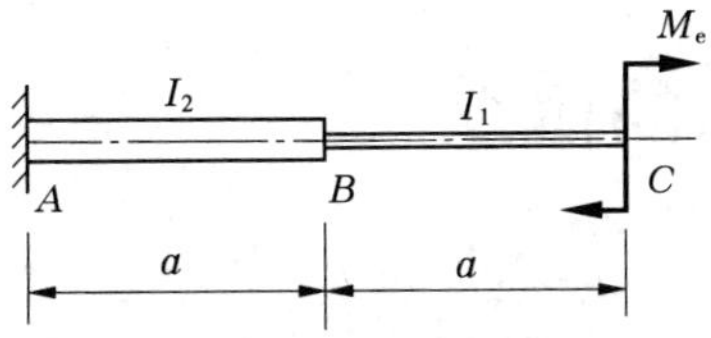

图 9-87　习题 9-26 图

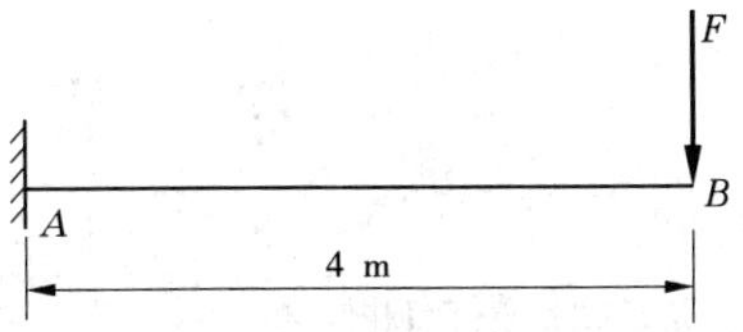

图 9-88　习题 9-27 图

第十章　应力状态和强度理论

第一节　应力状态的概念

一、应力状态的概念

前面几章中，在计算杆件内的应力时，一般都是取杆的横截面来研究的；并分析了杆件在各种基本变形时应力的分布规律，由此建立了相应的强度条件，即

$$\sigma_{max} \leqslant [\sigma] \qquad \tau_{max} \leqslant [\tau]$$

但是，不同的材料在不同的受力情况下，其破坏面并不都是发生在横截面上。

例如，铸铁在轴向拉伸时，其破坏面发生在横截面上；但在轴向压缩时，却是沿着大约45°的斜截面破坏，如图 10-1(a)、(b)所示。又例如，当低碳钢在扭转受力时，破坏面发生在横截面上；如果是铸铁受扭，破坏面却发生在约45°的螺旋面上，如图 10-1(c)、(d)所示。如果杆件受到几种基本变形的组合作用，破坏面也不一定在横截面上。

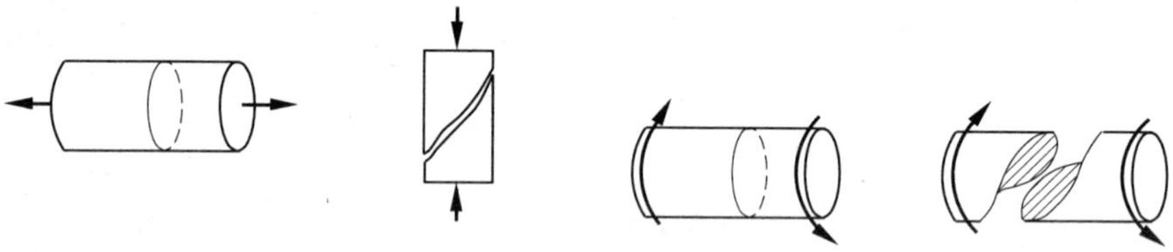

(a)　(b)　(c)　(d)

图 10-1　不同的破坏形式

这些破坏现象产生的原因说明，斜截面上的应力可能大于横截面上的应力，因此有必要对杆件内某一点的应力情况有全面的了解。现在，以单向拉伸和弯曲变形为例，来进一步阐述应力的概念，同时提出应力状态的概念。

在通过同一点而方向不同的截面上，该点的应力也不同，即随截面的方向而变化，此即应力的方向面的概念。

弯曲变形的等截面直杆，其横截面上的正应力和剪应力的分布如图 10-2 所示。横截面上各点的应力为

$$\sigma = \frac{My}{I_z} \qquad \tau = \frac{F_Q S_z^*}{I_z b}$$

由此可以看出：同一面上不同点的应力各不相同，此即应力的点的概念，也就是说应力是对点而言的。

综上所述，在描述点的应力时，应指出是哪一个面上的哪一点的应力，或者是通过哪一

图 10-2 弯曲截面的正应力和剪应力分布

点的哪一个面上的应力。那么,通过受力构件内一点不同方向面上应力情况的集合,就称为这一点的应力状态。本章主要研究一点处的应力状态。

二、应力状态的研究方法

为了分析一点的应力状态,可围绕该点截取一个微小的正六面体,即单元体来分析,并假设单元体在3个方向上的尺寸均为无穷小。这意味着:①单元体每一个面上的应力都是均匀的;②在单元体上,两个平行平面上的应力是相等的;③在单元体内,相互平行的截面上的应力都是相等的,并且都与通过该点的平行面上的应力相等。这样,单元体三对平行截面上的应力即为该点在3个正交截面上的应力。当单元体围绕该点转动时,3个正交截面的方向发生变化,截面上的应力也随之发生变化。所以,这样的单元体的各个截面上应力的情况就可以代表一点的应力状态。研究通过一点的不同截面上应力的变化情况,就是应力分析的内容。

例如,在轴向拉伸杆件的 A 点周围(见图 10-3(a)),若以两个横截面和四个纵向截面取出一个单元体,如图 10-3(b)所示。单元体的左、右两个侧面是杆件横截面的一部分,面上的应力是 $\sigma=\dfrac{P}{A}$。单元体上、下、前、后4个面是平行于轴线的纵向面,这些面上均无应力。由于单元体前、后两个面上无应力,其应力状态可用平面图表示为图 10-3(c)。若以两个纵向截面和4个与纸面垂直且与杆件轴线倾斜一个角度的截面截取单元体,如图 10-3(d)所示,则在单元体4个截面上既有正应力,又有剪应力。这表明单元体各个面上的应力随方向的不同而变化。

三、应力状态的分类

单元体上剪应力为零的面称为主平面,主平面上的正应力称为主应力(见图 10-4(a))。根据剪应力互等定理,如果单元体上某个面剪应力为零,则与之垂直的另外两个面的剪应力为零,即三个主平面是相互垂直的,对应的三个主应力也是相互垂直的。因此,通过受力构件中任意一点,总可以找到三个相互正交的主平面,以及三个相互垂直的主应力。主应力通常以 σ_1、σ_2、σ_3 表示,且按代数值大小顺序排列,即 $\sigma_1 \geqslant \sigma_2 \geqslant \sigma_3$。

根据一点的主应力不等于零的数目,将应力状态分为三类:三个主应力中,若只有一个主应力不等于零,称为单向应力状态(见图 10-4(b));若有两个主应力不等于零,则称为二向应力状态或平面应力状态(见图 10-4(c));若三个主应力都不等于零,则称为三向应力状态或空间应力状态(见图 10-4(d))。本章主要研究平面应力状态。

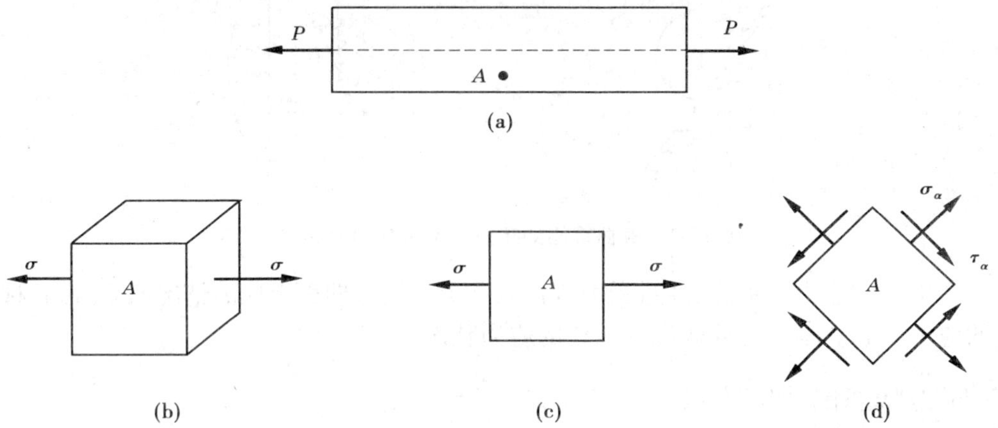

图 10-3　轴向拉伸杆件一点的应力状态

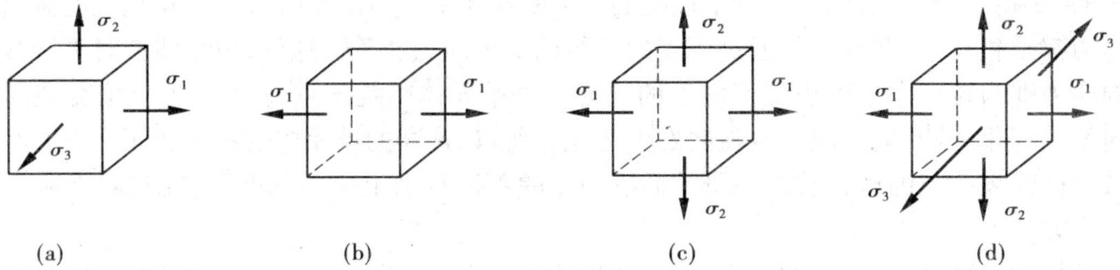

图 10-4　单元体上的主应力

四、二向应力和三向应力状态的实例

平面应力状态是工程中经常遇到的一种应力状态。如圆筒形薄壁压力容器可作为二向应力状态的实例。如图 10-5(a)所示,设圆筒形薄壁压力容器的内径为 D,壁厚为 t,承受内压力 p 作用。沿圆筒轴线作用于筒底的总压力为

$$P = p\frac{\pi D^2}{4}$$

圆筒横截面上的正应力 σ' 是由作用于筒底的轴向压力 P 引起的简单拉伸产生的(见图 10-5(b))。由于壁厚 t 远小于直径 D,因而可以认为该截面上的正应力 σ' 是均匀分布的,即

$$\sigma' = \frac{P}{A} = \frac{p\frac{\pi D^2}{4}}{\pi D t} = \frac{pD}{4t} \tag{10-1}$$

圆筒纵向截面上的正应力 σ'' 是由内压力 p 作用于筒壁产生的。现在用相距为单位长度的两个横截面和包含轴线的纵向截面,从圆筒中取出一部分如图 10-5(c)所示。作用于圆筒内壁的压力在 y 方向上的投影的总和为

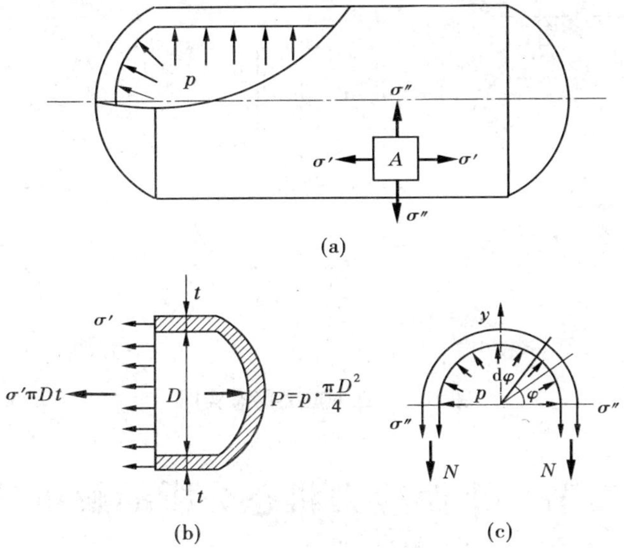

图 10-5 薄壁压力容器

$$\int_0^{\pi} p\,\frac{D}{2}\sin\varphi\mathrm{d}\varphi = pD$$

由于壁厚 t 远小于直径 D,因而可以认为纵向截面上的正应力 σ'' 也是均匀分布的,则作用于纵向截面上的内力为

$$N=\sigma'' t$$

由平衡方程 $\sum F_y=0$,得

$$pD-2N=pD-2\sigma'' t=0$$

则

$$\sigma''=\frac{pD}{2t} \tag{10-2}$$

式(10-1)和式(10-2)表明,纵向截面上的应力 σ'' 是横向截面上应力 σ' 的 2 倍。

圆筒的横向截面和纵向截面都相当于受轴向拉伸作用的横截面,这些面上均无剪应力。因此,通过筒上一点的纵、横两个截面均为其主平面,σ'' 和 σ' 为其主应力。例如,用相临的纵向截面和横向截面围绕 A 点在筒壁上截取单元体,其应力状态如图 10-5(a)所示。在单元体的第三个方向面上,还有作用于内壁的压力 p 和外壁的大气压力,但都远小于 σ'' 和 σ',因而可以认为第三个方向面上的应力等于零,这样 A 点的应力状态就是二向应力状态。

工程中还经常遇到的另一种应力状态,即三向应力状态。如图 10-6(a)所示,在地下一定深度处取单元体,竖向受该深度范围内土层重力的作用,因而在上下两个面上有主应力 σ_3,由于 σ_3 的作用,使单元体有向周围膨胀的趋势,但其变形受到周围土体的阻碍,因而在其侧面上有主应力 σ_1 和 σ_2,所以这一单元体是三向压缩的应力状态。又如滚珠轴承中,围绕内环与滚珠的接触点 A(见图 10-6(b)),以平行和垂直于压力 P 的平面截取单元体,在接触面上作用有接触应力 σ_3。由于 σ_3 的作用,引起单元体向周围膨胀,从而产生周围材料对它的约束应力 σ_1 和 σ_2。单元体的三个方向面上皆有主应力,所以它是三向应力状态。

本章主要讨论平面应力状态,对空间应力状态仅作一般介绍。另外,再介绍几种常用的强度理论。

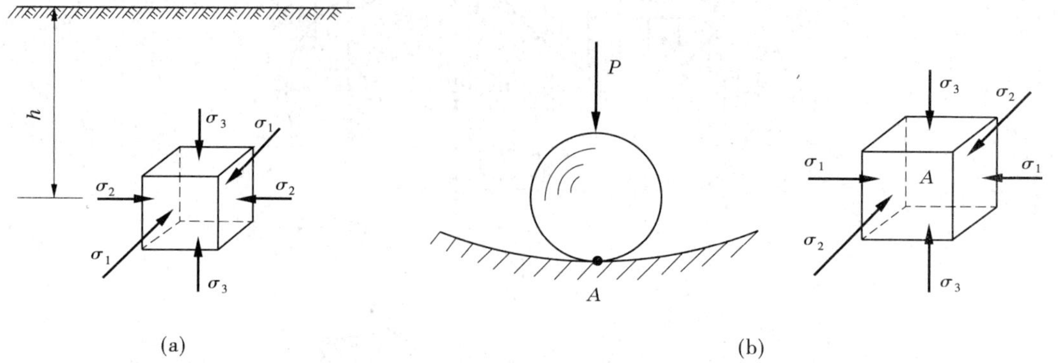

图 10-6　三向应力状态实例

第二节　平面应力状态分析的解析法

一、斜截面上的应力

平面应力状态最一般的情况如图 10-7(a)所示,单元体前、后两个面上无应力,其他各个面上的应力是 σ_x、σ_y、τ_x、τ_y。其中,法线与 x 轴平行的面上的正应力是 σ_x,剪应力是 τ_x;法线与 y 轴平行的面上的正应力是 σ_y,剪应力是 τ_y,且 $\tau_x = -\tau_y$。应力正负号的规定为:正应力以拉应力为正,压应力为负;剪应力对单元体内任意点的矩以顺时针转向时为正,反之为负。如图 10-7(a)中的 σ_x、σ_y、τ_x 为正,τ_y 为负。

平面应力状态的单元体也可用平面图来表示,如图 10-7(b)所示。与 z 轴平行的任意斜截面 ab 将单元体分成两部分,截面的斜外法线 n 与 x 轴的夹角为 α。斜截面上的应力可分解为正应力 σ_α 和剪应力 τ_α。α 角正负号的规定:由 x 轴转到法线 n 为逆时针时 α 为正,反之为负。如图 10-7 中的 α 角即是正值。

现在取楔形体为研究对象,根据平衡关系来分析斜截面上的应力。设斜截面 ab 的面积为 dA,则另外两个面的面积分别为 $dA\cos\alpha$ 和 $dA\sin\alpha$。将作用于各个面的力分别投影到 ab 面的外法线 n 和切线 t 的方向,由平衡方程

$$\sum F_n = 0 \qquad \sigma_\alpha dA - \sigma_x dA\cos\alpha\cos\alpha + \tau_x dA\cos\alpha\sin\alpha - \sigma_y dA\sin\alpha\sin\alpha + \tau_y dA\sin\alpha\cos\alpha = 0$$

$$\sum F_t = 0 \qquad \tau_\alpha dA - \sigma_x dA\cos\alpha\sin\alpha - \tau_x dA\cos\alpha\cos\alpha + \sigma_y dA\sin\alpha\cos\alpha + \tau_y dA\sin\alpha\sin\alpha = 0$$

根据剪应力互等定理 $\tau_x = \tau_y$(方向已确定,所以没有“ - ”号),并简化上面的平衡方程得

$$\begin{aligned}\sigma_\alpha &= \sigma_x\cos^2\alpha + \sigma_y\sin^2\alpha - 2\tau_x\sin\alpha\cos\alpha \\ &= \frac{\sigma_x + \sigma_y}{2} + \frac{\sigma_x - \sigma_y}{2}\cos2\alpha - \tau_x\sin2\alpha \end{aligned} \tag{10-3}$$

$$\tau_\alpha = \frac{\sigma_x - \sigma_y}{2}\sin2\alpha + \tau_x\cos2\alpha \tag{10-4}$$

式(10-3)和式(10-4)即为平面应力状态下任一 α 斜面上应力的计算公式。当单元体

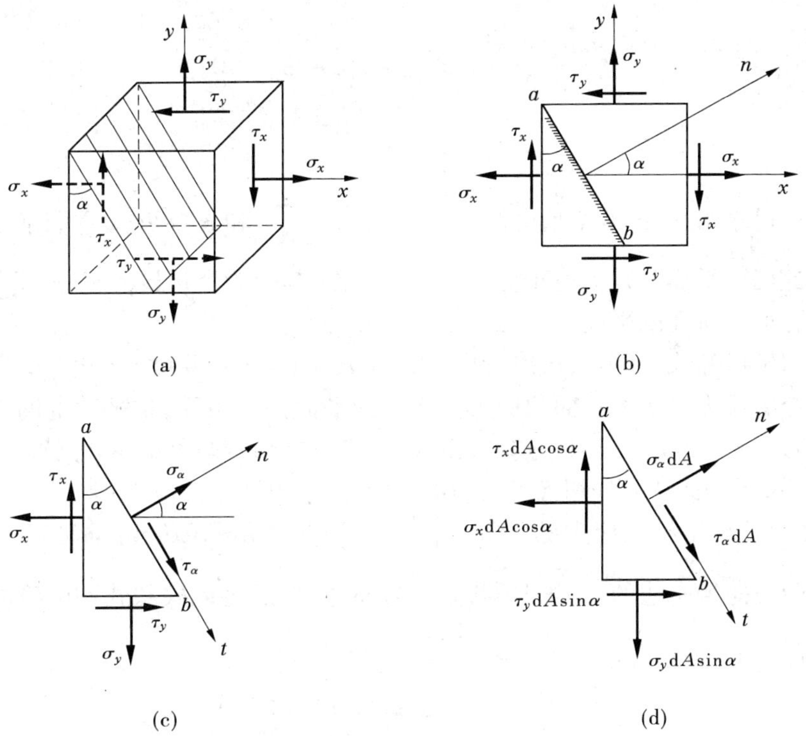

图 10-7　斜截面上的应力计算

上应力已知时，利用这两个公式，可以求得任意斜截面上的正应力 σ_α 和剪应力 τ_α。式(10-3)和式(10-4)还表明，斜截面上应力 σ_α、τ_α 随角 α 的变化而变化，它们都是 α 的函数。

取另一 β 斜面，β 面与 α 面垂直($\beta=\alpha+90°$)，由式(10-3)和式(10-4)可得 β 面的应力

$$\sigma_\beta = \frac{\sigma_x+\sigma_y}{2} - \frac{\sigma_x-\sigma_y}{2}\cos2\alpha + \tau_x\sin2\alpha$$

$$\tau_\beta = -\left(\frac{\sigma_x-\sigma_y}{2}\sin2\alpha + \tau_x\cos2\alpha\right)$$

将 σ_α 和 σ_β 相加，得

$$\sigma_\alpha + \sigma_\beta = \sigma_x + \sigma_y \tag{10-5}$$

由此可知，相互垂直的任意两个面上的正应力之和保持不变。

二、主平面和主应力

利用式(10-3)可以求得正应力的极值，以及极值正应力所在平面的位置。将式(10-3)对 α 求导，得

$$\frac{d\sigma_\alpha}{d\alpha} = -2\left(\frac{\sigma_x-\sigma_y}{2}\sin2\alpha + \tau_x\cos2\alpha\right)$$

设 $\alpha=\alpha_0$ 时，$\frac{d\sigma_\alpha}{d\alpha}=0$，则 α_0 确定的截面上 σ_α 取得极值。将 α_0 代入上式并使其等于零，

得

$$\frac{\sigma_x - \sigma_y}{2}\sin 2\alpha_0 + \tau_x \cos 2\alpha_0 = 0 \tag{10-6}$$

则

$$\tan 2\alpha_0 = -\frac{2\tau_x}{\sigma_x - \sigma_y} \tag{10-7}$$

式(10-7)可求出 α_0 的两个值，即 $\alpha_0\left(-\frac{\pi}{4} \leqslant \alpha_0 \leqslant \frac{\pi}{4}\right)$ 和 $\alpha_0 + 90°$，它们确定两个相互垂直的平面。这两个平面都是极值正应力所在的平面，其中一个是最大正应力所在的平面，另一个是最小正应力所在的平面。

比较式(10-4)和式(10-6)，可以看出：当 $\alpha = \alpha_0$ 和 $\alpha = \alpha_0 + 90°$ 时，$\tau_\alpha = 0$，即极值正应力所在的平面上剪应力等于零。而剪应力等于零的平面是主平面，主平面上的正应力是主应力，所以极值正应力就是主应力。这样，由式(10-7)求出的 α_0 和 $\alpha_0 + 90°$ 就确定了两个主平面的位置；把 α_0 和 $\alpha_0 + 90°$ 分别代入式(10-3)中，可求出两个主应力。

另外，还可这样导出主应力的计算公式。式(10-3)和式(10-4)都是以 α 为参数的方程。将式(10-3)等号右边的 $\frac{\sigma_x + \sigma_y}{2}$ 项移到等号左边，然后将此式和式(10-4)的等号两边平方后相加，即得到 σ_α 和 τ_α 的关系方程

$$\left(\sigma_\alpha - \frac{\sigma_x + \sigma_y}{2}\right)^2 + \tau_\alpha^2 = \left(\frac{\sigma_x - \sigma_y}{2}\right)^2 + \tau_x^2 \tag{10-8}$$

当 $\tau_\alpha = 0$ 时，由式(10-8)求出的 σ_α 取得极值，即主应力，即

$$\left.\begin{matrix}\sigma_{\max}\\ \sigma_{\min}\end{matrix}\right\} = \frac{\sigma_x + \sigma_y}{2} \pm \sqrt{\left(\frac{\sigma_x - \sigma_y}{2}\right)^2 + \tau_x^2} \tag{10-9}$$

可以证明，当 $\sigma_x \geqslant \sigma_y$ 时，α_0 确定的主平面即是 $\sigma_{\max}$ 的作用面，如图 10-8 所示。反之，若 $\sigma_x < \sigma_y$，α_0 确定的主平面即是 $\sigma_{\min}$ 的作用面。

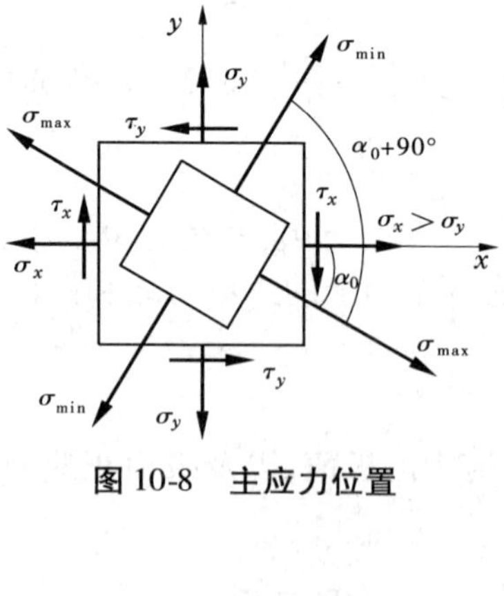

图 10-8　主应力位置

三、极值剪应力

与分析主应力和主平面的方法相似，同样可以分析极值剪应力及其所在的平面。将式(10-4)对 α 求导，得

$$\frac{d\tau_\alpha}{d\alpha} = (\sigma_x - \sigma_y)\cos 2\alpha - 2\tau_x \sin 2\alpha$$

设 $\alpha=\alpha_1$ 时，$\frac{d\tau_\alpha}{d\alpha}=0$，则 α_1 确定的截面上 τ_α 取得极值。将 α_1 代入上式并使其等于零，得

$$(\sigma_x - \sigma_y)\cos 2\alpha_1 - 2\tau_x \sin 2\alpha_1 = 0$$

则

$$\tan 2\alpha_1 = \frac{\sigma_x - \sigma_y}{2\tau_x} \tag{10-10}$$

式(10-10)可求出 α_1 的两个值，即 $\alpha_1(-\frac{\pi}{4}\leqslant\alpha_1\leqslant\frac{\pi}{4})$ 和 $\alpha_1+90°$，它们确定两个相互垂直的平面。这两个平面都是极值剪应力所在的平面，其中一个是最大剪应力所在的平面，另一个是最小剪应力所在的平面。把 α_1 和 $\alpha_1+90°$ 分别代入式中，可求出两个极值剪应力。

另外，还可这样导出极值剪应力的计算公式。由式(10-8)可以看出，当 $\sigma_\alpha=\frac{\sigma_x+\sigma_y}{2}$ 时，τ_α 取得极值，即

$$\left.\begin{matrix}\tau_{max}\\ \tau_{min}\end{matrix}\right\} = \pm\sqrt{\left(\frac{\sigma_x - \sigma_y}{2}\right)^2 + \tau_x^2} \tag{10-11}$$

可见，在极值剪应力作用面上，$\sigma_\alpha=\frac{\sigma_x+\sigma_y}{2}$，一般不等于零；并且 τ_{max} 和 τ_{min} 大小相等、方向相反，符合剪应力互等定理。

比较式(10-7)和式(10-10)，可以看出

$$\tan 2\alpha_1 = -\cot 2\alpha_0 = \tan(2\alpha_0 + 90°)$$

则

$$\alpha_1 = \alpha_0 + 45° \tag{10-12}$$

即极值剪应力作用面与主平面成45°夹角。

极值剪应力作用面与主平面之间的关系为：由 σ_{max} 作用面逆时针转动45°至 τ_{max} 作用面，顺时针转动45°至 τ_{min} 作用面，如图10-9所示。

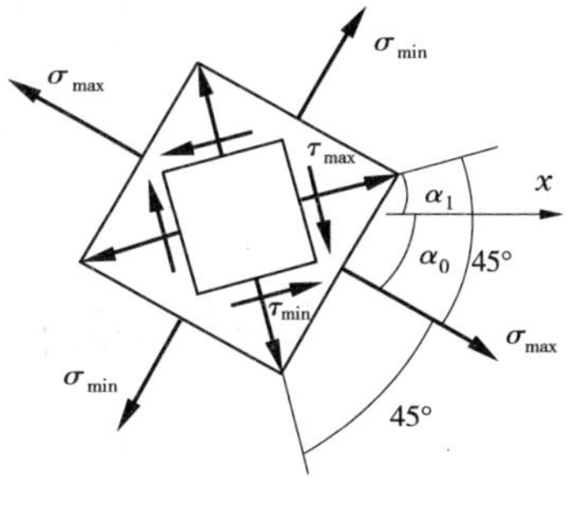

图10-9　极值剪应力与主平面的关系

单元体的位置变化的过程中，其应力的数值也随之改变，但单元体两个相互垂直的平面上的正应力之和则保持不变，式(10-5)证明了这个关系。应用这个关系，可校核计算结果的正确性。

【例10-1】 围绕一受力杆件中 A 点的单元体如图10-10(a)所示，已知 $\sigma_1=40$ MPa、$\sigma_2=0$、$\sigma_3=-20$ MPa。试求：

(1) $\alpha_1=60°$ 斜面上的应力；

(2) $\alpha_1=-30°$ 斜面上的应力；

(3) 极值剪应力及其作用面位置。

解　(1) 求 $\alpha_1=60°$ 斜面上的应力。

令 $\sigma_x=\sigma_1$，$\sigma_y=\sigma_3$，$\tau_x=0$，由式(10-3)和式(10-4)得

$$\sigma_{60^\circ} = \frac{\sigma_x + \sigma_y}{2} + \frac{\sigma_x - \sigma_y}{2}\cos 2\alpha$$

$$= \frac{40 + (-20)}{2} + \frac{40 - (-20)}{2}\cos(2 \times 60^\circ)$$

$$= -5(\text{MPa})$$

$$\tau_{60^\circ} = \frac{\sigma_x - \sigma_y}{2}\sin 2\alpha$$

$$= \frac{40 - (-20)}{2}\sin(2 \times 60^\circ)$$

$$= 26(\text{MPa})$$

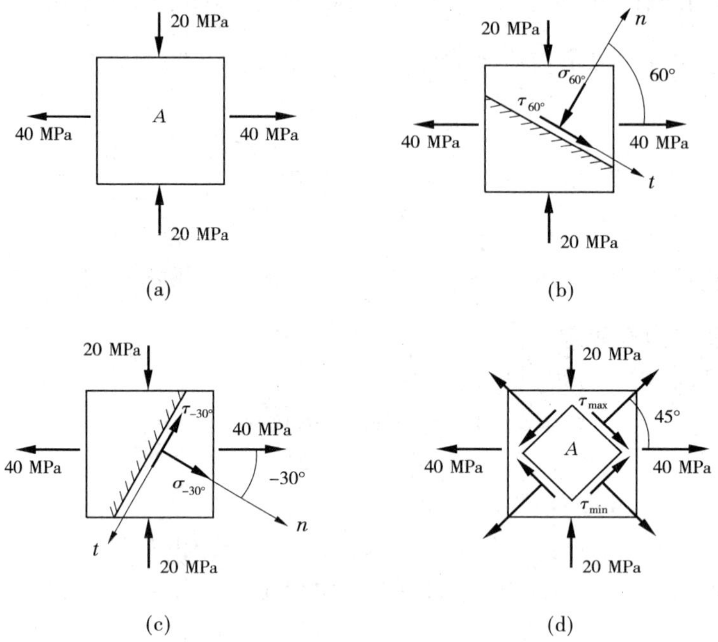

图 10-10　例 10-1 图

(2)求 $\alpha_2 = -30^\circ$斜面上的应力,同样采用式(10-3)和式(10-4),可得

$$\sigma_{-30^\circ} = \frac{\sigma_x + \sigma_y}{2} + \frac{\sigma_x - \sigma_y}{2}\cos 2\alpha$$

$$= \frac{40 + (-20)}{2} + \frac{40 - (-20)}{2}\cos(-60^\circ)$$

$$= 25(\text{MPa})$$

$$\tau_{-30^\circ} = \frac{\sigma_x - \sigma_y}{2}\sin 2\alpha$$

$$= \frac{40 - (-20)}{2}\sin(-60^\circ)$$

$$= -26(\text{MPa})$$

(3)求极值剪应力及其作用面位置,由式(10-11)得

$$\left.\begin{matrix}\tau_{max}\\ \tau_{min}\end{matrix}\right\} = \pm\sqrt{\left(\frac{\sigma_x - \sigma_y}{2}\right)^2 + \tau_x^2} = \pm\frac{\sigma_1 - \sigma_3}{2} = \pm\frac{40 + 20}{2} = \pm 30(\text{MPa})$$

因为 $\sigma_1 > \sigma_3$,即 $\sigma_x > \sigma_y$,所以 x 轴即 σ_{max}作用面法向,即 $\alpha_0 = 0$。又根据 $\alpha_1 = \alpha_0 + 45°$,则 $\alpha_1 = 45°$斜面即为 τ_{max}的作用面。

【例 10-2】 单元体的应力状态如图 10-11(a)所示,试计算 30°斜截面上的应力,并求主应力、极值剪应力及其作用平面的位置。

解 (1)计算斜截面上的应力。

按应力符号的规定,$\sigma_x = 80$ MPa,$\sigma_y = -40$ MPa,$\tau_x = -60$ MPa,代入式(10-3)和式(10-4),得

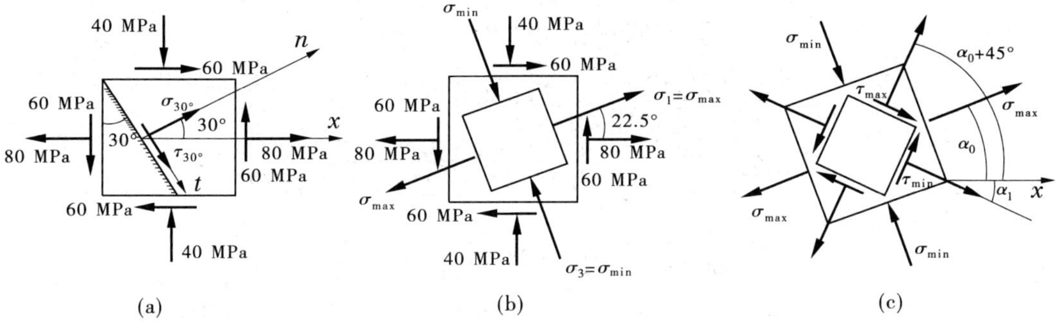

图 10-11 例 10-2 图

$$\begin{aligned}\sigma_{30°} &= \frac{\sigma_x + \sigma_y}{2} + \frac{\sigma_x - \sigma_y}{2}\cos2\alpha - \tau_x\sin2\alpha\\ &= \frac{80 + (-40)}{2} + \frac{80 - (-40)}{2}\cos(2\times30°) - (-60)\sin(2\times30°)\\ &= 101.96(\text{MPa})\end{aligned}$$

$$\begin{aligned}\tau_{30°} &= \frac{\sigma_x - \sigma_y}{2}\sin2\alpha + \tau_x\cos2\alpha\\ &= \frac{80 - (-40)}{2}\sin(2\times30°) + (-60)\cos(2\times30°)\\ &= 21.96(\text{MPa})\end{aligned}$$

(2)计算主应力并确定主平面。

将单元体已知应力代入式(10-7),得

$$\tan2\alpha_0 = -\frac{2\tau_x}{\sigma_x - \sigma_y} = -\frac{2\times(-60)}{80 - (-40)} = 1$$

$$2\alpha_0 = 45° \text{ 或 } 2\alpha_0 + 180° = 225°$$

$$\alpha_0 = 22.5° \text{ 或 } \alpha_0 + 90° = 112.5°$$

以 22.5°和 112.5°分别代入式(10-3),求得主应力为

$$\sigma_{22.5°} = \frac{\sigma_x + \sigma_y}{2} + \frac{\sigma_x - \sigma_y}{2}\cos2\alpha - \tau_x\sin2\alpha$$

$$=\frac{80+(-40)}{2}+\frac{80-(-40)}{2}\cos(2\times22.5^\circ)-(-60)\sin(2\times22.5^\circ)$$

$$=104.85(\text{MPa})$$

$$\sigma_{112.5^\circ}=\frac{\sigma_x+\sigma_y}{2}+\frac{\sigma_x-\sigma_y}{2}\cos2\alpha-\tau_x\sin2\alpha$$

$$=\frac{80+(-40)}{2}+\frac{80-(-40)}{2}\cos(2\times112.5^\circ)-(-60)\sin(2\times112.5^\circ)$$

$$=-64.85(\text{MPa})$$

由此可见，在 $\alpha_0=22.5^\circ$确定的主平面上，作用着主应力 $\sigma_{\max}=104.85$ MPa；在 $\alpha_0+90^\circ=112.5^\circ$确定的主平面上，作用着主应力 $\sigma_{\min}=-64.85$ MPa。按照主应力的符号规定，单元体的三个主应力分别为

$$\sigma_1=104.85\ \text{MPa}\qquad\sigma_2=0\qquad\sigma_3=-64.85\ \text{MPa}$$

也可用式(10-9)来确定主应力的数值。由式(10-9)得

$$\left.\begin{matrix}\sigma_{\max}\\\sigma_{\min}\end{matrix}\right\}=\frac{\sigma_x+\sigma_y}{2}\pm\sqrt{\left(\frac{\sigma_x-\sigma_y}{2}\right)^2+\tau_x^2}$$

$$=\frac{80+(-40)}{2}\pm\sqrt{\left(\frac{80-(-40)}{2}\right)^2+(-60)^2}$$

$$=20\pm84.85=\begin{cases}104.85\\-64.85\end{cases}(\text{MPa})$$

因为 $\sigma_x>\sigma_y$，所以由 x 轴逆时针转动 22.5°至 $\sigma_{\max}$作用面法向，顺时针转动 $90^\circ-22.5^\circ=67.5^\circ$至 $\sigma_{\min}$作用面法向，如图 10-11(b)所示。

(3)计算极值剪应力及其作用平面。将 σ_x、σ_y、τ_x 的数值代入式(10-10)得

$$\tan2\alpha_1=\frac{\sigma_x-\sigma_y}{2\tau_x}=\frac{80-(-40)}{2\times(-60)}=-1$$

$$2\alpha_1=-45^\circ\text{ 或 }2\alpha_1+180^\circ=135^\circ$$

$$\alpha_1=-22.5^\circ\text{ 或 }\alpha_1+90^\circ=67.5^\circ$$

以 -22.5°和 67.5°分别代入式(10-4)，求得极值剪应力为

$$\tau_{-22.5^\circ}=\frac{\sigma_x-\sigma_y}{2}\sin2\alpha+\tau_x\cos2\alpha$$

$$=\frac{80-(-40)}{2}\sin(-45^\circ)+(-60)\cos(-45^\circ)$$

$$=-84.85(\text{MPa})$$

$$\tau_{67.5^\circ}=\frac{\sigma_x-\sigma_y}{2}\sin2\alpha+\tau_x\cos2\alpha$$

$$=\frac{80-(-40)}{2}\sin135^\circ+(-60)\cos135^\circ$$

$$=84.85(\text{MPa})$$

可见，在 $\alpha_1=-22.5^\circ$确定的平面上，作用着最小剪应力 $\tau_{\min}=-84.85$ MPa；在 $\alpha_1+90^\circ=67.5^\circ$确定的平面上，作用着最大剪应力 $\tau_{\max}=84.85$ MPa，如图 10-11(c)所示。

讨论:从例 10-2 可以看出:当 $\sigma_x > \sigma_y$ 时,α_0 确定的主平面即是 σ_{max} 的作用面;当 $\tau_x < 0$ 时,$\alpha_1 + 90°$确定的平面是 τ_{max} 的作用面。那么,当 $\tau_x > 0$ 时,α_1 确定的平面是哪个剪应力的作用面? 当 $\tau_x < 0$ 时,$\alpha_1 = \alpha_0 + 45°$这个关系式是否适用? 并阐述此时极值应力面之间的几何关系。

【例 10-3】 讨论圆轴扭转时的应力状态,如图 10-12 所示,并分析低碳钢、铸铁试件受扭时的破坏现象。

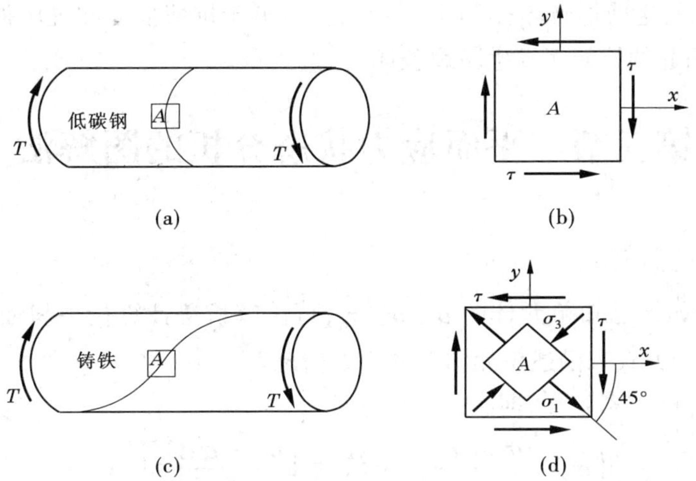

图 10-12　例 10-3 图

解　(1)圆轴扭转时,横截面边缘处的剪应力最大,其值为

$$\tau = \frac{T}{W_t}$$

在圆轴表层用两个横截面、两个通过轴线的纵向截面和一个圆柱面取出如图 10-12 所示的单元体 A。因为单元体各面上正应力为零,故该单元体属于纯剪剪应力状态,如图 10-12(b)、(d)所示。

(2)将 τ 代入式(10-9)可求出单元体 A 的主应力为

$$\left.\begin{matrix}\sigma_{max}\\ \sigma_{min}\end{matrix}\right\} = \frac{\sigma_x + \sigma_y}{2} \pm \sqrt{\left(\frac{\sigma_x - \sigma_y}{2}\right)^2 + \tau_x^2} = \pm \tau$$

即

$$\sigma_1 = \tau \qquad \sigma_2 = 0 \qquad \sigma_3 = -\tau$$

(3)由式(10-7)求主应力方向

$$\tan 2\alpha_0 = -\frac{2\tau_x}{\sigma_x - \sigma_y} \to -\infty$$

$$2\alpha_0 = -90° \text{ 或 } -270°$$

即

$$\alpha_0 = -45° \text{或} -135°$$

上述结果表明,在杆轴向 ±45°方向上,主应力分别达到最大和最小,一为拉应力,一为压应力。单元体上,从 x 轴顺时针转动 45°确定 σ_{max} 作用的主平面;顺时针转动 135°确定

σ_{min}作用的主平面。

还可以根据主平面和极值剪应力作用面的关系确定主平面的位置。因为 $\tau_x>0$,所以 x 轴即 τ_{max}作用面法向,即 $\alpha_1=0$。又根据 $\alpha_1=45°$,则 $\alpha_0=-45°$斜面即为 σ_{max}作用的主平面;则 $\alpha_0=45°$斜面即为 σ_{min}作用的主平面。

讨论:圆轴扭转时,横截面上的剪应力最大,表面各点 σ_{max}所在的主平面连成倾角 45°的螺旋面上拉应力最大。由于低碳钢的抗拉强度、抗压强度大于抗剪强度,所以试件将沿横截面因 τ_{max}作用而发生剪切破坏;由于铸铁抗拉强度低于抗剪强度和抗压强度,杆件将沿这一螺旋面因 σ_{max}引起的拉伸而发生断裂破坏。

第三节　平面应力状态分析的图解法

一、应力圆

由前面可知,如果已知单元体的 σ_x、σ_y、τ_x,可由解析法计算任一斜面上的应力 σ_α 和 τ_α,下面将用图解的方式来描述单元体上的应力情况。

利用 σ_α 和 τ_α 的关系方程,即式

$$\left(\sigma_\alpha-\frac{\sigma_x+\sigma_y}{2}\right)^2+\tau_\alpha^2=\left(\frac{\sigma_x-\sigma_y}{2}\right)^2+\tau_x^2$$

如果建立以 σ 为横坐标、τ 为纵坐标的坐标系,则上式表示的是一个以坐标 $\left(\frac{\sigma_x+\sigma_y}{2},0\right)$为圆心,以$\sqrt{\left(\frac{\sigma_x-\sigma_y}{2}\right)^2+\tau_x^2}$为半径的圆周。这一圆周表示了 σ_α 和 τ_α 的关系,称为应力圆或莫尔圆。

下面说明应力圆的作法。已知单元体 x、y 面上的应力,如图 10-13(a)所示。在 $\sigma O\tau$ 坐标系中,按一定的比例尺量取横坐标 $OA=\sigma_x$,纵坐标 $AD_x=\tau_x$,确定 D_x 点,D_x 点的坐标表示以 x 为法线的面上的应力;同样,量取 $OB=\sigma_y$,$BD_y=\tau_y$,确定 D_y 点,D_y 点的坐标表示以 y 为法线的面上的应力。连接点 D_x 和 D_y,交 σ 坐标轴于 C 点,以 C 点为圆心,以 CD_x 为半径作圆。

从图 10-13 中可以看出,圆心 C 的横坐标为

$$OC=\frac{1}{2}(OA-OB)+OB=\frac{1}{2}(OA+OB)=\frac{\sigma_x+\sigma_y}{2}$$

圆周半径为

$$CD_x=\sqrt{CA^2+AD_x^2}=\sqrt{\left(\frac{\sigma_x-\sigma_y}{2}\right)^2+\tau_x^2}$$

因此,这个圆就是该单元体的应力圆。

如图 10-13(b)所示,在应力圆上,从 D_x 点沿应力圆逆时针转 2α 角度到 D_α 点,其横、纵坐标对应于圆上的线段 OE 和 $D_\alpha E$,因为

$$OE=OC+CE=OC+CD_\alpha\cos(2\alpha_0+2\alpha)$$

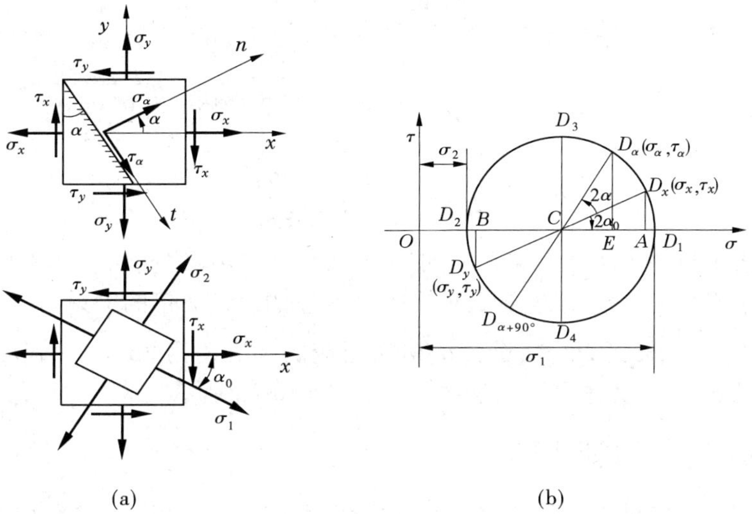

图 10-13　应力圆

$$= OC + CD_x\cos2\alpha_0\cos2\alpha - CD_x\sin2\alpha_0\sin2\alpha$$

$$= \frac{\sigma_x + \sigma_y}{2} + \frac{\sigma_x - \sigma_y}{2}\cos2\alpha - \tau_x\sin2\alpha$$

同理

$$D_\alpha E = \frac{\sigma_x - \sigma_y}{2}\sin2\alpha + \tau_x\cos2\alpha$$

将上面两式与式(10-3)和式(10-4)比较,可知 $OE = \sigma_\alpha$,$D_\alpha E = \tau_\alpha$,即 D_α 点的坐标代表法线倾角为 α 的斜面上的应力。

由以上分析可以看出,应力圆上的点与单元体的斜截面之间有以下三个对应关系:

(1)点面对应——应力圆上某一点 D_α 的横、纵坐标对应于单元体某一截面上的正应力 σ_α 和剪应力 τ_α。

(2)转向对应——应力圆上由半径 CD_x 至 CD_α 的转向,与单元体上由 x 面转至 α 面的转向相同。

(3)夹角 2 倍——应力圆上表示 x 面上应力的 D_x 点与表示 α 面上应力的 D_α 点所夹的圆心角,等于单元体上 x 面与 α 面夹角的 2 倍。

利用应力圆及以上的对应关系,还可以验证关于极值正应力与极值剪应力的方位角的结论。

二、主应力和主平面

利用应力圆可以确定主应力和主平面的位置。如图 10-13(b)所示,应力圆上的点 D_1 的横坐标(代表正应力)是圆上所有各点的横坐标中的最大值,而纵坐标(代表剪应力)等于零,所以 D_1 点代表最大的主应力。同理,D_2 点代表最小的主应力。因此,这两点代表主平面上的主应力。

另外,从图 10-13(b)可以看出

$$\sigma_1 = OD_1 = OC + CD_1 = OC + \sqrt{CA^2 + AD_x^2} = \frac{\sigma_x + \sigma_y}{2} + \sqrt{\left(\frac{\sigma_x - \sigma_y}{2}\right)^2 + \tau_x^2}$$

$$\sigma_2 = OD_2 = OC - CD_2 = OC - CD_y = \frac{\sigma_x + \sigma_y}{2} - \sqrt{\left(\frac{\sigma_x - \sigma_y}{2}\right)^2 + \tau_x^2}$$

又因为

$$\tan 2\alpha_0 = -\frac{D_xA}{CA} = -\frac{2\tau_x}{\sigma_x - \sigma_y}$$

上面三个式子与解析法公式完全相同，并且 CD_1 与 CD_2 之间所夹角的圆心角为 180°，而单元体上主平面是相互垂直的，这证明了上面所述的夹角 2 倍的关系。

应力圆上由 D_x 点转到 D_1 点，圆弧$\widehat{D_xD_1}$所对应的圆心角为 $2\alpha_0$。在单元体上从 x 面的法线顺时针转动 α_0 角即为主平面的法线方向，如图 10-13 所示。

三、极值剪应力及其作用面

利用应力圆还可以确定极值剪应力及其作用面的位置。如图 10-13(b)所示，D_3、D_4 点分别是应力圆上的最高点和最低点，这两点的纵坐标即为两个极值剪应力的值。

从图 10-13(b)可以看出

$$\left.\begin{matrix}\tau_{max}\\ \tau_{min}\end{matrix}\right\} = \pm\sqrt{CA^2 + AD_x^2} = \pm\sqrt{\left(\frac{\sigma_x - \sigma_y}{2}\right)^2 + \tau_x^2}$$

应力圆上，圆弧$\widehat{D_1D_3}$从 D_1 到 D_3 逆时针转向对应的圆心角为 90°，在单元体上从主应力 σ_1 作用面逆时针转动 45°即为最大剪应力作用面，顺时针转 45°即为最小剪应力作用面。

【例 10-4】　一平面应力状态如图 10-14(a)所示，已知 $\sigma_x = 50$ MPa、$\tau_x = 20$ MPa，应用图解法，试求：

(1)在 $\alpha = 60°$斜面上的应力。

(2)主应力，并在单元体上绘出主平面位置及主应力方向。

(3)极值剪应力，并在单元体上绘出极值剪应力的作用面。

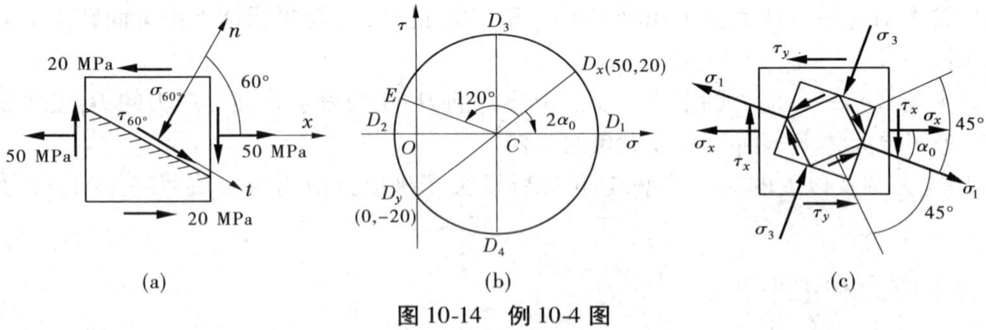

图 10-14　例 10-4 图

解　(1)作应力圆。建立 $\sigma \sim \tau$ 坐标系，按比例确定 $D_x(50,20)$、$D_y(0,-20)$两点，连接 D_x 和 D_y，交 σ 轴于 C 点，以 C 为圆心，CD_x 为半径作圆，此即为所求的应力圆，如图 10-14(b)所示。

(2)求 $\alpha = 60°$斜面上的应力。根据夹角 2 倍的关系，在应力圆上，半径 CD_x 逆时针转 120°交圆周于 E 点(见图 10-14(b))，测量并按比例计算 E 的坐标值，$\sigma = -4.8$ MPa，

$\tau = 11.7$ MPa，此即为 α 斜面上的应力。

(3)求主应力及主平面的位置。在应力圆上，圆周与 σ 轴的交点是 D_1 和 D_2（见图 10-14(b)），测量并按比例计算这两点的横坐标值，$\sigma_1 = 57$ MPa、$\sigma_3 = -7$ MPa，此即为单元体的两个主应力。

应力圆上由 D_x 点到 D_1 点的圆弧$\widehat{D_xD_1}$所对应的圆心角为 $2\alpha_0$，因为

$$\tan 2\alpha_0 = -\frac{2\tau_x}{\sigma_x - \sigma_y} = -\frac{2\times 20}{50} = -\frac{4}{5}$$

$$2\alpha_0 = -38.66^\circ \qquad \alpha_0 = -19.33^\circ$$

则在单元体上从 x 面的法线顺时针转动 19.33°即为主平面的法线方向，如图 10-14(c)所示。

(4)求极值剪应力及其作用面。

极值剪应力对应的位置在应力圆上的 D_3 和 D_4 点（见图 10-14(b)），测量并按比例计算 D_3 点的纵坐标值，$\tau_{max} = 32$ MPa，则 $\tau_{min} = -32$ MPa。因为 CD_3 与 CD_1 夹角为 90°，即 τ_{max} 与 σ_1 夹角为 45°，又因为 CD_x 与 CD_3 的夹角为

$$90^\circ - |2\alpha_0| = 90^\circ - 38.66^\circ = 51.34^\circ$$

可在单元体中由 x 轴逆时针转 51.34°/2 = 25.67°，得到 τ_{max} 作用平面的法线方向，由 x 轴顺时针转 64.33°，得到 τ_{min} 作用平面的法线方向，如图 10-14(c)所示。

【例 10-5】 已知 A 点为平面应力状态，过该点的两非正交平面 α 面和 y 面上的应力如图 10-15(a)所示。试求：

(1)单元体上的主应力及主平面方向。

(2)单元体上 x 面上的应力。

(3)AB、AC 两个截面法线之间的夹角 α。

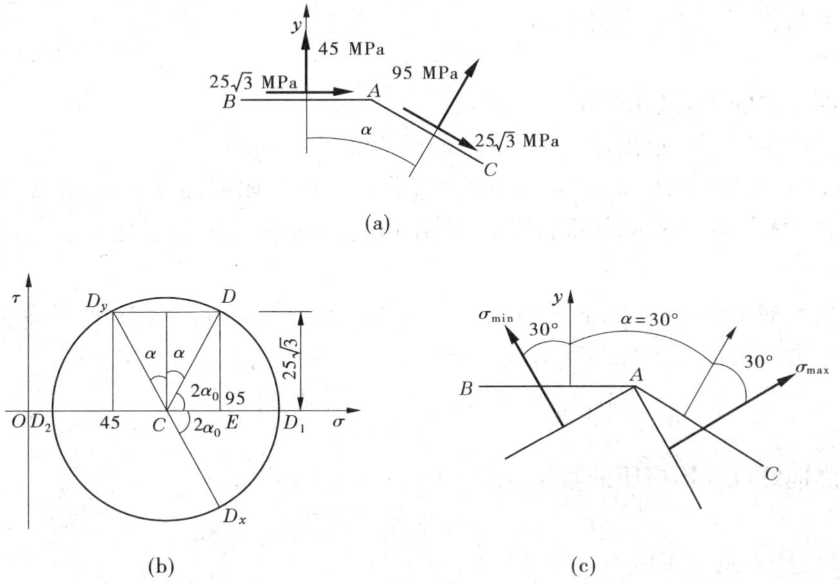

图 10-15　例 10-5 图

解　本题利用应力圆草图（无须严格按比例画出）的几何关系，将使求解的过程较为简单。

（1）作应力圆。建立 $\sigma \sim \tau$ 坐标系，在坐标平面上，确定 α 面应力对应的坐标点 D，y 面应力对应的坐标点 D_y，连接 D 和 D_y，作 DD_y 的垂直平分线，交 σ 轴于 C 点，以 C 为圆心，CD 为半径作圆，此即为应力圆草图，如图 10-15（b）所示。

（2）求主应力及主平面的位置。从应力圆草图几何关系可得

$$\text{主应力}\left.\begin{matrix}\sigma_{\max}\\ \sigma_{\min}\end{matrix}\right\} = OC \pm CD = \frac{95+45}{2} \pm \sqrt{\left(\frac{95-45}{2}\right)^2 + (25\sqrt{3})^2} = \frac{120}{20}\ (\text{MPa})$$

主平面方位
$$\tan 2\alpha_0 = \frac{ED}{CE} = \frac{25\sqrt{3}}{\dfrac{95-45}{2}} = \sqrt{3}$$

则
$$2\alpha_0 = 60^\circ \qquad \alpha_0 = \frac{60^\circ}{2} = 30^\circ$$

即单元体上 α 面顺时针转 30°到主应力 $\sigma_{\max}$ 作用的主平面。

（3）单元体 x 面的应力。

应力圆上，从 D_y 点顺时针转动 180°到 D_x 点（见图 10-15（b））。根据夹角 2 倍的关系，D_x 点的坐标即为 x 面的应力。根据应力圆草图几何关系，D、D_x 关于 σ 轴对称，因此 x 面的应力为

$$\sigma_x = 95\ \text{MPa} \qquad \tau_x = -25\sqrt{3}\ \text{MPa}$$

（4）求 AB、AC 两个截面法线之间的夹角 α。

应力圆上 CD 和 CD_y 之间的夹角为

$$2\alpha = 180^\circ - 4\alpha_0 = 60^\circ$$

故单元体上 y 面和 α 面法线的夹角为

$$\alpha = 30^\circ$$

各作用面方位的关系如图 10-15（c）所示。

此题也可以由解析法求出主应力，请读者自行练习。

【例 10-6】　如图 10-16（a）所示，在横力弯曲的梁内任取截面 m—m，沿高度选取 1、2、3、4、5 点。试根据各点的正应力和剪应力，利用应力圆来确定这些点处主应力的数值与主平面位置。

解　梁发生横力弯曲时，除横截面上下边缘各点处于单向应力状态外，其余各点均产生正应力和剪应力。横截面正应力和剪应力分别为

$$\sigma = \frac{My}{I_z} = \sigma_x \qquad \tau = \frac{F_Q S_z^*}{bI_z} = \tau_x$$

根据各纵向纤维互不挤压的假设，则

$$\sigma_y = 0$$

因此，梁内任一点的主应力计算式

$$\sigma_3^1 = \frac{\sigma_x}{2} \pm \sqrt{\left(\frac{\sigma_x}{2}\right)^2 + \tau_x^2}$$

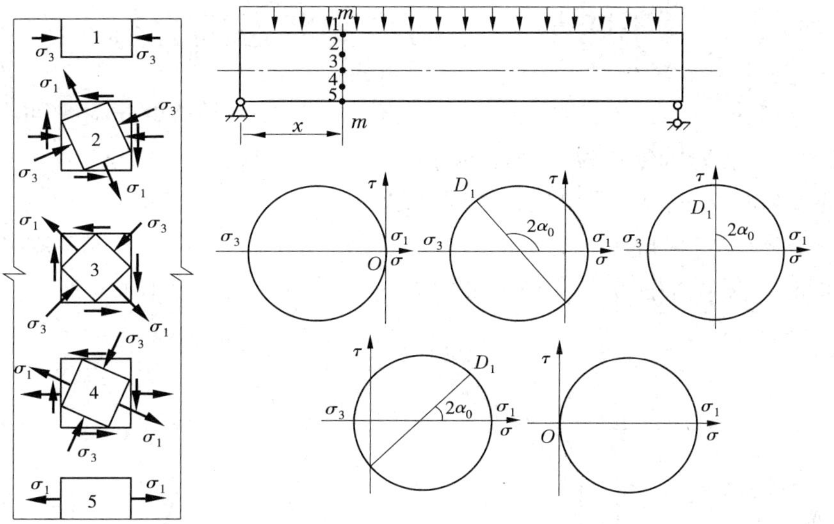

图 10-16　例 10-6 图

不论 σ_x 是拉力还是压力，主应力只有 σ_1 和 σ_3，$\sigma_2=0$，且一为主拉应力，一为主压应力。

在 m—m 截面上，1、5 两点处于单向应力状态，3 点处于纯剪应力状态，2、4 点处于双向应力状态，这些点的应力状态和应力圆如图 10-16 所示。

从图上可以看出，主应力方向沿梁的高度是连续变化的。梁内主应力方向的变化可用主应力迹线表示，主应力迹线是一条曲线，即该曲线上任一点的切线与该点主应力方向一致。

讨论：如图 10-17(a)所示，在梁上取等距离的若干截面 1、2、3…。首先求截面 1 上 a 点的主应力 σ_1 的方向，并延长交截面 2 于 b 点；再求 b 点主应力 σ_1 方向，并延长交截面 3 于 c 点；以此类推，可得连接 a、b、c…各点的折线。当相邻截面无限接近时，折线就变成一条光滑的曲线，这就是主应力的迹线。同样可得出主应力 σ_3 的迹线，如图 10-17(b)所示，实线代表 σ_1 的迹线，虚线代表 σ_3 的迹线。梁的主应力迹线和中性层的交角都是 45°，在梁的上下边缘，主应力与梁轴线平行或垂直，两主应力迹线在交点处的切线是垂直的。

梁的主应力方向的变化规律，对于工程设计是很有用的。如在设计钢筋混凝土梁时，按照主应力的迹线可判断裂缝发生的方向，适当地配置钢筋，以承担梁内各点的最大拉应力。

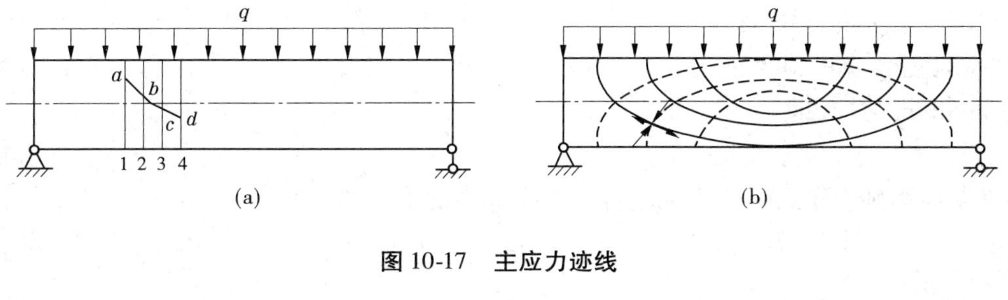

图 10-17　主应力迹线

第四节　三向应力状态简介

对于受力构件内一点处的应力状态，最普遍的情况是单元体的三对平面上都有正应力和剪应力，而且剪应力可分解为沿坐标轴方向的两个分量，如图 10-18(a)所示。这种单元体所代表的应力状态，称为一般的三向应力状态。

可以证明，对于三向应力状态下的一点，总可以找到一个单元体，其三对相互垂直的平面均为主平面，三对主平面上的主应力分别为 σ_1、σ_2、σ_3，如图 10-18(b)所示。

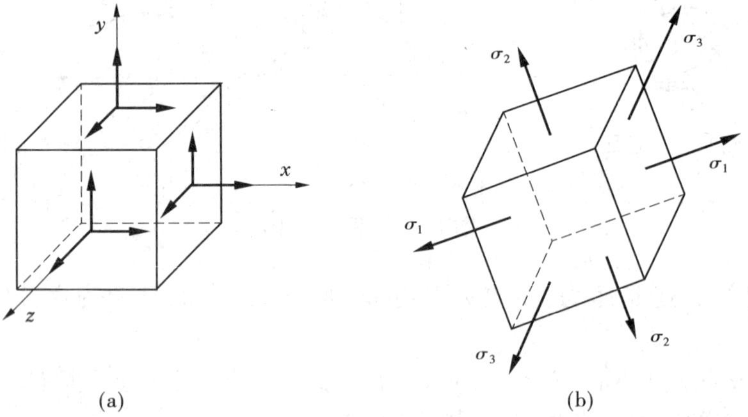

图 10-18　三向应力状态

对于三向应力状态，下面只介绍三个主应力都为已知量的情况。首先分析单元体内与主应力 σ_3 平行的截面上的应力，即图 10-19(a)中阴影截面上的应力。为此，沿该截面将单元体分成两部分，并分析图 10-19(a)所示棱柱的平衡。显然，主应力 σ_3 所在的平面上作用一对自相平衡的力，所以该截面上的应力 σ、τ 与 σ_3 无关，只与主应力 σ_1 和 σ_2 有关。于是，这类截面上的应力可由 σ_1 和 σ_2 所作的应力圆上点的坐标来表示，而该应力圆上最大和最小的正应力分别为 σ_1 和 σ_2(见图 10-19(b))。同理，与主应力 σ_2 平行的截面上的应力，可由 σ_1 和 σ_3 所作的应力圆上点的坐标来表示；与主应力 σ_1 平行的截面上的应力，可由 σ_2 和 σ_3 所作的应力圆上点的坐标来表示。进一步的研究证明，与三个主应力都不平行的任意截面(见图 10-19(c))上的应力，可由三个应力圆所围成的阴影范围之内的某点 D 的坐标来表示。由于 D 点的确定较为复杂且不常用，这里不再作进一步的介绍。

根据以上分析可知，在三向应力状态下，σ_1 和 σ_3 所作的应力圆是三个应力圆中最大的应力圆，σ_1 是该点的最大正应力，σ_3 是该点的最小正应力，单元体中任意斜截面的应力一定在 σ_1 和 σ_3 之间，即

$$\sigma_1 = \sigma_{max} \qquad \sigma_3 = \sigma_{min} \tag{10-13}$$

而最大剪应力则等于最大应力圆上各点纵坐标中的最大值，即

$$\tau_{max} = \frac{\sigma_1 - \sigma_3}{2} \tag{10-14}$$

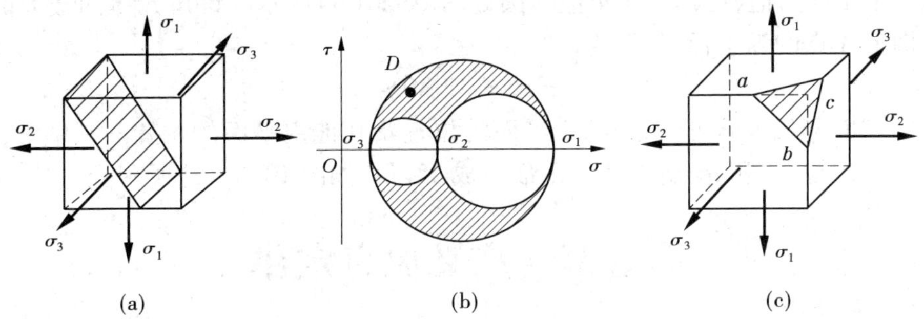

图 10-19　三向应力状态应力圆

由于 τ_{max} 在 σ_1 和 σ_3 确定的圆周上，所以 τ_{max} 所在的平面平行于 σ_2，并与 σ_1 和 σ_3 的主平面交 45°角。

讨论：若 $\sigma_1 > \sigma_2 > 0, \sigma_3 = 0$，按式(10-14)得

$$\tau_{max} = \frac{\sigma_1}{2} \tag{a}$$

而由式(10-11)则得

$$\tau_{max} = \sqrt{\left(\frac{\sigma_1 - \sigma_2}{2}\right)^2 + 0^2} = \frac{\sigma_1 - \sigma_2}{2} \tag{b}$$

对于同一点，为什么会出现两个 τ_{max}？这是因为若将这一点看成是三向应力状态的话，会得到式(a)表示的 τ_{max}；若将这一点看成是二向应力状态的话，并且式(10-11)只考虑了平行于 σ_3 的各平面，这样就会得到式(b)表示的 τ_{max}。

【例 10-7】　单元体的应力如图 10-20(a)所示。试作应力圆，并求该单元体的主应力和最大剪应力及其作用面的位置。

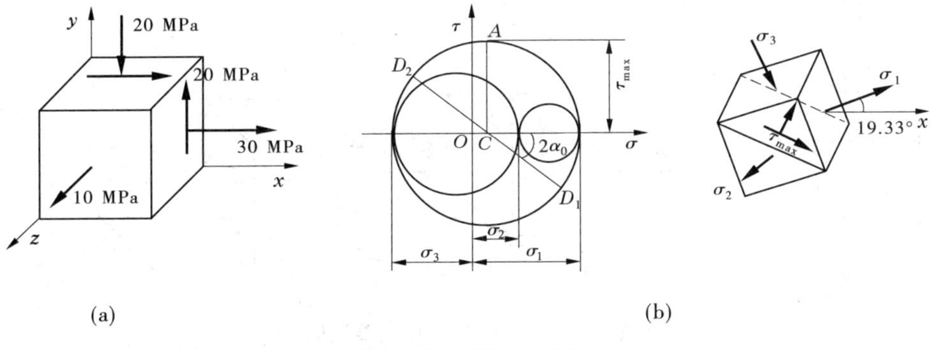

图 10-20　例 10-7 图

解　该单元体的 σ_z 是一个主应力，其所在平面是主平面。因此，与 σ_z 平行的各平面上的应力与 σ_z 无关，可根据 x 和 y 面上的应力作出应力圆(见图 10-20(b))。即可得到另外两个主应力值分别为 37 MPa 和 −27 MPa。将该单元体的 3 个主应力按其代数值的大小顺序排列为

$$\sigma_1 = 37\ \text{MPa} \qquad \sigma_2 = 10\ \text{MPa} \qquad \sigma_3 = -27\ \text{MPa}$$

根据3个主应力值,可作出3个应力圆如图10-20(b)所示。该单元体的最大剪应力为最大应力圆上A点的纵坐标,其值为

$$\tau_{\max} = 32\ \text{MPa}$$

又$2\alpha_0 = 38.66°$,因此可确定σ_1主平面的位置及其他主平面的位置。其中$\tau_{\max}$所在的平面与σ_2平行,与σ_1和σ_3所在的主平面各成45°角,如图10-20(b)所示。

第五节　广义虎克定律

前面研究材料单向拉伸或压缩的力学性能时,已得到线弹性范围内应力与应变关系的虎克定律,即

$$\sigma = E\varepsilon \tag{a}$$

此外,由轴向变形产生的横向线应变为

$$\varepsilon' = -\mu\varepsilon = -\mu\frac{\sigma}{E} \tag{b}$$

本节将研究在复杂应力状态下,应力与应变之间的关系——广义虎克定律。

一、各向同性材料的广义虎克定律

若已知三向应力状态下单元体的3个主应力σ_1、σ_2、σ_3,可将其视为3个单向应力的组合。对各向同性材料,在线弹性范围内,可利用式(a)、式(b)求出各个单向应力引起的应变,叠加后得到在3个单向应力同时作用下某一方向的应变。

如图10-21所示的三向应力状态的单元体,可视为分别受3个单向应力作用的组合。σ_1单独作用时,在σ_1方向引起的线应变为$\varepsilon_{11} = \dfrac{\sigma_1}{E}$;$\sigma_2$和$\sigma_3$单独作用时,单元体在$\sigma_1$方向的线应变分别为:

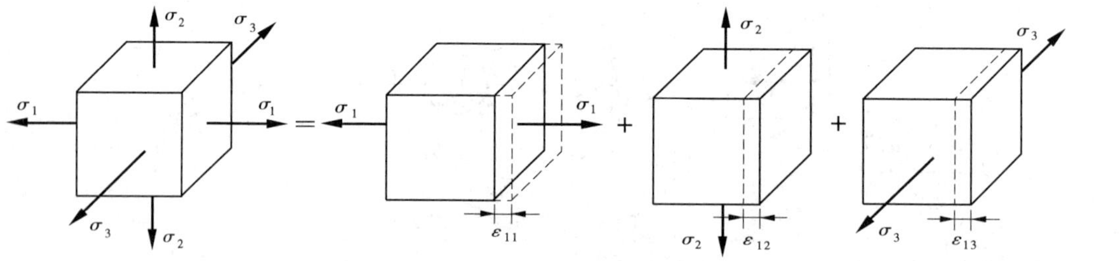

图10-21　三向应力状态单元体

$$\varepsilon_{12} = -\mu\frac{\sigma_2}{E} \qquad \varepsilon_{13} = -\mu\frac{\sigma_3}{E}$$

于是,在σ_1、σ_2和σ_3共同作用下,单元体在σ_1方向的线应变为

$$\varepsilon_1 = \varepsilon_{11} + \varepsilon_{12} + \varepsilon_{13} = \frac{1}{E}[\sigma_1 - \mu(\sigma_2 + \sigma_3)]$$

同理,可求出单元体在σ_2和σ_3方向的线应变ε_2和ε_3。最后的结果为

$$\left.\begin{aligned}\varepsilon_1 &= \frac{1}{E}[\sigma_1 - \mu(\sigma_2 + \sigma_3)]\\ \varepsilon_2 &= \frac{1}{E}[\sigma_2 - \mu(\sigma_3 + \sigma_1)]\\ \varepsilon_3 &= \frac{1}{E}[\sigma_3 - \mu(\sigma_1 + \sigma_2)]\end{aligned}\right\} \tag{10-15}$$

式(10-15)给出了在线弹性范围内,三向应力状态下任意一点处沿主应力方向的线应变与主应力之间的关系,称为广义虎克定律。ε_1、ε_2 和 ε_3 分别与主应力 σ_1、σ_2 和 σ_3 方向一致,称为一点处的主应变。式(10-15) 中,σ_1、σ_2 和 σ_3 均以代数值代入,求出的 ε_1、ε_2 和 ε_3,若为正值表示伸长线应变,若为负值表示缩短线应变。与主应力的排序相同,这三个线应变以代数值排列的顺序是 $\varepsilon_1 \geqslant \varepsilon_2 \geqslant \varepsilon_3$,且 ε_1 和 ε_3 分别是该点处各方向线应变中的最大值和最小值,即

$$\varepsilon_1 = \varepsilon_{\max} \qquad \varepsilon_3 = \varepsilon_{\min} \tag{10-16}$$

若单元体处于一般的三向应力状态,即单元体的各个面上不仅有正应力而且还有剪应力。由弹性理论可以证明,对于各向同性材料,在线弹性范围内,沿单元体各个面法线方向的线应变只与正应力有关,而切应变只与剪应力有关。因此,求线应变时,不考虑剪应力的影响,求切应变时不考虑正应力的影响。于是只要将式(10-15)中的 σ_1、σ_2 和 σ_3 换成 σ_x、σ_y 和 σ_z,将 ε_1、ε_2 和 ε_3 换成 ε_x、ε_y 和 ε_z,即可得到单元体沿 x、y 和 z 方向的线应变为

$$\left.\begin{aligned}\varepsilon_x &= \frac{1}{E}[\sigma_x - \mu(\sigma_y + \sigma_z)]\\ \varepsilon_y &= \frac{1}{E}[\sigma_y - \mu(\sigma_z + \sigma_x)]\\ \varepsilon_z &= \frac{1}{E}[\sigma_z - \mu(\sigma_x + \sigma_y)]\end{aligned}\right\} \tag{10-17}$$

二、各向同性材料的体积虎克定律

当构件受力变形后,通常会引起体积的变化,单元体的单位体积也将随之发生变化。单元体单位体积的变化,称为体应变,用 θ 表示。下面研究各向同性材料在三向应力状态下的体应变。

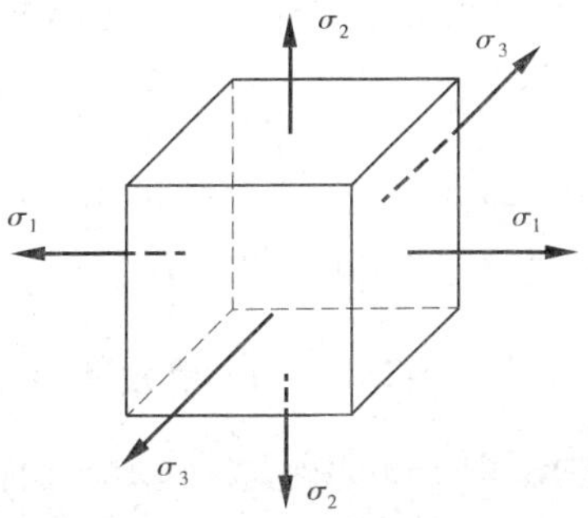

图 10-22　体应变计算

如图 10-22 所示,设单元体平行于 σ_1、σ_2、σ_3 的各边长分别为 $\mathrm{d}x$、$\mathrm{d}y$、$\mathrm{d}z$,变形前单元体的体积为 $V = \mathrm{d}x\mathrm{d}y\mathrm{d}z$,变形后单元体的各边长分别为 $(1 + \varepsilon_1)\mathrm{d}x$、$(1 + \varepsilon_2)\mathrm{d}y$、$(1 + \varepsilon_3)\mathrm{d}z$。因此,变形后单元体的体积为

$$V' = (1 + \varepsilon_1)(1 + \varepsilon_2)(1 + \varepsilon_3)\mathrm{d}x\mathrm{d}y\mathrm{d}z$$

则单元体的体应变为

$$\theta = \frac{V' - V}{V} = (1 + \varepsilon_1)(1 + \varepsilon_2)(1 + \varepsilon_3) - 1$$

略去二阶以上微量,得

$$\theta = \varepsilon_1 + \varepsilon_2 + \varepsilon_3 \tag{10-18}$$

将三向应力状态下的广义虎克定律公式(10-15)代入式(10-18),得

$$\theta = \frac{3(1-2\mu)}{E}\frac{\sigma_1+\sigma_2+\sigma_3}{3} = \frac{\sigma_m}{K} \tag{10-19}$$

式中,$\sigma_m = \dfrac{\sigma_1+\sigma_2+\sigma_3}{3}$,$K = \dfrac{E}{3(1-2\mu)}$。$\sigma_m$ 是3个主应力的平均值。式(10-19)表明,单元体的体应变 θ 与 σ_m 成正比,比例常数 K 称为体积模量。这就是体积虎克定律

讨论　(1)在式(10-18)的推导过程中,若将 σ_1、σ_2 和 σ_3 换成 σ_x、σ_y 和 σ_z,将 ε_1、ε_2 和 ε_3 换成 ε_x、ε_y 和 ε_z,将得到什么结果?

(2)式(10-19)表明,体应变 θ 取决于3个主应力之和,所以在3个主应力之和不变的条件下,无论这3个主应力怎样组合,单元体的体应变都是相同的。

(3)若 $\mu=0.5$ 或 $\sigma_m=0$,则 $\theta=0$。若 $\mu<0.5$,只有 $\sigma_m=0$ 时,$\theta=0$。例如,纯剪切的平面应力状态,其 $\sigma_1=-\sigma_3=-\tau$,$\sigma_2=0$,由式(10-19)可知,其体应变 $\theta=0$。说明在小变形条件下,剪应力不会引起各向同性材料的体积改变,体应变只与正应力有关。

第六节　三向应力状态的变形比能

构件受外力作用产生弹性变形的同时,在其内部将积蓄有应变能,每单位体积所积蓄的应变能称为变形比能。在材料符合虎克定律的条件下,根据变形比能和外力做功在数值上相等的关系,得到单向应力状态的变形比能的计算公式

$$u = \frac{1}{2}\sigma\varepsilon \tag{a}$$

二向应力状态或三向应力状态时,变形比能与外力做功在数值上仍然相等,但它仅仅取决于外力和变形的最后数值,而与加力的顺序无关。对于图10-23(a)所示的三向应力状态下的单元体,其变形比能为

$$u = \frac{1}{2}(\sigma_1\varepsilon_1+\sigma_2\varepsilon_2+\sigma_3\varepsilon_3) \tag{b}$$

将广义虎克定律公式(10-15)代入式(b),得

$$u = \frac{1}{2E}[\sigma_1^2+\sigma_2^2+\sigma_3^2-2\mu(\sigma_1\sigma_2+\sigma_2\sigma_3+\sigma_3\sigma_1)] \tag{10-20}$$

一般情况下,单元体将同时发生体积改变和形状改变。如图10-23所示,将单元体(见图10-23(a))分解为图10-23(b)、(c)两种应力情况的叠加。

在图10-23(b)中,单元体各面上作用着主应力的平均值 $\sigma_m = \dfrac{\sigma_1+\sigma_2+\sigma_3}{3}$,单元体各边长同比例伸长或缩短,所以单元体形状不变,仅体积发生变化。单元体因体积变化而积蓄的变形比能是体积改变比能 u_V。将 $\sigma_1=\sigma_2=\sigma_3=\sigma_m$ 代入式(10-20),得

$$\begin{aligned} u_V &= \frac{1}{2E}[\sigma_m^2+\sigma_m^2+\sigma_m^2-2\mu(\sigma_m^2+\sigma_m^2+\sigma_m^2)] \\ &= \frac{3(1-2\mu)}{2E}\sigma_m^2 = \frac{1-2\mu}{6E}(\sigma_1+\sigma_2+\sigma_3)^2 \end{aligned} \tag{10-21}$$

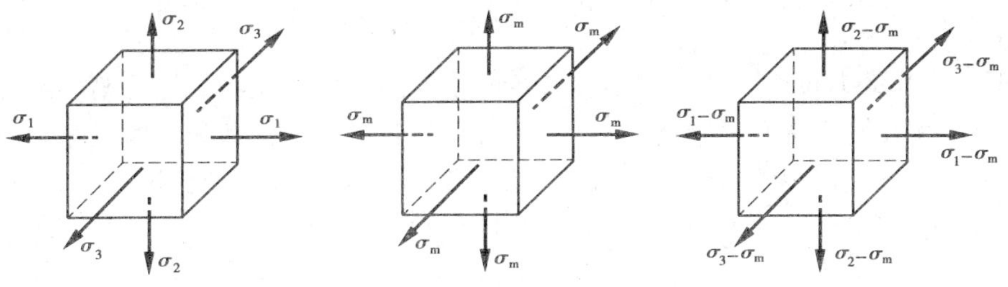

(a)　(b)　(c)

图 10-23　单元体的体积和形状改变

式(10-21)也是图 10-23(a)所示单元体的体积改变比能。

图 10-23(c)所示单元体的三个主应力之和为零,即 $\theta=0$,故其体积不变,仅形状发生变化。单元体因形状变化而积蓄的变形比能就是形状改变比能 u_f。分别将图 10-23(c)单元体的 3 个主应力 $\sigma_1-\sigma_m$、$\sigma_2-\sigma_m$、$\sigma_3-\sigma_m$ 代入式(10-20),得

$$u_f=\frac{1+\mu}{6E}[(\sigma_1-\sigma_2)^2+(\sigma_2-\sigma_3)^2+(\sigma_3-\sigma_1)^2] \tag{10-22}$$

式(10-22)也是图 10-23(a)所示单元体的形状改变比能。

由式(10-20)、式(10-21)、式(10-22)可以证明

$$u=u_V+u_f$$

即变形比能 u 等于体积改变比能 u_V 和形状改变比能 u_f 的和。

第七节　强度理论

前面几章中,曾介绍了构件在拉伸(压缩)、扭转和弯曲时的强度条件,这些强度条件建立在试验的基础上。但如果构件受力后变形复杂,其危险点处的主应力就不止一个,在这种情况下,通过试验来确定构件的强度几乎是不可能的。

为了建立复杂应力状态下材料的强度条件,需要探求导致材料破坏的规律。综合分析材料在基本变形试验中发生的破坏现象,认为因强度不足将引起两种类型的破坏:一类是脆性材料,如铸铁,在无明显的塑性变形的情况下即发生断裂,断面较粗糙,且多发生在垂直于最大正应力的截面上,这种形式的破坏称为脆性断裂;另一类是塑性材料,如低碳钢,破坏前发生显著的塑性变形,破坏断面粒子较光滑,且多发生在最大剪应力面上,这种形式的破坏称为塑性屈服。长期以来,通过对材料破坏现象的综合分析,人们提出了许多关于材料破坏原因的假说。一些假说认为,对同一种材料而言,不论是处于何种应力状态,相同的破坏形式有相同的失效原因,即材料的破坏与应力状态无关,这类假说就是强度理论。因而可利用拉伸试验的结果建立复杂应力状态下的强度条件。

对应于材料的主要破坏形式,解释材料破坏的强度理论也分为两类:一类解释脆性断裂,有最大拉应力理论和最大伸长线应变理论;另一类解释塑性屈服,有最大剪应力理论和形状改变比能理论。下面主要介绍经过试验和实践检验,在工程中常用的 4 个强度理论。

一、最大拉应力理论(第一强度理论)

这一理论认为最大拉应力是引起断裂破坏的主要因素。即认为无论是简单或复杂的应力状态,只要最大拉应力达到材料的某一极限值,材料就发生脆性断裂。既然最大拉应力与应力状态无关,那么其极限值可通过单轴拉伸试验来确定。当单轴拉伸试样的 σ_1 达到强度极限 σ_b 时,发生断裂。于是,按照这一理论,脆性断裂的条件是

$$\sigma_1 = \sigma_b \tag{a}$$

将式(a)中的极限应力除以安全系数,得材料的许用应力[σ],所以这一强度理论对应的强度条件为

$$\sigma_1 \leqslant [\sigma] \tag{10-23}$$

试验证明,该强度理论较好地解释了石料、铸铁等脆性材料沿最大拉应力所在截面发生断裂的现象;而对于单向受压或三向受压等没有拉应力的情况则不适合。其缺点是未考虑其他两个主应力的影响。

二、最大伸长线应变理论(第二强度理论)

这一理论认为最大伸长线应变是引起断裂破坏的主要因素。即认为无论是简单或复杂的应力状态,只要最大伸长线应变达到材料的某一极限值,材料就发生脆性断裂。既然最大伸长线应变与应力状态无关,那么其极限值可通过单轴拉伸试验来确定。假定直到发生断裂,材料仍服从虎克定律,所以单轴拉伸试样的伸长线应变的极限值为 $\varepsilon_u = \dfrac{\sigma_b}{E}$。于是,按照这一理论,脆性断裂的条件是

$$\varepsilon_1 = \varepsilon_u = \frac{\sigma_b}{E} \tag{b}$$

由广义虎克定律知,在线弹性范围内,复杂应力状态下一点处的最大伸长线应变为

$$\varepsilon_1 = \frac{1}{E}[\sigma_1 - \mu(\sigma_2 + \sigma_3)]$$

将上式代入式(b),于是破坏条件可改写为:

$$\sigma_1 - \mu(\sigma_2 + \sigma_3) = \sigma_b \tag{c}$$

将式(c)中的极限应力除以安全系数,得材料的许用应力[σ],所以这一强度理论对应的强度条件为

$$\sigma_1 - \mu(\sigma_2 + \sigma_3) \leqslant [\sigma] \tag{10-24}$$

试验证明,该强度理论较好地解释了石料、混凝土等脆性材料受轴向压缩时,沿受力方向发生断裂的现象。但是,其试验结果只与很少的材料吻合,因此已经很少使用。其缺点是不能广泛解释脆断破坏的一般规律。

三、最大剪应力理论(第三强度理论)

这一理论认为最大剪应力 τ_{max} 是引起材料塑性屈服的主要因素。即认为无论是简单或复杂的应力状态,只要最大剪应力 τ_{max} 达到材料的某一极限值,材料就发生塑性屈服。既然

最大剪应力与应力状态无关,那么其极限值可通过单轴拉伸试验来确定。低碳钢等塑性材料在单轴拉伸时,当横截面上的正应力达到 σ_s 时,材料沿最大剪应力所在的45°斜面发生滑移,即产生塑性屈服。这时,45°斜面上的剪应力 $\tau_{max}=\sigma_s/2$。可见,$\sigma_s/2$ 就是导致材料屈服的最大剪应力的极限值。同时,复杂应力状态下 $\tau_{max}=\dfrac{\sigma_1-\sigma_3}{2}$。于是,按照这一理论,塑性屈服的条件为

$$\sigma_1-\sigma_3=\sigma_s \tag{d}$$

将式(d)中的极限应力除以安全系数,得材料的许用应力[σ],所以这一强度理论对应的强度条件为

$$\sigma_1-\sigma_3\leqslant[\sigma] \tag{10-25}$$

试验证明,这一理论可以较好地解释塑性材料的屈服现象。该理论形式简单,概念明确,适用于塑性材料的一般情况。其缺点是没有考虑 σ_2 的影响,在二向应力状态下,按这一理论设计的构件偏于安全。

四、形状改变比能理论(第四强度理论)

这一理论认为形状改变比能 u_f 是引起材料塑性屈服的主要因素。即认为无论是简单或复杂的应力状态,只要形状改变比能 u_f 达到材料的某一极限值,材料就发生塑性屈服。既然形状改变比能 u_f 与应力状态无关,那么其极限值可通过单轴拉伸试验来确定。单轴拉伸时,由式(10-22)可得到与屈服应力 σ_s 相应的形状改变比能为 $\dfrac{1+\mu}{6E}2\sigma_s^2$,这即是导致材料屈服的形状改变比能 u_f 的极限值。于是,按照这一理论,塑性屈服的条件是

$$u_f=\frac{1+\mu}{6E}2\sigma_s^2 \tag{e}$$

将式(10-22)代入式(e),于是屈服条件可改写为

$$\sqrt{\frac{1}{2}[(\sigma_1-\sigma_2)^2+(\sigma_2-\sigma_3)^2+(\sigma_3-\sigma_1)^2]}=\sigma_s$$

将上式中的极限屈服应力 σ_s 除以安全系数,得材料的许用应力[σ],所以这一强度理论对应的强度条件为

$$\sqrt{\frac{1}{2}[(\sigma_1-\sigma_2)^2+(\sigma_2-\sigma_3)^2+(\sigma_3-\sigma_1)^2]}\leqslant[\sigma] \tag{10-26}$$

根据钢、铜、铝等几种塑性材料的试验资料,表明形状改变比能理论比第三强度理论更符合试验结果。在纯剪切状态下,按第三强度理论和第四强度理论的计算结果差别最大,这时由第三强度理论的屈服条件得出的结果比第四强度理论的计算结果大15%。

综合式(10-23)~式(10-26),按照4个强度理论所建立的4个强度条件可统一写成

$$\sigma_r\leqslant[\sigma] \tag{10-27}$$

式中,σ_r 是根据不同强度理论而得到的构件危险点处3个主应力的某种组合,称为相当应力。按照从第一强度理论到第四强度理论的顺序,相当应力分别为

$$\left.\begin{aligned}\sigma_{r1} &= \sigma_1 \\ \sigma_{r2} &= \sigma_1 - \mu(\sigma_2 + \sigma_3) \\ \sigma_{r3} &= \sigma_1 - \sigma_3 \\ \sigma_{r4} &= \sqrt{\frac{1}{2}[(\sigma_1 - \sigma_2)^2 + (\sigma_2 - \sigma_3)^2 + (\sigma_3 - \sigma_1)^2]}\end{aligned}\right\} \tag{10-28}$$

关于强度理论的选择，一般来说，铸铁、混凝土、石料等脆性材料通常以断裂的形式破坏，宜采用第一强度理论和第二强度理论；碳素钢、铜、铝等塑性材料通常以屈服的形式破坏，宜采用第三和第四强度理论。

需要注意的是，选择强度理论时，一方面要保证破坏原因与破坏形式的一致性，理论计算与试验结果要接近；另一方面要注意材料的破坏形式与应力状态有关，也与速度、温度有关。同一种材料在不同情况下，破坏形式不同，适用强度理论也应不同。如低碳钢单向受拉时，产生塑性变形，宜采用第三强度理论和第四强度理论；三向均受拉时，产生断裂破坏，宜采用第一强度理论和第二强度理论。而铸铁单向受拉时，产生断裂破坏，宜采用第一强度理论和第二强度理论；三向均受压时，产生塑性屈服，宜采用第三强度理论和第四强度理论。

进行复杂应力状态下的强度计算时，可按下面几个步骤进行：

(1)确定危险点并画出单元体，计算出主应力 σ_1、σ_2、σ_3(见图 10-24(a))。

(2)选择适当的强度理论，计算相当应力 σ_r，把复杂应力状态转换为等效的单向应力状态(见图 10-24(b))。

(3)确定材料的许用拉应力[σ]，将其与 σ_r 对比(见图 10-24(c))，从而对构件进行强度计算。

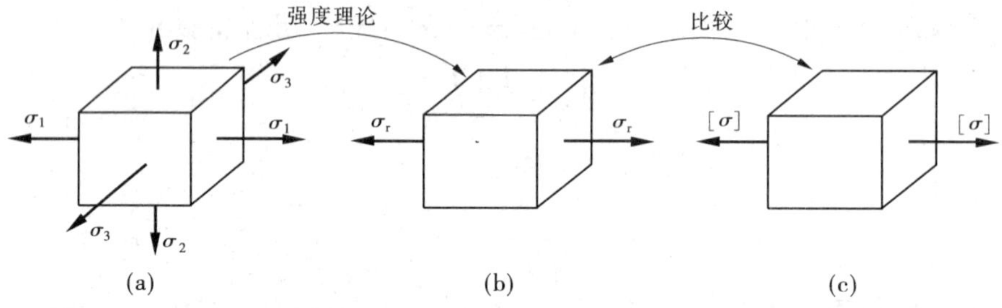

图 10-24　强度计算步骤

【例 10-8】　一工字形截面焊接钢梁受力如图 10-25(a)所示，其截面几何尺寸如图 10-25(b)所示。已知 $F=80$ kN，$q=10$ kN/m，截面的惯性矩 $I_z=91.6\times10^{-6}$ m^4，材料的许用应力[σ] = 120 MPa。试对梁的强度作全面校核。截面尺寸单位：mm。

解　(1)确定危险截面和危险点。作剪力图和弯矩图如图 10-25(c)所示。根据内力图可知，危险截面可能是 C 左截面或 D 右截面；再根据横截面上正应力和剪应力的分布规律可知，梁的最大正应力发生在 C 截面下边缘处(上边缘处为等值压应力)各点，取点 1 为危险点，是单向应力状态；D 截面中性轴上各点的剪应力最大，取点 3 为危险点，是纯剪剪应力状态；C 左截面和 D 右截面上翼缘与腹板交界处的正应力和剪应力都比较大，故取点 2 和点 2′为危险点，是平面应力状态。

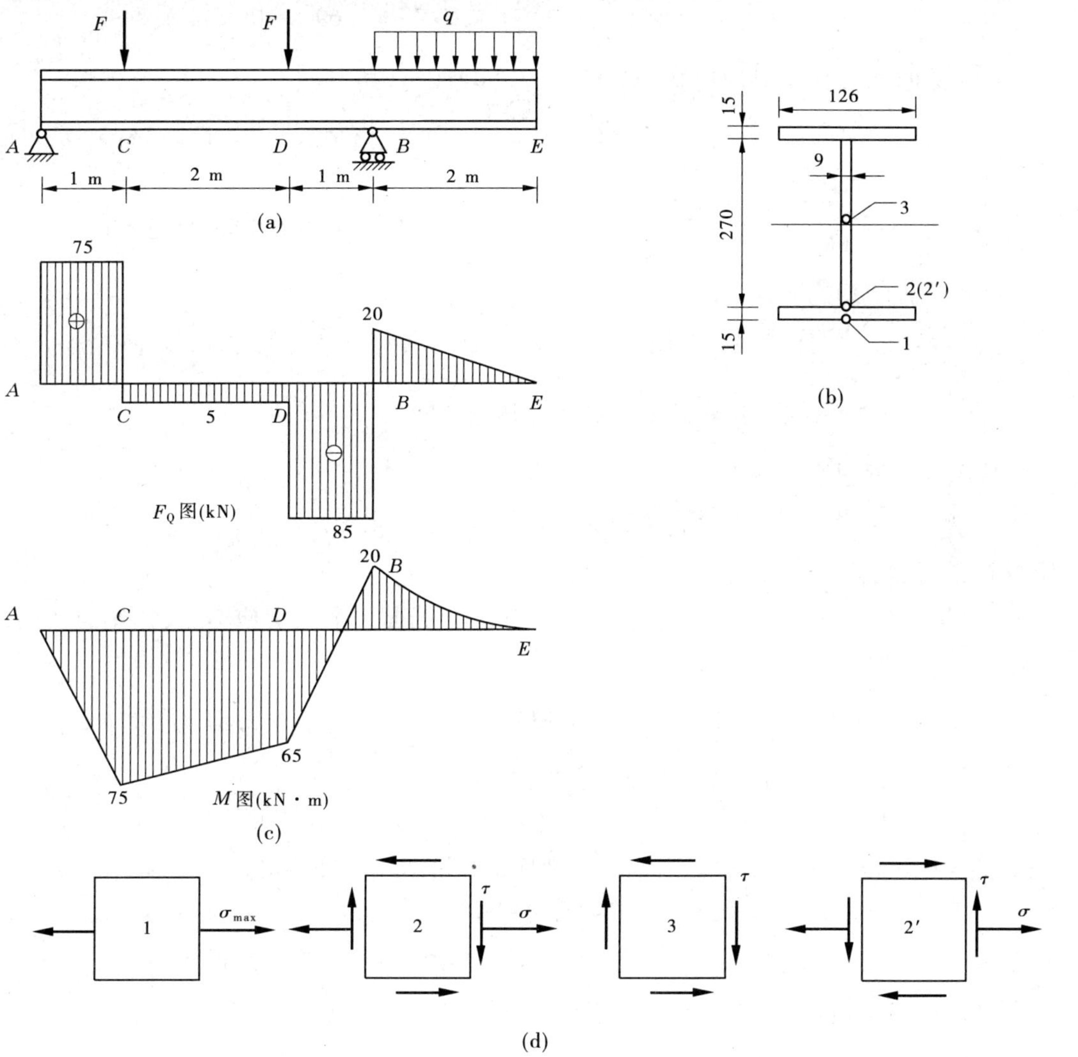

图 10-25 10-8 图

(2)C 截面的强度校核。梁的最大正应力即 C 截面上最大正应力,其作用点 1 的应力状态如 10-25(d)所示,$\sigma_1=\sigma_{max}$,$\sigma_2=\sigma_3=0$,代入第三强度理论和第四强度理论所得的强度条件是一致的,即

$$\sigma_{max}\leqslant[\sigma]$$

求 C 截面上的最大正应力 σ_{max}

$$\sigma_{max}=\frac{M_{max}y_{max}}{I_z}=\frac{75\times10^3\times150\times10^{-3}}{91.6\times10^{-6}}=123\times10^6(\text{Pa})=123(\text{MPa})>[\sigma]=120\text{ MPa}$$

但 $\dfrac{\sigma_{max}-[\sigma]}{[\sigma]}<5\%$,仍在工程容许范围内,故认为是安全的。

对应于翼缘与腹板交界处的点 2,其

$$S_z^* = 126 \times 15 \times \left(\frac{15}{2} + \frac{270}{2}\right) \times 10^{-9} = 2.69 \times 10^{-4}(\mathrm{m}^3)$$

C 左截面上的点 2，其应力状态如图 10-25(d)所示，其中

$$\sigma = \frac{M_C y}{I_z} = \frac{75 \times 10^3 \times 135 \times 10^{-3}}{91.6 \times 10^{-6}} = 110.5 \times 10^6(\mathrm{Pa}) = 110.5\ \mathrm{MPa}$$

$$\tau = \frac{F_{QC} S_z^*}{I_z b} = \frac{75 \times 10^3 \times 2.69 \times 10^{-4}}{91.6 \times 10^{-6} \times 9 \times 10^{-3}} = 24.5 \times 10^6(\mathrm{Pa}) = 24.5\ \mathrm{MPa}$$

按第三强度理论校核，有

$$\sigma_{r3} = \sqrt{\sigma^2 + 4\tau^2} = \sqrt{110.5^2 + 4 \times 24.5^2} = 121(\mathrm{MPa}) > [\sigma] = 120\ \mathrm{MPa}$$

但 $\dfrac{\sigma_{r3} - [\sigma]}{[\sigma]} < 5\%$，故 C 左截面上的点 2 也是安全的。

按第四强度理论校核，有

$$\sigma_{r4} = \sqrt{\sigma^2 + 3\tau^2} = \sqrt{110.5^2 + 3 \times 24.5^2} = 118(\mathrm{MPa}) < [\sigma] = 120\ \mathrm{MPa}$$

所以 C 截面的强度条件满足。

(3) D 截面的强度校核。梁的最大剪应力即 D 截面上最大剪应力，其作用点 3 的应力状态如图 10-25(d)所示，对于点 3，其

$$S_z^* = 126 \times 15 \times 142.5 \times 10^{-9} + 135 \times 9 \times \frac{135}{2} \times 10^{-9} = 3.51 \times 10^{-4}(\mathrm{m}^3)$$

$$\tau = \frac{F_{QD} S_z^*}{I_z b} = \frac{85 \times 10^3 \times 3.51 \times 10^{-4}}{91.6 \times 10^{-6} \times 9 \times 10^{-3}} = 36.2(\mathrm{MPa})$$

于是 $\sigma_1 = \tau, \sigma_2 = 0, \sigma_3 = -\tau$，代入第三强度理论和第四强度理论得

$$\sigma_{r3} = \sigma_1 - \sigma_3 = 36.2 - (-36.2) = 72.4(\mathrm{MPa}) < [\sigma] = 120\ \mathrm{MPa}$$

$$\sigma_{r4} = \sqrt{3}\tau = \sqrt{3} \times 36.2 = 62.7(\mathrm{MPa}) < [\sigma] = 120\ \mathrm{MPa}$$

对于 D 左截面上的 $2'$ 点，其应力状态如图 10-25(d)所示，其中

$$\sigma = \frac{M_D y}{I_z} = \frac{65 \times 10^3 \times 135 \times 10^{-3}}{91.6 \times 10^{-6}} = 95.8 \times 10^6(\mathrm{Pa}) = 95.8\ \mathrm{MPa}$$

$$\tau = \frac{F_{QD} S_z^*}{I_z b} = \frac{85 \times 10^3 \times 2.69 \times 10^{-4}}{91.6 \times 10^{-6} \times 9 \times 10^{-3}} = 27.7 \times 10^6(\mathrm{Pa}) = 27.7\ \mathrm{MPa}$$

按第三强度理论和第四强度理论校核，有

$$\sigma_{r3} = \sqrt{\sigma^2 + 4\tau^2} = \sqrt{95.8^2 + 4 \times 27.7^2} = 111(\mathrm{MPa}) < [\sigma] = 120\ \mathrm{MPa}$$

$$\sigma_{r4} = \sqrt{\sigma^2 + 3\tau^2} = \sqrt{95.8^2 + 3 \times 27.7^2} = 107(\mathrm{MPa}) < [\sigma] = 120\ \mathrm{MPa}$$

所以 D 截面的强度条件满足。

结论：虽然 C 截面上点 1 的相当应力较大，但仍在工程容许范围内，故认为是安全的。其他危险点处的强度足够，故全梁强度条件均满足。从本例可以看出，对于焊接工字形截面的梁，在弯矩和剪力均较大的截面上，翼缘和腹板连接处的点可能是危险点，应对该部位的点进行强度校核。

小 结

(1)本章重点讨论了应力状态理论和强度理论。应力状态理论是解释材料破坏现象和建立复杂应力状态下构件强度条件的基础。本章内容概念性比较强,应理解应力状态、主应力、脆性断裂和塑性屈服,以及强度理论等重要概念,并掌握平面应力状态的分析与计算方法,以及正确应用4个强度理论。

(2)一点的应力状态是指通过受力构件内一点的各个方位面上应力情况的综合,并可用无限小的单元体来表示,所以分析一点的应力状态就是分析单元体各个方位面上应力的情况。一般情况下,通过某点的任意方位面上,既有正应力又有剪应力,方位面方向变化,其上的应力也随之变化。

(3)在受力构件内任一点处一定有一个单元体,其三对相互垂直的平面均为主平面,分别作用有主应力 σ_1、σ_2、σ_3。与 σ_2 平行且与 σ_1、σ_3 的作用面成45°角的方位面上作用有极值剪应力。平面应力状态下,$\sigma_x+\sigma_y=\sigma_1+\sigma_2$。

(4)平面应力状态下,应力圆与单元体的对应关系为:点面对应、转向对应、夹角2倍。运用图解法有助于对应力状态理论的理解,并进行简便计算。

(5)强度理论是关于材料破坏假设的理论,本章介绍了4种强度理论的内容及应用。四种强度理论的强度条件为

$$\sigma_r \leqslant [\sigma]$$

式中按照从第一强度理论到第四强度理论的顺序,相当应力分别为

$$\sigma_{r1} = \sigma_1$$

$$\sigma_{r2} = \sigma_1 - \mu(\sigma_2 + \sigma_3)$$

$$\sigma_{r3} = \sigma_1 - \sigma_3$$

$$\sigma_{r4} = \sqrt{\frac{1}{2}[(\sigma_1 - \sigma_2)^2 + (\sigma_2 - \sigma_3)^2 + (\sigma_3 - \sigma_1)^2]}$$

(6)强度计算时,应注意两个方面的问题:一方面,应根据材料的破坏形式选择适用的强度理论,一般应力状态下的脆性材料和三向受拉应力状态下的塑性材料,其破坏形式为脆性断裂,应选用第一强度理论或第二强度理论;一般应力状态下的塑性材料和三向受压应力状态下的脆性材料,其破坏形式为塑性屈服,应选用第三强度理论或第四强度理论。另一方面,要正确确定危险截面和危险点,可根据内力图确定危险截面的位置,然后根据应力在危险截面上的分布规律确定危险点及其应力状态。根据危险点的应力状态,应用强度理论便可进行强度计算。

思考题

10-1 什么是一点处的应力状态?为什么要研究一点处的应力状态?如何研究一点处的应力状态?

10-2 什么叫主平面和主应力?主应力和正应力有什么区别?如何确定平面应力状态

的 3 个主应力及其作用面？

10-3　如何利用应力圆求任意斜截面上的应力、主应力、最大剪应力？怎样确定上述各应力的作用平面？怎样在应力圆中表示出来？

10-4　二向应力状态的最大剪应力按什么公式计算？根据二向应力状态的应力圆求出的最大剪应力是单元体真正的最大剪应力吗？

10-5　如果受力杆件内一点在某个方向上的正应力为零，那么该点在这个方向上的线应变也为零；如果该点在某一个方向上的线应变为零，那么这点沿线应变方向上的正应力为零。这些说法对吗？为什么？

10-6　有材料相同的 a、b 两个单元体，已知：a 单元体上的主应力 $\sigma_1=\sigma_2=\sigma_3=220$ MPa；b 单元体上的主应力是 $\sigma_1=200$ MPa，$\sigma_2=200$ MPa，$\sigma_3=-400$ MPa，问此两个单元体的体积改变有无差异？体积改变比能是否相同？形状改变比能是否相同？

10-7　什么叫强度理论，为什么要研究强度理论？

10-8　4 个强度理论的强度条件是什么？说明其基本观点，并阐明其适用范围和各自的优缺点。

10-9　已知一点的应力状态如图 10-26 所示，若 $\sigma\leqslant[\sigma]$，$\tau\leqslant[\tau]$，是否可认为该点的应力满足强度条件？为什么？

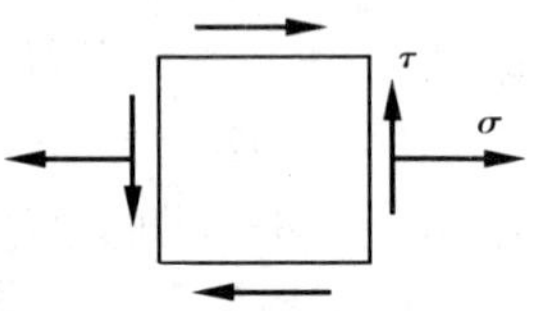

图 10-26　思考题 10-9 图

10-10　低碳钢试件轴向拉压与铸铁轴向压缩，其破坏都与最大剪应力有关，但建立其强度条件时，考虑的却是最大正应力，为什么？

10-11　水管在寒冬低温条件下，由于管内水结冰引起体积膨胀，而导致水管爆裂。由作用力与反作用力定律可知，管与冰块所受的压力相等，试问为什么冰不破裂，而水管发生爆裂？

10-12　把经过冷却的钢质实心球体，放入沸腾的热油锅中，将引起钢球的爆裂，试分析原因。

10-13　在相同的塑性材料制成的构件中，有如图 10-27(a)、(b)所示的两种应力状态。若二者的 σ 和 τ 分别相同。试分别按第三强度理论和第四强度理论写出两个单元体的屈服条件，并判断哪个单元体更容易发生屈服破坏？

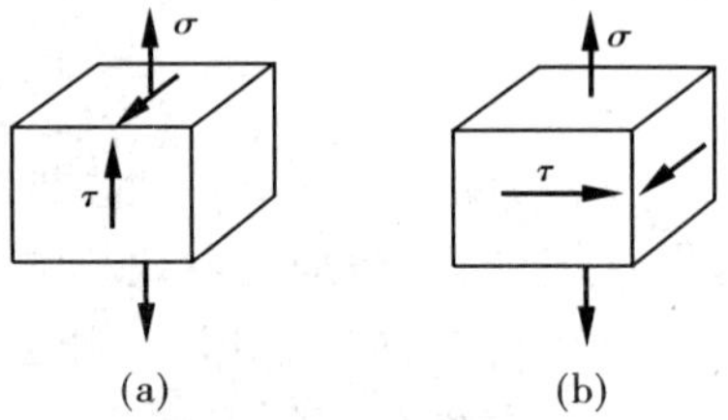

图 10-27　思考题 10-13 图

习　题

10-1　有一轴向拉伸试样，横截面为 40 mm×5 mm 的矩形。当与轴线成 $\alpha=45°$ 角的斜面上剪应力 $\tau=150$ MPa 时，试件上出现滑移线。试求试样所受的轴向拉力 F 的值。

10-2　试求如图 10-28 所示悬臂梁距离自由端 0.72 m 的截面上，在顶面以下 40 mm 的一点处的主应力的大小及最大主应力与 x 轴的夹角。

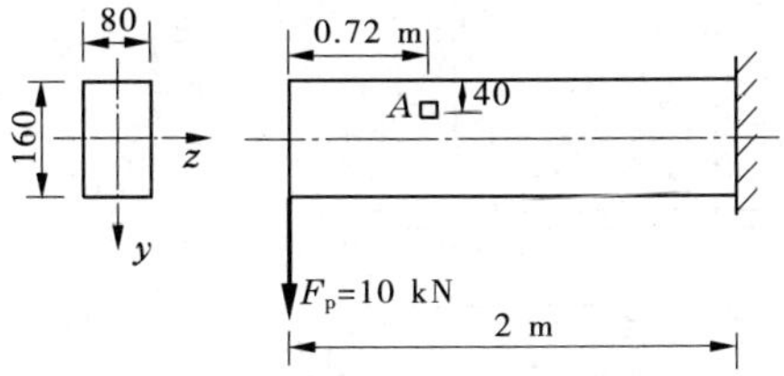

图 10-28　习题 10-2 图　（单位：mm）

10-3　已知单元体的应力状态如图 10-29 所示，应力单位为 MPa。试用解析法和图解法分别求：

(1) 主应力及主平面的位置；

(2) 最大剪应力及其作用面位置；

(3) 在单元体上绘出主平面位置和主应力方向。

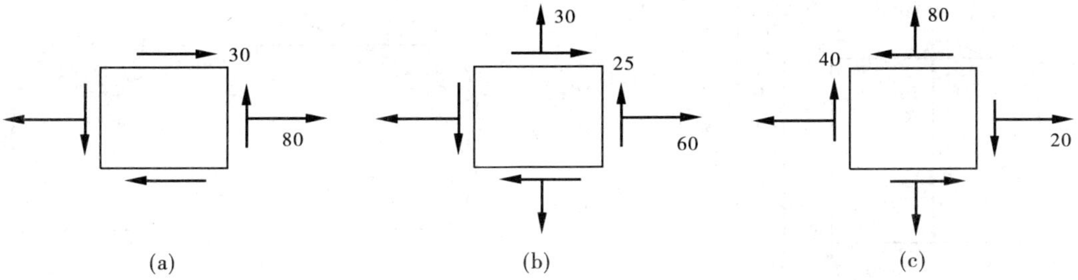

图 10-29　习题 10-3 图

10-4　各单元体的应力状态如图 10-30 所示，应力单位 MPa，试利用应力圆求：

(1) 指定截面上的应力。

(2) 主应力数值。

(3) 在单元体上画出主平面的位置及主应力的方向。

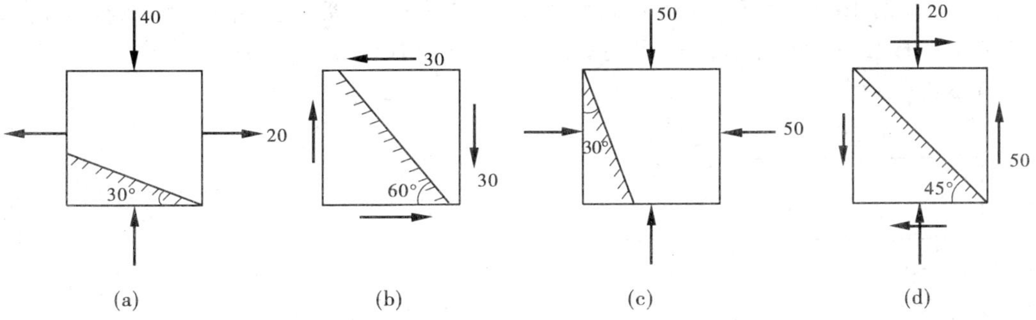

图 10-30　习题 10-4 图

10-5　一焊接工字形截面钢梁的受力情况如图 10-31 所示，已知 $F=160$ kN，试求 $m—m$ 截面上 a、b、c 三点处的主应力。

10-6　图 10-32 所示矩形截面梁某截面上的弯矩和剪力分别为 $M=10$ kN · m，$F_Q=120$ kN。试绘出截面上 1、2、3、4 各点的应力状态单元体，并求其主应力。

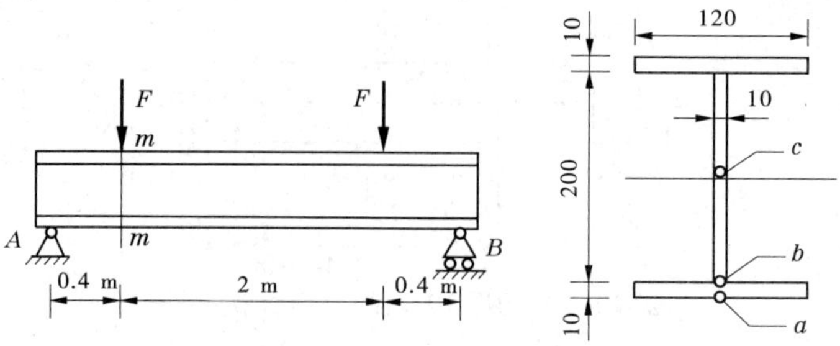

图 10-31　习题 10-5 图　(单位:mm)

10-7　如图 10-33 所示,以绕带焊接成的圆管,焊缝为螺旋线。圆管内径为 300 mm,壁厚 $t=1$ mm,管内压力 $p=0.5$ MPa。求沿焊缝斜面上的主应力和剪应力。

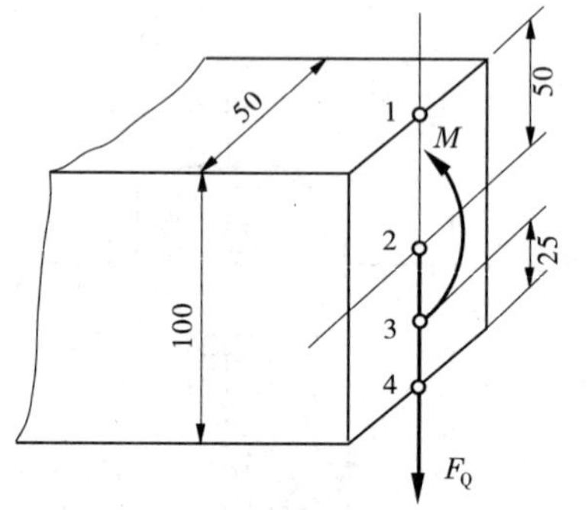

图 10-32　习题 10-6 图　(单位:mm)

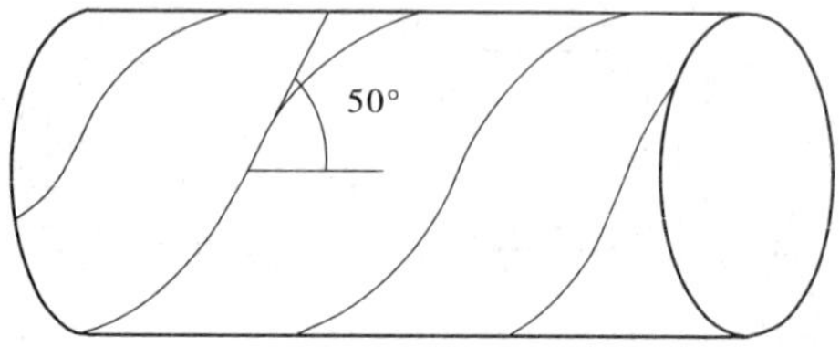

图 10-33　习题 10-7 图

10-8　对如图 10-34 所示的梁进行试验时,测得梁上 A 点处的应变 $\varepsilon_x=0.5\times10^{-3}$,$\varepsilon_y=1.65\times10^{-4}$。若梁的材料弹性模量 $E=210$ GPa,泊松比 $\mu=0.3$,试求梁上 A 点处的正应力 σ_x 和 σ_y。

10-9　如图 10-35 所示,扭转力偶矩为 2.5 kN · m,作用在直径 $d=60$ mm 的钢轴上。试求圆轴表面上任一点处与轴线成 $\alpha=30°$ 方向上的线应变。已知钢的弹性模量 $E=210$ GPa,泊松比 $\mu=0.28$。

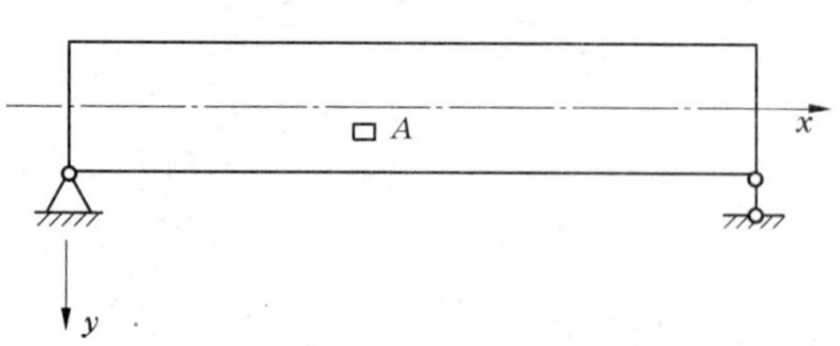

图 10-34　习题 10-8 图

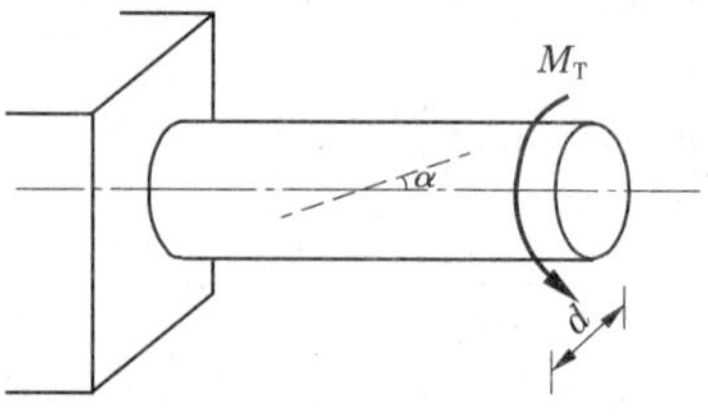

图 10-35　习题 10-9 图

10-10　单元体各面上的应力如图 10-36 所示(应力单位 MPa),试用图解法求主应力及最大剪应力;并求体应变 θ、比能 u 和形状改变比能 u_f。设 $E=200$ GPa,$\mu=0.3$。

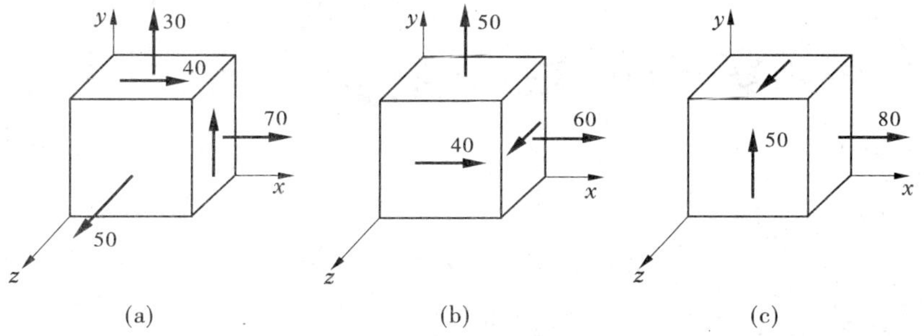

图 10-36　习题 10-10 图

10-11　有一处于二向应力状态下的单元体，两个主应力的大小相等，$\sigma_1=\sigma_2=100$ MPa，材料的弹性模量 $E=200$ GPa，泊松比 $\mu=0.25$。试求单元体的三个主应变。

10-12　如图 10-37 所示一边长为 10 mm 的立方铝块，毫无间隙地嵌入宽度为 10 mm 的钢槽中。立方体顶面施加的压力 $F_P=6$ kN，铝的弹性模量 $E=70$ GPa，泊松比 $\mu=0.33$，钢槽的变形不计，求铝块的 3 个主应力和相应的主应变。

10-13　一直径 $d=25$ mm 的实心钢球承受静水压力，压强为 14 MPa，它的体积会减少多少？已知钢球的弹性模量 $E=210$ GPa，泊松比 $\mu=0.3$。

10-14　一直径为 $d=0.1$ m 的铸铁圆杆，其受力如图 10-38 所示，$T=7$ kN·m，$P=50$ kN，$[\sigma]=40$ MPa，试用第一强度理论校核该杆的强度。

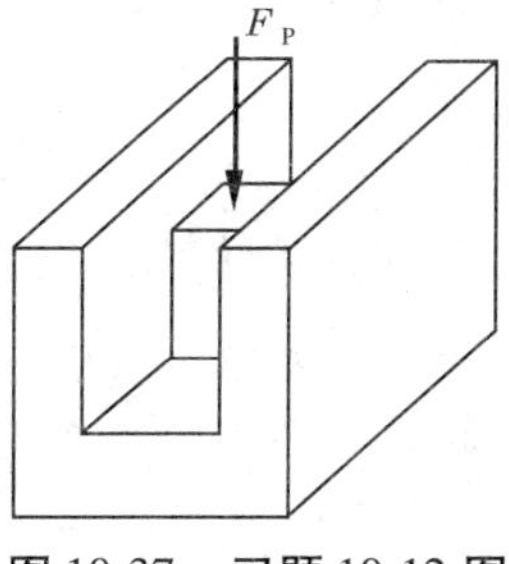

图 10-37　习题 10-12 图

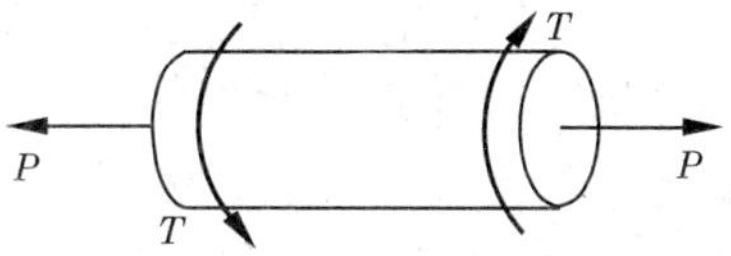

图 10-38　习题 10-14 图

10-15　如图 10-39 所示两端封闭的铸铁圆筒，承受内压 $p=5$ MPa、轴向压力 $F=100$ kN 和力偶矩 $M_e=3$ kN·m 的共同作用，若其内径 $d=100$ mm，壁厚 $t=10$ mm，铸铁的许用拉应力 $[\sigma]=40$ MPa，泊松比 $\mu=0.25$。试按第二强度理论校核其强度。

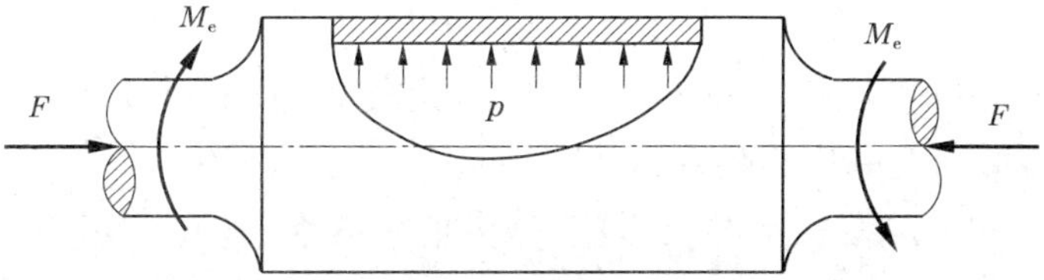

图 10-39　习题 10-15 图

10-16　车轮与钢轨接触点的主应力为 −800 MPa、−900 MPa、−1 100 MPa。$[\sigma]=300$ MPa，试对接触点作强度校核。

第十一章　组合变形

第一节　概　述

一、组合变形的概念

如前面各章所述，杆件在荷载作用下产生的变形有轴向拉压、剪切、扭转和弯曲四种基本变形形式。但是，在实际工程结构中，有些构件的受力情况是很复杂的，受力后的变形常常不只是某一种单一的基本变形，而是同时发生两种或两种以上的基本变形，这类变形情况称为组合变形。

例如，图11-1(a)所示的烟囱，除因自重引起的轴向压缩变形外，还有因水平方向的风荷载引起的弯曲变形；图11-1(b)所示的挡土墙，也同时受自重引起的压缩变形和土壤侧压力引起的弯曲变形；图11-1(c)所示的厂房柱，在多种偏心压力和水平力的共同作用下，也产生了压缩与弯曲变形的联合作用；图11-1(d)所示的屋架上的檩条，由于屋面传来的荷载不是作用在檩条的纵向对称平面内，因而将由两个平面内的弯曲变形组合成斜弯曲。

二、组合变形的强度计算思路

前面我们已经分别讨论了杆件在各种基本变形情况下的强度计算，对于组合变形时的强度分析问题，主要是应力计算。只要构件的变形很小，材料服从虎克定律，即在线弹性范围内，力的独立作用原理是成立的，即每一种荷载引起的变形和内力不受其他荷载的影响，因此可以应用叠加法来解决组合变形问题。叠加法的要点是将杆上复杂荷载分解为几种简单荷载，然后分别计算每种基本变形下的应力，最后叠加起来求出组合变形下的截面应力。按照上述思路，把解决组合变形时强度分析问题的方法归结如下：

(1)外力分析。首先将作用在杆件上的实际外力进行简化。横向力向弯曲中心简化，并沿截面的形心主轴方向分解；纵向力向截面形心简化。简化后的各外力分别对应着一种基本变形。

(2)内力分析。根据杆上作用的外力，进行内力分析，必要时绘出内力图，从而确定危险截面，并求出危险截面上的内力值。

(3)应力分析。按危险截面上的内力值，分析危险截面上的应力分布，确定危险点所在位置，并求出危险截面上危险点的应力值。

(4)强度分析。根据危险点的应力状态和杆件的材料按强度理论进行强度计算。

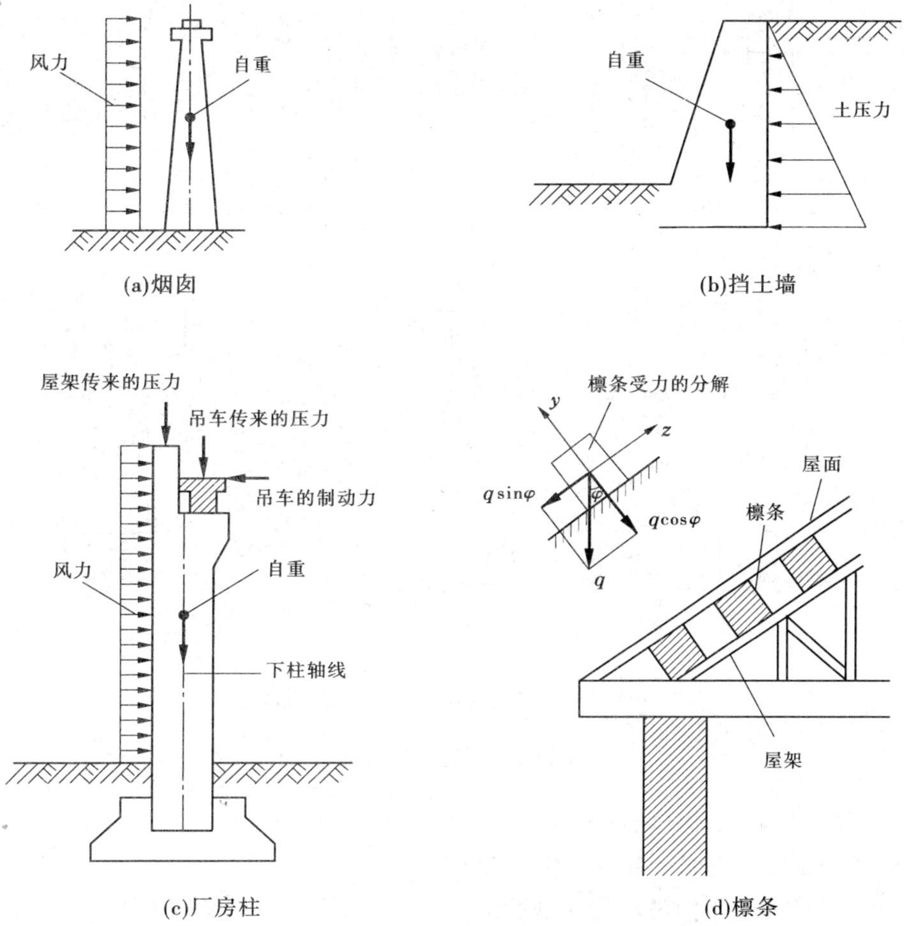

图 11-1　组和变形构件示例

第二节　斜弯曲

一、斜弯曲的概念

在前面第九章曾讨论了至少具有一个对称轴的梁，当横向外力作用在梁的纵向对称平面内时，梁变形后的轴线所在平面与外力作用平面相重合，这种弯曲称为平面弯曲。在一些情况下，梁所承受的横向荷载通过形心，但并不在纵向对称平面内，在梁变形后其轴线所在平面与外力作用平面不重合，这种弯曲称为斜弯曲，如图 11-2 所示。斜弯曲是两个平面弯曲的组合变形，下面将按照组合变形的强度计算思路分别来讨论斜弯曲的应力和强度计算。

二、外力分析

现以图 11-2 所示的具有两个对称轴的悬臂梁为例来说明斜弯曲应力计算的一般步骤。

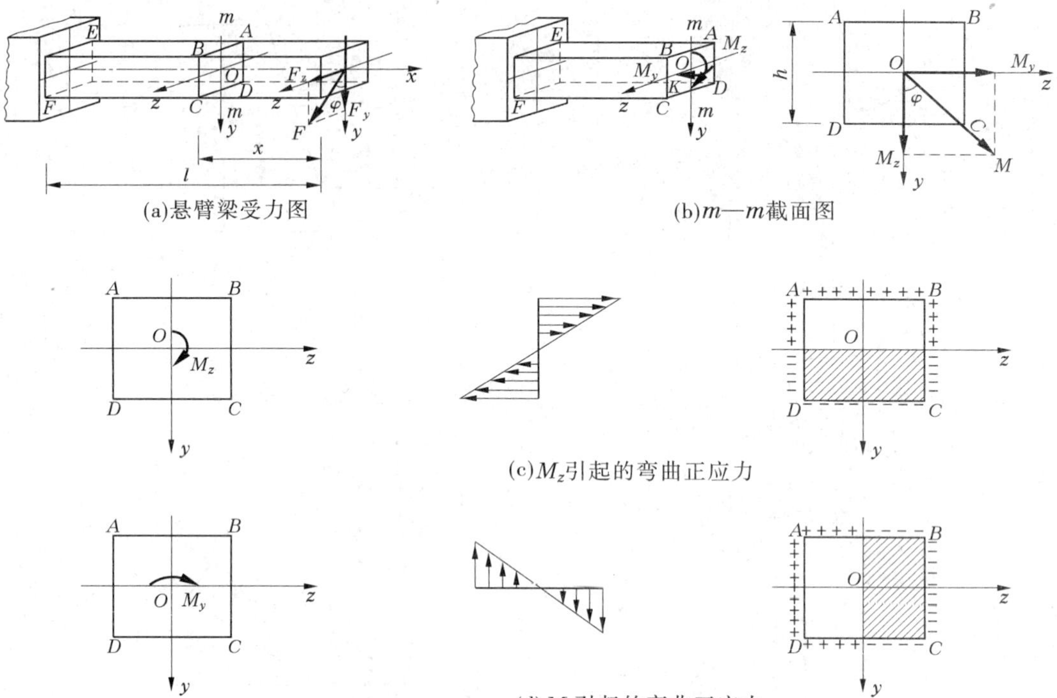

(a)悬臂梁受力图　　(b)m—m截面图

(c)M_z引起的弯曲正应力

(d)M_y引起的弯曲正应力

图 11-2　斜弯曲悬臂梁

设矩形截面的悬臂梁在自由端处作用一个垂直于梁轴并通过截面形心的集中荷载 F，它与截面的形心主轴 y 轴成 φ 角(见图 11-2(a))。

由于外力 F 的作用平面虽然通过截面的弯曲中心，但它并不通过也不平行于杆件的任一形心主轴，则梁不发生平面弯曲。此时，可将力 F 沿两个形心主轴 y、z 方向分解，得到两个分力

$$F_y = F\cos\varphi \qquad F_z = F\sin\varphi$$

在 F_y 作用下，梁将在 xOy 平面内弯曲；在 F_z 作用下，梁将在 xOz 平面内弯曲，两者均属平面弯曲情况。因此，梁在倾斜力作用下，相当于受到两个方向的平面弯曲，梁的挠曲线不在外力作用的平面内，通常把这种弯曲称为斜弯曲。

三、内力分析

与平面弯曲情况一样，在斜弯曲梁的横截面上也有剪力和弯矩两种内力。但由于剪力在一般情况下影响较小，因此在进行内力分析时，主要计算弯矩影响。

在分力 F_y 和 F_z 分别作用下，梁上距自由端为 x 的任一截面 m—m 的弯矩为

$$M_z = F_y x = F\cos\varphi x$$

$$M_y = F_z x = F\sin\varphi x$$

令 $M = Fx$，它表示力 F 对截面 m—m 引起的总弯矩。如图 11-2(b)所示，总弯矩 M 与作用

在纵向对称平面内的弯矩 M_y 和 M_z 有如下关系

$$M_z = M\cos\varphi \quad M_y = M\sin\varphi$$

$$M = \sqrt{M_z^2 + M_y^2}$$

M_z 和 M_y 将分别使梁在 xOy 和 xOz 两个形心主惯性平面内发生平面弯曲。因此，斜弯曲即为两个平面内的平面弯曲变形的组合。

四、应力分析

应用平面弯曲时的正应力计算公式，即可求得截面 $m—m$ 上任意一点 $K(y,z)$ 处由 M_z 和 M_y 所引起的弯曲正应力，它们分别是

$$\sigma' = \frac{M_z y}{I_z} = \pm\frac{M\cos\varphi y}{I_z}$$

$$\sigma'' = \frac{M_y z}{I_y} = \pm\frac{M\sin\varphi z}{I_y}$$

根据叠加原理，梁的横截面上的任意点 $K(y,z)$ 处总的弯曲正应力为这两个正应力的代数和，即

$$\sigma = \sigma' + \sigma'' = \pm\frac{M_z y}{I_z} \pm \frac{M_y z}{I_y} = \pm\frac{M\cos\varphi y}{I_z} \pm \frac{M\sin\varphi z}{I_y} \tag{11-1}$$

式(11-1)中的 I_z 和 I_y 分别为梁的横截面对形心主轴 z 和 y 的形心主惯性矩。至于正应力的正负号，可以直接观察由弯矩 M_z 和 M_y 分别引起的正应力是拉应力还是压应力来决定。以正号表示拉应力，负号表示压应力。

五、强度计算

显然，对图 11-2(a)所示的悬臂梁来说，危险截面就在固定端截面处，其上 M_z 和 M_y 同时达到最大值。计算最大正应力 σ_{max} 时，应该先确定危险点的位置。对于工程中常用的工字形、矩形等对称截面梁，斜弯曲时梁内的最大正应力都发生在危险截面的角点处，当将斜弯曲分解为两个平面弯曲后，很容易找到最大正应力 σ_{max} 的所在位置。如图 11-2 所示的矩形截面悬臂梁，当 $x = l$ 时，E、F 两点与 A、C 两点重合，而危险点就是 E、F 两点，其中 E 点有最大拉应力，F 点有最大压应力，其两点的应力分布与图 11-2(c)、(d)所示 A、C 两点的相同。叠加由 M_{zmax} 和 M_{ymax} 引起的正应力，得最大正应力 σ_{max} 为

$$\sigma_{max} = \sigma'_{max} + \sigma''_{max} = \frac{M_{zmax} y_{max}}{I_z} + \frac{M_{ymax} z_{max}}{I_y} = \frac{M_{zmax}}{W_z} + \frac{M_{ymax}}{W_y}$$

若材料的抗拉压强度相等，斜弯曲梁的强度条件可表示为

$$\sigma_{max} = M_{max}\left(\frac{\cos\varphi}{W_z} + \frac{\sin\varphi}{W_y}\right) = \frac{M_{max}}{W_z}\left(\cos\varphi + \frac{W_z}{W_y}\sin\varphi\right) \leqslant [\sigma] \tag{11-2}$$

式中，M_{max}是构件危险截面上的最大总弯矩。与平面弯曲相同，由式(11-2)所示的强度条件，可以解决工程中常见的三类典型问题，即校核强度、选择截面和确定许用荷载。在选择

截面时，需要先确定一个$\frac{W_z}{W_y}$的比值，然后根据强度条件式（11-2）计算出杆件所需的 W_z 值，再确定截面尺寸。对于矩形截面$\frac{W_z}{W_y}=\frac{h}{b}$，故在截面设计时，总是先假设高宽比；对于工字钢截面，从型钢表可知其$\frac{W_z}{W_y}$比值一般为 5 ~ 15，因而设计截面时可在此范围内假设（一般可先假设为 8 ~ 10）。

【例 11-1】 如图 11-3 所示，一屋架上的木檩条采用的矩形截面为 100 mm × 150 mm，跨度 $l=4$ m，简支在屋架上，承受屋面分布荷载 $q=1$ kN/m（包括檩条自重），q 与 y 轴夹角 $\varphi=30°$。设木材许用应力 $[\sigma]=10$ MPa，试验算檩条的强度。

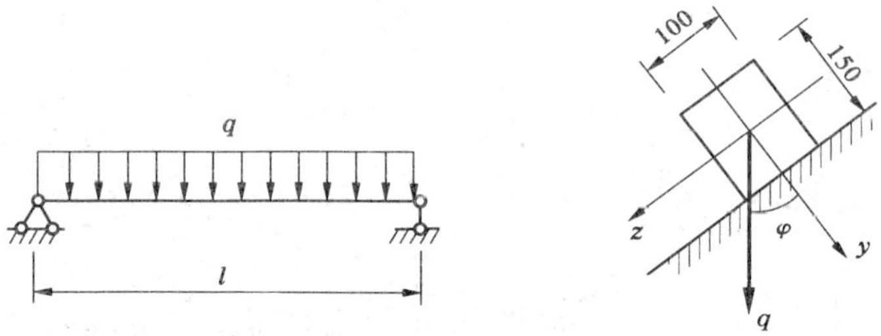

图 11-3 例 11-1 图 （单位：mm）

解 （1）内力计算。把檩条看做简支梁，在分布荷载作用下，跨中截面为危险截面，最大弯矩为

$$M_{max}=\frac{1}{8}ql^2=\frac{1}{8}\times1\times4^2=2(\text{kN}\cdot\text{m})$$

（2）截面几何性质的计算。由已知截面尺寸可算得

$$W_z=\frac{1}{6}\times100\times150^2=375\times10^3(\text{mm}^3)$$

$$W_y=\frac{1}{6}\times150\times100^2=250\times10^3(\text{mm}^3)$$

（3）强度校核。根据强度条件式（11-2），可算得檩条的最大正应力

$$\sigma_{max}=M_{max}\left(\frac{\cos\varphi}{W_z}+\frac{\sin\varphi}{W_y}\right)=2\times10^6\times\left(\frac{\cos30°}{375\times10^3}+\frac{\sin30°}{250\times10^3}\right)$$

$$=8.62(\text{MPa})<[\sigma]=10\text{ MPa}$$

故认为檩条的强度条件满足要求。

【例 11-2】 一悬臂钢梁横截面为矩形，跨度 $l=3$ m，承受的荷载如图 11-4 所示，$q=5$ kN/m，$F=2$ kN，与 y 轴的夹角为 $\varphi=30°$。已知钢材许用应力 $[\sigma]=170$ MPa，矩形截面 $h/b=3/2$。试确定梁的截面尺寸。

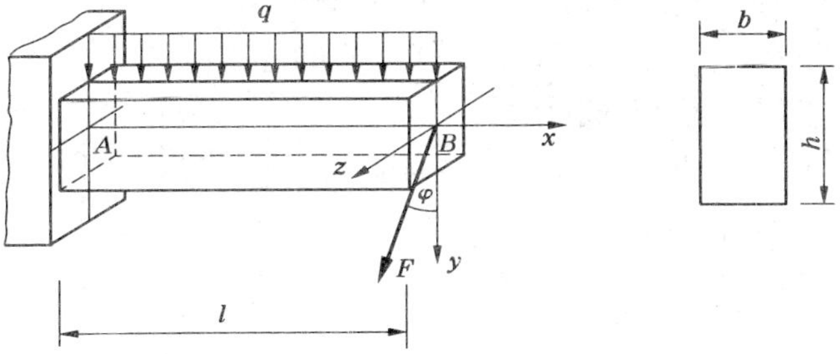

图 11-4　例 11-2 图

解　(1)外力分析。该悬臂梁除在纵向主惯性平面内有均布荷载 q 作用外，在自由端还有集中力 $F=2$ kN($\varphi=30°$)作用，因此首先要将 F 分解为梁的两个主惯性平面内的两个分力

$$F_y = F\cos\varphi = 2\times\cos30° = 1.73(\text{kN})$$
$$F_z = F\sin\varphi = 2\times\sin30° = 1(\text{kN})$$

(2)内力分析。显然，该梁在固定端截面上将有最大弯矩，其值分别为：

在 q 和 F_y 作用下有弯矩

$$M_z = F_y l + \frac{1}{2}ql^2 = 1.73\times3 + \frac{1}{2}\times5\times3^2 = 27.69(\text{kN}\cdot\text{m})$$

在 F_z 的作用下有弯矩

$$M_y = F_z l = 1\times3 = 3(\text{kN}\cdot\text{m})$$

(3)确定截面尺寸。由强度条件式(11-2)得

$$\sigma_{\max} = \frac{M_z}{W_z} + \frac{M_y}{W_y} = \frac{1}{W_z}\left(M_z + \frac{W_z}{W_y}M_y\right) \leqslant [\sigma]$$

得　$$W_z \geqslant \frac{1}{[\sigma]}\left(M_z + \frac{h}{b}M_y\right) = \frac{1}{170\times10^6}\times\left(27.69+\frac{3}{2}\times3\right)\times10^3 = 189.4\times10^{-6}(\text{m}^3)$$

又因为 $W_z=\frac{1}{6}bh^2$，$h/b=3/2$，得

$$W_z = \frac{1}{6}b\left(\frac{3}{2}b\right)^2 \geqslant 189.4\times10^{-6}$$
$$b = 7.96\times10^{-2}\text{ m} = 7.96\text{ cm} \approx 8\text{ cm}$$
$$h = \frac{3}{2}b = \frac{3}{2}\times7.96 = 11.94(\text{cm}) \approx 12\text{ cm}$$

第三节　拉伸(压缩)与弯曲的组合

一、在轴向力与横向力共同作用下的杆件

在轴向力作用下，杆件将发生轴向拉伸(压缩)变形；在横向力作用下，杆件将发生平面弯曲变形。在轴向力与横向力共同作用下，杆件将发生拉伸(压缩)与弯曲的组合变形。

【例 11-3】 如图 11-5(a)所示,三角形托架的横梁 AB 采用 18 号工字钢,承受的荷载 $q = 20\ \text{kN/m}$。已知材料的许用应力 $[\sigma] = 100\ \text{MPa}$,试校核横梁 AB 的强度。

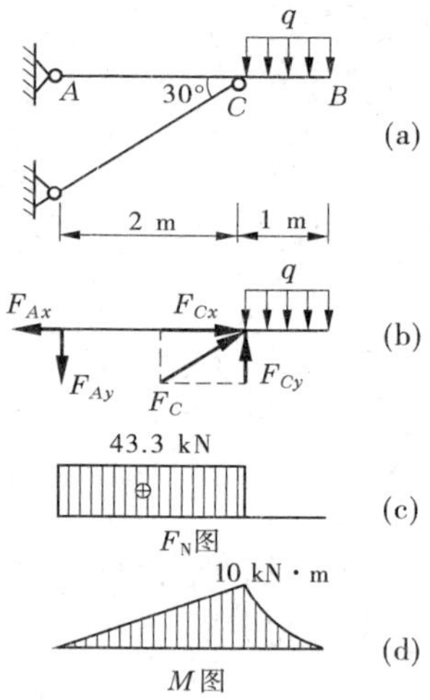

图 11-5　例 11-3 图

解　(1)外力分析。取横梁 AB 为研究对象,作受力图如图 11-5(b)所示。列平衡方程 $\sum M_A = 0$,得

$$F_C \sin 30° \times 2 - 20 \times 1 \times 2.5 = 0$$

$$F_C = \frac{20 \times 1 \times 2.5}{2 \times \sin 30°} = 50(\text{kN})$$

再由 $\sum F_x = 0$ 和 $\sum F_y = 0$ 求得 A 处的支座反力为

$$F_{Ax} = 43.3\ \text{kN} \qquad F_{Ay} = 5\ \text{kN}$$

在轴向力 F_{Ax} 和 F_{Cx} 作用下,横梁 AB 的 AC 段发生拉伸变形;在横向力 F_{Ay}、F_{Cy} 和 q 作用下,横梁 AB 的 AC 段发生弯曲变形。所以,AC 段发生拉伸与弯曲的组合变形。

(2)内力分析。由横梁 AB 的轴力图(见图 11-5(c))和弯矩图(见图 11-5(d))可知,危险截面为 C 左侧截面,其内力值为

$$F_{NC} = 43.3\ \text{kN} \qquad M_C = 10\ \text{kN} \cdot \text{m}$$

(3)应力分析。在轴力 F_{NC} 单独作用下,危险截面上的应力为均匀分布的拉应力;在弯矩 M_C 单独作用下,危险截面上的应力为上侧受拉下侧受压的线性分布。在两种内力共同作用下,由叠加可知危险截面上边缘各点为危险点,产生最大拉应力。

由型钢表可查得 18 号工字钢的截面面积 $A = 30.6\ \text{cm}^2$,弯曲截面系数 $W_z = 185\ \text{cm}^3$,所以在危险点由轴力引起的拉应力为

$$\sigma_N = \frac{F_{NC}}{A} = \frac{43.3 \times 10^3}{30.6 \times 10^2} = 14.2(\text{MPa})$$

由弯矩引起的危险点的最大拉应力为

$$\sigma_M = \frac{M}{W_z} = \frac{10 \times 10^6}{185 \times 10^3} = 54.1(\text{MPa})$$

则总的拉应力为

$$\sigma_{max} = \sigma_N + \sigma_M = 14.2 + 54.1 = 68.3(\text{MPa})$$

(4)强度校核。

由于　$$\sigma_{max} = 68.3\ \text{MPa} < [\sigma] = 100\ (\text{MPa})$$

故横梁 AB 满足强度要求。

二、偏心拉伸(压缩)

当荷载作用线只与杆件轴线平行但不重合时,杆件将产生偏心拉伸(压缩)。荷载作用线到杆件轴线的距离称为偏心距。在实际工程中,偏心受压的情况很多,下面只介绍偏心受压的问题。

偏心受压实际上是弯曲与压缩的组合变形问题，为了说明这类问题的具体计算方法，以下分别介绍单向偏心压缩和双向偏心压缩的应力计算。

（一）单向偏心压缩的应力计算

1. 外力分析

图 11-6(a)表示一偏心压缩的杆件。外力 F 作用点在截面的一根形心主轴上，其作用点到截面形心 O 的距离 e 称为偏心距。由于外力作用在一根形心主轴上而产生的偏心压缩，称为单向偏心压缩。

为了分析图 11-6(a)所示杆件的内力，可将偏心力 F 向截面形心简化，其结果是形成如图 11-6(b)所示的两种荷载的共同作用，即一个通过杆轴线的压力 F 和一个力偶矩 $M = Fe$。用截面法可求得该杆件任意截面上的内力，如图 11-6(c)所示，有轴向力 $F_N = -F$，弯矩 $M_z = Fe$。

2. 应力计算

根据叠加原理，将轴力 F_N 引起的正应力 $\sigma_N = \frac{F_N}{A}$（受压）和弯矩 M_z 引起的正应力 $\sigma_M = \pm \frac{M_z}{I_z} y$ 相加，就可以得到这种单向偏心压缩时杆件中任意横截面上任一点的正应力计算式为

$$\sigma = \sigma_N + \sigma_M = \frac{F_N}{A} \pm \frac{M_z}{I_z} y$$

考虑到 $F_N = -F$，$M_z = Fe$，故有

$$\sigma = -\frac{F}{A} \pm \frac{Fe}{I_z} y \tag{11-3}$$

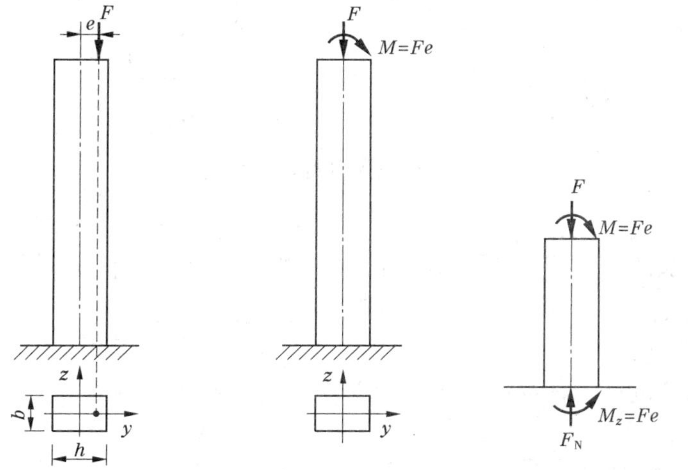

(a)实际受力图　(b)简化受力图　(c)任意截面的内力

图 11-6　单向偏心受压构件

显然，最大正应力和最小正应力分别发生在横截面的左、右两条边缘线上，其计算式分别为

$$\sigma_{\min}^{\max} = -\frac{F}{A} \pm \frac{Fe}{W_z} \tag{11-4}$$

由图 11-6(a)可以看出：单向偏心压缩时，距偏心力 F 较近的一侧边缘总是产生压应力，其值为 $\sigma_{\min} = -\frac{F}{A} - \frac{Fe}{W_z}$；而最大正应力 $\sigma_{\max} = -\frac{F}{A} + \frac{Fe}{W_z}$ 总发生在距偏心力较远的那侧边缘处，其值可能是压应力，也可能是拉应力或等于零。对于矩形截面杆件，若将面积 $A = bh$ 和抗弯截面模量 $W_z = \frac{1}{6}bh^2$ 代入式(11-4)即可得

$$\sigma_{\min}^{\max} = -\frac{F}{bh} \pm \frac{Fe}{\frac{1}{6}bh^2} = -\frac{F}{bh}\left(1 \mp \frac{6e}{h}\right) \tag{11-5}$$

(二)双向偏心压缩的应力计算

1. 外力分析

当偏心压力 F 的作用点不在横截面的形心主轴上时，即偏心压力 F 对两个形心主轴均有偏心时，可将偏心力简化为作用在截面形心的轴向力 F_N 和力偶矩 $M_y = Fe_z$，$M_z = Fe_y$，如图 11-7 所示，这种情况称为双向偏心压缩。e_y 是偏心力 F 对 z 轴的偏心距，e_z 是偏心力 F 对 y 轴的偏心距(见图 11-7(a))。

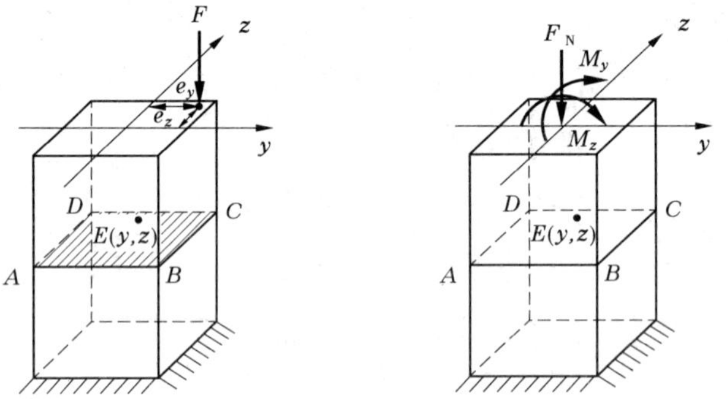

(a)实际受力图　　(b)简化受力图

图 11-7　双向偏心受压构件

2. 内力分析

由截面法可求得图 11-7(b)所示双向偏心压缩杆件中任意横截面上的内力为

$$F_N = -F \qquad M_y = Fe_z \qquad M_z = Fe_y$$

3. 应力计算

用叠加原理可以得到杆件内任意截面上任一点处的正应力为

$$\sigma = \sigma_N + \sigma_{M_y} + \sigma_{M_z} = \frac{F_N}{A} \pm \frac{M_y}{I_y}z \pm \frac{M_z}{I_z}y \tag{11-6a}$$

式中：σ_N 为压应力，取负号；σ_{M_y}、σ_{M_z} 的正负号要根据截面上的内力情况来确定。例如，图 11-7(a)所示阴影截面上 A、B、C、D 四点处的正应力分别为

$$\sigma_A = -\frac{F}{A} + \frac{Fe_z}{W_y} + \frac{Fe_y}{W_z}$$

$$\sigma_B = -\frac{F}{A} + \frac{Fe_z}{W_y} - \frac{Fe_y}{W_z}$$

$$\sigma_C = -\frac{F}{A} - \frac{Fe_z}{W_y} - \frac{Fe_y}{W_z}$$

$$\sigma_D = -\frac{F}{A} - \frac{Fe_z}{W_y} + \frac{Fe_y}{W_z}$$

可见,对于截面内任意点 $E(y,z)$ 处的正应力计算式为

$$\sigma = -\frac{F}{A} \pm \frac{M_y}{I_y}z \pm \frac{M_z}{I_z}y = -\frac{F}{A} \pm \frac{Fe_z}{I_y}z \pm \frac{Fe_y}{I_z}y$$

$$= -\frac{F}{A}(1 \mp \frac{Ae_z}{I_y}z \mp \frac{Ae_y}{I_z}y)$$

若引进惯性半径

$$i_y = \sqrt{\frac{I_y}{A}} \qquad i_z = \sqrt{\frac{I_z}{A}}$$

则

$$\sigma = -\frac{F}{A}(1 \mp \frac{e_z z}{i_y^2} \mp \frac{e_y y}{i_z^2}) \tag{11-6b}$$

4. 强度计算

偏心受压杆件,危险点仍为单轴应力状态,求得最大正应力后,可根据材料的许用应力建立强度条件。由以上双向偏心受压的应力计算可知,其最大压应力为

$$\sigma_{\min} = -\frac{F}{A} - \frac{Fe_z}{W_y} - \frac{Fe_y}{W_z}$$

强度条件为

$$|\sigma_{\min}| \leqslant [\sigma_c] \tag{11-7}$$

若存在最大拉应力,则其强度条件为

$$\sigma_{\max} = -\frac{F}{A} + \frac{Fe_z}{W_y} + \frac{Fe_y}{W_z} \leqslant [\sigma_t] \tag{11-8}$$

如材料的许用拉应力 $[\sigma_t]$ 和许用压应力 $[\sigma_c]$ 不相等,则同一截面上这两种最大应力均需验算。对于单向偏心受压,其应力计算只需考虑一个方向的偏心弯矩即可,强度条件与双向偏心受压类同。

【例 11-4】 如图 11-8 所示单向偏心受压矩形截面柱,$F = 120$ kN,$e = 50$ mm,$b = 200$ mm。试问 h 为多大时,截面将不产生拉应力?并计算取所选的截面尺寸时,截面的最大压应力。

解 (1)内力计算。将力 F 移到截面的形心处并附加一力偶矩 $M = Fe$,得任一横截面的内力为

$$F_N = -F = -120\ \text{kN} \qquad M_z = Fe = 120 \times 0.05 = 6(\text{kN} \cdot \text{m})$$

(2)应力计算。F_N 作用下横截面上各点均产生压应力,M_z 作用下横截面上 z 轴左侧受拉,最大拉应力发生在截面的左边缘处。欲使截面不产生拉应力,应使 F_N 和 M_z 共同作用下

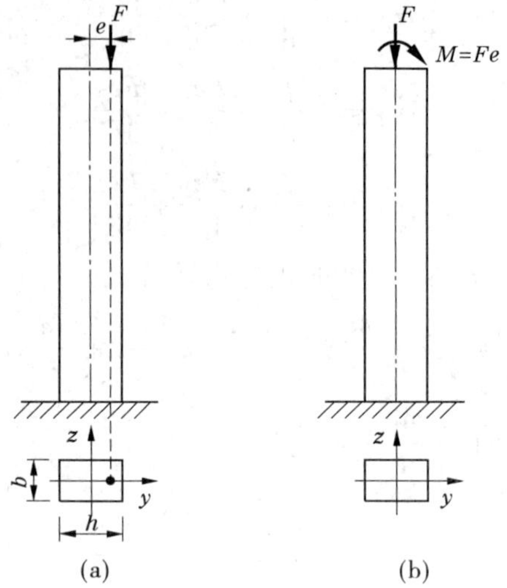

图 11-8　例 11-4 图

横截面左边缘处的正应力小于或等于零，即

$$\sigma_{\max} = \frac{F_N}{A} + \frac{M_z}{W_z} \leqslant 0$$

即

$$-\frac{120\times10^3}{0.2h} + \frac{6\times10^3}{\frac{1}{6}\times0.2h^2} \leqslant 0$$

解得

$$h \geqslant 0.3\ \text{m}$$

取截面尺寸为 $h = 0.3$ m，$b = 0.2$ m，最大压应力发生在横截面的右边缘处，其值为

$$\sigma_{\min} = \frac{F_N}{A} - \frac{M_z}{W_z} = -\frac{120\times10^3}{0.2\times0.3} - \frac{6\times10^3}{\frac{1}{6}\times0.2\times0.3^2} = -4\times10^6(\text{Pa}) = -4\ \text{MPa}$$

【例 11-5】　如图 11-9 所示一松木矩形短柱，截面尺寸 $b\times h = 120\ \text{mm}\times200\ \text{mm}$，受一偏心压力 $F = 50$ kN 作用，对两轴的偏心距分别为 $e_y = 80$ mm，$e_z = 40$ mm。松木的许用应力 $[\sigma_t] = 10$ MPa，$[\sigma_c] = 12$ MPa。试校核该柱的强度。

解　(1)内力计算。如图 11-9(a)所示的荷载作用下，要将 F 力移到截面的形心处并附加产生两个力偶矩 M_z 和 M_y，得任一横截面的内力为

$$F_N = -F = -50\ \text{kN} \qquad M_z = Fe_y = 50\times0.08 = 4(\text{kN}\cdot\text{m})$$

$$M_y = Fe_z = 50\times0.04 = 2(\text{kN}\cdot\text{m})$$

(2)应力计算。F_N 作用下横截面上各点均产生压应力，其应力分布如图 11-9(b)所示；M_y 作用下横截面上 y 轴下侧受拉，上侧受压，最大拉应力发生在截面的下边缘处，最大压应力发生在截面的上边缘处，其应力分布如图 11-9(c)所示；M_z 作用下横截面上 z 轴左侧受拉，右侧受压，最大拉应力发生在截面的左边缘处，最大压应力发生在截面的右边缘处，其应力分布图如图 11-9(d)所示。

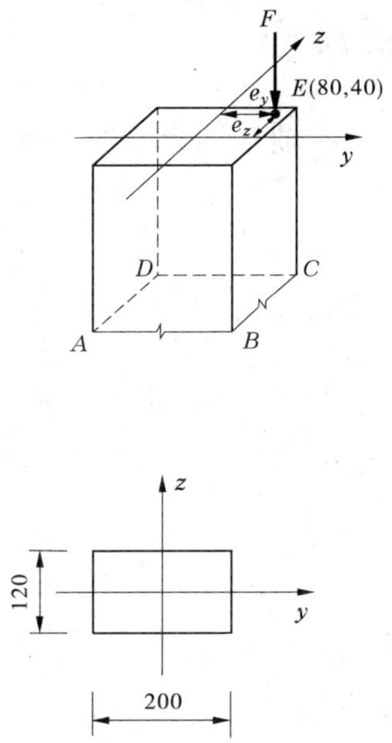

(a)

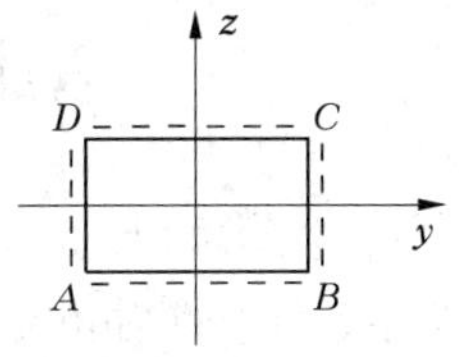

(b) F_N 引起的应力分布图

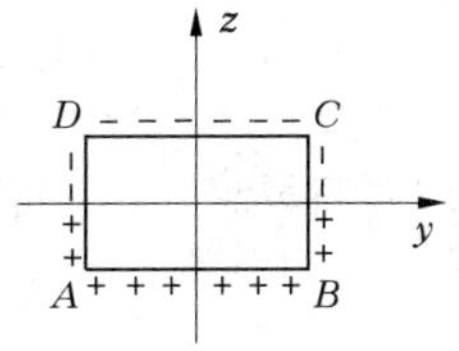

(c) M_y 引起的应力分布图

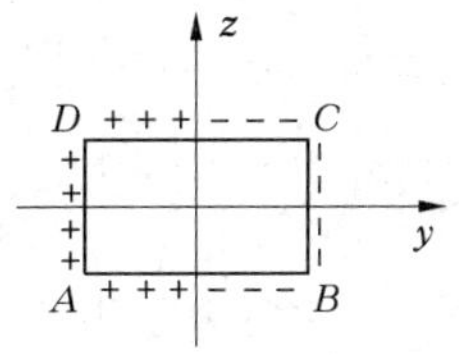

(d) M_z 引起的应力分布图

图 11-9　例 11-5 图

欲求截面上的最大正应力，要考虑 F_N 和 M_z、M_y 的共同作用，即利用叠加得最大压应力为

$$\sigma_{\min} = -\frac{F}{A} - \frac{M_y}{W_y} - \frac{M_z}{W_z}$$

$$= -\frac{50\times10^3}{120\times200} - \frac{2\times10^6}{\frac{1}{6}\times200\times120^2} - \frac{4\times10^6}{\frac{1}{6}\times120\times200^2}$$

$$= -11.25(\mathrm{MPa})$$

最大拉应力为

$$\sigma_{\max} = -\frac{F}{A} + \frac{M_y}{W_y} + \frac{M_z}{W_z}$$

$$= -\frac{50\times10^3}{120\times200} + \frac{2\times10^6}{\frac{1}{6}\times200\times120^2} + \frac{4\times10^6}{\frac{1}{6}\times120\times200^2}$$

$$= 7.08(\mathrm{MPa})$$

(3)强度计算。由于材料的许用拉应力和许用压应力不同，故应分别验算。

最大压应力　　$|\sigma_{\min}| = 11.25\ \mathrm{MPa} \leqslant [\sigma_c] = 12\ \mathrm{MPa}$

最大拉应力　　$\sigma_{\max} = 7.08\ \mathrm{MPa} \leqslant [\sigma_t] = 10\ \mathrm{MPa}$

均满足强度条件。

第四节　截面核心

如果横截面没有外棱角，如图 11-10 所示的截面，y 轴、z 轴为形心主轴，这时危险点难以由观察确定，需先找到中性轴的位置，即 $\sigma = 0$ 所对应的应力线。以 y_0、z_0 表示中性轴上任一点的坐标，将 y_0、z_0 代入式(11-6b)应有

$$\sigma = -\frac{F}{A}\left(1 + \frac{e_z z_0}{i_y^2} + \frac{e_y y_0}{i_z^2}\right) = 0$$

于是得到中性轴的方程式为

$$1 + \frac{e_z z_0}{i_y^2} + \frac{e_y y_0}{i_z^2} = 0 \tag{11-9}$$

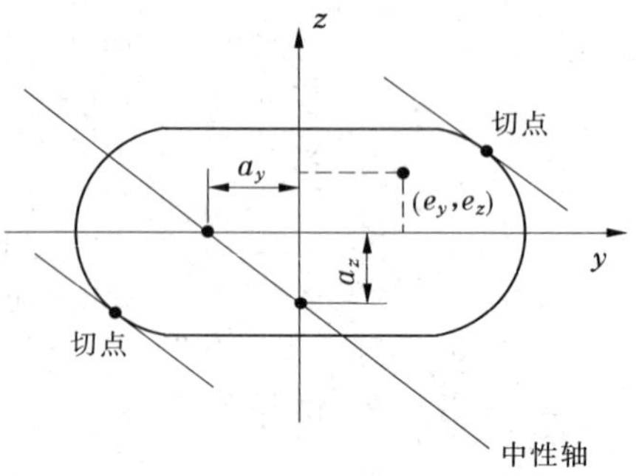

图 11-10　截面核心示例

可见中性轴是一条不通过横截面形心的直线。只要求出它在 y 轴、z 轴上的截距就可确定中性轴的位置。在式(11-9) 中分别令 $z_0 = 0$ 和 $y_0 = 0$，得中性轴在 y 轴和 z 轴上的截距分别为

$$\left.\begin{aligned} a_y &= y_0\Big|_{z_0=0} = -\frac{i_z^2}{e_y} \\ a_z &= z_0\Big|_{y_0=0} = -\frac{i_y^2}{e_z} \end{aligned}\right\} \tag{11-10}$$

然后作两条与中性轴平行而与截面四周边相切的直线，其切点就是危险点，如图 11-10 所示。将两个切点的坐标分别代入式(11-6b)，就可求得横截面上的最大拉应力和最大压应力。

由式(11-10)可知，中性轴在 y 轴、z 轴上的截距 a_y 和 a_z 与偏心力作用点的坐标 e_y 和 e_z 符号相反，所以中性轴与偏心力的作用点总是位于形心的相对两侧。同时，a_y 与 e_y 及 a_z 与 e_z 的绝对值分别成反比，表明偏心力作用点离形心越近，中性轴就离形心越远。作为极端情况，当偏心距为零时，中性轴就位于无穷远处。因而当偏心力的作用点位于形心附近的一个限界上时，可以使得中性轴恰好与截面的周边相切，这时横截面上只出现压应力。截面形心附近的这样一个限界所围的区域就称为截面核心。

对于砖、石或混凝土等材料，由于它们的抗拉强度较低，在设计这类材料的偏心受压杆时，最好使横截面上不出现拉应力。因此，确定截面核心是很有实际意义的。

利用式(11-10)，只要作一系列与截面周边相切的直线作为中性轴，由每一条中性轴在 y 轴、z 轴上的截距，即可求得其对应的偏心力作用点的坐标。有了一系列这样的点以后，便能描出截面核心的边界。下面通过两个例子来具体说明。

【例 11-6】 如图 11-11 所示确定边长为 $b \times h$ 的矩形截面的截面核心。图中的 y 轴、z 轴均为对称轴。

解 (1)先作矩形 BC 边的切线①，将它看做是中性轴，它在 y 轴、z 轴上的截距分别为

$$a_{y1} = \frac{h}{2} \quad a_{z1} = \infty$$

该矩形截面的

$$i_y^{\ 2} = \frac{I_y}{A} = \frac{b^3h/12}{bh} = \frac{b^2}{12}$$

$$i_z^2 = \frac{h^2}{12}$$

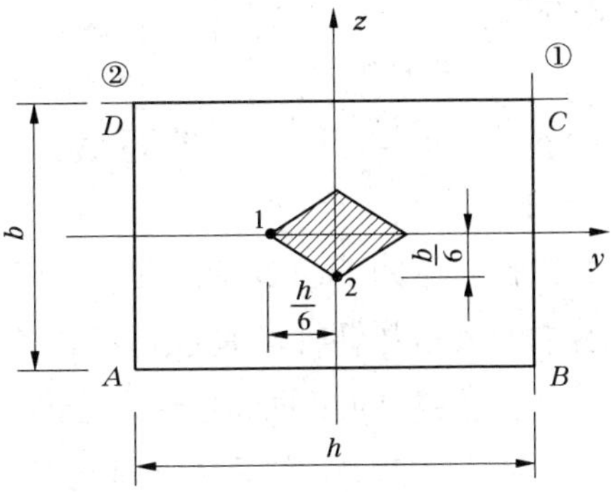

图 11-11　例 11-6 图

将这些值代入式(11-10)，即得核心边界上点 1 的坐标为

$$y_1 = -\frac{i_z^{\ 2}}{a_{y1}} = -\frac{h^2/12}{h/2} = -\frac{h}{6} \quad z_1 = -\frac{i_y^{\ 2}}{a_{z1}} = 0$$

(2)再作 CD 边的切线②，它在 y 轴、z 轴上的截距分别为

$$a_{y2} = \infty \quad a_{z2} = \frac{b}{2}$$

由此可得核心边界上点 2 的坐标为

$$y_2 = 0 \quad z_2 = -\frac{b^2/12}{b/2} = -\frac{b}{6}$$

当中性轴①按逆时针方向绕 C 点旋转到②时，有无数多中性轴通过 C 点，但均未进入横截面之内。将 C 点的坐标代入中性轴的方程式(11-9)得

$$1 + \frac{z_C}{i_y^{\ 2}}e_z + \frac{y_C}{i_z^{\ 2}}e_y = 0$$

可见，中性轴绕 C 点旋转的过程中，偏心力作用点移动的轨迹为直线。因此，连接点 1 与点 2 的直线，即为截面核心边界的一部分。

因为 y 轴、z 轴为横截面的对称轴，所以核心边界对 y 轴和 z 轴应分别对称。于是得到矩形截面的截面核心为一菱形。菱形的对角线长度分别为 $h/3$ 和 $b/3$。

【例 11-7】 求如图 11-12 所示直径为 d 的圆截面的截面核心。

解 过 B 点作圆周的切线①，将它看做是中性轴，它在 y 轴、z 轴上的截距分别为

$$a_{y1} = \frac{d}{2} \quad a_{z1} = \infty$$

该圆截面的

$$i_y^{\,2} = i_z^{\,2} = \frac{I_y}{A} = \frac{\pi d^4/64}{\pi d^2/4} = \frac{d^2}{16}$$

将这些值代入式(11-10),即得核心边界上点 1 的坐标为

$$y_1 = -\frac{i_z^{\,2}}{a_{y1}} = -\frac{d^2/16}{d/2} = -\frac{d}{8} \quad z_1 = -\frac{i_y^{\,2}}{a_{z1}} = 0$$

由于截面对于圆心 O 是极对称的,因而核心边界对于圆心也应该是极对称的,所以圆截面的核心边界是一个半径为 $d/8$ 的圆。

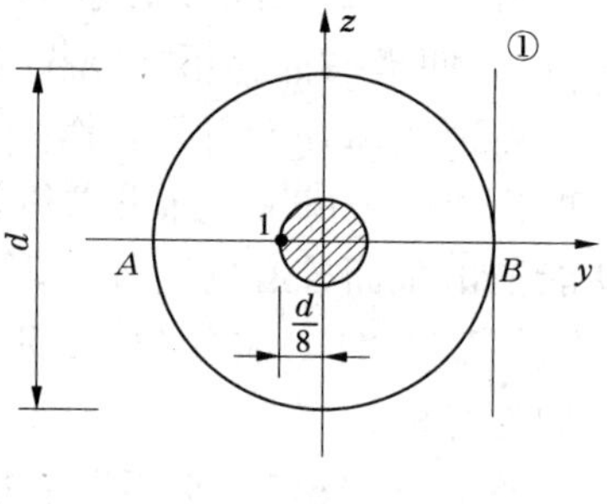

图 11-12　例 11-7 图

第五节　扭转与弯曲的组合

扭转与弯曲的组合变形是机械工程中最常见的情况,机器中的大多数转轴都是以弯扭组合的方式工作的。当杆件发生扭转与弯曲的组合变形时,与前面讲过的几种组合变形不同的是,杆件内的危险点不再处于单向应力状态,而是处于复杂应力状态,须应用强度理论对杆件进行强度计算。

本节重点讨论圆杆在扭转与弯曲组合变形时的强度计算,下面以一个典型的弯扭组合的圆杆来说明。如图 11-13(a)所示为一处于水平位置的直角曲拐,曲拐中的 AB 段是圆杆,杆轴直径为 d,A 端为固定端,在手柄的 C 端作用有铅垂向下的集中力 F 。

(1)外力分析。将作用在 C 端的集中力 F 向杆 AB 的截面 B 的形心平移,得到一个力 F 和一个作用在截面 B 内的力偶 $M_e = Fa$,如图 11-13(b)所示。集中力 F 使杆 AB 发生平面弯曲,而力偶 M_e 使杆发生扭转,故杆 AB 发生的是扭转与弯曲的组合变形。

(2)内力分析。作杆 AB 的弯矩图和扭矩图,如图 11-13(c)、(d)所示。可见,固定端截面为危险截面,其上的内力分别为

$$M = Fl \qquad M_t = M_e = Fa$$

(3)应力计算。截面 A 为危险截面,其上必存在弯曲正应力 σ 与扭转剪应力 τ ,应力分布如图 11-13(e)所示。从图上可以看出,D、E 两点为危险点,其应力为

$$\sigma = \frac{M}{W_z} \qquad \tau = \frac{M_t}{W_\rho}$$

式中,$W_z = \frac{\pi d^3}{32}$,$W_\rho = 2W_z = \frac{\pi d^3}{16}$,它们分别为圆轴的抗弯截面模量和抗扭截面模量。

(4)强度计算。D 点的应力状态如图 11-13(f)所示。对于由塑性材料制成的轴,在危险点 D、E 中只需校核一点的强度即可。由图 11-13(f)可知,D 点处于平面应力状态,应按第三、第四强度理论建立强度条件,即

$$\sigma_{r3} = \sqrt{\sigma^2 + 4\tau^2} \leqslant [\sigma] \text{ 或 } \sigma_{r3} = \frac{\sqrt{M^2 + M_t^2}}{W_z} \leqslant [\sigma] \qquad (11\text{-}11)$$

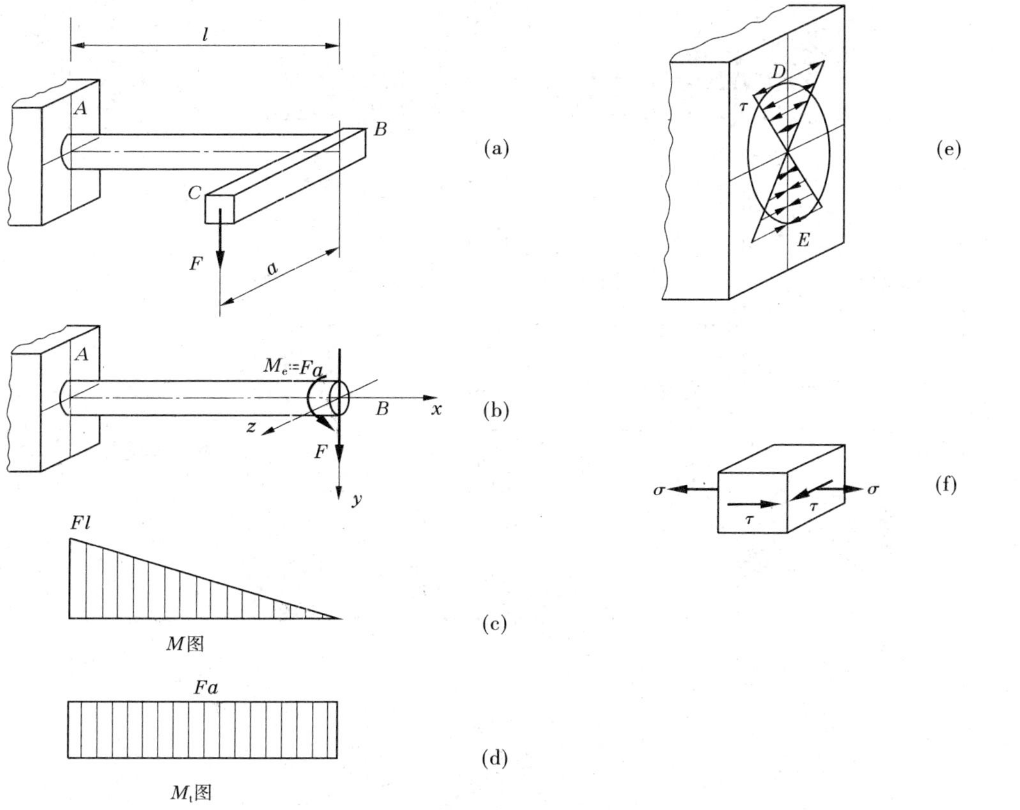

图 11-13　扭转与弯曲组合

$$\sigma_{r4}=\sqrt{\sigma^2+3\tau^2}\leqslant[\sigma] \text{ 或 } \sigma_{r4}=\frac{\sqrt{M^2+0.75M_t^2}}{W_z}\leqslant[\sigma] \tag{11-12}$$

【例 11-8】 如图 11-14 所示某传动钢轴，已知圆轴直径 $d=50$ mm，$F=6$ kN，$M_e=1$ kN · m，钢材的许用应力$[\sigma]=160$ MPa，试按第三强度理论校核该轴的强度。

解　(1)外力分析。如图 11-14(a)所示，圆轴在力偶 M_e 的作用下受扭，在力 F 的作用下受弯，其变形是扭转与弯曲的组合变形。

(2)内力分析。作轴的扭矩图和弯矩图，如图 11-14(b)、(c)所示，B 截面为危险截面。该截面上的内力值为

$$M_t=1\ \text{kN}\cdot\text{m}\qquad M=1.2\ \text{kN}\cdot\text{m}$$

(3)强度校核。由式(11-11)得

$$\sigma_{r3}=\frac{\sqrt{M^2+M_t^2}}{W_z}=\frac{\sqrt{(1.2\times10^3)^2+(1\times10^3)^2}}{\pi\times(50\times10^{-3})^3/32}$$

$$=127.3\times10^6(\text{Pa})=127.3\ \text{MPa}<[\sigma]=160\ \text{MPa}$$

故该轴强度满足要求。

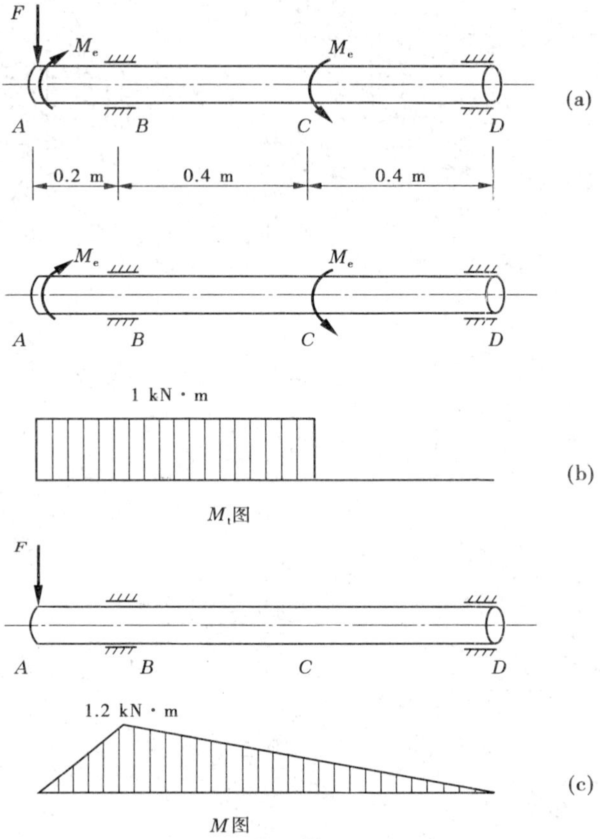

图 11-14　例 11-8 图

小　结

(1)本章主要研究在小变形前提下线弹性杆件在组合变形下的应力与强度计算,计算原理采用的是叠加的方法,即把组合变形分解为基本变形,然后分别计算各基本变形下的应力,再将结果相加。

(2)解决组合变形问题的关键在于将组合变形分解为有关的基本变形,应明确:

①斜弯曲——分解为两个互相垂直的平面弯曲,其任意截面上任一点的应力计算为

$$\sigma = \sigma' + \sigma'' = \pm \frac{M_z y}{I_z} \pm \frac{M_y z}{I_y} = \pm \frac{M\cos\varphi y}{I_z} \pm \frac{M\sin\varphi z}{I_y}$$

其强度条件为

$$\sigma_{\max} = M_{\max}\left(\frac{\cos\varphi}{W_z} + \frac{\sin\varphi}{W_y}\right) = \frac{M_{\max}}{W_z}\left(\cos\varphi + \frac{W_z}{W_y}\sin\varphi\right) \leqslant [\sigma]$$

②偏心受压。

单向偏心受压——分解为轴向压缩与一个平面弯曲,其任意截面上任一点的应力计

算为

$$\sigma = -\frac{F}{A} \pm \frac{Fe}{I_z}y$$

其最大应力强度条件为

$$\sigma_{\max} = -\frac{F}{A} + \frac{Fe}{W_z} \leqslant [\sigma_t]$$

其最大压应力强度条件为

$$|\sigma_{\min}| = \left| -\frac{F}{A} - \frac{Fe}{W_z} \right| \leqslant [\sigma_c]$$

双向偏心受压——分解为轴向压缩与两个平面弯曲，其任意截面上任一点的应力计算为

$$\sigma = \sigma_N + \sigma_{M_y} + \sigma_{M_z} = \frac{F_N}{A} \pm \frac{M_y}{I_y}z \pm \frac{M_z}{I_z}y$$

其最大压应力强度条件为

$$|\sigma_{\min}| = \left| -\frac{F}{A} - \frac{Fe_z}{W_y} - \frac{Fe_y}{W_z} \right| \leqslant [\sigma_c]$$

若存在最大拉应力，则其强度条件为

$$\sigma_{\max} = -\frac{F}{A} + \frac{Fe_z}{W_y} + \frac{Fe_y}{W_z} \leqslant [\sigma_t]$$

③弯扭组合——分解为平面弯曲与扭转两种变形，产生两种应力，其危险截面上危险点的弯曲正应力计算公式为

$$\sigma = \frac{M}{W_z}$$

其危险截面上的危险点的扭转剪应力计算公式为

$$\tau = \frac{M_t}{W_\rho}$$

弯扭组合的危险点处于二向应力状态，可按第三强度理论或第四强度理论建立强度条件

$$\sigma_{r3} = \sqrt{\sigma^2 + 4\tau^2} = \frac{\sqrt{M^2 + M_t^2}}{W_z} \leqslant [\sigma]$$

$$\sigma_{r4} = \sqrt{\sigma^2 + 3\tau^2} = \frac{\sqrt{M^2 + 0.75M_t^2}}{W_z} \leqslant [\sigma]$$

(3)了解截面核心的概念及矩形、圆形截面的截面核心位置和形状。

思考题

11-1　什么是组合变形？组合变形杆件横截面上的应力如何计算？

11-2　用叠加法计算组合变形杆件的内力和应力时，其限制条件是什么？为什么必须满足这些条件？

11-3　如何确定组合变形杆件的危险截面和危险点？

11-4　为什么对斜弯曲、拉伸(压缩)与弯曲的组合变形的杆件进行强度计算时,不用强度理论,而在扭转与弯曲组合变形时,必须用强度理论?

11-5　什么是截面核心?它在工程应用中有什么意义?

习　题

11-1　如图 11-15 所示 14 号工字钢悬臂梁,承受的荷载 $F_1 = 2.5$ kN,$F_2 = 1.0$ kN,$l =$ 1 m。试求危险截面的最大正应力。

11-2　如图 11-16 所示一矩形截面悬臂木梁,在自由端平面内作用一通过形心的集中力 F,F 与 y 轴夹角 $\varphi = 30°$,求固定端截面上 A、B、C、D 四点的正应力,并进行强度校核。已知木材许用应力$[\sigma] = 10$ MPa,矩形截面尺寸 $b \times h = 120$ mm $\times 200$ mm,$F = 2$ kN,$l = 2$ m。

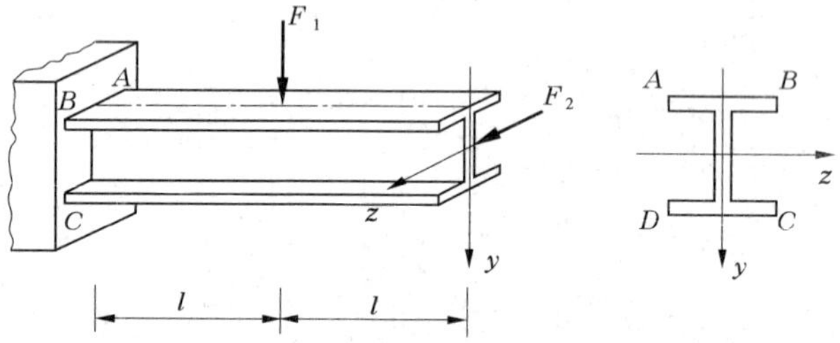

图 11-15　习题 11-1 图

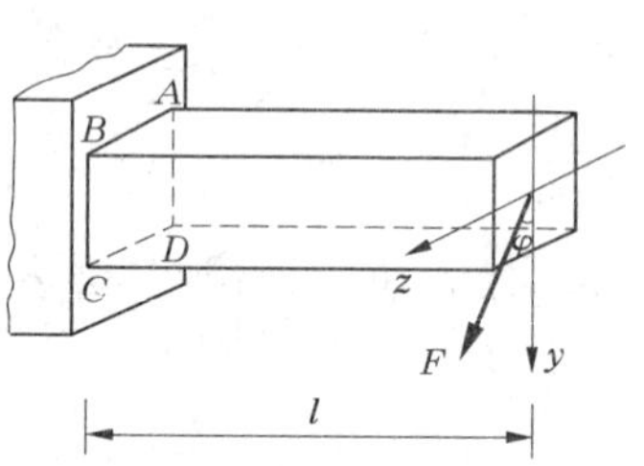

图 11-16　习题 11-2 图

11-3　如图 11-17 所示悬臂钢梁,$q = 20$ kN/m,$F = 10$ kN,$l = 2$ m。已知钢材许用应力 $[\sigma] = 160$ MPa,试按下列两种情况确定梁的截面尺寸:

(1)截面为矩形,$h = 2b$;

(2)截面为圆形。

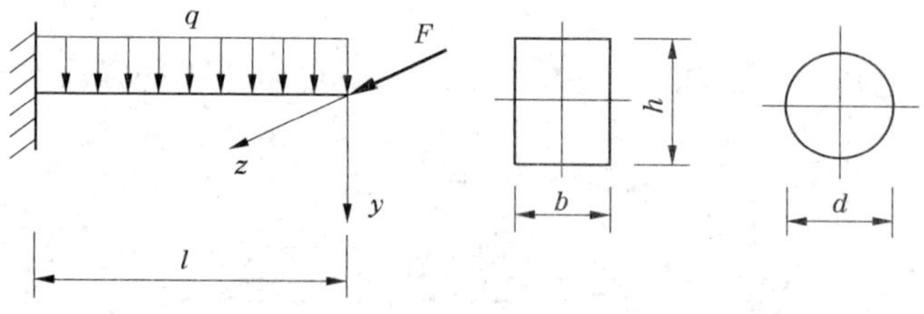

图 11-17　习题 11-3 图

11-4　承受均布荷载作用的矩形截面简支梁如图 11-18 所示,已知 $b \times h = 100$ mm $\times$ 150 mm,$l = 4$ m,材料的许用应力$[\sigma] = 10$ MPa,均布荷载 q 与 y 轴夹角 $\varphi = 15°$,求梁所能承受的最大分布荷载 q_{max}。

11-5　如图 11-19 所示一矩形截面柱,受压力 $F_1 = 100$ kN,$F_2 = 45$ kN。F_1 作用线与柱轴线重合,F_2 与柱轴线的偏心距 $e = 200$ mm,$b = 180$ mm,$h = 300$ mm。

(1)求最大应力和最小应力;

(2)如柱截面内不出现拉应力,试问截面高度应为多少?

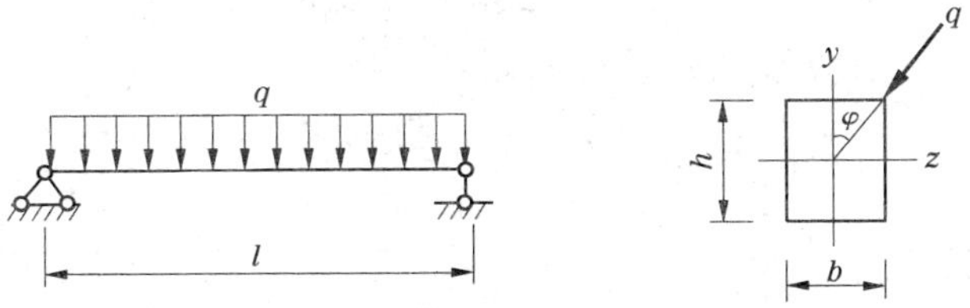

图 11-18　习题 11-4 图

11-6　有一木质压杆如图 11-20 所示，截面原为边长 a 的正方形，压力 F 与杆轴重合。后因使用上的需要，在杆长的某段范围内开一宽 $\frac{a}{2}$ 的切口。试求 m—m 截面上的最大拉应力和最大压应力，并问此最大压应力是截面削弱前的几倍？

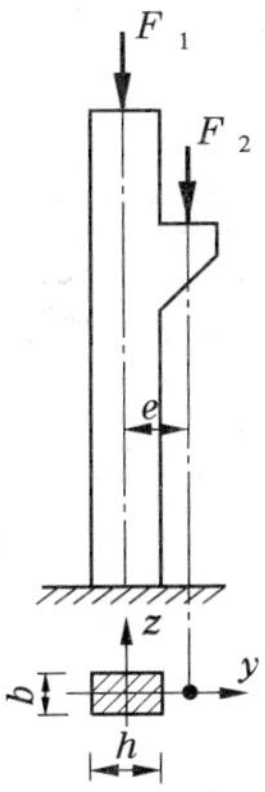

图 11-19　习题 11-5 图

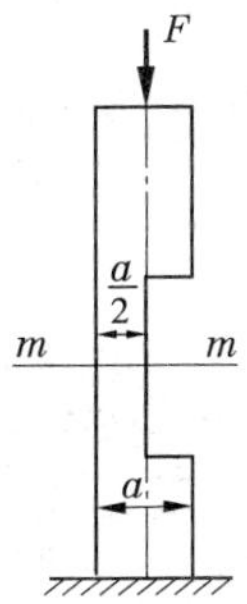

图 11-20　习题 11-6 图

11-7　矩形截面偏心受压杆如图 11-21 所示，受偏心压力 $F = 100$ kN 的作用，其截面尺寸 $b \times h = 100$ mm × 150 mm，试求固定端截面上角点 A、B、C、D 的正应力。

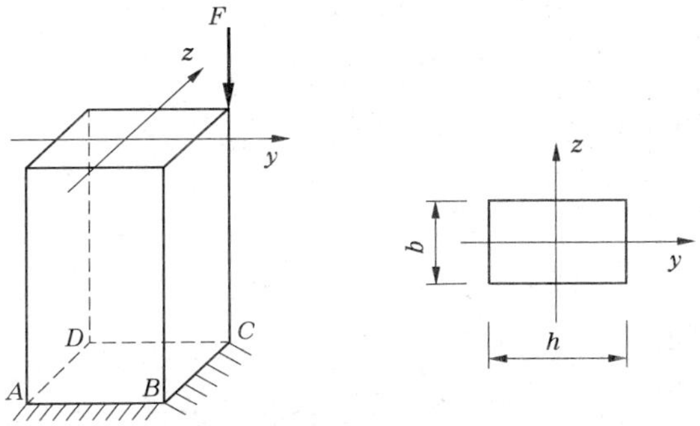

图 11-21　习题 11-7 图

11-8　一直径 $d = 80$ mm 的钢杆承受荷载如图 11-22 所示，已知 $q = 2$ kN/m，$M = 4$ kN · m，杆轴长度 $l = 2$ m，材料的许用应力 $[\sigma] = 160$ MPa，试按第三强度理论校核其强度。

11-9　某传动轴受力如图 11-23 所示，已知 $M_e = 0.8\ \text{kN} \cdot \text{m}$，$F = 3\ \text{kN}$，材料的许用应力 $[\sigma] = 160\ \text{MPa}$，试按第三强度理论计算传动轴的直径。

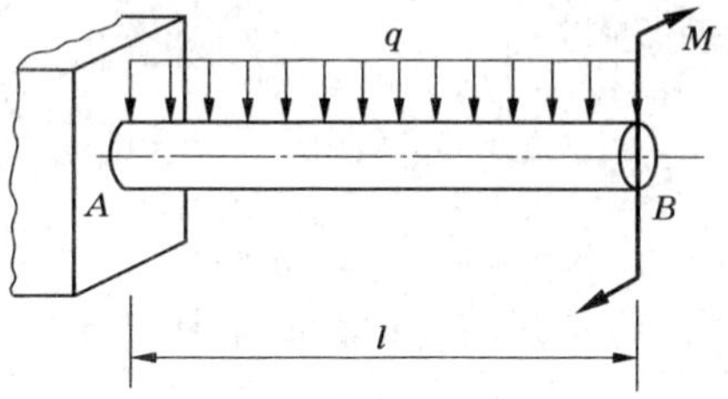

图 11-22　习题 11-8 图

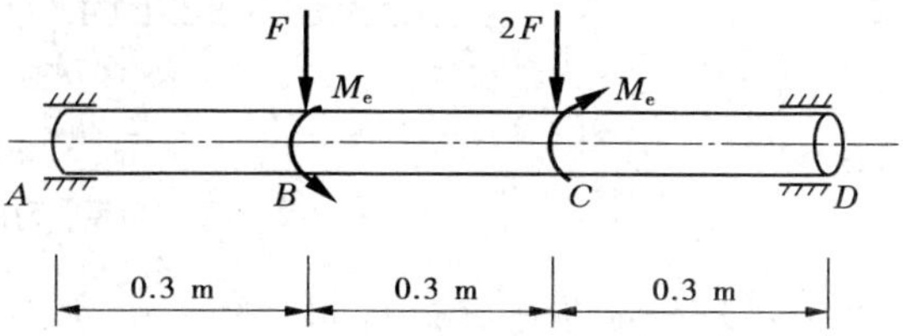

图 11-23　习题 11-9 图

第十二章　压杆稳定

第一节　概　述

一、稳定性问题的提出

受轴向压力的杆件在工程上称为压杆，如桁架中的受压上弦杆、厂房的柱子等。在第七章中曾介绍过轴心受压杆的最大承载能力是根据强度条件

$$\sigma_{\max} = \frac{F_N}{A} \leqslant [\sigma]$$

来进行计算的，由此还可确定许可荷载。对于粗短的压杆来说，当然这是正确的。但是，对于细长的压杆来说，其破坏都是在满足了上述强度条件的情况下发生的，故其承载能力不能由强度条件来确定，而必须由本章所要介绍的稳定性条件来确定。

为了便于说明问题，我们制作一个简单的试验装置（见图12-1）。取一个 $l=400$ mm 的薄钢锯条夹在上下加载头之间，锯条横截面为宽度 $b=11.0$ mm，厚度 $\delta=0.6$ mm。通过杠杆系统，在吊盘中缓慢地增加砝码重量，则势必在上下压头之间施加了轴向压力。锯条两端简化为铰支座来考虑。在逐步加载过程中可以观察到如下现象：

（1）当压力 F 较小，且小于某个特定值时，锯条处于竖直直线平衡状态。即使施加一个侧向干扰力，使其产生弯曲，但解除干扰力以后，锯条又依然恢复到原来的直线平衡状态。则我们称原有直线平衡状态为稳定平衡状态（见图12-2(a)）。

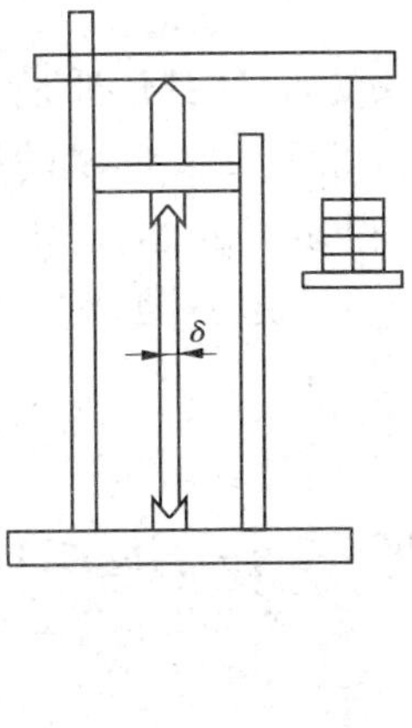

图12-1　试验装置

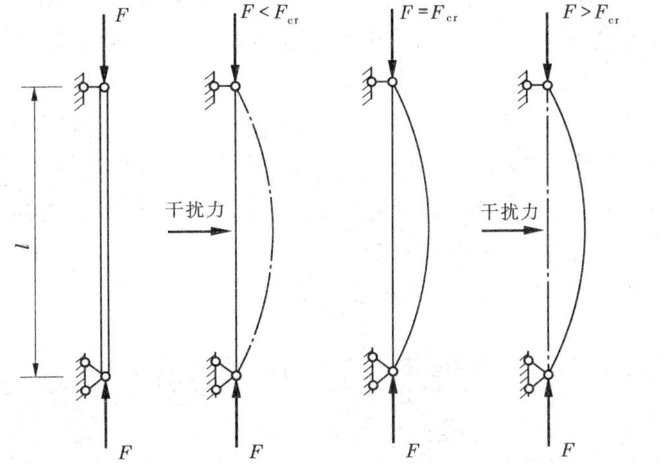

(a)稳定平衡状态　(b)临界状态　(c)不稳定平衡状态

图12-2　平衡状态

(2)当压力 F 较大,达到可超过某个特定值时,锯条可能立即发生侧向弯曲,也可能短暂地维持稳定平衡状态,但若施加某个侧向干扰力,则立即向侧向弯曲。值得注意的是,这时即使解除干扰力,锯条仍然继续停留在弯曲的平衡状态,并随横向力的加大,直至屈曲折断(见图 12-2(c))。于是,我们把原有的短暂的直线平衡状态称为不稳定平衡状态。

(3)从稳定平衡状态过渡到不稳定的平衡状态,中间必有一个特定的状态,称此为临界状态(见图 12-2(b))。临界状态时的压力称为临界力(或临界荷载),记为 F_{cr}。在试验装置上若细心地逐渐加载,会发现该锯条只需受到约 2.6 N 压力时,即处于该状态,所以 F_{cr} = 2.6 N。当压力达到临界力值 F_{cr} 时,压杆可能依然保持原直线平衡状态,也可能经受干扰后在微弯状态下保持平衡,但是解除干扰力后,不会继续弯曲至破坏。该 F_{cr} 力就是中心压杆承载能力。

假若按在第七章中所学过的压杆的强度条件,来计算锯条的极限承压能力,暂不考虑稳定性的影响,$F_{max} = N = A[\sigma] = 11 \times 0.6 \times 235 = 1\ 551(\text{N}) \approx 1.55\ \text{kN}$。显然,此值几乎是 F 的 600 倍,是不符合实际的。当然,此处由于锯条细长扁窄,所以按稳定及强度条件确定的承载力相差如此悬殊。但就一般工程实践中压杆而言,稳定临界力总是比强度承载力低许多,尤其是薄壁型钢压杆更为明显。

由上述可见,所谓压杆的稳定性就是在轴向压力作用下保持其原有直线平衡状态的能力或性能。研究压杆稳定性,关键就在于确定其临界力 F_{cr}。

二、稳定性计算的工程意义

压杆的这种并非由于强度条件不足而突然发生弯曲导致折断的现象就是压杆的丧失稳定性现象,简称失稳。

历史上曾发生过多次由于压杆失稳而导致的整个结构彻底破坏的重大人身伤亡事故。例如:1907 年加拿大魁北克省圣劳伦斯河上的钢结构大桥,在施工中,由于桁架中的一根受压弦杆突然失稳,造成了整个大桥的倒塌,9 000 t 钢结构变成了一堆废铁,在桥上施工的 86 名工人中有 75 人丧生。此外,1925 年苏联的莫兹尔桥及 1940 年美国的塔科马桥的毁坏,也都是由压杆失稳引起的重大工程事故。在机械工程中链杆、活塞杆、千斤顶等的设计中,都必须考虑稳定性要求。

工程事故引起了人们的注意和大量的研究,最终认识到压杆的这种破坏,就其性质而言与强度破坏完全不同,它是由于细长的杆件在受压力作用时丧失了保持原有直线形状的稳定性而造成的。导致丧失稳定性的压力比发生强度破坏时的压力要小得多。因此,对细长压杆必须进行稳定性的计算。由此可见,正确认识和解决工程中受压杆的稳定问题,对工程技术人员来说,具有非常重要的意义。

第二节　压杆的临界力与临界应力

一、两端铰支压杆的临界力

欧拉于 18 世纪,曾对理想中心压杆的弹性稳定性进行了广泛的研究。由前面所述可知,当轴心压力达到其临界值时,压杆可能在微弯状态下保持平衡(见图 12-3(a)),我们可通过建立近似挠曲微分方程来推导临界力 F_{cr}的计算公式。设压杆两端为铰支,中间挠度为 δ,任意截面 x 处挠度为 $y(x)$。在小变形条件下,取隔离体(见图 12-3(b))研究,其近似挠曲微分方程为

$$\frac{d^2y}{dx^2} = -\frac{M(x)}{EI} \tag{a}$$

其中任意截面 x 处的弯矩为

$$M(x) = F_{cr}y \tag{b}$$

令

$$k^2 = \frac{F_{cr}}{EI} \tag{c}$$

将式(b)、式(c)代入式(a)得二阶常系数线性齐次微分方程

$$\frac{d^2y}{dx^2} + k^2y = 0 \tag{d}$$

其通解由高等数学可知为

$$y = A\sin kx + B\cos kx \tag{e}$$

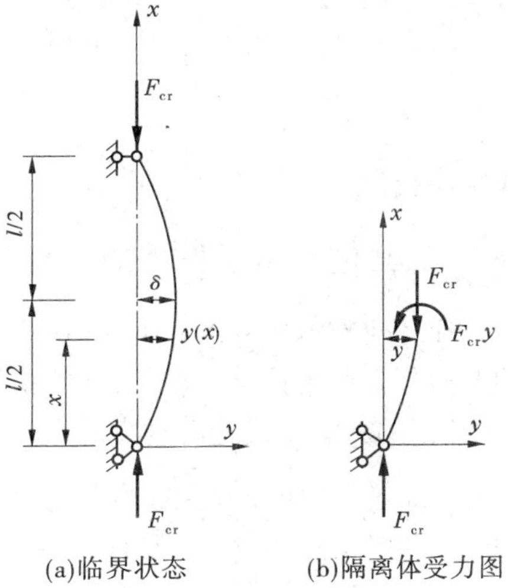

图 12-3 两端铰支压杆

积分常数 A、B 可由边界条件确定。由图 12-3 可知:$x=0$,$y=0$ 时,代入式(e)可得 $B=0$,于是

$$y = A\sin kx \tag{f}$$

利用 $x=\frac{l}{2}$、$y=\delta$ 的条件,代入式(f)可得

$$A = \frac{\delta}{\sin\frac{kl}{2}}$$

最后由常数 A、B 及 $x=l$、$y=0$ 的边界条件,可得

$$y = \frac{\delta}{\sin\frac{kl}{2}}\sin kl = 2\delta\cos\frac{kl}{2} = 0 \tag{g}$$

式(g)只有在 $\delta=0$ 或 $\cos\frac{kl}{2}=0$ 时才能成立。显然,若 $\delta=0$,则压杆的轴线不可能维持微弯的挠曲线,因而不是要研究的情况。由此可见,要使压杆有可能在微弯状态下维持平衡,必须有

$$\cos\frac{kl}{2} = 0 \tag{h}$$

这要求

$$\frac{kl}{2} = \frac{n\pi}{2}(n = 1,3,5\cdots)$$

其最小解为 $n=1$ 时的解,于是

$$kl = \sqrt{\frac{F_{cr}}{EI}}\cdot l = \pi \tag{i}$$

由此解得

$$F_{cr} = \frac{\pi^2 EI}{l^2} \tag{12-1}$$

式(12-1)就是两端铰支压杆临界力的计算公式,称为欧拉公式。欧拉公式表明,临界力 F_{cr} 与杆件的抗弯刚度 EI 成正比,与杆长 l 的平方成反比。

将式(i)的值代入式(f),可得挠曲线方程为

$$y = \delta \sin \frac{n\pi}{l} x \tag{j}$$

即挠曲线为半波正弦曲线。

二、其他支承条件下的压杆临界力

在其他支承边界条件下(见图 12-4)压杆的临界力也可以像前面一样,通过建立挠曲线近似微分方程来推导。但是,在此我们采用一种简便办法,即对比失稳形态曲线(失稳后的挠曲线)的方法来确定各种支承条件下 F_{cr} 公式。

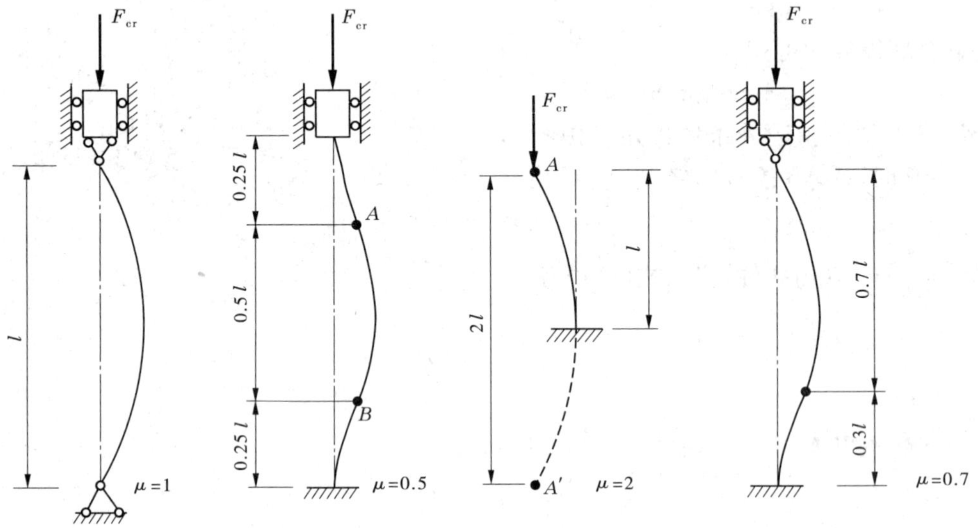

(a)两端铰支　　(b)两端固定　　(c)一端固定、一端自由　　(d)一端固定、一端铰支

图 12-4　不同支承条件下压杆的长度系数

(一)两端固定压杆的临界力

如图 12-4(b)所示两端固定支座的压杆,在临界力作用下,其失稳形态曲线在上下端 $0.25l$ 处形成两个拐点 A 和 B,A、B 点之间长度为 $0.5l$,其间形成半波正弦曲线。在拐点处曲率为零,且此处弯矩也等于零,相当于铰链。所以,仿照两端铰支压杆临界力的基本形式式(12-1),用 $0.5l$ 替换即可,得

$$F_{cr} = \frac{\pi^2 EI}{(0.5l)^2} \tag{12-2}$$

(二)一端固定、一端自由压杆的临界力

如图 12-4(c)所示一端固定、一端自由的压杆,在临界力作用下,将其失稳形态曲线向

下对称延伸(图12-4(c)中用虚线画出的曲线),可见在$2l$范围内形成半波正弦曲线。在A和A'点为自由端$M=0$,与两端铰支情况相当,故可以认为一端固定、另一端自由压杆的临界力,相当于长度为$2l$的两端铰支压杆的临界力,由式(12-1),用$2l$替换l即可,得

$$F_{cr}=\frac{\pi^2EI}{(2l)^2} \tag{12-3}$$

(三)一端固定、一端铰支压杆的临界力

如图12-4(d)所示一端固定、一端铰支的压杆,在临界力作用下,其失稳形态曲线在距上端$0.7l$处有一拐点,力学上相当于铰链。A、B点之间长度为$0.7l$,其间形成半波正弦曲线。只需在式(12-1),用$0.7l$替换l即可,得

$$F_{cr}=\frac{\pi^2EI}{(0.7l)^2} \tag{12-4}$$

以上4种不同支承条件下临界力公式,可以归纳为统一的表达式

$$F_{cr}=\frac{\pi^2EI}{(\mu l)^2}=\frac{\pi^2EI}{l_0^{\,2}} \tag{12-5}$$

式中:μ为压杆的长度系数(各种情况的长度系数见图12-4);$l_0=\mu l$,表示将压杆折算成两端铰支压杆的长度,称为相当长度或计算长度;l为压杆的实际几何长度。

应该指出:在实际工程中,压杆两端连接是难以找出完全符合上述4种理想约束支承情况的。在实际计算时,应根据实际压杆的约束情况与哪种理想约束接近,或介于哪两种约束之间,定出其相当长度。在一般设计规范中都对相当长度作了具体规定。

【例12-1】 一根两端铰支的20a号工字钢压杆,长$l=3$ m,弹性模量$E=200$ GPa,$[\sigma]=170$ MPa。试确定其临界力,并与强度条件求得的许用压力比较。

解 在式(12-5)中,惯性矩I应以最小惯性矩I_{min}代入,由型钢表查得最小惯性矩及截面面积为

$$I_{min}=158\ \text{cm}^4 \qquad A=35.5\ \text{cm}^2$$

两端铰支时的长度系数为

$$\mu=1$$

由欧拉公式可得

$$F_{cr}=\frac{\pi^2EI}{(\mu l)^2}=\frac{\pi^2\times200\times10^9\times158\times10^{-8}}{(1\times3)^2}=346\ 532(\text{N})\approx346.5\ \text{kN}$$

由强度条件可得许用压力为

$$[F]=A[\sigma]=35.5\times10^{-4}\times170\times10^6=603\ 500(\text{N})=603.5\ \text{kN}$$

临界力小于许用压力,表明压杆未达到强度允许的承压力之前已经发生失稳破坏。

第三节　欧拉公式的适用范围、临界应力总图

一、弹性范围内中心压杆的临界应力

(一)临界应力和柔度

前面从细长压杆的近似挠曲微分方程出发,推导出了压杆丧失原有直线平衡状态的临

界力 F_{cr}，即式(12-5)。将临界力除以压杆的横截面面积，所得的应力称为临界应力，用 σ_{cr} 表示，即

$$\sigma_{cr} = \frac{F_{cr}}{A} = \frac{\pi^2 EI}{(\mu l)^2 A} \tag{a}$$

引入惯性半径 $i = \sqrt{\frac{I}{A}}$，则式(a)可以写成

$$\sigma_{cr} = \frac{\pi^2 E}{\left(\frac{\mu l}{i}\right)^2} \tag{b}$$

令

$$\lambda = \frac{\mu l}{i} \tag{12-6}$$

则有

$$\sigma_{cr} = \frac{\pi^2 E}{\lambda^2} \tag{12-7}$$

在式(12-6)中，λ 称为压杆的柔度或长细比，是一个无量纲的量。它综合反映了压杆的几何长度、支承条件以及截面几何性质对临界力的影响，是压杆稳定计算中的一个重要参数。由临界应力 σ_{cr} 的计算公式可见，针对一定材料而言，$\pi^2 E$ 为常数，故 σ_{cr} 与柔度 λ 成双曲线关系，λ 越大(即压杆越细长)，则 F_{cr} 和 σ_{cr} 越小，抗失稳能力越弱，越容易发生失稳破坏；反之，可得相反结论。同时，后面把 F_{cr} 和 σ_{cr} 的计算公式均称为欧拉公式，仅表达形式不同而已。

(二)欧拉公式的适用范围

现在来研讨欧拉公式的使用条件。推导临界力 F_{cr} 时应用了近似挠曲线微分方程关系式，该方程前提必须是材料在弹性范围内工作，且符合小变形条件，即 F_{cr} 所对应的临界应力 σ_{cr} 不得超过材料的比例极限 σ_p，故有

$$\sigma_{cr} = \frac{\pi^2 E}{\lambda^2} \leqslant \sigma_p \tag{12-8}$$

于是

$$\lambda \geqslant \pi \sqrt{\frac{E}{\sigma_p}} \tag{12-9}$$

令

$$\lambda_p = \pi \sqrt{\frac{E}{\sigma_p}} \tag{12-10}$$

显然，λ_p 是判断欧拉公式能否应用的柔度，称为判断柔度。

则欧拉公式的适用范围，用柔度可表达为

$$\lambda \geqslant \lambda_p \tag{12-11}$$

即当 $\lambda \geqslant \lambda_p$ 时，才能满足 $\sigma_{cr} \leqslant \sigma_p$，欧拉公式才适用，这种杆常称为大柔度压杆(或称细长压杆)。而当压杆的柔度 $\lambda < \lambda_p$ 时，就不能应用欧拉公式。λ_p 的大小完全取决于压杆材料的力学性质，与杆件的几何尺寸无关。以 Q235 钢为例，取 $E = 206$ GPa，$\sigma_p = 200$ MPa，代入式(12-10)得

$$\lambda_p = \pi \sqrt{\frac{E}{\sigma_p}} = \pi \sqrt{\frac{206 \times 10^3}{200}} \approx 100$$

即由 Q235 钢制成的压杆，只有当其柔度 $\lambda \geqslant 100$ 时，才能应用欧拉公式求临界应力 σ_{cr} 或临

界力 F_{cr}，这就是式(12-5)和式(12-7)的应用条件。

二、非弹性范围内中心压杆的临界应力

对于柔度 $\lambda < \lambda_p$，即临界应力 $\sigma_{cr} > \sigma_p$，则属于非弹性范围内丧失稳定的问题。在这个领域压杆失稳临界应力不能使用欧拉公式计算，十分复杂。历史上人们在该领域做了大量的研究工作，提出多种经验公式或理论公式。此处着重介绍由试验得出的直线公式及抛物线公式。

(一)直线公式

在直线公式中，把临界应力表示成柔度的线性关系式，即

$$\sigma_{cr} = a - b\lambda \tag{12-12}$$

式中：a 和 b 是与材料性质有关的常数，由试验整理得出不同材料对应值，如表 12-1 所示。表 12-1 中 λ_p 和 λ_s 分别是临界应力达到材料比例极限 σ_p、屈服极限 σ_s 时对应柔度值。

表 12-1　直线经验公式中常见材料的 a、b、λ_p、λ_s 值

材料名称	a(MPa)	b(MPa)	λ_p	λ_s
Q235 钢 σ_s = 235 MPa，$\sigma_b \geqslant$ 372 MPa	304	1.12	100	61.6
硅钢 σ_s = 353 MPa，$\sigma_b \geqslant$ 510 MPa	577	3.74	100	60
铸铁	332	1.45		
硬铝	372	2.14	50	0
松木	28.7	0.19	110	0

现在不妨也来讨论一下直线公式(12-12)的适用范围。假设压杆由 Q235 钢制成。已知该钢种的比例极限 σ_p = 200 MPa，屈服极限 σ_s = 235 MPa。由表 12-1 可知：a = 304 MPa，b = 1.12 MPa，将其代入式(12-12)，得

$$\sigma_{cr} = a - b\lambda_p = \sigma_p$$

$$\sigma_{cr} = a - b\lambda_s = \sigma_s$$

则

$$\lambda_p = \frac{304 - 200}{1.12} \approx 100$$

$$\lambda_s = \frac{304 - 235}{1.12} \approx 61.6$$

故由试验归纳的直线公式的应用范围为

$$\lambda_s \leqslant \lambda < \lambda_p \tag{12-13}$$

工程中称此类压杆为中柔度压杆。

(二)抛物线公式

对于中柔度杆，除直线公式外，还有按试验数据归纳整理的抛物线形的经验公式，即

$$\sigma_{cr} = a_1 - b_1\lambda^2 \tag{12-14}$$

式(12-14)中，a_1 和 b_1 是与材料性质有关的常数，该公式的应用范围是 $0 < \lambda < \lambda_p$。例如：对于一般碳素结构钢 Q235 及低合金钢 Q345(16Mn)分别为

$$\sigma_{cr} = 235 - 0.06\lambda^2$$

$$\sigma_{cr} = 345 - 0.0161\lambda^2$$

总之,中柔度压杆工作失稳时,临界应力大于材料的比例极限,属于弹塑性阶段稳定问题,是较为复杂的。

对于 $\lambda<\lambda_s$ 的压杆,称为小柔度压杆。该类压杆柔度小,较粗短,破坏的本质原因是在外荷载作用下,材料达到其屈服流动极限,属于强度破坏,即 $\sigma_{cr}=\sigma_s$。仅为讨论方便,将它放在此处讨论。

三、临界应力总图

前面介绍了三种柔度范围压杆临界应力的计算方法。在此概括地总结说,$\lambda\geqslant\lambda_p$ 的压杆称为大柔度杆,可用欧拉公式计算;$\lambda_s\leqslant\lambda<\lambda_p$ 的压杆则称为中柔度杆,可用直线、抛物线等经验公式计算;$\lambda<\lambda_s$ 的压杆称为小柔度杆,严格说这时已不是稳定破坏,而由强度条件控制,为讨论方便汇集到一起。我们把大、中、小三类压杆的 $\sigma_{cr}\sim\lambda$ 图表示在图 12-5 中,并称此为理想中心压杆的临界应力总图。它形象明确地显示出三类压杆所处的柔度范围以及适用的临界应力公式。

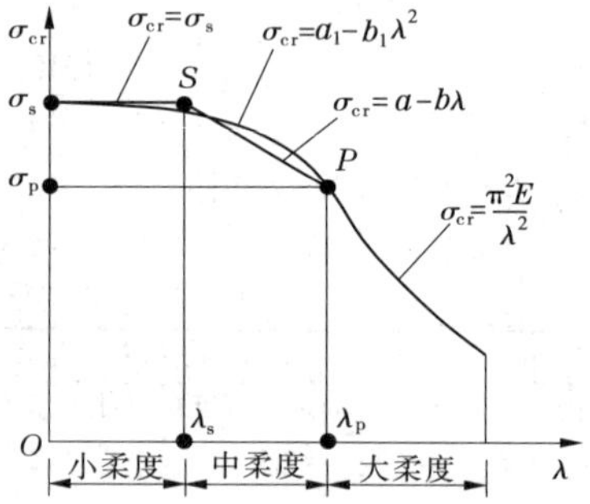

图 12-5　理想中心压杆的临界应力总图

需要指出的是:受压杆件两端承压,工程中用其作为柱子的时候居多,因此图 12-5 中 $\sigma_{cr}\sim\lambda$ 曲线也常称为柱子曲线。从上面我们采用理想中心压杆这个模型所导出结论来看,临界应力 σ_{cr} 仅为柔度 λ 的函数,即仅以 λ 为变量。即不论压杆采用何种材质、何种截面形状、何种加工方法,仅有一条 $\sigma_{cr}\sim\lambda$ 图线,所以也常称此为单一柱子曲线。

【例 12-2】　设三根圆截面压杆的直径均为 $d=20$ cm,材料同为 Q235 钢,弹性模量 $E=200$ GPa,屈服极限 $\sigma_s=235$ MPa。两端均为铰支支承,长度分别为 $l_1=6$ m、$l_2=4$ m、$l_3=2$ m,试求各杆临界荷载值。

解　(1)计算各杆截面几何性质

$$A=\frac{\pi d^2}{4}=\frac{\pi\times 20^2}{4}=314(\text{cm})^2\qquad i=\frac{d}{4}=\frac{20}{4}=5(\text{cm})$$

$$I=\frac{\pi d^4}{64}=\frac{\pi\times 20^4}{64}=7\ 854(\text{cm}^4)$$

(2)计算临界荷载。

l_1 杆:$\lambda_1=\dfrac{\mu l_1}{i}=\dfrac{1\times 600}{5}=120>\lambda_p=100$,它属于大柔度杆,故可用欧拉公式计算临界荷载

$$F_{cr1} = \frac{\pi^2 EI}{(\mu l_1)^2} = \frac{\pi^2 \times 200 \times 10^9 \times 7\ 854 \times 10^{-8}}{(1 \times 6)^2} = 4\ 306\ 437(\text{N}) \approx 4\ 306\ \text{kN}$$

l_2 杆：$\lambda_2 = \frac{\mu l_2}{i} = \frac{1 \times 400}{5} = 80$，显然 $\lambda_s \leqslant \lambda < \lambda_p$，它属于中柔度杆，故可用直线公式计算，查表 12-1，可得

$$\sigma_{cr2} = a - b\lambda = 304 - 1.12 \times 80 = 214.4(\text{MPa})$$

故 $$F_{cr2} = \sigma_{cr2} A = 214.4 \times 10^6 \times 314 \times 10^{-4} = 6\ 732\ 160(\text{N}) \approx 6\ 732\ \text{kN}$$

l_3 杆：$\lambda_3 = \frac{\mu l_3}{i} = \frac{1 \times 200}{5} = 40 < \lambda_s = 61.6$，它属于小柔度杆，该杆实际发生强度屈服破坏，取值

$$\sigma_{cr3} = \sigma_s = 235\ \text{MPa}$$

故 $$F_{cr3} = \sigma_{cr3} A = 235 \times 10^6 \times 314 \times 10^{-4} = 7\ 379\ 000(\text{N}) = 7\ 379\ \text{kN}$$

【例 12-3】 设如图 12-6 所示压杆材料为 Q235 钢，弹性模量 $E = 200$ GPa，屈服极限 $\sigma_s = 235$ MPa。长度为 $l = 2$ m，横截面为矩形 $b \times h = 40$ mm $\times 60$ mm，试求该杆受压临界荷载值。

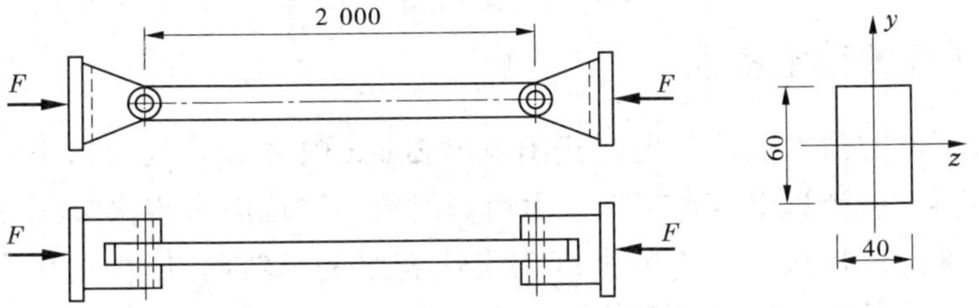

图 12-6　例 12-3 图　（单位：mm）

解　首先对两端支承情况作些分析。压杆在 A、B 两端为销钉连接，在正视图平面内弯曲时，截面绕 z 轴转动，相当于两端铰支；在俯视平面内弯曲时，截面绕轴 y 转动，相当于固定；并且截面又为矩形，$I_y \neq I_z$。

根据上面初步分析，难以一下判定出该压杆受压处于临界状态时截面会绕哪一个主轴转动。因此，应先算出在两个平面内的柔度，判定可能会在哪个平面内失稳，然后再选用相应的公式来计算临界力值。

(1)计算两个平面内的柔度 λ 值。

在正视平面内

$$I_z = \frac{bh^3}{12} \qquad A = bh \qquad \mu_z = 1.0 \qquad i_z = \sqrt{\frac{I_z}{A}} = \frac{h}{2\sqrt{3}}$$

$$\lambda_z = \frac{\mu_z l}{i_z} = \frac{1 \times 2 \times 10^3 \times 2\sqrt{3}}{60} = 115.5$$

在俯视平面内

$$I_y = \frac{hb^3}{12} \qquad A = bh \qquad \mu_y = 0.5 \qquad i_y = \sqrt{\frac{I_y}{A}} = \frac{b}{2\sqrt{3}}$$

$$\lambda_y=\frac{\mu_y l}{i_y}=\frac{0.5\times2\times10^3\times2\sqrt{3}}{40}=86.6$$

因 $\lambda_z>\lambda_y$，所以该压杆在正视平面内（xy）失稳。

（2）计算相应临界荷载。

因 $\lambda_z=115.5>\lambda_p=100$，可以应用欧拉公式。先计算以下各值

$$I_z=\frac{bh^3}{12}=\frac{40\times60^3}{12}=7.2\times10^5(\mathrm{mm}^4)\qquad A=bh=40\times60=2\ 400(\mathrm{mm}^2)$$

$$i_z=\sqrt{\frac{I_z}{A}}=\sqrt{\frac{7.2\times10^5}{2\ 400}}=17.3(\mathrm{mm})\qquad \lambda_z=\frac{\mu_z l}{i_z}=\frac{1\times2\times10^3}{17.3}=115.6$$

代入欧拉公式计算临界荷载，可得

$$F_{\mathrm{crz}}=\frac{\pi^2EI}{(\mu_z l)^2}=\frac{\pi^2\times200\times10^9\times7.2\times10^{-7}}{(1\times2)^2}=355\ 305(\mathrm{N})\approx355.3\ \mathrm{kN}$$

第四节　压杆的稳定计算

一、实际压杆的稳定系数

一般来说，杆件的强度校核首先要找出危险截面（内力最大截面），然后再找出截面上远离中性轴的危险点，计算出该点工作应力后与材料的许用应力相比较，来完成全部校核过程。简言之，强度条件是从一个点的强度出发或着眼的。然而，压杆的稳定校核却与之不同，它是从全压杆的整体抗失稳的承载能力出发来考虑或着眼的，所以不必寻找危险截面和危险点，只须将工作压力与稳定许用荷载相比较，即完成全部校核过程。下面先简单介绍稳定计算中的稳定系数，从而引出压杆的稳定条件。

前面，我们研究的理想中心压杆临界荷载的有关知识，并不能完全反映实际工程受压杆件受力后的变形情况。因为实际压杆的轴线不可能是理想的直线；压力的作用线也不可能与压杆的轴线完全重合；杆件由于轧制、切割、焊接等原因，截面上也将产生残余应力等。这些不利因素的存在，都将降低压杆的临界力。为此，应按照实际可能出现的情况——杆件的弯曲度、压力的偏心度、横截面上的残余应力的大小及其变化规律等，来计算压杆的承载能力，从而得到符合实际的制造工艺和受力状态的极限应力。由于这种处理方法考虑因素较多，计算复杂，因此必须使用计算机，才能得到压杆的极限应力（临界应力）随柔度 λ 而改变的数据。然而，不论采用哪种方法，压杆所能承受的极限应力总是随压杆的柔度而改变的，柔度越大，临界应力越低。因此，设计压杆时所用的许用应力也应该随压杆柔度的增大而减小。在压杆设计中常用的方法是，将压杆的稳定许用应力 $[\sigma]_{\mathrm{st}}$ 写做材料的强度许用应力 $[\sigma]$ 乘以一个随压杆柔度而改变的稳定系数 $\varphi=\varphi(\lambda)$，即

$$[\sigma]_{\mathrm{st}}=\varphi[\sigma]\tag{12-15}$$

式中：φ 为压杆稳定系数，随压杆柔度的改变而变化；$[\sigma]$ 为材料的强度许用应力，在我国钢结构规范中，此处实际为材料的抗压强度设计值 f，这将在钢结构课程中讲述。

稳定系数 φ 与构件所使用的材料及杆件的截面类型有关。而杆件的截面类型是根据截面上的残余应力的大小和分布情况、杆件的加工工艺等因素来划分的，其中 a 类的残余应力影响较小，稳定性较好；c、d 类的残余应力影响较大，其稳定性较差；多数情况可归为b 类。

在表 12-2 及表 12-3 中，根据 φ 与 λ 的关系，只给出了钢质圆管、工字形和 T 形截面的分类，其他截面分类见《钢结构设计规范》（GB 50017—2003）及《木结构设计规范》（GB 50005—2003）。

表 12-4 ~ 表 12-7 分别给出 Q235 钢 a、b、c、d 四类截面的稳定系数 φ 值。

表 12-2　轴心受压构件的截面分类（板厚 $t<40$ mm）

截面形式	对 z 轴	对 y 轴
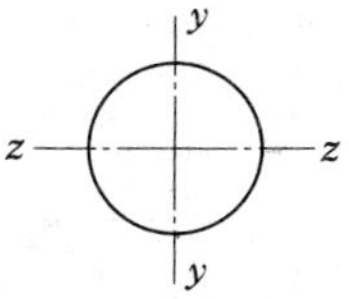 轧制	a 类	a 类
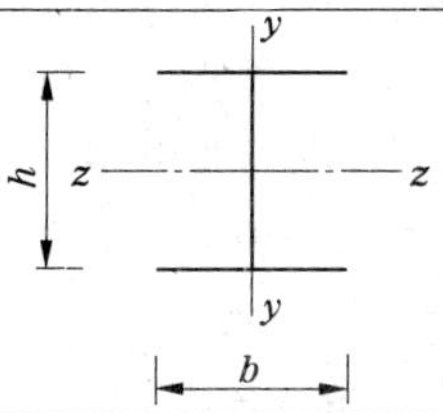 轧制，$b/h\leqslant 0.8$	a 类	b 类
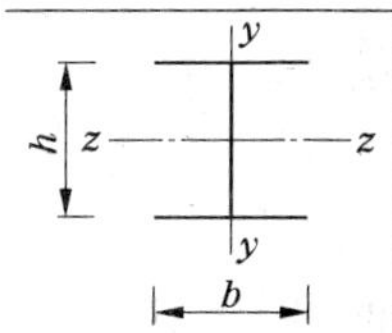 轧制，$b/h>0.8$；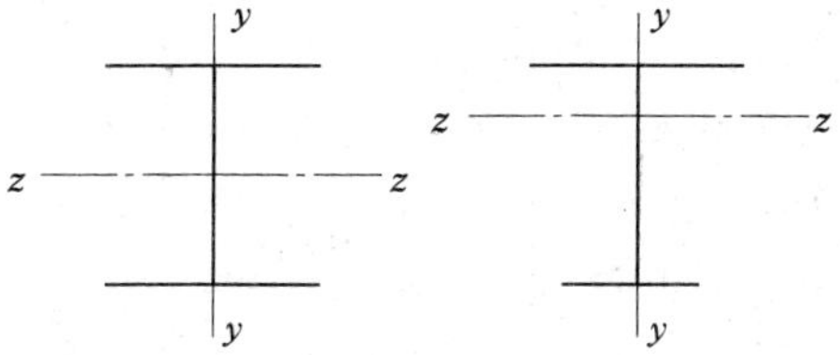 焊接，翼缘为焰切边；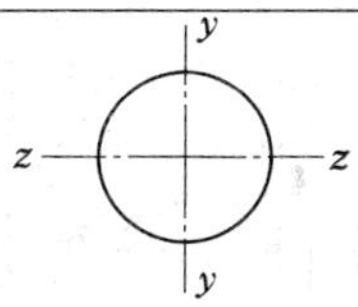 焊接	b 类	b 类
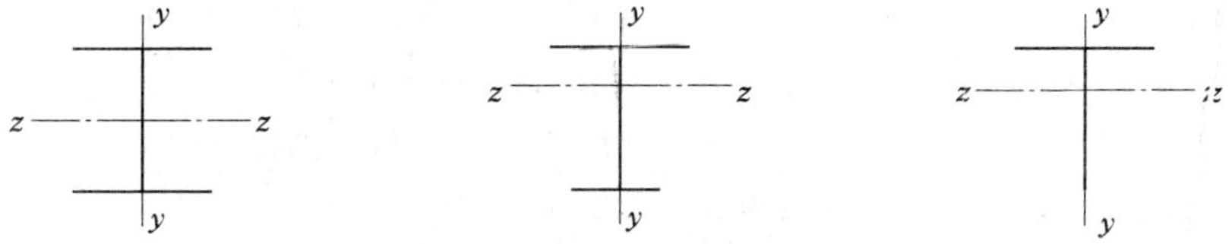 焊接，翼缘为轧制或剪切边	b 类	c 类

表 12-3　轴心受压构件的截面分类（板厚 $t\geqslant 40$ mm）

截面形式		对 z 轴	对 y 轴
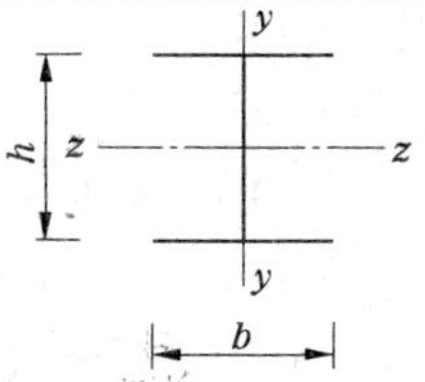 轧制工字形或 H 形截面	$t<80$ mm	b 类	c 类
	$t\geqslant 80$ mm	c 类	d 类

续表 12-3

<table>
<tr><th colspan="2">截面形式</th><th>对 z 轴</th><th>对 y 轴</th></tr>
<tr><td rowspan="2">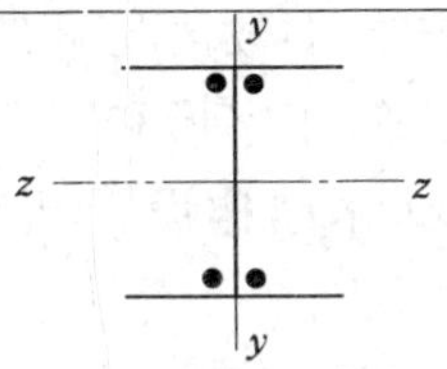
焊接工字形截面</td><td>翼缘为焰切边</td><td>b 类</td><td>b 类</td></tr>
<tr><td>翼缘为轧制或剪切边</td><td>c 类</td><td>d 类</td></tr>
</table>

表 12-4　Q235 钢 a 类截面轴心受压构件的稳定系数 φ

$\lambda\sqrt{\frac{f_y}{235}}$	0	1	2	3	4	5	6	7	8	9
0	1.000	1.000	1.000	1.000	0.999	0.999	0.998	0.998	0.997	0.996
10	0.995	0.994	0.993	0.992	0.991	0.989	0.988	0.986	0.985	0.983
20	0.981	0.979	0.977	0.976	0.974	0.972	0.970	0.968	0.966	0.964
30	0.963	0.961	0.959	0.957	0.955	0.952	0.950	0.948	0.946	0.944
40	0.941	0.939	0.937	0.934	0.932	0.929	0.927	0.924	0.921	0.919
50	0.916	0.913	0.910	0.907	0.904	0.900	0.897	0.894	0.890	0.886
60	0.883	0.879	0.875	0.871	0.867	0.863	0.858	0.851	0.849	0.844
70	0.839	0.834	0.829	0.824	0.818	0.813	0.807	0.801	0.795	0.789
80	0.783	0.776	0.770	0.763	0.757	0.750	0.743	0.736	0.728	0.721
90	0.714	0.706	0.699	0.691	0.684	0.676	0.668	0.661	0.653	0.645
100	0.638	0.630	0.622	0.615	0.607	0.600	0.592	0.585	0.577	0.570
110	0.563	0.555	0.548	0.541	0.534	0.527	0.520	0.514	0.507	0.500
120	0.494	0.488	0.481	0.475	0.469	0.463	0.457	0.451	0.445	0.440
130	0.434	0.429	0.423	0.418	0.412	0.407	0.402	0.397	0.392	0.387
140	0.383	0.378	0.373	0.369	0.364	0.360	0.356	0.351	0.347	0.343
150	0.339	0.335	0.331	0.327	0.323	0.320	0.316	0.312	0.309	0.305
160	0.302	0.298	0.295	0.292	0.289	0.285	0.282	0.279	0.276	0.273
170	0.270	0.267	0.264	0.262	0.259	0.256	0.253	0.251	0.248	0.246
180	0.243	0.241	0.238	0.236	0.233	0.231	0.229	0.226	0.224	0.222
190	0.220	0.218	0.215	0.213	0.211	0.209	0.207	0.205	0.203	0.201
200	0.199	0.198	0.196	0.194	0.192	0.190	0.189	0.187	0.185	0.183
210	0.182	0.180	0.179	0.177	0.175	0.174	0.172	0.171	0.169	0.168
220	0.166	0.165	0.164	0.162	0.161	0.159	0.158	0.157	0.155	0.154
230	0.153	0.152	0.150	0.149	0.148	0.147	0.146	0.144	0.143	0.142
240	0.141	0.140	0.139	0.138	0.136	0.135	0.134	0.133	0.132	0.131
250	0.130	—	—	—	—	—	—	—	—	—

表 12-5　Q235 钢 b 类截面轴心受压构件的稳定系数 φ

$\lambda\sqrt{\frac{f_y}{235}}$	0	1	2	3	4	5	6	7	8	9
0	1.000	1.000	1.000	0.999	0.999	0.998	0.997	0.996	0.996	0.994
10	0.992	0.991	0.989	0.987	0.985	0.983	0.981	0.978	0.978	0.973
20	0.970	0.967	0.963	0.960	0.957	0.953	0.950	0.946	0.943	0.939
30	0.936	0.932	0.929	0.925	0.922	0.918	0.914	0.910	0.906	0.903
40	0.899	0.895	0.891	0.887	0.882	0.878	0.874	0.870	0.865	0.861
50	0.856	0.852	0.847	0.842	0.838	0.833	0.828	0.823	0.818	0.813
60	0.807	0.802	0.797	0.791	0.786	0.780	0.774	0.769	0.763	0.757
70	0.751	0.745	0.739	0.732	0.726	0.720	0.714	0.707	0.701	0.694
80	0.688	0.681	0.675	0.668	0.661	0.655	0.648	0.641	0.635	0.628
90	0.621	0.614	0.608	0.601	0.594	0.588	0.581	0.575	0.568	0.561
100	0.555	0.549	0.542	0.536	0.529	0.523	0.517	0.511	0.505	0.499
110	0.493	0.487	0.481	0.475	0.470	0.464	0.458	0.453	0.447	0.442
120	0.437	0.432	0.426	0.421	0.416	0.411	0.406	0.402	0.397	0.392
130	0.387	0.383	0.378	0.374	0.370	0.365	0.361	0.357	0.353	0.349
140	0.345	0.341	0.337	0.333	0.329	0.326	0.322	0.318	0.315	0.311
150	0.308	0.304	0.301	0.298	0.295	0.291	0.288	0.285	0.282	0.279
160	0.276	0.273	0.270	0.267	0.265	0.262	0.259	0.256	0.254	0.251
170	0.249	0.246	0.244	0.241	0.239	0.236	0.234	0.232	0.229	0.227
180	0.225	0.223	0.220	0.218	0.216	0.214	0.212	0.210	0.208	0.206
190	0.204	0.202	0.200	0.198	0.197	0.195	0.193	0.191	0.190	0.188
200	0.186	0.184	0.183	0.181	0.180	0.178	0.176	0.175	0.173	0.172
210	0.170	0.169	0.167	0.166	0.165	0.163	0.162	0.160	0.159	0.158
220	0.156	0.155	0.154	0.153	0.151	0.150	0.149	0.148	0.146	0.145
230	0.144	0.143	0.142	0.141	0.140	0.138	0.137	0.136	0.135	0.134
240	0.133	0.132	0.131	0.130	0.129	0.128	0.127	0.126	0.125	0.124
250	0.123	—	—	—	—	—	—	—	—	—

表 12-6　Q235 钢 c 类截面轴心受压构件的稳定系数 φ

$\lambda\sqrt{\frac{f_y}{235}}$	0	1	2	3	4	5	6	7	8	9
0	1.000	1.000	1.000	0.999	0.999	0.998	0.997	0.996	0.995	0.993
10	0.992	0.990	0.988	0.986	0.983	0.981	0.978	0.976	0.973	0.970
20	0.966	0.959	0.953	0.947	0.940	0.934	0.928	0.921	0.915	0.909
30	0.902	0.896	0.890	0.884	0.877	0.871	0.865	0.858	0.852	0.846
40	0.839	0.833	0.826	0.820	0.814	0.807	0.801	0.794	0.788	0.781
50	0.775	0.768	0.762	0.755	0.748	0.742	0.735	0.729	0.722	0.715
60	0.709	0.702	0.695	0.689	0.682	0.676	0.669	0.662	0.656	0.649
70	0.643	0.636	0.629	0.623	0.616	0.610	0.604	0.597	0.591	0.584
80	0.578	0.572	0.566	0.559	0.553	0.547	0.541	0.535	0.529	0.523
90	0.517	0.511	0.505	0.500	0.494	0.488	0.483	0.477	0.472	0.467
100	0.463	0.458	0.454	0.449	0.445	0.441	0.436	0.432	0.428	0.423
110	0.419	0.415	0.411	0.407	0.403	0.399	0.395	0.391	0.387	0.383
120	0.379	0.375	0.371	0.367	0.364	0.360	0.356	0.353	0.349	0.346
130	0.342	0.339	0.335	0.332	0.328	0.325	0.322	0.319	0.315	0.312
140	0.309	0.306	0.303	0.300	0.297	0.294	0.291	0.288	0.285	0.282
150	0.280	0.277	0.274	0.271	0.269	0.266	0.264	0.261	0.258	0.256
160	0.254	0.251	0.249	0.246	0.244	0.242	0.239	0.237	0.235	0.233
170	0.230	0.228	0.226	0.224	0.222	0.220	0.218	0.216	0.214	0.212
180	0.210	0.208	0.206	0.205	0.203	0.201	0.199	0.197	0.196	0.194
190	0.192	0.190	0.189	0.187	0.186	0.184	0.182	0.181	0.179	0.178
200	0.176	0.175	0.173	0.172	0.170	0.169	0.168	0.166	0.165	0.163
210	0.162	0.161	0.159	0.158	0.157	0.156	0.154	0.153	0.152	0.151
220	0.150	0.148	0.147	0.146	0.145	0.144	0.143	0.142	0.140	0.139
230	0.138	0.137	0.136	0.135	0.134	0.133	0.132	0.131	0.130	0.129
240	0.128	0.127	0.126	0.125	0.124	0.124	0.123	0.122	0.121	0.120
250	0.119	—	—	—	—	—	—	—	—	—

表 12-7　Q235 钢 d 类截面轴心受压构件的稳定系数 φ

$\lambda\sqrt{\frac{f_y}{235}}$	0	1	2	3	4	5	6	7	8	9
0	1.000	1.000	0.999	0.999	0.998	0.996	0.994	0.992	0.990	0.987
10	0.984	0.981	0.978	0.974	0.969	0.965	0.960	0.955	0.949	0.944
20	0.937	0.927	0.918	0.909	0.900	0.891	0.883	0.874	0.865	0.857
30	0.848	0.840	0.831	0.823	0.815	0.807	0.799	0.790	0.782	0.774
40	0.766	0.759	0.751	0.743	0.735	0.728	0.720	0.712	0.705	0.697
50	0.690	0.683	0.675	0.668	0.661	0.654	0.646	0.639	0.632	0.625
60	0.618	0.612	0.605	0.598	0.591	0.585	0.578	0.572	0.565	0.559
70	0.552	0.546	0.540	0.534	0.528	0.522	0.516	0.510	0.504	0.498
80	0.493	0.487	0.481	0.476	0.470	0.465	0.460	0.454	0.449	0.444
90	0.439	0.434	0.429	0.424	0.419	0.414	0.410	0.405	0.401	0.397
100	0.394	0.390	0.387	0.383	0.380	0.376	0.373	0.370	0.366	0.363
110	0.359	0.356	0.353	0.350	0.346	0.343	0.340	0.337	0.334	0.331
120	0.328	0.325	0.322	0.319	0.316	0.313	0.310	0.307	0.304	0.301
130	0.299	0.296	0.293	0.290	0.288	0.285	0.282	0.280	0.277	0.275
140	0.272	0.270	0.267	0.265	0.262	0.260	0.258	0.255	0.253	0.251
150	0.248	0.246	0.244	0.242	0.240	0.237	0.235	0.233	0.231	0.229
160	0.227	0.225	0.223	0.221	0.219	0.217	0.215	0.213	0.212	0.210
170	0.208	0.206	0.204	0.203	0.201	0.199	0.197	0.196	0.194	0.192
180	0.191	0.189	0.188	0.186	0.184	0.183	0.181	0.180	0.178	0.177
190	0.176	0.174	0.173	0.171	0.170	0.168	0.167	0.166	0.164	0.163
200	0.162	—	—	—	—	—	—	—	—	—

二、压杆的稳定计算

设压杆在外荷载作用下，其轴向压力为 F，$\sigma=\frac{F}{A}$是压杆的工作应力，压杆的稳定许用应力为$[\sigma]_{st}$，则压杆的稳定条件可表示为

$$\sigma=\frac{F}{A}<[\sigma]_{st} \tag{1}$$

由式(12-15)知

$$[\sigma]_{st}=\varphi[\sigma] \tag{2}$$

把式(2)代入式(1)得压杆的稳定计算公式为

$$\sigma=\frac{F}{A}<\varphi[\sigma] \tag{12-16}$$

通常改写为

$$\sigma = \frac{F}{\varphi A} < [\sigma] \tag{12-17}$$

式中:A 为压杆的横截面面积,以毛面积进行计算;$[\sigma]$为材料的强度许用应力,在本章均按材料的抗压强度设计值取值。

稳定计算有以下三种类型问题:

(1)稳定校核问题。已知压杆的材料、杆长、截面尺寸、杆端约束条件及所受的轴向压力,先根据 $\lambda = \frac{\mu l}{i}$ 计算柔度 λ,再根据稳定系数表 12-4 ~ 表 12-7 查得 φ,代入式(12-16)进行稳定性校核。

(2)截面选择问题。已知压杆的材料、杆长、杆端约束条件及所受的轴向压力,需要进行压杆的截面尺寸设计。由于柔度 λ 或稳定系数 φ 与截面尺寸都有关系,故通常采用试算法。

(3)确定许用荷载。已知压杆的材料、杆长、截面尺寸及杆端约束条件,求压杆所能承受的许用压力值,即已知 φ、$[\sigma]$、A,代入式(12-16)很容易求得压杆所能承受的最大压力值。

【例 12-4】 如图 12-7 所示的压杆,在压杆中间沿截面 z 轴方向有横向支撑。压杆截面为焊接工字形截面,翼缘为轧制边,材料为 Q235 钢,许用应力$[\sigma]$ = 215 MPa,轴向压力 F = 500 kN。试校核该杆稳定性。

解 (1)计算该杆截面几何性质

$$A = 2 \times 0.8 \times 18 + 0.6 \times 16 = 38.4(\text{cm}^2)$$

$$I_z = \frac{1}{12} \times 0.6 \times 16^3 + 2 \times \left(\frac{1}{12} \times 18 \times 0.8^3 + 0.8 \times 18 \times 8.4^2\right) = 2\,238.5(\text{cm}^4)$$

$$I_y = \frac{1}{12} \times 16 \times 0.6^3 + 2 \times \frac{1}{12} \times 0.8 \times 18^3 = 777.9(\text{cm}^4)$$

$$i_z = \sqrt{\frac{I_z}{A}} = \sqrt{\frac{2\,238.5}{38.4}} = 7.64(\text{cm})$$

$$i_y = \sqrt{\frac{I_y}{A}} = \sqrt{\frac{777.9}{38.4}} = 4.5(\text{cm})$$

(2)计算柔度,查稳定系数,有

$$\mu l_z = 1 \times 6 = 6(\text{m}) \qquad \mu l_y = 1 \times 3 = 3(\text{m})$$

$$\lambda_z = \frac{\mu l_z}{i_z} = \frac{6 \times 10^3}{7.64 \times 10} = 78.53$$

$$\lambda_y = \frac{\mu l_y}{i_y} = \frac{3 \times 10^3}{4.5 \times 10} = 66.67$$

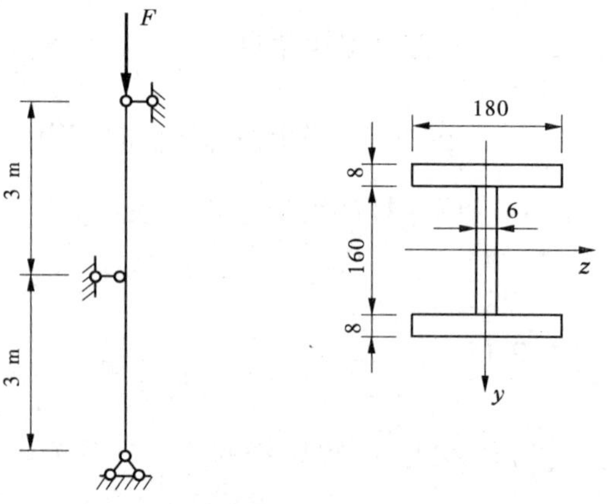

图 12-7　例 12-4 图　(单位:mm)

压杆截面的加工条件为焊接和翼缘轧制边,由表 12-2 可知,对 z 轴属 b 类,对 y 轴属 c 类。查稳定系数表 12-5 及表 12-6,经内插后得

$$\varphi_z = 0.697 \qquad \varphi_y = 0.665$$

取较小者 $\varphi_{min}=\varphi_y=0.665$。

(3)进行稳定计算。由式(12-17),得

$$\sigma=\frac{F}{\varphi A}=\frac{500\times10^3}{0.665\times38.4\times10^2}=195.8(\text{MPa})<[\sigma]=215\ \text{MPa}$$

故压杆满足稳定性要求。

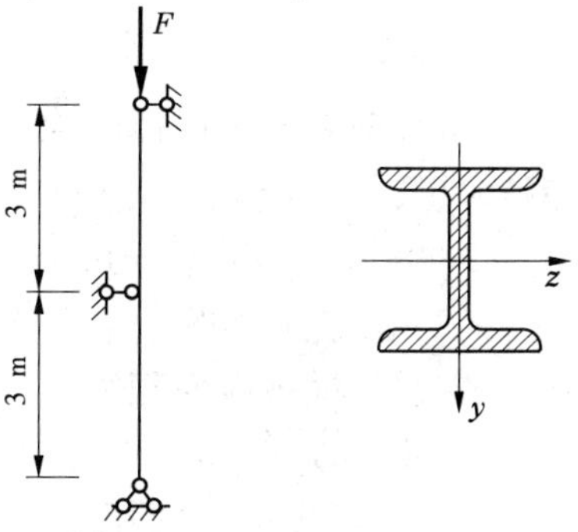

图 12-8　例 12-4 图

【例 12-5】　如图 12-8 所示工字形截面型钢压杆,在压杆中间沿截面 z 轴方向有横向支撑。压杆材料为 Q235 钢,许用应力$[\sigma]=215$ MPa,轴向压力 $F=900$ kN。试选择型钢号。

解　本例为截面选择问题,应采用试算法。

(1)试选工字钢型号。

先按稳定条件选择工字钢型号。在选择截面时,由于 $\lambda=\frac{\mu l}{i}$无法计算,相应的稳定系数 φ 无法确定,故只能先假设一个 φ 值进行计算。

先设 $\varphi=0.5$,则由式(12-16)可得

$$A\geqslant\frac{F}{\varphi[\sigma]}=\frac{900\times10^3}{0.5\times215\times10^6}=8.37\times10^{-3}(\text{m}^2)=83.7\ \text{cm}^2$$

由型钢表选择 36c 号工字钢,其几何性质为

$A=90.880\ \text{cm}^2$　　$i_z=13.8$ cm　　$i_y=2.60$ cm　　$b=140$ mm　　$h=360$ mm

(2)稳定性校核。

$$\mu l_z=1\times6=6(\text{m})\qquad \mu l_y=1\times3=3(\text{m})$$

$$\lambda_z=\frac{\mu l_z}{i_z}=\frac{6\times10^3}{13.8\times10}=43.5\qquad \lambda_y=\frac{\mu l_y}{i_y}=\frac{3\times10^3}{2.60\times10}=115.4$$

因$\frac{b}{h}=\frac{140}{300}=0.467<0.8$,故由表 12-2 可知,对 z 轴属 a 类,对 y 轴属 b 类。查稳定系数表 12-4 及表 12-5,经内插后得

$$\varphi_z=0.932\qquad \varphi_y=0.462$$

取较小者 $\varphi_{min}=\varphi_y=0.462$。

校核压杆稳定性。由式(12-17),得

$$\sigma=\frac{F}{\varphi A}=\frac{900\times10^3}{0.462\times90.880\times10^2}=214.4(\text{MPa})<[\sigma]=215\ \text{MPa}$$

稳定性满足要求。

【例 12-6】　如图 12-9 所示某重型起重机的支柱为 4 个截面相同的等边角钢组成的四肢格构式压杆,其截面如图所示。支柱高度 $l=8$ m,两端按实际情况简化为球形铰。压杆材料为 Q235 钢,许用应力$[\sigma]=215$ MPa,承受的轴向最大压力 $F_{max}=200$ kN。设计中截面宽度保证 $a=40$ cm,试选择型钢号。

解　本例为截面选择问题,应采用试算法。

(1)试选角钢型号。

先设 $\varphi=0.7$，则由式(12-16)可得

$$A \geqslant \frac{F_{max}}{\varphi[\sigma]}=\frac{200\times10^3}{0.7\times215\times10^6}=1.329\times10^{-3}(m^2)$$

单肢角钢的截面面积为

$$A_1=\frac{1}{4}A=\frac{1}{4}\times1.329\times10^{-3}\times10^4=3.32(cm^2)$$

由型钢表初步选择∟ 45×45×4(4 个等边角钢)，其几何性质为

$A_1=3.486\ cm^2$　　$I_{y1}=6.65\ cm^4$　　$z_0=1.26\ cm$

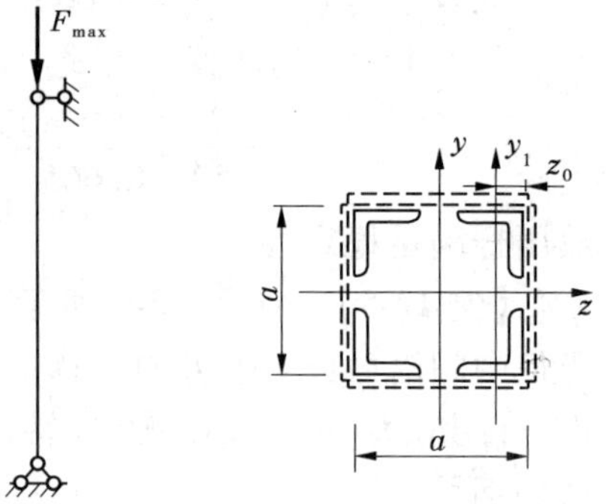

图 12-9　例 12-6 图

(2)稳定性校核。

支柱的横截面面积为

$$A=4A_1=4\times3.486=13.944\ (cm^2)$$

$$I_z=I_y=4(I_y)_1=4\times\left[6.65+3.486\times\left(\frac{40}{2}-1.26\right)^2\right]=4\times1\ 230.89(cm^4)$$
$$=4\times(1\ 230.89\times10^{-8})\ m^4$$

故

$$i_z=i_y=\sqrt{\frac{I_y}{A}}=\sqrt{\frac{4(I_y)_1}{4A_1}}=\sqrt{\frac{1\ 230.89\times10^{-8}}{3.486\times10^{-4}}}=18.79\times10^{-2}(m)=18.79\ cm$$

$$\lambda_z=\lambda_y=\frac{\mu l_z}{i_z}=\frac{1\times8\times10^2}{18.79}=42.58$$

由《钢结构设计规范》(GB 50017—2003)中截面分类表可知：格构式组合柱对 z 轴、y 轴均属 b 类。查稳定系数表 12-5，经内插后得

$$\varphi=0.889$$

校核压杆稳定性，由式(12-17)，得

$$\sigma=\frac{F}{\varphi A}=\frac{200\times10^3}{0.889\times13.944\times10^2}=161.3\ MPa<[\sigma]=215\ MPa$$

稳定性满足，但显得过于富裕。

(3)重选角钢，再进行稳定性校核。

再设 $\varphi=0.889$，则按式(12-16)可得

$$A\geqslant\frac{F_{max}}{\varphi[\sigma]}=\frac{200\times10^3}{0.889\times215\times10^6}=1.046\times10^{-3}(m^2)$$

单肢角钢的截面面积为

$$A_1=\frac{1}{4}A=\frac{1}{4}\times1.046\times10^{-3}=0.261\ 5\times10^{-3}(m^2)=2.615\ cm^2$$

由型钢表初步选择∟ 45×45×3(4 个等边角钢)，其几何性质为

$$A_1=2.659\ cm^2\qquad I_{y1}=5.17\ cm^4\qquad z_0=1.22\ cm$$

$$(I_y)_1=5.17+2.659\times\left(\frac{40}{2}-1.22\right)^2=942.97(cm^4)=942.97\times10^{-8}m^4$$

$$i_z=i_y=\sqrt{\frac{(I_y)_1}{A_1}}=\sqrt{\frac{942.97\times10^{-8}}{2.659\times10^{-4}}}=18.83\times10^{-2}(m)=18.83\ cm$$

$$\lambda_z = \lambda_y = \frac{\mu l_z}{i_z} = \frac{1 \times 8 \times 10^2}{18.83} = 42.5$$

查稳定系数表12-5，经内插后得

$$\varphi = 0.889$$

校核压杆稳定性，由式(12-17)，得

$$\sigma = \frac{F}{\varphi A} = \frac{200 \times 10^3}{0.889 \times 4 \times 2.659 \times 10^2} = 211.5(\text{MPa}) < [\sigma] = 215\ \text{MPa}$$

稳定性满足，故用∟ 45×45×3 截面比选择∟ 45×45×4 截面更经济、更合适。

第五节　提高压杆稳定性的措施

由本章内容可知，对于具有大、中柔度的压杆，在轴心压力达到某一极限值时，破坏的标志是“丧失稳定”（简称失稳）。因此，可以把压杆的临界力理解为“稳定破坏荷载”。我们所谈到的提高稳定性的问题，不外乎就是如何设法提高压杆的临界力或临界应力值。

从压杆的临界力和临界应力计算公式可知，影响压杆临界力的因素可归纳为两个方面：一是压杆材料的特征值（如 E、a、b、σ_s 等）；二是压杆的柔度 λ，由 $\lambda = \frac{\mu l}{i}$ 可知，影响 λ 的因素有压杆的自身几何尺寸（如 A、I、l 等）以及两端支承约束方式。下面分别讨论根据这些因素提高压杆的稳定性应采取的一些措施。

一、合理地选用材料

对于大柔度压杆，由式 $F_{cr} = \frac{\pi^2 EI}{(\mu l)^2}$、$\sigma_{cr} = \frac{\pi^2 E}{\lambda^2}$ 可以看出，临界力或临界应力与材料的弹性模量 E 值有关。选用 E 值较高的材料，可以达到提高细长压杆临界力的目的。但是，在此要指出一个事实，就钢材而言，各种碳素结构钢和高强低合金钢的弹性模量 E 值相差不大，一般为200～210 MPa。所以，即使选用高强度钢，因 E 值变化不大，对细长压杆来说，也无助于稳定性的明显改善，反而增加了造价，实属浪费。

对中等柔度压杆，由于当采用直线公式计算临界应力时，a 和 b 是与材料性质有关的常数。优质钢材的 a 值较高，因此强度越高的材料其相应的临界应力 σ_{cr} 也越高，考虑面积因素后，临界力也越高。可见，对中等柔度压杆，选用高强钢材，将有助于提高压杆的稳定性。

对于粗短的小柔度压杆，本质就是强度问题，不存在失稳破坏，自然选用高强钢材就可提高承载力，其优越性是不言而喻的。

二、适当降低柔度

由 $\sigma_{cr} = \frac{\pi^2 E}{\lambda^2}$ 可知，柔度 λ 越小，临界应力 σ_{cr} 越高，压杆的稳定性越好。为适当降低柔度，可以从以下几个方面考虑。

(一)选择合理的截面形状

由 $\lambda=\frac{\mu l}{i}$ 可知,惯性半径 i 越大,λ 越小,而 $i=\sqrt{\frac{I}{A}}$,在截面面积 A 一定的情况下,惯性矩 I 越大越能使惯性半径 i 增大。又因为压杆的临界力 F_{cr} 与惯性矩 I 成正比,所以在一定的截面面积下,应该尽量选择较为展开的截面形状,使材料分布在尽量远离中性轴的位置,以期取得较大惯性矩 I 值。

基于这种考虑,工程中许多受压杆件都采用空心环形截面或箱形截面(见图 12-10(b))。显然,它们在截面面积相同的条件下,比实心圆或矩形截面优越(见图 12-10(a))。当采用型钢截面时,由于型钢尺寸的限制,当所受的压力荷载较大时,常采用型钢组合截面。但是,使用 4 个角钢拼接成十字形截面方案(见图 12-10(c)),显然就不如用 4 个角钢拼接成箱形方案(见图 12-10(d))。

此外,当压杆两端在两个相互垂直的主轴平面内有相同的约束条件时,应尽可能使得截面在两个方向的惯性矩相等,即 $I_z=I_y$,使压杆在两个方向有相同的抗失稳能力,即所谓"等稳定度"要求。基于这种考虑,工程中压杆多采用圆形或正方形截面。在组合截面中也应采取措施使得 $I_z=I_y$。

例如,当用两个槽钢组合成受压柱时(见图 12-11),一般都采用图 12-11(b)、(c)方 案。因图 12-11(a)方案两槽钢通过垫板焊接成工字截面,I_z 和 I_y 相差悬殊,对 z 和 y 轴的抗失稳能力也因此相差过大,压杆首先在 $I_{min}=I_y$ 的主平面内失稳。图 12-11(b)、(c)方案将肢背之间拉开一段适当距离,然后在上下两肢处用横向的缀件连接,形成"格构柱",这种形式较优越。

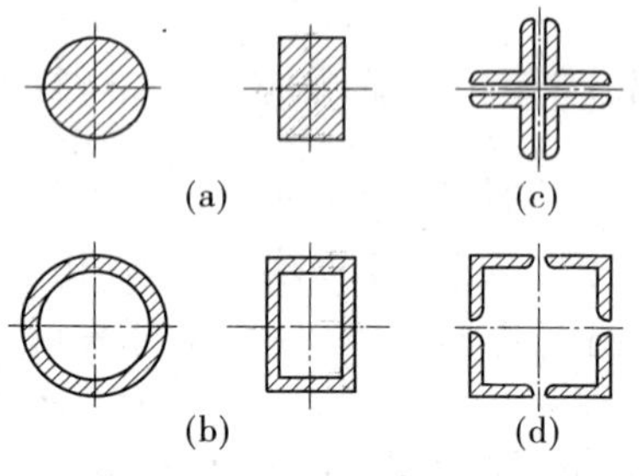

图 12-10　不同截面的受压杆

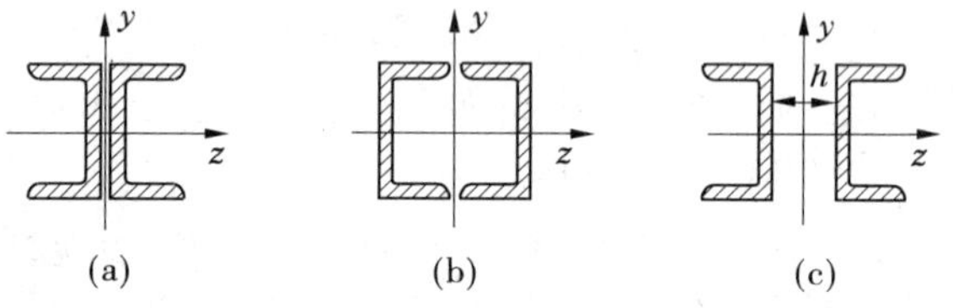

图 12-11　两个槽钢组合的不同截面受压柱

(二)减小压杆的长度

临界力 F_{cr} 与杆长 l 的平方成反比,柔度 λ 与杆长 l 成正比,因此在不影响使用功能的条件下,尽可能减小压杆的长度,可以明显提高其临界力,从而有效地提高压杆的稳定性。若在使用上不允许减小其长度,则可以应用增加中间侧向支撑的方法来达到提高压杆稳定性的目的。

(三)增强杆端支承情况

从压杆的临界力 F_{cr} 的计算公式可知,F_{cr} 与长度系数 μ 的平方成反比。而杆端的约束类型又决定着长度系数 μ 值。约束的刚性越强,则相应的 μ 值越小,随之 F_{cr} 值也越大。所以，在实际工程中可以用增加约束的刚性来达到提高稳定性的目的。

小　结

(1)本章主要研究杆件在轴向压力作用下的稳定问题及稳定条件的计算，要准确地理解压杆稳定的概念，正确地使用不同柔度压杆的临界应力的计算公式。

(2)解决压杆稳定问题的关键在于确定压杆的临界力及临界应力。对于不同柔度压杆，其计算公式分别为：

①大柔度压杆($\lambda \geq \lambda_p$)，用欧拉公式计算压杆的临界力及临界应力，其公式为

$$F_{cr} = \frac{\pi^2 EI}{(\mu l)^2} = \frac{\pi^2 EI}{l_0^2}$$

$$\sigma_{cr} = \frac{\pi^2 E}{\lambda^2}$$

式中：λ 为压杆的柔度(或长细比)，$\lambda = \frac{\mu l}{i}$。

②中柔度压杆($\lambda_s \leq \lambda < \lambda_p$)，用直线、抛物线等经验公式计算压杆临界应力，其公式为

$$\sigma_{cr} = a - b\lambda$$

$$\sigma_{cr} = a_1 - b_1\lambda^2$$

③小柔度杆($\lambda < \lambda_s$)，这时已不是稳定破坏，而由强度条件控制，其临界应力为

$$\sigma_{cr} = \sigma_s$$

(3)压杆的稳定条件和强度条件一样，都是保证构件安全工作的基本条件。利用稳定条件可以解决以下三类问题：

①稳定校核

$$\sigma = \frac{F}{A} \leq \varphi[\sigma]$$

②选择截面

$$A \geq \frac{F}{\varphi[\sigma]}$$

③确定许用荷载

$$F \leq \varphi A[\sigma]$$

思考题

12-1　构件的强度、刚度和稳定性有什么区别？

12-2　为什么要研究压杆的稳定性？在设计细长压杆时，如果只考虑强度而不考虑稳定性，是偏于安全还是偏于不安全？

12-3　如何区分压杆的稳定平衡和不稳定平衡？

12-4　何谓压杆失稳？压杆的失稳与弯曲变形有何区别和联系？

12-5　为什么直杆受轴向压力作用有失稳问题，而受轴向拉力作用就无失稳问题？

12-6　什么是临界力和临界应力？二者有什么区别？

12-7　何谓压杆的柔度？影响柔度的因素有哪些？柔度对临界应力有什么影响？

12-8　欧拉公式的适用范围是什么？对非大柔度杆如何计算临界应力？

12-9　什么是稳定系数？它随哪些因素变化？

12-10　提高压杆稳定性的措施有哪些？

习　题

12-1　试用欧拉公式计算一根直径 $d=200$ mm 的轴向受压圆截面木柱的临界力及临界应力。已知柱高 $l=3.5$ m，弹性模量 $E=10$ GPa。支承情况分别如下：

(1)两端铰支；

(2)一端固定，一端自由。

12-2　两端铰支的 32a 号工字钢(Q235 钢)压杆，已知杆长 $l=6$ m，材料的弹性模量 $E=200$ GPa。试用欧拉公式求此压杆的临界力。

12-3　设如图 12-12 所示压杆材料为 Q235 钢，弹性模量 $E=200$ GPa，屈服极限 $\sigma_s=235$ MPa，判断柔度 $\lambda_p=100$，$\lambda_s=61.6$。压杆长度为 $l=2$ m，横截面为矩形 $b\times h=60$ mm $\times 80$ mm，杆端约束示意图为：在正视图(图 12-12(a))的平面内相当于铰支；在俯视图(图 12-12(b))的平面内为弹性固定，采用 $\mu=0.8$。试判断压杆类型并求该杆临界力。

12-4　一端固定、一端铰支的矩形截面压杆，采用松木制成。已知杆长 $l=4$ m，横截面为 $b\times h=100$ mm $\times 150$ mm，材料的弹性模量 $E=10$ GPa，$\lambda_p=110$。试求此压杆的临界力。

12-5　一根用 28a 号工字钢(Q235 钢)制成的立柱，上端自由，下端固定，柱高 $l=2$ m，轴向压力 $F=300$ kN，材料的许用应力 $[\sigma]=215$ MPa，试校核立柱的稳定性。

12-6　图 12-13 所示结构中，横梁 AB 由 14 号工字钢制成，材料强度许用应力 $[\sigma]=160$ MPa，B 端承受的荷载 $F=12$ kN；CD 杆为 Q235 轧制钢管，其抗压强度值 $[\sigma]=215$ MPa，管内径 $d=26$ mm，管外径 $D=36$ mm。试对结构进行强度与稳定校核。

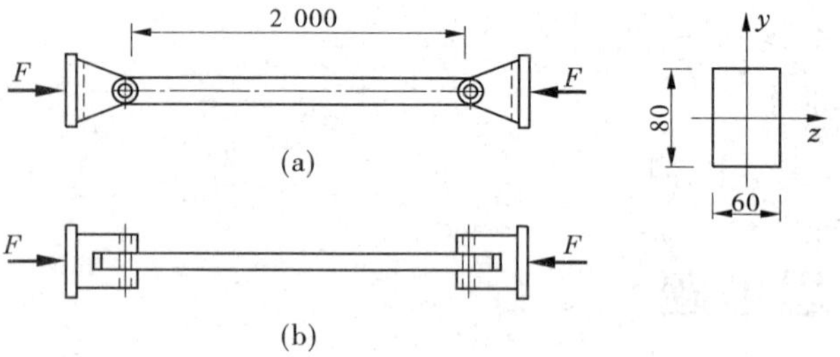

图 12-12　习题 12-3 图　(单位:mm)

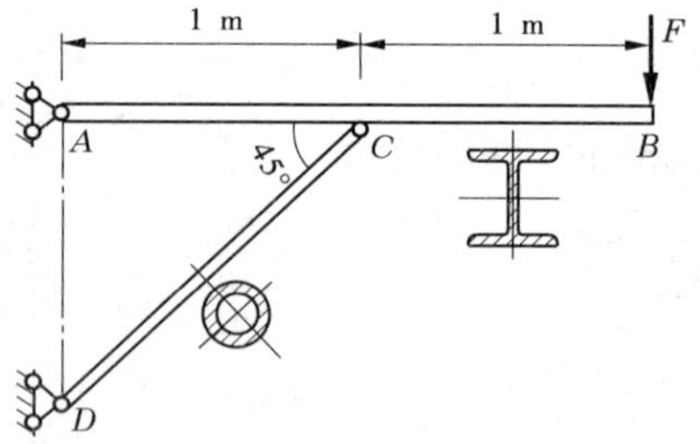

图 12-13　习题 12-6 图

12-7　一根用 25a 号工字钢(Q235 钢)制成的立柱，两端铰支，柱高 $l=4$ m，材料的许用应力 $[\sigma]=215$ MPa，试求立柱所能承担的最大压力 F_{max}。

12-8　图 12-14 所示两端铰支薄壁轧制钢管柱，材料为 Q235 钢，许用应力 $[\sigma]=215$ MPa，压力 $F=160$ kN，柱高 $l=3$ m，平均半径 $R=50$ mm。试求钢管壁厚 δ。

12-9　图 12-15 所示压杆一端固定，一端自由，杆长 $l=1.5$ m，由两根 14 号槽钢组成，材料为 Q235 钢，按 b 类截面考虑，许用应力 $[\sigma]=215$ MPa。现使 $I_{max}=I_{min}$，试求：

(1) 槽钢间距 h 的最小值；

(2) 压杆所能承担的最大荷载。

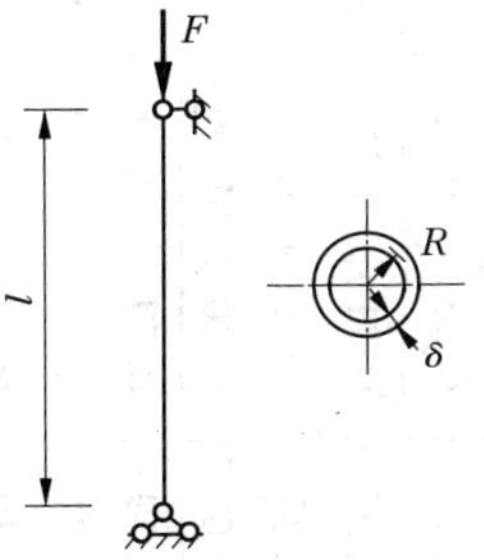

图 12-14　习题 12-8 图

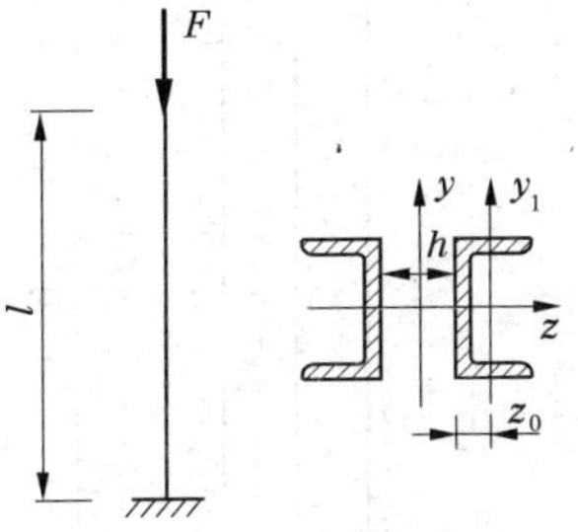

图 12-15　习题 12-9 图

附录　型钢规格表

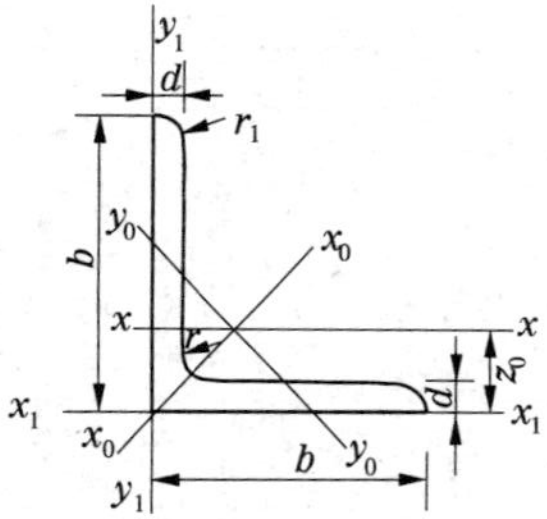

附表 1　热轧等边角钢(GB 9787—88)

符号意义：

b——边宽度；　　I——惯性矩；

d——边厚度；　　i——惯性半径；

r——内圆弧半径；　　W——弯曲截面系数；

r_1——边端内圆弧半径；　　z_0——重心距离。

角钢号数	尺寸(mm)			截面面积	理论质量	外表面积	参考数值										
							x—x			x_0—x_0			y_0—y_0			x_1—x_1	z_0 (cm)
	b	d	r	(cm^2)	(kg/m)	(m^2/m)	I_x (cm^4)	i_x (cm)	W_x (cm^3)	I_{x_0} (cm^4)	i_{x_0} (cm)	W_{x_0} (cm^3)	I_{y_0} (cm^4)	i_{y_0} (cm)	W_{y_0} (cm^3)	I_{x_1} (cm^4)	
2	20	3	3.5	1.132	0.889	0.078	0.40	0.59	0.29	0.63	0.75	0.45	0.17	0.39	0.20	0.81	0.60
		4		1.459	1.145	0.077	0.50	0.58	0.36	0.78	0.73	0.55	0.22	0.38	0.24	1.09	0.64
2.5	25	3		1.432	1.124	0.098	0.82	0.76	0.46	1.29	0.95	0.73	0.34	0.49	0.33	1.57	0.73
		4		1.859	1.459	0.097	1.03	0.74	0.59	1.62	0.93	0.92	0.43	0.48	0.40	2.11	0.76
3.0	30	3	4.5	1.749	1.373	0.117	1.46	0.91	0.68	2.31	1.15	1.09	0.61	0.59	0.51	2.71	0.85
		4		2.276	1.786	0.117	1.84	0.90	0.87	2.92	1.13	1.37	0.77	0.58	0.62	3.63	0.89
3.6	36	3		2.109	1.656	0.141	2.58	1.11	0.99	4.09	1.39	1.61	1.07	0.71	0.76	4.68	1.00
		4		2.756	2.163	0.141	3.29	1.09	1.28	5.22	1.38	2.05	1.37	0.70	0.93	6.25	1.04
		5		3.382	2.654	0.141	3.95	1.08	1.56	6.24	1.36	2.45	1.65	0.70	1.09	7.84	1.07
4.0	40	3	5	2.359	1.852	0.157	3.59	1.23	1.23	5.69	1.55	2.01	1.49	0.79	0.96	6.41	1.09
		4		3.086	2.422	0.157	4.60	1.22	1.60	7.29	1.54	2.58	1.91	0.79	1.19	8.56	1.13
		5		3.791	2.976	0.156	5.53	1.21	1.96	8.76	1.52	3.01	2.30	0.78	1.39	10.74	1.17
4.5	45	3		2.659	2.088	0.177	5.17	1.40	1.58	8.20	1.76	2.58	2.14	0.90	1.24	9.12	1.22
		4		3.486	2.736	0.177	6.65	1.38	2.05	10.56	1.74	3.32	2.75	0.89	1.54	12.18	1.26
		5		4.292	3.369	0.176	8.04	1.37	2.51	12.74	1.72	4.00	3.33	0.88	1.81	15.25	1.30
		6		5.076	3.985	0.176	9.33	1.36	2.95	14.76	1.70	4.64	3.89	0.88	2.06	18.36	1.33

续附表 1

角钢号数	尺寸(mm)			截面面积 (cm²)	理论质量 (kg/m)	外表面积 (m²/m)	参考数值										
							$x—x$			$x_0—x_0$			$y_0—y_0$			$x_1—x_1$	z_0 (cm)
	b	d	r				I_x (cm⁴)	i_x (cm)	W_x (cm³)	I_{x_0} (cm⁴)	i_{x_0} (cm)	W_{x_0} (cm³)	I_{y_0} (cm⁴)	i_{y_0} (cm)	W_{y_0} (cm³)	I_{x_1} (cm⁴)	
5	50	3	5.5	2.971	2.332	0.197	7.18	1.55	1.96	11.37	1.96	3.22	2.98	1.00	1.57	12.50	1.34
		4		3.897	3.059	0.197	9.26	1.54	2.56	14.70	1.94	4.16	3.82	0.99	1.96	16.69	1.38
		5		4.803	3.770	0.196	11.21	1.53	3.13	17.79	1.92	5.03	4.64	0.98	2.31	20.90	1.42
		6		5.688	4.465	0.196	13.05	1.52	3.68	20.68	1.91	5.85	5.42	0.98	2.63	25.14	1.46
5.6	56	3	6	3.343	2.624	0.221	10.19	1.75	2.48	16.14	2.20	4.08	4.24	1.13	2.02	17.56	1.48
		4		4.390	3.446	0.220	13.18	1.73	3.24	20.92	2.18	5.28	5.46	1.11	2.52	23.43	1.53
		5		5.415	4.251	0.220	16.02	1.72	3.97	25.42	2.17	6.42	6.61	1.10	2.98	29.33	1.57
		8	7	8.367	6.568	0.219	23.63	1.68	6.03	37.37	2.11	9.44	9.89	1.09	4.16	47.24	1.68
6.3	63	4	7	4.978	3.907	0.248	19.03	1.96	4.13	30.17	2.46	6.78	7.89	1.26	3.29	33.35	1.70
		5		6.143	4.822	0.248	23.17	1.94	5.08	36.77	2.45	8.25	9.57	1.25	3.90	41.73	1.74
		6		7.288	5.721	0.247	27.12	1.93	6.00	43.03	2.43	9.66	11.20	1.24	4.46	50.14	1.78
		8		9.515	7.468	0.247	34.46	1.90	7.75	54.56	2.40	12.25	14.33	1.23	5.47	67.11	1.85
		10		11.657	9.151	0.246	41.09	1.88	9.39	64.85	2.36	14.56	17.33	1.22	6.36	84.31	1.93
7	70	4	8	5.570	4.372	0.275	26.39	2.18	5.14	41.80	2.74	8.44	10.99	1.40	4.17	45.74	1.86
		5		6.875	5.397	0.275	32.21	2.16	6.32	51.08	2.73	10.32	13.34	1.39	4.95	57.21	1.91
		6		8.160	6.406	0.275	37.77	2.15	7.48	59.93	2.71	12.11	15.61	1.38	5.67	68.73	1.95
		7		9.424	7.398	0.275	43.09	2.14	8.59	68.35	2.69	13.81	17.82	1.38	6.34	80.29	1.99
		8		10.667	8.373	0.274	48.17	2.12	9.68	76.37	2.68	15.43	19.98	1.37	6.98	91.92	2.03
7.5	75	5	9	7.367	5.818	0.295	39.97	2.33	7.32	63.30	2.92	11.94	16.63	1.50	5.77	70.56	2.04
		6		8.797	6.905	0.294	46.95	2.31	8.64	74.38	2.90	14.02	19.51	1.49	6.67	84.55	2.07
		7		10.160	7.976	0.294	53.57	2.30	9.93	84.96	2.89	16.02	22.18	1.48	7.44	98.71	2.11
		8		11.503	9.030	0.294	59.96	2.28	11.20	95.07	2.88	17.93	24.86	1.47	8.19	112.97	2.15
		10		14.126	11.089	0.293	71.98	2.26	13.64	113.92	2.84	21.48	30.05	1.46	9.56	141.71	2.22

续附表 1

角钢号数	尺寸(mm)			截面面积	理论质量	外表面积	参考数值										
							x—x			x_0—x_0			y_0—y_0			x_1—x_1	z_0 (cm)
	b	d	r	(cm^2)	(kg/m)	(m^2/m)	I_x (cm^4)	i_x (cm)	W_x (cm^3)	I_{x_0} (cm^4)	i_{x_0} (cm)	W_{x_0} (cm^3)	I_{y_0} (cm^4)	i_{y_0} (cm)	W_{y_0} (cm^3)	I_{x_1} (cm^4)	
8	80	5	9	7. 912	6. 211	0. 315	48. 79	2. 48	8. 34	77. 33	3. 13	13. 67	20. 25	1. 60	6. 66	85. 36	2. 15
		6		9. 397	7. 376	0. 314	57. 35	2. 47	9. 87	90. 89	3. 11	16. 08	23. 72	1. 59	7. 65	102. 50	2. 19
		7		10. 860	8. 525	0. 314	65. 58	2. 46	11. 37	104. 07	3. 10	18. 40	27. 09	1. 58	8. 58	119. 70	2. 23
		8		12. 303	9. 658	0. 314	73. 49	2. 44	12. 83	116. 60	3. 08	20. 61	30. 39	1. 57	9. 46	136. 97	2. 27
		10		15. 126	11. 874	0. 313	88. 43	2. 42	15. 64	140. 09	3. 04	24. 76	36. 77	1. 56	11. 08	171. 74	2. 35
9	90	6	10	10. 637	8. 350	0. 354	82. 77	2. 79	12. 61	131. 26	3. 51	20. 63	34. 28	1. 80	9. 95	145. 87	2. 44
		7		12. 301	9. 656	0. 354	94. 83	2. 78	14. 54	150. 47	3. 50	23. 64	39. 18	1. 78	11. 19	170. 30	2. 48
		8		13. 944	10. 946	0. 353	106. 47	2. 76	16. 42	168. 97	3. 48	26. 55	43. 97	1. 78	12. 35	194. 80	2. 52
		10		17. 167	13. 476	0. 353	128. 58	2. 74	20. 07	203. 90	3. 45	32. 04	53. 26	1. 76	14. 52	244. 07	2. 59
		12		20. 306	15. 940	0. 352	149. 22	2. 71	23. 57	236. 21	3. 41	37. 12	62. 22	1. 75	16. 49	293. 76	2. 67
10	100	6	12	11. 932	9. 366	0. 393	114. 95	3. 10	15. 68	181. 98	3. 90	25. 74	47. 92	2. 00	12. 69	200. 07	2. 67
		7		13. 796	10. 830	0. 393	131. 86	3. 09	18. 10	208. 97	3. 89	29. 55	54. 74	1. 99	14. 26	233. 54	2. 71
		8		15. 638	12. 276	0. 393	148. 24	3. 08	20. 47	235. 07	3. 88	33. 24	61. 41	1. 98	15. 75	267. 09	2. 76
		10		19. 261	15. 120	0. 392	179. 51	3. 05	25. 06	284. 68	3. 84	40. 26	74. 35	1. 96	18. 54	334. 48	2. 84
		12		22. 800	17. 898	0. 391	208. 90	3. 03	29. 48	330. 95	3. 81	46. 80	86. 84	1. 95	21. 08	402. 34	2. 91
		14		26. 256	20. 611	0. 391	236. 53	3. 00	33. 73	374. 06	3. 77	52. 90	99. 00	1. 94	23. 44	470. 75	2. 99
		16		29. 627	23. 257	0. 390	262. 53	2. 98	37. 82	414. 16	3. 74	58. 57	110. 89	1. 94	25. 63	539. 80	3. 06
11	110	7	12	15. 196	11. 928	0. 433	177. 16	3. 41	22. 05	280. 94	4. 30	36. 12	73. 38	2. 20	17. 51	310. 64	2. 96
		8		17. 238	13. 532	0. 433	199. 46	3. 40	24. 95	316. 49	4. 28	40. 69	82. 42	2. 19	19. 39	355. 20	3. 01
		10		21. 261	16. 690	0. 432	242. 19	3. 38	30. 60	384. 39	4. 25	49. 42	99. 98	2. 17	22. 91	444. 65	3. 09
		12		25. 200	19. 782	0. 431	282. 55	3. 35	36. 08	448. 17	4. 22	57. 62	116. 93	2. 15	26. 15	534. 60	3. 16
		14		29. 056	22. 809	0. 431	320. 71	3. 32	41. 31	508. 01	4. 18	65. 31	133. 40	2. 14	29. 14	625. 16	3. 24

续附表 1

角钢号数	尺寸(mm)			截面面积	理论质量	外表面积	参考数值										
							x—x			x_0—x_0			y_0—y_0			x_1—x_1	z_0 (cm)
	b	d	r	(cm^2)	(kg/m)	(m^2/m)	I_x (cm^4)	i_x (cm)	W_x (cm^3)	I_{x_0} (cm^4)	i_{x_0} (cm)	W_{x_0} (cm^3)	I_{y_0} (cm^4)	i_{y_0} (cm)	W_{y_0} (cm^3)	I_{x_1} (cm^4)	
12.5	125	8	14	19.750	15.504	0.492	297.03	3.88	32.52	470.89	4.88	53.28	123.16	2.50	25.86	521.01	3.37
		10		24.373	19.133	0.491	361.67	3.85	39.97	573.89	4.85	64.93	149.46	2.48	30.62	651.93	3.45
		12		28.912	22.696	0.491	423.16	3.83	41.17	671.44	4.82	75.96	174.88	2.46	35.03	783.42	3.53
		14		33.367	26.193	0.490	481.65	3.80	54.16	763.73	4.78	86.41	199.57	2.45	39.13	915.61	3.61
14	140	10		27.373	21.488	0.551	514.65	4.34	50.58	817.27	5.46	82.56	212.04	2.78	39.20	915.11	3.82
		12		32.512	25.522	0.551	603.68	4.31	59.80	958.79	5.43	96.85	248.57	2.76	45.02	1 099.28	3.90
		14		37.567	29.490	0.550	688.81	4.28	68.75	1 093.56	5.40	110.47	284.06	2.75	50.45	1 284.22	3.98
		16		42.539	33.393	0.549	770.24	4.26	77.46	1 221.81	5.36	123.42	318.67	2.74	55.55	1 470.07	4.06
16	160	10	16	31.502	24.729	0.630	779.53	4.98	66.70	1 237.30	6.27	109.36	321.76	3.20	52.76	1 365.33	4.31
		12		37.411	29.391	0.630	916.58	4.95	78.98	1 455.68	6.24	128.67	377.49	3.18	60.74	1 639.57	4.39
		14		43.296	33.987	0.629	1 048.36	4.92	90.95	1 665.02	6.20	147.17	431.70	3.16	68.24	1 914.68	4.47
		16		49.067	38.518	0.629	1 175.08	4.89	102.63	1 865.57	6.17	164.89	484.59	3.14	75.31	2 190.82	4.55
18	180	12		42.241	33.159	0.710	1 321.35	5.59	100.82	2 100.10	7.05	165.00	542.61	3.58	78.41	2 332.80	4.89
		14		48.896	38.388	0.709	1 514.48	5.56	116.25	2 407.42	7.02	189.14	625.53	3.56	88.38	2 723.48	4.97
		16		55.467	43.542	0.709	1 700.99	5.54	131.13	2 703.37	6.98	212.40	698.60	3.55	97.83	3 115.29	5.05
		18		61.955	48.634	0.708	1 875.12	5.50	145.64	2 988.24	6.94	234.78	762.01	3.51	105.14	3 502.43	5.13
20	200	14	18	54.642	42.894	0.788	2 103.55	6.20	144.70	3 343.26	7.82	236.40	863.83	3.98	111.82	3 734.10	5.46
		16		62.013	48.680	0.788	2 366.15	6.18	163.65	3 760.89	7.79	265.93	971.41	3.96	123.96	4 270.39	5.54
		18		69.301	54.401	0.787	2 620.64	6.15	182.22	4 164.54	7.75	294.48	1 076.74	3.94	135.52	4 808.13	5.62
		20		76.505	60.056	0.787	2 867.30	6.12	200.42	4 554.55	7.72	322.06	1 180.04	3.93	146.55	5 347.51	5.69
		24		90.661	71.168	0.785	3 338.25	6.07	236.17	5 294.97	7.64	374.41	1 381.53	3.90	166.55	6 457.16	5.87

注:截面图中的 $r_1 = d/3$ 及表中 r 值的数据用于孔型设计,不作为交货条件。

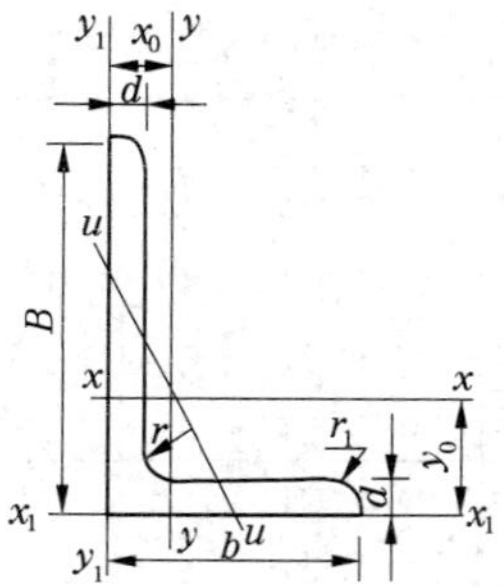

附表 2　热轧不等边角钢(GB 9788—88)

符号意义：

B——长边宽度；　b——短边宽度；

d——边厚度；　r——内圆弧半径；

r_1——边端内圆弧半径；　I——惯性矩；

i——惯性半径；　W——弯曲截面系数；

x_0——形心坐标；　y_0——形心坐标。

角钢号数	尺寸(mm)				截面面积	理论质量	外表面积	参考数值													
								x—x			y—y			x_1—x_1		y_1—y_1		u—u			
	B	b	d	r	(cm^2)	(kg/m)	(m^2/m)	I_x (cm^4)	i_x (cm)	W_x (cm^3)	I_y (cm^4)	i_y (cm)	W_y (cm^3)	I_{x1} (cm^4)	y_0 (cm)	I_{y1} (cm^4)	x_0 (cm)	I_u (cm^4)	i_u (cm)	W_u (cm^3)	tanα
2.5/1.6	25	16	3	3.5	1.162	0.912	0.080	0.70	0.78	0.43	0.22	0.44	0.19	1.56	0.86	0.43	0.42	0.14	0.34	0.16	0.392
			4		1.499	1.176	0.079	0.88	0.77	0.55	0.27	0.43	0.24	2.09	0.90	0.59	0.46	0.17	0.34	0.20	0.381
3.2/2	32	20	3		1.492	1.171	0.102	1.53	1.01	0.72	0.46	0.55	0.30	3.27	1.08	0.82	0.49	0.28	0.43	0.25	0.382
			4		1.939	1.522	0.101	1.93	1.00	0.93	0.57	0.54	0.39	4.37	1.12	1.12	0.53	0.35	0.42	0.32	0.374
4/2.5	40	25	3	4	1.890	1.484	0.127	3.08	1.28	1.15	0.93	0.70	0.49	6.39	1.32	1.59	0.59	0.56	0.54	0.40	0.386
			4		2.467	1.936	0.127	3.93	1.26	1.49	1.18	0.69	0.63	8.53	1.37	2.14	0.63	0.71	0.54	0.52	0.381
4.5/2.8	45	28	3	5	2.149	1.687	0.143	4.45	1.44	1.47	1.34	0.79	0.62	9.10	1.47	2.23	0.64	0.80	0.61	0.51	0.383
			4		2.806	2.203	0.143	5.69	1.42	1.91	1.70	0.78	0.80	12.13	1.51	3.00	0.68	1.02	0.60	0.66	0.380
5/3.2	50	32	3	5.5	2.431	1.908	0.161	6.24	1.60	1.84	2.02	0.91	0.82	12.49	1.60	3.31	0.73	1.20	0.70	0.68	0.404
			4		3.177	2.494	0.160	8.02	1.59	2.39	2.58	0.90	1.06	16.65	1.65	4.45	0.77	1.53	0.69	0.87	0.402
5.6/3.6	56	36	3	6	2.743	2.153	0.181	8.88	1.80	2.32	2.92	1.03	1.05	17.54	1.78	4.70	0.80	1.73	0.79	0.87	0.408
			4		3.590	2.818	0.180	11.45	1.79	3.03	3.76	1.02	1.37	23.39	1.82	6.33	0.85	2.23	0.79	1.13	0.408
			5		4.415	3.466	0.180	13.86	1.77	3.71	4.49	1.01	1.65	29.25	1.87	7.94	0.88	2.67	0.78	1.36	0.404
6.3/4	63	40	4	7	4.058	3.185	0.202	16.49	2.02	3.87	5.23	1.14	1.70	33.30	2.04	8.63	0.92	3.12	0.88	1.40	0.398
			5		4.993	3.920	0.202	20.02	2.00	4.74	6.31	1.12	2.71	41.63	2.08	10.86	0.95	3.76	0.87	1.71	0.396
			6		5.908	4.638	0.201	23.36	1.96	5.59	7.29	1.11	2.43	49.98	2.12	13.12	0.99	4.34	0.86	1.99	0.393
			7		6.802	5.339	0.201	26.53	1.98	6.40	8.24	1.10	2.78	58.07	2.15	15.47	1.03	4.97	0.86	2.29	0.389

续附表 2

角钢号数	尺寸(mm)				截面面积	理论质量	外表面积	参考数值													
								x—x			y—y			x_1—x_1		y_1—y_1		u—u			
	B	b	d	r	(cm^2)	(kg/m)	(m^2/m)	I_x (cm^4)	i_x (cm)	W_x (cm^3)	I_y (cm^4)	i_y (cm)	W_y (cm^3)	I_{x_1} (cm^4)	y_0 (cm)	I_{y_1} (cm^4)	x_0 (cm)	I_u (cm^4)	i_u (cm)	W_u (cm^3)	$\tan\alpha$
7/4.5	70	45	4	7.5	4.547	3.570	0.226	23.17	2.26	4.86	7.55	1.29	2.17	45.92	2.24	12.26	1.02	4.40	0.98	1.77	0.410
			5		5.609	4.403	0.225	27.95	2.23	5.92	9.13	1.28	2.65	57.10	2.28	15.39	1.06	5.40	0.98	2.19	0.407
			6		6.647	5.218	0.225	32.54	2.21	6.95	10.63	1.26	3.12	68.35	2.32	18.58	1.09	6.35	0.98	2.59	0.404
			7		7.657	6.011	0.225	37.22	2.20	8.03	12.01	1.25	3.57	79.99	2.36	21.84	1.13	7.16	0.97	2.94	0.402
(7.5/5)	75	50	5	8	6.125	4.808	0.245	34.86	2.39	6.83	12.61	1.44	3.30	70.00	2.40	21.04	1.17	7.41	1.10	2.74	0.435
			6		7.260	5.699	0.245	41.12	2.38	8.12	14.70	1.42	3.88	84.30	2.44	25.37	1.21	8.54	1.08	3.19	0.435
			8		9.467	7.431	0.244	52.39	2.35	10.52	18.53	1.40	4.99	112.50	2.52	34.23	1.29	10.87	1.07	4.10	0.429
			10		11.590	9.098	0.244	62.71	2.33	12.79	21.96	1.38	6.04	140.80	2.60	43.43	1.36	13.10	1.06	4.99	0.423
8/5	80	50	5	8	6.375	5.005	0.255	41.96	2.56	7.78	12.82	1.42	3.32	85.21	2.60	21.06	1.14	7.66	1.10	2.74	0.388
			6		7.560	5.935	0.255	49.49	2.56	9.25	14.95	1.41	3.91	102.53	2.65	25.41	1.18	8.85	1.08	3.20	0.387
			7		8.724	6.848	0.255	56.16	2.54	10.58	16.95	1.39	4.48	119.33	2.69	29.82	1.21	10.18	1.08	3.70	0.384
			8		9.867	7.745	0.254	62.83	2.52	11.92	18.85	1.38	5.03	136.41	2.73	34.32	1.25	11.38	1.07	4.16	0.381
9/5.6	90	56	5	9	7.212	5.661	0.287	60.45	2.90	9.92	18.32	1.59	4.21	121.32	2.91	29.53	1.25	10.98	1.23	3.49	0.385
			6		8.557	6.717	0.286	71.03	2.88	11.74	21.42	1.58	4.96	145.59	2.95	35.58	1.29	12.90	1.23	4.18	0.384
			7		9.880	7.756	0.286	81.01	2.868	13.49	24.36	1.57	5.70	169.66	3.00	41.71	1.33	14.67	1.22	4.72	0.382
			8		11.183	8.779	0.286	91.03	2.85	15.27	27.15	1.56	6.41	194.17	3.04	47.93	1.36	16.34	1.21	5.29	0.380
10/6.3	100	63	6	10	9.617	7.550	0.320	99.06	3.21	14.64	30.94	1.79	6.35	199.71	3.24	50.50	1.43	18.42	1.38	5.25	0.394
			7		11.111	8.722	0.320	113.45	3.20	16.88	35.26	1.78	7.29	233.00	3.28	59.14	1.47	21.00	1.38	6.02	0.393
			8		12.584	9.878	0.319	127.37	3.18	19.08	39.39	1.77	8.21	266.32	3.32	67.88	1.50	23.50	1.37	6.78	0.391
			10		15.467	12.142	0.319	153.81	3.15	23.32	47.12	1.74	9.98	333.06	3.40	85.73	1.58	28.33	1.35	8.24	0.387
10/8	100	80	6	10	10.637	8.350	0.354	107.04	3.17	15.19	61.24	2.40	10.16	199.83	2.95	102.68	1.97	31.65	1.72	8.37	0.627
			7		12.301	9.656	0.354	122.73	3.16	17.52	70.08	2.39	11.71	233.20	3.00	119.98	2.01	36.17	1.72	9.60	0.626
			8		13.944	10.945	0.353	137.92	3.14	19.81	78.58	2.37	13.21	266.61	3.04	137.37	2.05	40.58	1.71	10.80	0.625
			10		17.167	13.476	0.353	166.87	3.12	24.24	94.65	2.35	16.12	333.63	3.12	172.48	2.13	49.10	1.69	13.12	0.622

续附表2

角钢号数	尺寸(mm)				截面面积	理论质量	外表面积	参考数值													
								x—x			y—y			x_1—x_1		y_1—y_1		u—u			
	B	b	d	r	(cm^2)	(kg/m)	(m^2/m)	I_x (cm^4)	i_x (cm)	W_x (cm^3)	I_y (cm^4)	i_y (cm)	W_y (cm^3)	I_{x_1} (cm^4)	y_0 (cm)	I_{y_1} (cm^4)	x_0 (cm)	I_u (cm^4)	i_u (cm)	W_u (cm^3)	tanα
11/7	110	70	6	10	10.637	8.350	0.354	133.37	3.54	17.85	42.92	2.01	7.90	265.78	3.53	69.08	1.57	25.36	1.54	6.53	0.403
			7		12.301	9.656	0.354	153.00	3.53	20.60	49.01	2.00	9.09	310.07	3.57	80.82	1.61	28.95	1.53	7.50	0.402
			8		13.944	10.946	0.353	172.04	3.51	23.30	54.87	1.98	10.25	354.39	3.62	92.70	1.65	32.45	1.53	8.45	0.401
			10		17.167	13.476	0.353	208.39	3.48	28.54	65.88	1.96	12.48	443.13	3.70	116.83	1.72	39.20	1.51	10.29	0.397
12.5/8	125	80	7	11	14.096	11.066	0.403	227.98	4.02	26.86	74.42	2.30	12.01	454.99	4.01	120.32	1.80	43.81	1.76	9.92	0.408
			8		15.989	12.551	0.403	256.77	4.01	30.41	83.49	2.28	13.56	519.99	4.06	137.85	1.84	49.45	1.75	11.18	0.407
			10		19.712	15.474	0.402	312.04	3.98	37.33	100.67	2.26	16.56	650.09	4.14	173.40	1.92	59.45	1.74	13.64	0.404
			12		23.351	18.330	0.402	364.41	3.95	44.01	116.67	2.24	19.43	780.39	4.22	209.67	2.00	69.35	1.72	16.01	0.400
16/10	160	100	10	13	25.315	19.872	0.512	668.69	5.14	62.13	205.03	2.85	26.56	1 362.89	5.24	336.59	2.28	121.74	2.19	21.92	0.390
			12		30.054	23.592	0.511	784.91	5.11	73.49	239.06	2.82	31.28	1 635.56	5.32	405.94	2.36	142.33	2.17	25.79	0.388
			14		34.709	27.247	0.510	896.30	5.08	84.56	271.20	2.80	35.83	1 908.50	5.40	476.42	2.43	162.23	2.16	29.56	0.385
			16		39.281	30.835	0.510	1 003.04	5.05	95.33	301.60	2.77	40.24	2 181.79	5.48	548.22	2.51	182.57	2.16	33.44	0.382
18/11	180	110	10	14	28.373	22.273	0.571	956.25	5.80	78.96	278.11	3.13	32.49	1 940.40	5.89	447.22	2.44	166.5	2.42	26.88	0.376
			12		33.712	26.464	0.571	1 124.72	5.78	93.53	325.03	3.10	38.32	2 328.38	5.98	538.94	2.52	194.87	2.40	31.66	0.374
			14		38.967	30.589	0.570	1 286.91	5.75	107.76	369.55	3.08	43.97	2 716.60	6.06	631.95	2.59	222.3	2.39	36.32	0.372
			16		44.139	34.649	0.569	1 443.06	5.72	121.64	411.85	3.06	49.44	3 105.15	6.14	726.46	2.67	248.94	2.38	40.87	0.369
20/12.5	200	125	12		37.912	29.761	0.641	1 570.90	6.44	116.73	483.16	3.57	49.99	3 193.85	6.54	787.74	2.83	285.79	2.74	41.23	0.392
			14		43.867	34.436	0.640	1 800.97	6.41	134.65	550.83	3.54	57.44	3 726.17	6.62	922.47	2.91	326.58	2.73	47.34	0.390
			16		49.739	39.045	0.639	2 023.35	6.38	152.18	615.44	3.52	64.69	4 258.86	6.70	1 058.86	2.99	366.21	2.71	53.32	0.388
			18		55.526	43.588	0.639	2 238.30	6.35	169.32	677.19	3.49	71.74	4 792.00	6.78	1 197.13	3.06	404.83	2.70	59.18	0.385

注:1. 括号内型号不推荐使用。

2. 截面图中的 $r_1 = d/3$ 及表中 r 的数据用于孔型设计,不作为交货条件。

附表 3 热轧普通工字钢(GB 706—88)

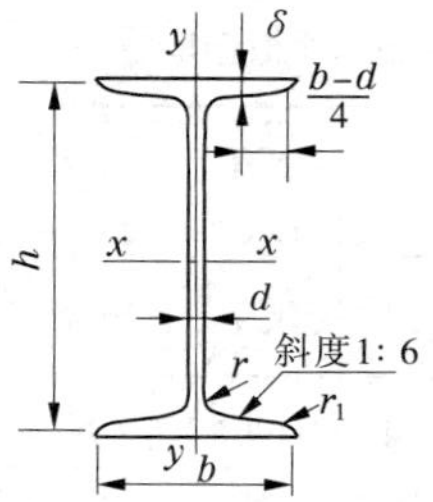

符号意义:

h——高度;
b——腿宽度;
d——腰厚度;
δ——平均腿厚度;
r——内圆弧半径;
r_1——腿端圆弧半径;
I——惯性矩;
W——弯曲截面系数;
i——惯性半径;
S——半截面的静矩。

型号	尺寸(mm)						截面面积(cm^2)	理论质量(kg/m)	参考数值						
									x—x				y—y		
	h	b	d	δ	r	r_1			I_x(cm^4)	W_x(cm^3)	i_x(cm)	$I_x:S_x$(cm)	I_y(cm^4)	W_y(cm^3)	i_y(cm)
10	100	68	4. 5	7. 6	6. 5	3. 3	14. 3	11. 2	245. 0	49	4. 14	8. 59	33	9. 72	1. 52
12. 6	126	74	5	8. 4	7	3. 5	18. 1	14. 2	488. 43	77. 529	5. 195	10. 85	46. 906	12. 677	1. 609
14	140	80	5. 5	9. 1	7. 5	3. 8	21. 5	16. 9	712	102	5. 76	12	64. 4	16. 1	1. 73
16	160	88	6	9. 9	8	4	26. 1	20. 5	1 130	141	6. 58	13. 8	93. 1	21. 1	1. 89
18	180	94	6. 5	10. 7	8. 5	4. 3	30. 6	24. 1	1 660	185	7. 36	15. 4	122	26	2
20a	200	100	7	11. 4	9	4. 5	35. 5	27. 9	2 370	237	8. 15	17. 2	158	31. 5	2. 12
20b	200	102	9	11. 4	9	4. 5	39. 5	31. 1	2 500	250	7. 96	16. 9	169	33. 1	2. 06
22a	220	110	7. 5	12. 3	9. 5	4. 8	42	33	3 400	309	8. 99	18. 9	225	40. 9	2. 31
22b	220	112	9. 5	12. 3	9. 5	4. 8	46. 4	36. 4	3 570	325	8. 78	18. 7	239	42. 7	2. 27
25a	250	116	8	13	10	5	48. 5	38. 1	5 023. 54	401. 88	10. 18	21. 58	280. 046	43. 283	2. 403
25b	250	118	10	13	10	5	53. 5	42	5 283. 96	422. 72	9. 938	21. 27	309. 297	52. 423	2. 404
28a	280	122	8. 5	13. 7	10. 5	5. 3	55. 45	43. 4	7 114. 14	508. 15	11. 32	24. 62	345. 051	56. 565	2. 495
28b	280	124	10. 5	13. 7	10. 5	5. 3	61. 05	47. 9	7 480	534. 29	11. 08	24. 24	379. 496	61. 209	2. 493
32a	320	130	9. 5	15	11. 5	5. 8	67. 05	52. 7	11 075. 5	692. 2	12. 84	27. 46	459. 93	70. 758	2. 619
32b	320	132	11. 5	15	11. 5	5. 8	73. 45	57. 7	11 621. 4	726. 33	12. 58	27. 09	501. 53	75. 989	2. 614
32c	320	134	13. 5	15	11. 5	5. 8	79. 95	62. 8	12 167. 5	760. 47	12. 34	26. 77	543. 81	81. 166	2. 608

续附表 3

型号	尺寸(mm)						截面面积 (cm²)	理论质量 (kg/m)	参考数值						
									x—x				y—y		
	h	b	d	δ	r	r_1			I_x (cm^4)	W_x (cm^3)	i_x (cm)	$I_x:S_x$ (cm)	I_y (cm^4)	W_y (cm^3)	i_y (cm)
36a	360	136	10	15.8	12	6	76.3	59.9	15 760	875	14.4	30.7	552	81.2	2.69
36b	360	138	12	15.8	12	6	83.5	65.6	16 530	919	14.1	30.3	582	84.3	2.64
36c	360	140	14	15.8	12	6	90.88	71.2	17 310	962	13.8	29.9	612	87.4	2.6
40a	400	142	10.5	16.5	12.5	6.3	86.1	67.6	21 720	1 090	15.9	34.1	660	93.2	2.77
40b	400	144	12.5	16.5	12.5	6.3	94.1	73.8	22 780	1 140	15.6	33.6	692	96.2	2.71
40c	400	146	14.5	16.5	12.5	6.3	102	80.1	23 850	1 190	15.2	33.2	727	99.6	2.65
45a	450	150	11.5	18	13.5	6.8	102	80.4	32 240	1 430	17.7	38.6	855	114	2.89
45b	450	152	13.5	18	13.5	6.8	111	87.4	33 760	1 500	17.4	38	894	118	2.84
45c	450	154	15.5	18	13.5	6.8	120	94.5	35 280	1 570	17.1	37.6	938	122	2.79
50a	500	158	12	20	14	7	119	93.6	46 470	1 860	19.7	42.8	1 120	142	3.07
50b	500	160	14	20	14	7	129	101	48 560	1 940	19.4	42.4	1 170	146	3.01
50c	500	162	16	20	14	7	139	109	50 640	2 080	19	41.8	1 220	151	2.96
56a	560	166	12.5	21	14.5	7.3	135.25	106.2	65 585.6	2 342.31	22.02	47.73	1 370.16	165.08	3.182
56b	560	168	14.5	21	14.5	7.3	146.45	115	68 512.5	2 446.69	21.63	47.17	1 486.75	174.25	3.162
56c	560	170	16.5	21	14.5	7.3	157.85	123.9	71 439.4	2 551.41	21.27	46.66	1 558.39	183.34	3.158
63a	630	176	13	22	15	7.5	154.9	121.6	93 916.2	2 981.47	24.62	54.17	1 700.55	193.24	3.314
63b	630	178	15	22	15	7.5	167.5	131.5	98 083.6	3 163.38	24.2	53.51	1 812.07	203.6	3.289
63c	630	180	17	22	15	7.5	180.1	141	102 251.1	3 298.42	23.82	52.92	1 924.91	213.88	3.268

注：截面图和表中标注的圆弧半径 r、r_1 的数据用于孔型设计，不作为交货条件。

附表 4 热轧槽钢(GB 707—88)

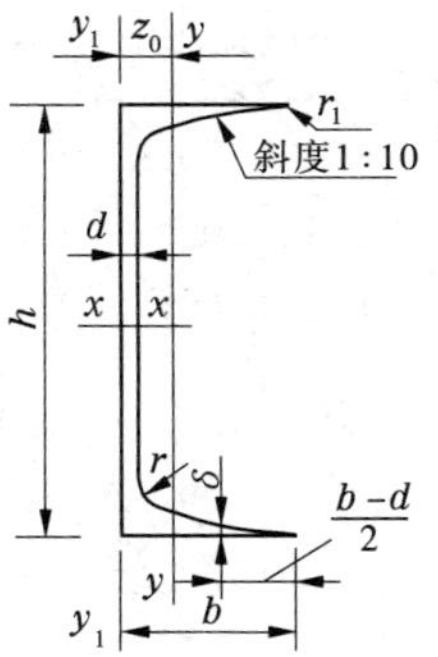

符号意义:

h——高度; r_1——腿端圆弧半径;
b——腿宽度; I——惯性矩;
d——腰厚度; W——弯曲截面系数;
δ——平均腿厚度; i——惯性半径;
r——内圆弧半径; z_0——$y—y$ 轴与 $y_1—y_1$ 轴的间距。

型号	尺寸(mm)						截面面积	理论质量	参考数值							
									$x—x$			$y—y$			$y_1—y_1$	z_0(cm)
	h	b	d	δ	r	r_1	(cm^2)	(kg/m)	W_x (cm^3)	I_x (cm^4)	i_x (cm)	W_y (cm^3)	I_y (cm^4)	i_y (cm)	I_{y_1} (cm^4)	
5	50	37	4. 5	7	7	3. 5	6. 93	5. 44	10. 4	26	1. 94	3. 55	8. 3	1. 1	20. 9	1. 35
6. 3	63	40	4. 8	7. 5	7. 5	3. 75	8. 444	6. 63	16. 123	50. 786	2. 453	4. 5	11. 872	1. 185	28. 38	1. 36
8	80	43	5	8	8	4	10. 24	8. 04	25. 3	101. 3	3. 15	5. 79	16. 6	1. 27	37. 4	1. 43
10	100	48	5. 3	8. 5	8. 5	4. 25	12. 74	10	39. 7	198. 3	3. 95	7. 8	25. 6	1. 41	54. 9	1. 52
12. 6	126	53	5. 5	9	9	4. 5	15. 69	12. 37	62. 137	391. 466	4. 953	10. 242	37. 99	1. 567	77. 09	1. 59
14a	140	58	6	9. 5	9. 5	4. 75	18. 51	14. 53	80. 5	563. 7	5. 52	13. 01	53. 2	1. 7	107. 1	1. 71
14b	140	60	8	9. 5	9. 5	4. 75	21. 31	16. 73	87. 1	609. 4	5. 35	14. 12	61. 1	1. 69	120. 6	1. 67
16a	160	63	6. 5	10	10	5	21. 95	17. 23	108. 3	866. 2	6. 28	16. 3	73. 3	1. 83	144. 1	1. 8
16b	160	65	8. 5	10	10	5	25. 15	19. 74	116. 8	934. 5	6. 1	17. 55	83. 4	1. 82	160. 8	1. 75
18a	180	68	7	10. 5	10. 5	5. 25	25. 69	20. 17	141. 4	1 272. 7	7. 04	20. 03	98. 6	1. 96	189. 7	1. 88
18b	180	70	9	10. 5	10. 5	5. 25	29. 29	22. 99	152. 2	1 369. 9	6. 84	21. 52	111	1. 95	210. 1	1. 84
20a	200	73	7	11	11	5. 5	28. 83	22. 63	178	1 780. 4	7. 86	24. 2	128	2. 11	244	2. 01
20b	200	75	9	11	11	5. 5	32. 83	25. 77	191. 4	1 913. 7	7. 64	25. 88	143. 6	2. 09	268. 4	1. 95

续附表 4

型号	尺寸(mm)						截面面积 (cm^2)	理论质量 (kg/m)	参考数值							
									$x—x$			$y—y$			$y_1—y_1$	z_0(cm)
	h	b	d	δ	r	r_1			W_x (cm^3)	I_x (cm^4)	i_x (cm)	W_y (cm^3)	I_y (cm^4)	i_y (cm)	I_{y_1} (cm^4)	
22a	220	77	7	11.5	11.5	5.75	31.84	24.99	217.6	2 392.9	8.67	28.17	157.8	2.23	298.2	2.1
22b	220	79	9	11.5	11.5	5.75	36.24	28.45	233.8	2 571.4	8.42	30.05	176.4	2.21	326.3	2.03
25a	250	78	7	12	12	6	34.91	27.47	269.597	3 369.62	9.823	30.607	175.529	2.243	322.256	2.065
25b	250	80	9	12	12	6	39.91	31.39	282.402	3 530.04	9.405	32.657	196.421	2.218	353.187	1.982
25c	250	82	11	12	12	6	44.91	35.32	295.236	3 690.45	9.065	35.926	218.415	2.206	384.133	1.921
28a	280	82	7.5	12.5	12.5	6.25	40.02	31.42	340.328	4 764.59	10.91	35.718	217.989	2.333	387.566	2.097
28b	280	84	9.5	12.5	12.5	6.25	45.62	35.81	366.460	5 130.45	10.60	37.929	242.144	2.304	427.589	2.016
28c	280	86	11.5	12.5	12.5	6.25	51.22	40.21	392.594	5 496.32	10.35	40.301	267.602	2.286	426.597	1.951
32a	320	88	8	14	14	7	48.7	38.22	474.879	7 598.06	12.49	46.473	304.787	2.502	552.31	2.242
32b	320	90	10	14	14	7	55.1	43.25	509.012	8 144.20	12.15	49.157	336.332	2.471	592.933	2.158
32c	320	92	12	14	14	7	61.5	48.28	543.145	8 690.33	11.88	52.642	374.175	2.467	643.299	2.092
36a	360	96	9	16	16	8	60.89	47.8	659.7	11 874.2	13.97	63.54	455	2.73	818.4	2.44
36b	360	98	11	16	16	8	68.09	53.45	702.9	12 651.8	13.63	66.85	496.7	2.7	880.4	2.37
36c	360	100	13	16	16	8	75.29	50.1	746.1	13 429.4	13.36	70.02	536.4	2.67	947.9	2.34
40a	400	100	10.5	18	18	9	75.05	58.91	878.9	17 577.9	15.30	78.83	592	2.81	1 067.7	2.49
40b	400	102	12.5	18	18	9	83.05	65.19	932.2	18 644.5	14.98	82.52	640	2.78	1 135.6	2.44
40c	400	104	14.5	18	18	9	91.05	71.47	985.6	19 711.2	14.71	86.19	687.8	2.75	1 220.7	2.42

注：截面图和表中标注的圆弧半径 r、r_1 的数据用于孔型设计，不作为交货条件。

参考答案

第三章

3-1 $F_R = 158.1$ N,与 F_3 成 55.3°角

3-2 (a)$F_{AB} = F_{AC} = 0.577F$(拉力) (b)$F_{AB} = 0.577F$(拉力),$F_{AC} = 1.155F$(压力)
(c)$F_{AB} = 0.577F$(压力),$F_{AC} = 1.155F$(拉力) (d)$F_{AB} = 0.5F$(拉力),$F_{AC} = 0.866F$(压力)

3-3 $F_{BC} = 5$ kN(压力),$F_A = 5$ kN

3-4 $\cos\alpha = \dfrac{P_1}{P_2}, F_D = P - \sqrt{P_2^{\ 2} - P_1^2}$

3-5 (a)$F/P = 5.67$ (b)$F/P = 2.84$

3-6 $F_1/F_2 = 0.612$

3-7 $F_A = F_B = 0.707F$

3-8 $F_A = 1\ 075$ N

3-9 $F_A = 0.707F, F_B = F, F_C = F, F_D = 0.707F$

3-10 $F_A = 81.8$ kN

3-11 $\theta = 30°, P_B = 100$ N

第四章

4-1 (a)$\dfrac{M}{l}$ (b)$\dfrac{M}{l}$ (c)$\dfrac{\sqrt{2}M}{l}$

4-2 $\dfrac{\sqrt{2}M}{3a}$

4-3 750 N

4-4 $M_2 = 0.334$ N·m,$F_{AB} = 1.67$ N

4-5 $F_A = \dfrac{\sqrt{2}M}{l}$(与水平方向成45°角)

4-6 $M = 30$ N·m

4-7 $F_1 = \dfrac{M}{d}$(拉),$F_2 = 0, F_3 = \dfrac{M}{d}$(压)

4-8 $M_1 = M_2$

4-9 $M_2 = 4\ \text{kN}\cdot\text{m}$,转向为逆时针,$F_A = 1.155\ \text{kN}, F_B = 1.155\ \text{kN}$

4-10 $F_C = \frac{\sqrt{3}M}{3R}, F_A = \frac{\sqrt{3}M}{3R}$垂直于 AB 杆,$F_E = \frac{\sqrt{3}M}{3R}(\uparrow)$

第五章

5-1 $F'_R = 466.5\ \text{N}, M_O = 21.44\ \text{N}\cdot\text{m}; F_R = 466.5\ \text{N}, d = 45.96\ \text{mm}$

5-2 $F_R = 0, M_O = 420\ \text{N}\cdot\text{m}; F_R = 0, M_{O1} = 420\ \text{N}\cdot\text{m}$

5-3 $F_A = 2\ \text{kN}(\uparrow), F_B = 2\ \text{kN}(\uparrow)$

5-4 $F_{Ax} = 5.2\ \text{kN}(\rightarrow), F_{Ay} = 5\ \text{kN}(\uparrow), M_A = 6\ \text{kN}\cdot\text{m}(\circlearrowleft)$

5-5 (a) $F_{Ax} = 0, F_{Ay} = -1\ \text{kN}(\downarrow), F_B = 4\ \text{kN}(\uparrow)$

(b) $F_{Ax} = 0, F_{Ay} = -250\ \text{N}(\downarrow), F_B = 3\ 750\ \text{N}(\uparrow)$

5-6 $W_2 = 333.3\ \text{kN}; x = 6.75\ \text{m}$

5-7 (a) $F_A = 63.22\ \text{kN}, F_B = 88.74\ \text{kN}, F_C = -30\ \text{kN}$

(b) $F_B = 8.43\ \text{kN}, F_C = 3.45\ \text{kN}, F_D = 57.42\ \text{kN}$

5-8 $F_{Ax} = ql, F_{Ay} = F_1, M_A = M + F_1 l - 1.5ql^2$

5-9 $F_{BC} = 848.5\ \text{N}, F_{Ax} = 2\ 400\ \text{N}, F_{Ay} = 1\ 200\ \text{N}$

5-10 (a) $F_A = -qa, F_B = 4qa, F_C = qa, F_D = qa$

(b) $F_A = \frac{1}{2}(F + \frac{M}{a}), F_B = \frac{F}{2} - \frac{M}{a}, F_C = = \frac{M}{2a}, F_D = \frac{M}{2a}$

(c) $F_{Ax} = \frac{\sqrt{2}}{2}F, F_{Ay} = \frac{\sqrt{2}}{4}F, M_A = M + \frac{\sqrt{2}}{2}Fa, F_{Cx} = \frac{\sqrt{2}}{2}F, F_{Cy} = -\frac{\sqrt{2}}{4}F, F_D = \frac{\sqrt{2}}{4}F$

(d) $F_A = \frac{7}{4}qa, M_A = 3qa^2, F_C = \frac{3}{4}qa, F_D = \frac{1}{4}qa$

5-11 (1) $F_{Ax} = 40\ \text{kN}, F_{Ay} = 80\ \text{kN}, F_{Bx} = -40\ \text{kN}, F_{By} = 80\ \text{kN}$

(2) $F_{Ax} = 15\ \text{kN}, F_{Ay} = 55\ \text{kN}, F_{Bx} = -15\ \text{kN}, F_{By} = 45\ \text{kN}$

5-12 $F_{Ax} = 1\ 200\ \text{N}, F_{Ay} = 150\ \text{N}, F_B = 1\ 050\ \text{N}, F_{BC} = 1\ 500\ \text{N}$(压)

5-13 $F_{Ax} = -2.25\ \text{kN}, F_{Ay} = 3\ \text{kN}, F_{Dx} = 2.25\ \text{kN}, F_{Dy} = -2\ \text{kN}$

5-14 $F_{x_1} = 0, F_{y_1} = 0, F_{z_1} = F_1; F_{x_2} = -\frac{\sqrt{2}}{2}F_2, F_{y_2} = \frac{\sqrt{2}}{2}F_2, F_{z_1} = 0;$

$F_{x_3} = \frac{\sqrt{3}}{3}F_3, F_{y_3} = -\frac{\sqrt{3}}{3}F_3, F_{z_1} = \frac{\sqrt{3}}{3}F_3$

5-15 $M_z = -7.12\ \text{N}\cdot\text{m}$

5-16 $F_{Rx} = -73.05\ \text{kN}, F_{Ry} = -561.25\ \text{kN}, F_{Rz} = 410.69\ \text{kN}, M_x = 561.25\ \text{kN}\cdot\text{m},$

$M_y = -821.38\ \text{kN}\cdot\text{m}, M_z = 0$

5-17 $F_{Ox} = -5\ \text{kN}, F_{Oy} = -4\ \text{kN}, F_{Oz} = 0, M_{Ox} = 16\ \text{kN}\cdot\text{m}, M_{Oy} = -30\ \text{kN}\cdot\text{m}, M_{Oz} = 20\ \text{kN}\cdot\text{m}$

5-18 $F_1 = -5\ \text{kN}, F_2 = -5\ \text{kN}, F_3 = -7.07\ \text{kN}, F_4 = 5\ \text{kN}, F_5 = 5\ \text{kN}, F_6 = 10\ \text{kN}$

5-19 $F_1 = -F_5 = -F$(压),$F_3 = F$(拉),$F_2 = F_4 = F_6 = 0$

5-20 (a)$y_C=60.77$ mm (b)$x_C=90$ mm

第七章

7-1 (a)$N_1=F,N_2=-F$ (b)$N_1=2F,N_2=0,N_3=F$ (c)$N_1=2F,N_2=F,N_3=-F$

7-2 $N_1=-20$ kN,$\sigma_{1-1}=-50$ MPa;$N_2=-10$ kN,$\sigma_{2-2}=-25$ MPa;$N_3=10$ kN,$\sigma_{3-3}=25$ MPa

7-3 $N_1=-20$ kN,$\sigma_{1-1}=-100$ MPa

$N_2=-10$ kN,$\sigma_{2-2}=-33.3$ MPa

$N_3=10$ kN,$\sigma_{3-3}=25$ MPa

7-4

截面方位	σ_α(MPa)	τ_α(MPa)
0°	100	0
30°	75	43.3
45°	50	50
60°	25	43.3
90°	0	0

7-5 $\sigma=106$ MPa,F可增加45 kN

7-6 $\Delta_D=\dfrac{Fl}{3EA}$

7-7 (1)最大轴力为压力$N_{CB}=260$ kN

(2)$\sigma_{AC}=-2.5$ MPa,$\sigma_{CB}=-6.5$ MPa

(3)$\varepsilon_{AC}=-0.25\times10^{-3},\varepsilon_{CB}=-0.65\times10^{-3}$

(4)$\Delta l=-1.35$ mm

7-8 $\sigma=149$ MPa,$E=203$ MPa

7-9 (1)$\sigma=735$ MPa

(2)$\Delta=83.7$ mm

(3)$F=96.4$ N

7-10 $\sigma=125\text{ MPa}<[\sigma]=170$ MPa

7-11 $\Delta=1.365$ mm

7-12 $d=5.7$ mm

7-13 $\Delta l=\dfrac{4Fl}{\pi Ed_1d_2}$

7-14 $F_{max}=33.3$ kN

7-15 $F_{max}=119$ kN

7-16 $A_1=0.576\text{ m}^2,A_2=0.665\text{ m}^2,\Delta_A=2.24$ mm

7-17 $(\Delta_C)_H=0.0693$ mm(→),$(\Delta_C)_V=0.04$ mm(↓)

7-18　$\sigma_{上}=50$ MPa,$\sigma_{下}=-100$ MPa

第八章

8-1　(a)$M_{nmax}=2M_0$　(b)$M_{nmax}=20$ kN · m　(c)$M_{nmax}=60$ kN · m

8-2　(1)45.15 MPa;(2)0.22°/m;(3)30.1 MPa

8-3　$d=68$ mm

8-4　$\tau_{max}=155.3$ MPa > [τ],不安全

8-5　(1)81.5 MPa,ϕ50 所对应段的最外边缘

(2)3.86°/m > [θ],不满足刚度要求

8-6　(1)$\tau_{max}\approx 84.4$ MPa,发生在各截面的长边中点的外边缘处

(2)τ_{max} > [τ],不安全

第九章

9-1　(a)$F_{Q1}=0$,$M_1=-2$ kN · m;$F_{Q2}=-5$ kN,$M_2=-12$ kN · m

(b)$F_{Q1}=-qa$;$M_1=-qa^2$,$F_{Q2}=-qa$;$M_2=-3qa^2$;$F_{Q3}=-2qa$,$M_3=-4.5qa^2$

(c)$F_{Q1}=4$ kN,$M_1=4$ kN · m;$F_{Q2}=4$ kN,$M_2=-6$ kN · m

(d)$F_{Q1}=-1.67$ kN,$M_1=5$ kN · m

9-2　(a)最大负剪力:6 kN;最大负弯矩:6 kN · m

(b)最大正剪力:0;最大负剪力:0;最大负弯矩:5 kN · m

(c)最大负剪力:$\frac{1}{2}q_0l$;最大负弯矩:$\frac{1}{6}q_0l^2$

(d)最大负剪力:22 kN;最大正弯矩:6 kN · m

(e)最大正剪力:F;最大负剪力:F;最大正弯矩:Fa

(f)最大正剪力:qa;最大负剪力:$\frac{1}{8}qa$;最大负弯矩:$\frac{1}{2}qa^2$

9-3　(a)最大正剪力:$\frac{5}{8}ql$;最大负剪力:$\frac{3}{8}ql$;最大正弯矩:$\frac{9}{128}ql^2$;最大负弯矩:$\frac{1}{8}ql^2$

(b)最大正剪力:0;最大负剪力:0;最大正弯矩:10 kN · m

(c)最大正剪力:5 kN;最大负弯矩:10 kN · m

(d)最大正剪力:15 kN;最大负弯矩:25 kN · m

(e)最大正剪力:$\frac{3}{2}qa$;最大负剪力:$\frac{3}{2}qa$;最大正弯矩:$\frac{21}{8}qa^2$

(f)最大负剪力:$\frac{M_e}{3a}$;最大负弯矩:$2M_e$

(g)最大正剪力:$\frac{11}{6}qa$;最大负剪力:$\frac{7}{6}qa$;最大正弯矩:$\frac{49}{72}qa^2$;最大负弯矩:qa^2

(h)最大正剪力:$2qa$;最大正弯矩:qa^2

9-4 (a)最大正弯矩：$\frac{3}{2}Fa$

(b)最大负弯矩：qa^2

(c)最大负弯矩：$\frac{1}{2}qa^2$

(d)最大负弯矩：qa^2

9-5 (a)$M_1=\frac{qa^2}{4}$

(b)$M_1=15\ \text{kN}\cdot\text{m}$

(c)$M_1=Fa$

(d)$M_1=0$

9-6 (a)最大负剪力：10 kN

(b)最大负剪力：20 kN

9-7 (a)$y_C=56.7$ mm

(b)$y_C=65$ mm

9-8 $\frac{bh^3}{12}$

9-9 $\frac{R^4}{8}$

9-10 $I_y=\frac{bh^3}{12}-\frac{\pi R^4}{4},I_z=\frac{bh^3}{12}-\frac{\pi R^4}{4},I_{z1}=\frac{bh^3}{3}-\frac{\pi R^4}{4}-\frac{\pi R^2}{4}h^2$

9-11 $\alpha_0=13.5°$或$-76.5°$，$I_{y0}=19.9\times10^4\ \text{mm}^4$，$I_{z0}=76.1\times10^4\ \text{mm}^4$

9-12 $\overline{y_C}=77$ mm，$I_y=2.34\times10^{-5}\ \text{m}^4$

9-13 (a)$I_x=5\ 018\ \text{cm}^4$，$I_y=446\ \text{cm}^4$

(b)$I_x=3\ 560\ \text{cm}^4$，$I_y=6\ 194\ \text{cm}^4$

9-14 $[F]=28.9$ kN

9-15 $b\geqslant61.5$ mm，$h\geqslant184.5$ mm

9-16 $\frac{h}{b}=\sqrt{2}$，$d_{\min}=227$ mm

9-17 $d_{\max}=115$ mm

9-18 $[F]=7.26$ kN

9-19 $\sigma_{\text{cmax}}=30.2$ MPa，$\sigma_{\text{tmax}}=30.2$ MPa

9-20 $[F]=44.3$ kN

9-21 截面横放时梁内的最大正应力为3.91 MPa，竖放时梁内的最大正应力为1.95 MPa

9-22 $\sigma_{\max}=7.05$ MPa，$\tau_{\max}=0.478$ MPa

9-23 $\theta_A=\frac{7q_0l^3}{360EI},\theta_B=-\frac{q_0l^3}{45EI},y_{\max}=0.006\ 52\frac{q_0l^4}{EI}$

9-24 $\theta_A=-\frac{5ql^3}{48EI},\theta_B=-\frac{ql^3}{24EI},y_A=\frac{ql^4}{24EI},y_D=-\frac{ql^4}{384EI}$

9-25　$y_B = \dfrac{2Fl^3}{9EI}$

9-26　$y_{B\max} = \dfrac{5a^2M_e}{4EI}(\downarrow)$

9-27　$I_z = 101.5 \times 10^6\ \mathrm{mm}^4$，选 No. 32 工字钢

第十章

10-1　$F = 60\ \mathrm{kN}$

10-2　$\sigma_1 = 10.66\ \mathrm{MPa}, \sigma_3 = -0.06\ \mathrm{MPa}, \alpha = 4.73°$

10-3　(a) $\sigma_1 = 90\ \mathrm{MPa}, \sigma_2 = 0, \sigma_3 = -10\ \mathrm{MPa}, \alpha_0 = 18.43°$; $\tau_{\max} = 50\ \mathrm{MPa}, \tau_{\min} = -50\ \mathrm{MPa}, \alpha_1 = 63.43°$

(b) $\sigma_1 = 74.15\ \mathrm{MPa}, \sigma_2 = 15.85\ \mathrm{MPa}, \sigma_3 = 0$; $\alpha_0 = 29.5°$; $\tau_{\max} = 29.15\ \mathrm{MPa}, \tau_{\min} = -29.15\ \mathrm{MPa}, \alpha_1 = 74.5°$

(c) $\sigma_1 = 100\ \mathrm{MPa}, \sigma_2 = \sigma_3 = 0$; $\alpha_0 = -63.43°$; $\tau_{\max} = 50\ \mathrm{MPa}, \tau_{\min} = -50\ \mathrm{MPa}$; $\alpha_1 = -18.43°$

10-4　(a) $\sigma_\alpha = 25\ \mathrm{MPa}, \tau_\alpha = 26\ \mathrm{MPa}, \sigma_1 = 20\ \mathrm{MPa}, \sigma_3 = -40\ \mathrm{MPa}$

(b) $\sigma_\alpha = -26\ \mathrm{MPa}, \tau_\alpha = 15\ \mathrm{MPa}, \sigma_1 = -\sigma_3 = 30\ \mathrm{MPa}$

(c) $\sigma_\alpha = -50\ \mathrm{MPa}, \tau_\alpha = 0, \sigma_1 = \sigma_3 = -50\ \mathrm{MPa}$

(d) $\sigma_\alpha = 40\ \mathrm{MPa}, \tau_\alpha = 10\ \mathrm{MPa}, \sigma_1 = 41\ \mathrm{MPa}, \sigma_3 = -61\ \mathrm{MPa}, \alpha_0 = 39.35°$

10-5　a 点：$\sigma_1 = 212\ \mathrm{MPa}$；$b$ 点：$\sigma_1 = 210\ \mathrm{MPa}, \sigma_3 = -17\ \mathrm{MPa}$；$c$ 点：$\sigma_1 = -\sigma_3 = 85\ \mathrm{MPa}$

10-6　1 点：$\sigma_1 = \sigma_2 = 0, \sigma_3 = -120\ \mathrm{MPa}$

2 点：$\sigma_1 = 3\ \mathrm{MPa}, \sigma_2 = 0, \sigma_3 = -36\ \mathrm{MPa}$

3 点：$\sigma_1 = 79.3\ \mathrm{MPa}, \sigma_2 = 0, \sigma_3 = -10.3\ \mathrm{MPa}$

4 点：$\sigma_1 = 120\ \mathrm{MPa}, \sigma_2 = \sigma_3 = 0$

10-7　$\sigma_\alpha = 53\ \mathrm{MPa}, \tau_\alpha = 18.5\ \mathrm{MPa}$

10-8　$\sigma_x = 126.8\ \mathrm{MPa}, \sigma_y = 72.69\ \mathrm{MPa}$

10-9　$\varepsilon_{30°} = -3.11 \times 10^{-4}$

10-10　(a) $\sigma_1 = 94.7\ \mathrm{MPa}, \sigma_2 = 50\ \mathrm{MPa}, \sigma_3 = 5.3\ \mathrm{MPa}, \tau_{\max} = 44.7\ \mathrm{MPa}, \theta = 0.1 \times 10^{-3}, u = 22.5 \times 10^3\ \mathrm{J/m^3}, u_f = 21.7 \times 10^3\ \mathrm{J/m^3}$

(b) $\sigma_1 = 80\ \mathrm{MPa}, \sigma_2 = 50\ \mathrm{MPa}, \sigma_3 = -20\ \mathrm{MPa}, \tau_{\max} = 50\ \mathrm{MPa}, \theta = 0.12 \times 10^{-3}, u = 20.1 \times 10^3\ \mathrm{J/m^3}, u_f = 18.9 \times 10^3\ \mathrm{J/m^3}$

(c) $\sigma_1 = 50\ \mathrm{MPa}, \sigma_2 = -50\ \mathrm{MPa}, \sigma_3 = -80\ \mathrm{MPa}, \tau_{\max} = 65\ \mathrm{MPa}, \theta = 0.26 \times 10^{-3}, u = 48.1 \times 10^3\ \mathrm{J/m^3}, u_f = 42.5 \times 10^3\ \mathrm{J/m^3}$

10-11　$\varepsilon_1 = \varepsilon_2 = 3.75 \times 10^{-4}, \varepsilon_3 = -2.5 \times 10^{-4}$

10-12　$\sigma_1 = 0, \sigma_2 = -19.8\ \mathrm{MPa}, \sigma_3 = -60\ \mathrm{MPa}$；$\varepsilon_1 = 3.76 \times 10^{-4}, \varepsilon_2 = 0, \varepsilon_3 = -7.64 \times 10^{-4}$

10-13　$\Delta V = 6.54 \times 10^{-10}\ \mathrm{m^3}$

10-14 $\sigma_{r1}=\sigma_1=39\ \text{MPa}<[\sigma]$

10-15 $\sigma_{r2}=36.64\ \text{MPa}<[\sigma]$

10-16 $\sigma_{r3}=300\ \text{MPa}=[\sigma]$；$\sigma_{r4}=264.6\ \text{MPa}<[\sigma]$

第十一章

11-1 $\sigma_{max}=148.73\ \text{MPa}$

11-2 $\sigma_A=8.5\ \text{MPa}$；$\sigma_B=0.16\ \text{MPa}$；$\sigma_C=-8.5\ \text{MPa}$；$\sigma_D=-0.16\ \text{MPa}$

$\sigma_{max}=8.5\ \text{MPa}<[\sigma]=10\ \text{MPa}$，满足强度条件

11-3 (1) $b=9.1$ cm，取 10 cm；$h=18.2$ cm，取 20 cm

(2) $d=15.6$ cm，取 16 cm

11-4 $q_{max}=1.385\ \text{kN/m}$

11-5 (1) $\sigma_{max}=0.65\ \text{MPa}$；$\sigma_{min}=-6.02\ \text{MPa}$

(2) $h>372$ mm

11-6 最大拉应力 $\sigma_{max}=\dfrac{4F}{a^2}$，最大压应力 $\sigma_{min}=-\dfrac{8F}{a^2}$，8 倍

11-7 $\sigma_A=33.33\ \text{MPa}$，$\sigma_B=-6.67\ \text{MPa}$，$\sigma_C=-46.67\ \text{MPa}$，$\sigma_D=-6.67\ \text{MPa}$

11-8 $\sigma_{r3}=112.6\ \text{MPa}$

11-9 $d\geqslant 47.7$ mm

第十二章

12-1 (1) $F_{cr}=632.8\ \text{kN}$；$\sigma_{cr}=20.1\ \text{MPa}$

(2) $F_{cr}=158.2\ \text{kN}$；$\sigma_{cr}=5.03\ \text{MPa}$

12-2 $F_{cr}=252.2\ \text{kN}$

12-3 中柔度杆；$F_{cr}=962.4\ \text{kN}$

12-4 中柔度杆，$\sigma_{cr}=10.27\ \text{MPa}$；$F_{cr}=154.1\ \text{kN}$

12-5 $\lambda_y=160$；$\varphi_y=0.276$；$\dfrac{F}{\varphi A}=196.2\ \text{MPa}<[\sigma]=215\ \text{MPa}$，满足要求

12-6 AB 梁：$\sigma_{max}=129\ \text{MPa}<[\sigma]=160\ \text{MPa}$（按拉弯计算）；$CD$ 压杆：$\dfrac{F_N}{\varphi A}=155.6\ \text{MPa}<[\sigma]=215\ \text{MPa}$（按稳定计算）

12-7 $F_{max}=268.2\ \text{kN}$

12-8 $\delta=3.2$ mm

12-9 (1) $h=70.8$ mm

(2) $F_{max}=665.4\ \text{kN}$

参考文献

[1] 梁圣复. 建筑力学[M]. 北京:机械工业出版社,2007.
[2] 夏锦红. 建筑力学[M]. 郑州:郑州大学出版社,2007.
[3] 北京科技大学,东北大学. 工程力学[M]. 北京:高等教育出版社,2008.
[4] 中国机械工业教育协会. 建筑力学[M]. 北京:机械工业出版社,2003.
[5] 汪菁. 工程力学[M]. 北京:化学工业出版社,2004.
[6] 薛正庭. 土木工程力学[M]. 北京:机械工业出版社,2003.
[7] 苏炜. 工程力学[M]. 武汉:武汉工业大学出版社,2000.
[8] 范钦珊. 材料力学[M]. 北京:高等教育出版社,2000.
[9] 袁海庆. 材料力学[M]. 武汉:武汉工业大学出版社,2000.
[10] 李前程,安学敏. 建筑力学[M]. 北京:中国建筑工业出版社,1998.
[11] 哈尔滨工业大学理论力学教研室. 理论力学(I)[M]. 6 版. 北京:高等教育出版社,2002.
[12] 陈殿云. 工程力学[M]. 兰州:兰州大学出版社,2003.
[13] 王义质,李叔涵. 工程力学[M]. 2007 年修订版. 重庆:重庆大学出版社,2007.
[14] 周国瑾,施美丽,张景良. 工程力学[M]. 2 版. 上海:同济大学出版社,2000.